Auto-Reparaturanleitung Band 1339

VW Crafter Transporter

Motoren
2,0 Common Rail
2,5 TDI

Getriebevarianten
6 Gang-Schaltgetriebe
4-Motion

Modelljahre
2006 bis 2016

bucheli verlag

IMPRESSUM

ISBN 978-3-7168-2217-3

Auto-Reparaturanleitung
Band 1339

Redaktion:
Text und redaktionelle Bearbeitung: Silke und Christoph Pandikow

Bilder/Zeichnungen:
Christoph Pandikow, Silke Pandikow, PCI Diagnosetechnik GmbH & Co. KG, Hella KGaA Hueck & Co, Bosch Presseabteilung, Volkswagen Nutzfahrzeuge

Lizenziert von
von Volkswagen AG.

Herstellung:
IPa, D-71665 Vaihingen/Enz
Druck: Druck- & Medienzentrum D-70839 Gerlingen
Bindung: K. Dieringer
D-70839 Gerlingen

Gewerbestrasse 10
CH-6330 Cham
Postadresse:
Postfach 4161
CH-6304 Zug
Telefon: ++41 (0)41 741 77 55
Telefax: ++41 (0)41 741 71 15
www.bucheli-verlag.ch

1. Auflage 2017

Inhalt

H AD 426
H OK 846
H OK 866

Inhalt

Folgende Symbole verdienen im Laufe der Arbeit besondere Beachtung:

Sichtprüfung
Teil genau ansehen; besonders beachten.

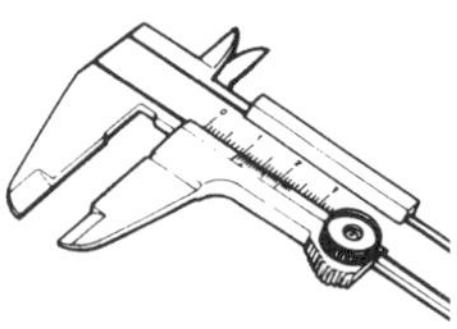

Messen
Schieblehre oder anderes Messwerkzeug nötig.

Achtung
Besondere Vorsicht geboten; Sicherheitshinweise beachten!

Tipp
Wertvoller Hinweis für einfacheres Schrauben; Erläuterung von Bauteilen und Begriffen.

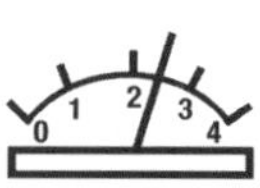

Messen mit elektr. Messgeräten
Multimeter- oder Diagnoseeinsatz erforderlich

1 Einleitung

Arbeiten mit diesem Buch

Ein Reparaturhandbuch ist dann ein Reparaturhandbuch, wenn es bei Reparaturen zur Hand gehen kann. Es soll also helfen, Ihren VW Crafter wieder »in die Gänge« zu bringen. Ganz klar, als blutiger Laie werden Sie nur mit einiger Hilfe gezielt arbeiten können. Bedenken Sie, dass Ihr Fahrzeug in jedem (oder zumindest in fast jedem) Teil etwas mit Sicherheit im Straßenverkehr zu tun hat. Jede einzelne Sekunde, in der Ihr Fahrzeug in Betrieb ist. Nehmen Sie die Fehler deshalb immer ernst. Gerade Anfänger übersehen oft Kleinigkeiten, die nachher durchaus größere oder zumindest schwer aufzufindende Fehler ergeben. Bei einer Fehlersuche am eigenen Fahrzeug unterhielten sich zwei angehende Kfz-Mechatroniker: »... was hast du denn zuletzt repariert?«, letztendlich fand sich dort dann auch der Fehler. Diese Anekdote zeigt sehr deutlich, dass zum einen die eigene Arbeit, zum anderen der Ablauf der Arbeiten, die Kenntnisse über den Funktionszusammenhang der Systeme und natürlich auch über die Informationsquellen, die zur Verfügung stehen, immer hinterfragt werden müssen. Dieses Buch eignet sich aber auch, um die Details Ihres VW Crafter einmal genauer unter die Lupe zu nehmen.

Wir haben den Aufbau so gestaltet, dass die Informationen praxisgerecht auf- und umgearbeitet wurden. In den einzelnen Kapiteln wird der Umgang mit den Test- und Messgeräten genauer vorgestellt. Es handelt sich um getestete Übungen, die Sie problemlos nachvollziehen können. »An modernen Autos kann man gar nichts mehr selber machen!«, das ist ein typischer Satz, der weder richtig ist noch die motivierten Schrauber unter den Lesern von der Reparatur abhalten sollte. Betrachtet man sich die Probleme genauer, die mit der Fehlerdiagnose entstehen, stellt sich ein einfaches Prinzip heraus. Grundsätzlich sind Bauteile, deren Funktionsabläufe nachvollzogen und im wahrsten Sinne des Wortes »begriffen« werden können, leicht zu prüfen.

Elektrisches Messen

Leuchtet eine Glühlampe nicht, wird sie in der Regel demontiert und der Zustand des Glühfadens gegen das Licht kontrolliert. Über die Glühlampe, beziehungsweise ihren Aufbau, ist jedem bekannt, dass sie ohne den Glühfaden nicht funktionieren kann. Könnte man in alle Bauteile hineinsehen und den Funktionsablauf und den Aufbau auf diese Art kontrollieren, würde kaum ein Mechaniker über die immer komplizierter werdende Technik schimpfen. Hier kommt die Messtechnik zum Zuge. Es ist nämlich möglich, die Funktionsabläufe und die Funktion optisch zu überprüfen. Ebenso ist es auch möglich, das Bauteil selbst zu prüfen. Auch dafür werden keine teuren Spezialgeräte gebraucht. Sie oder Ihr Mechaniker müssen sich lediglich bereit erklären, die Technik und dazugehörige Prüfmethoden anzunehmen und gelegentlich auch etwas dazuzulernen.

Ganz klar gibt es Einschränkungen für Arbeiten, die aus Sicherheitsgründen nicht durchgeführt werden sollten. Dazu zählen Arbeiten z. B. an der Klimaanlage und am Airbagsystem.

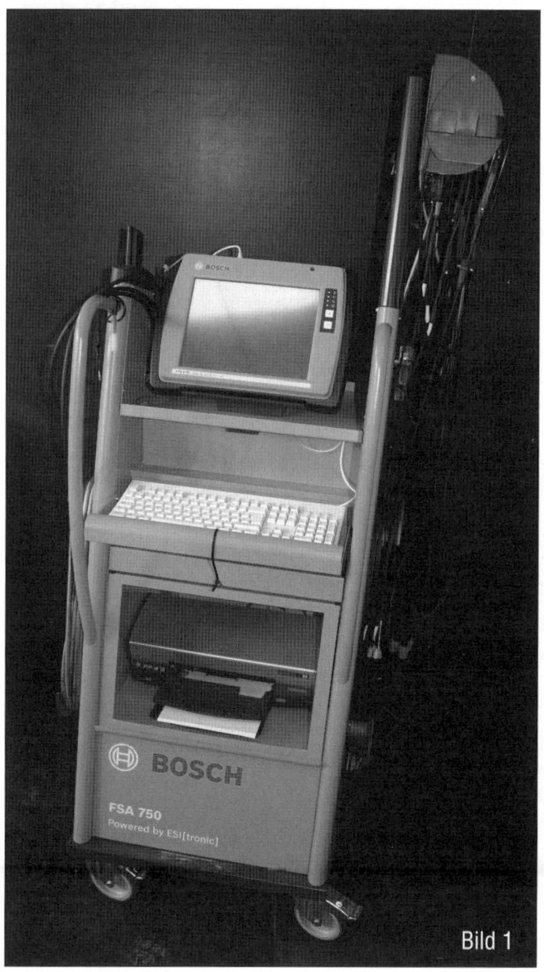

Bild 1
Bosch KTS 650/670 mit FSA 750-Modul und Abgastester.

»Die Tester kann sich keiner leisten!«, ist auch eine These, die wir widerlegen werden. Anhand der Beschreibungen der Spezialwerkzeuge und deren ungefähren Preise lassen sich hier die Kosten leicht überschauen. Die notwendige Ausrüstung ist bei den meisten Schraubern oftmals schon vorhanden. Andere Teile sind gar nicht so teuer und lassen sich sinnvoll als Geburtstagsgeschenkidee an die Lieben weitergeben. Die Aufgabe dieses Reparaturhandbuches ist es, eine Hilfestellung für Wartungsarbeiten und Reparaturen am Sharan/Alhambra zu geben. Das Buch wendet sich an die ambitionierten Schrauber, die mit ihrer Erfahrung Reparaturen, Wartungsarbeiten und Einstellungen an ihrem Fahrzeug vornehmen wollen. Da zu allen diesen Arbeiten ein OBD-Diagnosetester dazugehört und dieser für deutlich unter 100 Euro im günstigsten Fall erhältlich ist, wird die Arbeit anhand eines »Beispiel«-Testers dargestellt. Sie halten ein Buch in der Hand, das Lernstoff, Informationsquelle und Nachschlagewerk ist. Es soll die praktische Arbeit am Fahrzeug erleichtern und Sie ermutigen sich »Know-how« anzueignen, auch als Ungeübter den ersten Schritt zu machen oder als Erfahrener sich recht tiefgehend mit der Diagnose auseinanderzusetzen.

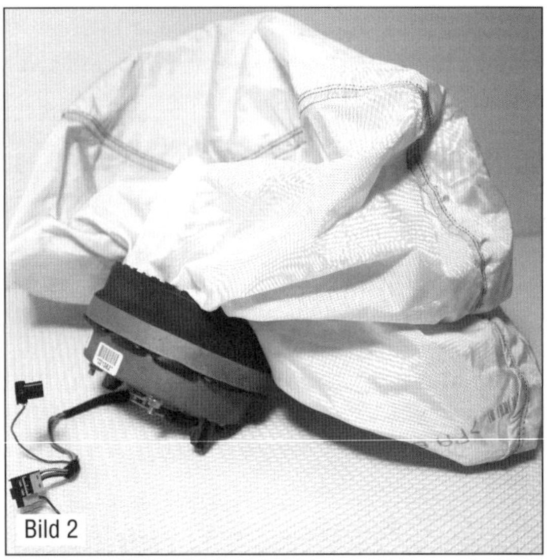

Bild 2
EXPLOSIV: gezündeter Airbag.

Bild 3
»Self-made«-Beulendoktor.

Um einen möglichst schnellen Zugriff auf die Informationen in diesem Buch zu ermöglichen, sind die technischen Daten, die zur Einstellung, Reparatur und Wartung benötigt werden, in einem separaten Kapitel zusammengefasst. Alle technischen Angaben, die speziell bei den Arbeiten benötigt werden, finden Sie natürlich auch an den entsprechenden Stellen. Die Montagearbeiten werden auf gängige Reparaturen beschränkt. Sie sollten aber immer sicherstellen, dass Sie in der Lage sind, die Reparaturen selbst durchzuführen. Ungeeignete Messgeräte oder auch fehlerhafte Handhabung eines Messgerätes können nicht nur finanzielle Folgen haben. Für die Arbeiten an Airbagsystemen ist eine spezielle Ausbildung erforderlich, die mit einem Sachkundenachweis abgeschlossen wird.

⚠ Unterlassen Sie es zu Ihrer eigenen Sicherheit, an Sitzen oder anderen Bauteilen Hand anzulegen, ohne diese spezielle Ausbildung abgeschlossen zu haben. Arbeiten an diesem System ohne Sachkunde sind GROB fahrlässig und gefährden Ihr Leben. Sollten Probleme an diesem System auftauchen, suchen Sie immer eine Werkstatt auf und erkundigen Sie sich auch darüber, inwieweit die »Airbag-Sachkunde« besteht.

⚠ In den einzelnen Airbageinheiten befinden sich zwar »kleine«, aber nicht ungefährliche Mengen an Sprengstoff. Nicht umsonst sind der Transport, der Umgang und die Lagerung gesetzlich im Sprengstoffgesetz geregelt. Die Arbeiten am Airbagsystem werden aus diesem Grunde nicht beschrieben. Es gibt aber auch so noch genügend Arbeiten, die Sie durchaus in Eigenregie angehen können.

Natürlich beschäftigt sich dieses Buch nicht nur mit Elektronik oder der reinen Montagearbeit. Auch einige Arbeiten mit den Diagnosegeräten wurden mit Praxisbezug ausgewählt und im Detail dargestellt.

Sicherheit geht immer vor

Sicherheit hat beim Heimwerken absolute Priorität. Nur Arbeiten anpacken, die man wirklich beherrscht. Handwerkliche Tätigkeiten, mit denen man in der Praxis bislang wenig oder gar keine Erfahrung hatte, sollte man niemals auf die leichte Schulter nehmen. Unsachgemäß ausgeführte Arbeiten können früher oder später fatale Folgen haben (Bilder 4–12).

Umgang mit Pyrotechnik-Bauteilen

Der Sicherheitsaspekt gilt insbesondere für pyrotechnische Bauteile. Diese enthalten einen Treibstoff, bei dessen Abbrand ein Gas erzeugt wird. In manchen Fällen steht für die Gaserzeugung noch zusätzlich in einem Druckbehälter gespeichertes Druckgas zur Verfügung. Die Zündung erfolgt über elektrische/mechanische Anzünder. Bei unsachgemäßer Handhabung von Komponenten dieser Systeme kann es zu schweren Unfällen kommen. Deshalb keine Schraub- oder gar Reparaturversuche an der Sicherheitsausstattung vornehmen, sondern bei notwendigen Instandsetzungen an eine Fachwerkstatt mit Fehler-Auslesegeräten, Diagnose-Einrichtungen und geschultem Personal wenden!

Mechaniker, die an Rückhaltesystemen arbeiten, müssen spezielle Schulungen nachweisen und bei den zuständigen Behörden gemeldet sein. Pyrotechnische Bauteile dürfen auch nur im eingebauten Zustand und mit vom Hersteller freigegebenen Diagnosesystemen geprüft werden, keinesfalls mit Prüflampe, Voltmeter oder Ohmmeter. Nach dem Berühren von gezündeten pyrotechnischen Bauteilen: Hände waschen! Bauteile, die auf eine harte Unterlage herabgefallen sind oder Beschädigungen zeigen, dürfen nicht mehr verbaut werden.

Lagerung, Transport und Entsorgung von Airbag-, Gurtstraffer- und Batterieabtrennungseinheiten (pyrotechnische Bauteile) unterliegen der jeweiligen nationalen Gesetzgebung.

Bild 4

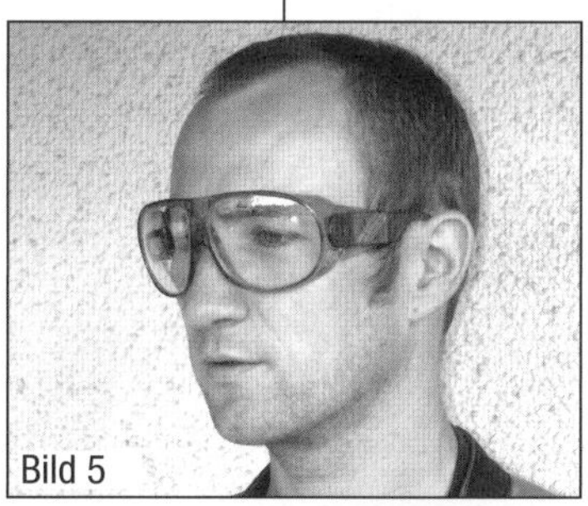
Bild 5

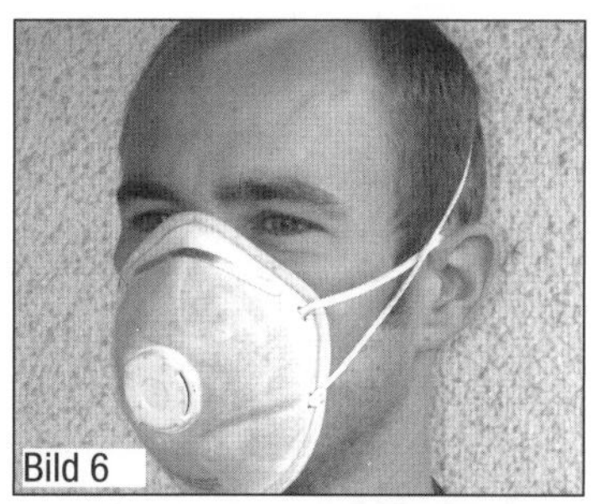
Bild 6

Bild 7

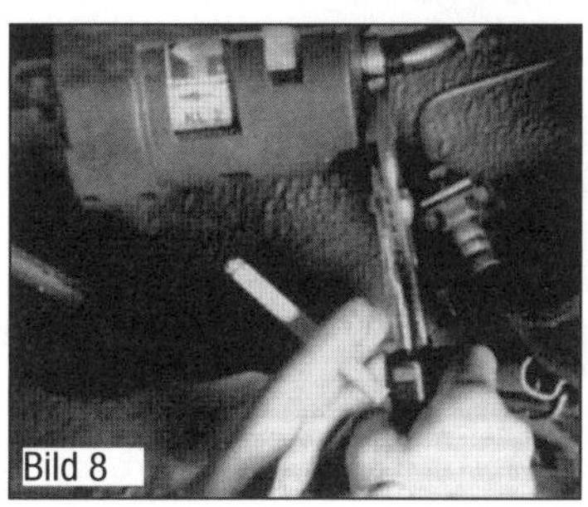
Bild 8

Bild 9

Bild 10

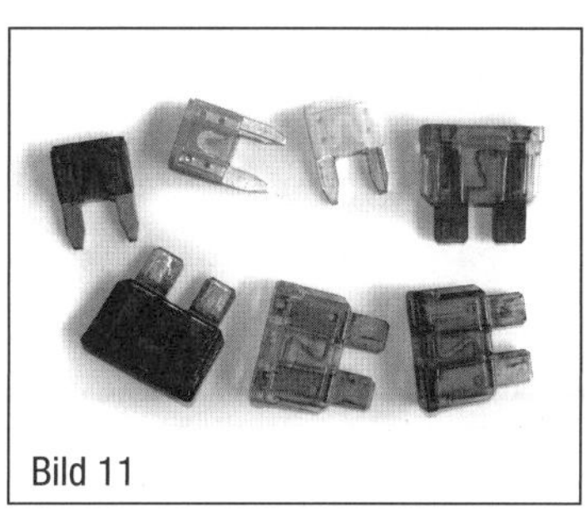
Bild 11

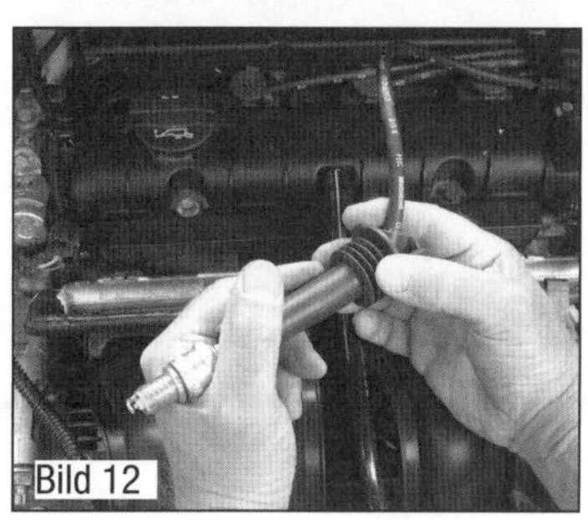
Bild 12

Bild 4
Gehörschutz: bei Blecharbeiten mit Winkelschleifer u. Ä. notwendig.

Bild 5
Schutzbrille: Besonders beim Bohren, Schleifen und Meißeln tragen.

Bild 6
Atemschutzmaske mit auswechselbaren Filterelementen: bei Arbeiten mit atemgängigen Stäuben unerlässlich.

Bild 7
Bei Arbeiten in der Grube: Unbedingt für Frischluft sorgen.

Bild 8
Nicht rauchen: Sollte eigentlich bei Reparaturarbeiten gerade an der Kraftstoffanlage die Regel sein.

Bild 9
Arbeitshandschuhe: Bei vielen Arbeiten angebracht, beim Umgang mit Bohrmaschinen jedoch sehr gefährlich.

Bild 10
Leere Sprühdosen, Altöl, Bremsflüssigkeit u. a.: Als Sondermüll entsorgen.

Bild 11
Durchgebrannte Sicherungen: Niemals mit Alufolie, Büroklammern o. Ä. flicken.

Bild 12
Hochspannung: Vorsicht bei laufendem Motor oder eingeschalteter Zündung.

Umgang mit Bauteilen der Klimaanlage
Für das Kfz-Gewerbe sind z. B. auf europäischer Ebene zahlreiche relevante Gesetze erlassen worden. National ist z. B. in der BRD zusätzlich zur Präzisierung der europäischen Gesetzgebung ab dem 1. August 2008 die Chemikalien-Klimaschutzverordnung in Kraft getreten.

- Verordnung (EG) Nr. 1005/2009
- Verordnung (EG) Nr. 842/2006
- Verordnung (EG) Nr. 706/2007
- Verordnung (EG) Nr. 307/2008
- Richtlinie 2006/40/EG
- Chemikalien-Klimaschutzverordnung, Kreislaufwirtschafts- und Abfallgesetz (für die BRD)

Alle Personen, die an Kraftfahrzeug-Klimaanlagen Wartungs- und Reparaturarbeiten durchführen, müssen eine Schulung oder ein Trainingsprogramm besucht haben und die Sachkunde nachweisen (Sachkundenachweis).

Beim unkontrollierten Druckablassen besteht Gefahr durch Vereisung. Hieraus können schwerwiegende Verletzungen entstehen (Gefrierbrand ist nicht nur bei Grillfleisch unschön!). Bei nicht entleertem Kältemittelkreislauf tritt Kältemittel aus. Das Kältemittel ist vor dem Öffnen des Kältemittelkreislaufs abzusaugen. Wird der Kältemittelkreislauf nach dem Absaugen innerhalb 10 Minuten nicht geöffnet, kann durch Nachverdampfung Druck im Kältemittelkreislauf entstehen. Das Kältemittel muss dann nochmals abgesaugt werden. Alle geöffneten Bauteile des Kältemittelkreislaufs sind gegen Eintritt von Luftfeuchtigkeit mit geeigneten Verschlussstopfen zu verschließen. Es ist verboten, beim Betrieb, bei Instandsetzungsarbeiten und bei Außerbetriebnahme von Kältemittel enthaltenden Erzeugnissen entgegen dem Stand der Technik die in ihnen enthaltenen Stoffe in die Atmosphäre entweichen zu lassen.

Bild 13
Achtung Stromschlag! Restladungen und Induktionsspannungen können gesundheitsgefährdend sein.

Verletzungsgefahr durch automatischen Motorstart bei Fahrzeugen mit Start-Stopp-System
Bei Fahrzeugen mit aktiviertem Start-Stopp-System (erkennbar an einer Meldung im Schalttafeleinsatz) kann der Motor bei Bedarf automatisch starten.

Deshalb sicherstellen, dass bei Arbeiten am Fahrzeug das Start-Stopp-System deaktiviert ist (Zündung ausschalten, bei Bedarf Zündung wieder einschalten).

Verletzungsgefahr bei Arbeiten an der elektrischen Anlage
Nicht nur die schon angesprochene Zündanlage birgt einige Überraschungen, die Sie in ungünstigen Situationen oder bei körperlichen Vorschäden leicht in Lebensgefahr bringen können.
Im Gegensatz zur Hauselektrik sind keine »Personenschutzschalter« vorgesehen. Ziehen Sie grundsätzlich nicht leitende Handschuhe an, wenn Sie an Bauteilen arbeiten, deren Ladungszustand Sie nicht kennen.

Für Arbeiten an Hybridfahrzeugen oder Elektrofahrzeugen ist ein besonderer Lehrgang erforderlich. Für die zum Redaktionsschluss in diesem Buch behandelten Modelle ist ein solches Fahrzeug noch nicht lieferbar. Die derzeitige Entwicklung kann ein solches Modell aber schon in wenigen Jahren auf die Räder, die Straße und dann sicherlich auch in Ihre Werkstatt bringen.

Richtiges Aufbocken

Im Bordwerkzeug des VW Crafter ist, wie schon beim Vorgängermodell, ein hydraulischer Wagenheber vorhanden. Spindelwagenheber sind für das Fahrzeuggewicht weniger geeignet. Ob Sie nun den originalen Wagenheber oder einen Werkstattwagenheber einsetzen: Es sollte grundsätzlich eine geeignete Gummi- oder Holzzwischenlage verwendet werden, um Schäden an der Karosserie oder auch am Korrosionsschutz zu vermeiden. Das Fahrzeug darf keinesfalls an der Motorölwanne, am Getriebe, an der Hinterachse, der Vorderachse oder an den Unterholmen angehoben werden, da sonst schwerwiegende Schäden eintreten können. Es darf nur an den auf den Abbildungen gezeigten Aufnahmepunkten angehoben werden. Der Schwellerbereich ist nicht in der Lage das Fahrzeuggewicht auf der Hebebühne sicher aufzunehmen.

Wichtige Grundregeln:

Aufgrund der Unfallgefahr niemals bei angehobenem Fahrzeug den Motor anlassen.

Wenn unter dem Fahrzeug gearbeitet werden soll, muss es mit geeigneten Unterstellböcken sicher abgestützt werden.

Fahrzeuge mit schwerem Aufbau und Kasten-, Kombifahrzeuge mit langem Radstand müssen zusätzlich abgestützt werden. Stellen Sie hierzu eine handelsübliche Stütze senkrecht unter den Abschlussquerträger.

Bei Arbeiten auf der Hebebühne müssen Sie das Fahrzeug zusätzlich mit Spanngurten gegen Abrutschen sichern.

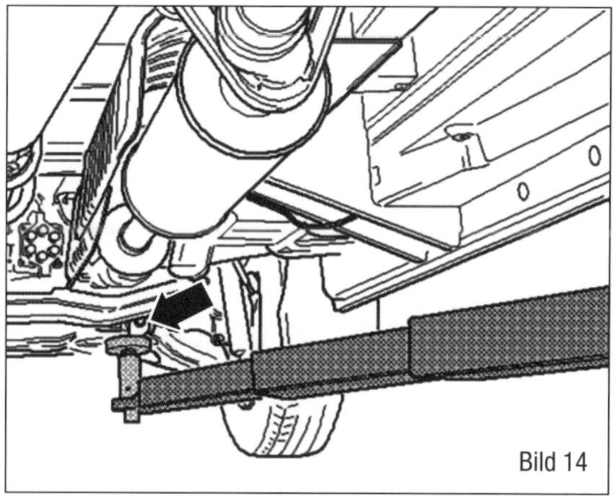

Bild 14
Aufnahmepunkt vorne bei Arbeiten ohne Demontage der Vorderachse. Pfeil: Aufnahmepunkt vorn am Längsträger.

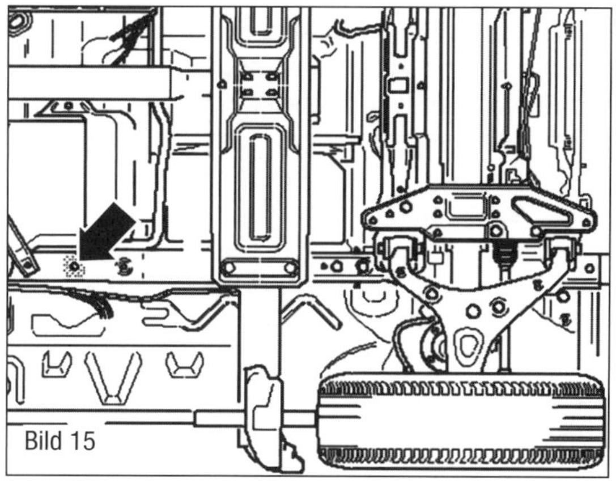

Bild 15
Aufnahmepunkt vorne bei Arbeiten mit Demontage er Vorderachse: Pfeil: am Fahrzeuglängsträger hinter dem vorderen Aggregateträger.

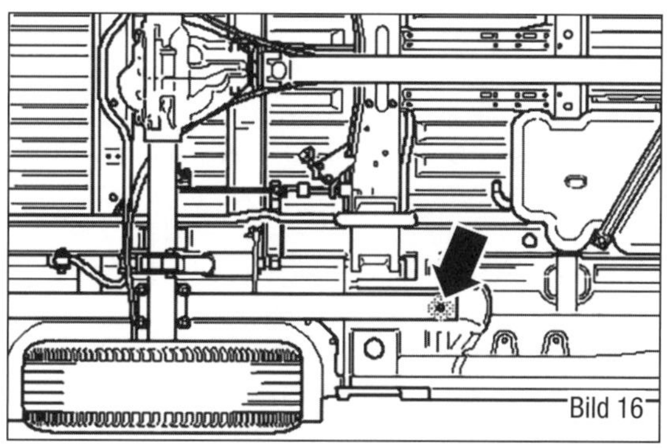

Bild 16
Aufnahmepunkt hinten bei Pritschenfahrzeugen.
Pfeil: die vordere Blattfederaufnahme als Aufnahmepunkt.

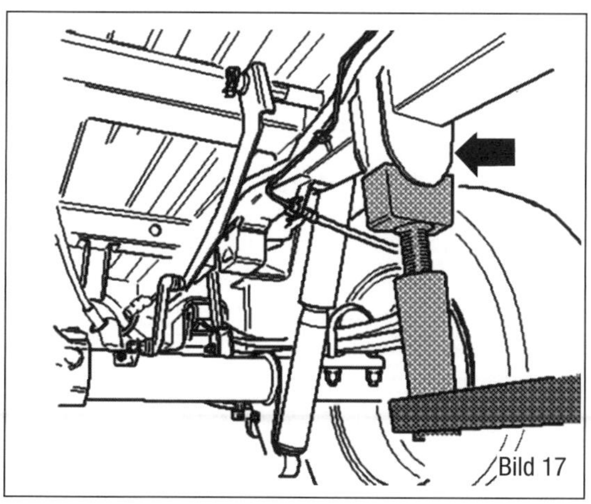

Bild 17
Aufnahmepunkt hinten bei Kasten- und Kombifahrzeugen. Pfeil: die Wagenheberaufnahme hinten am Rahmenlängsträger als Aufnahmepunkt.

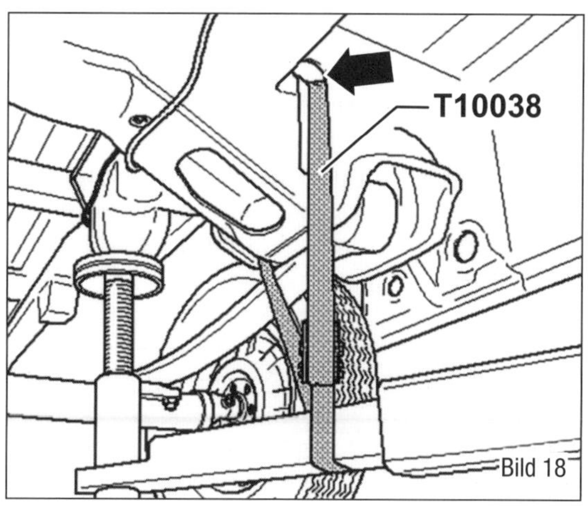

Bild 18
Sicherung des Fahrzeugs auf der Hebebühne durch das Verzurren mit Spanngurten am Tragarm der Bühne.
Pfeil Rahmendurchführung
A Spanngurt

Führen Sie dazu den Spanngurt durch die Öffnung in der Karosserie (Pfeil, Bild 18) und um den Tragarm der Hebebühne und spannen dann den Spanngurt.

An- und Abschleppen

Bei manchen Pannen muss das Fahrzeug abgeschleppt werden. Anschleppen sollte man nur, wenn keine Möglichkeit besteht, den Motor mit Starthilfekabeln zu starten. Fahrzeuge ohne Schmiermittel im Schaltgetriebe oder Achsantrieb dürfen nur mit angehobenen Antriebsrädern abgeschleppt werden. Zum An- und Abschleppen sollten Kunstfaserseile oder Seile aus ähnlich elastischem Material verwendet werden. Sicherer ist eine Abschleppstange. Beim Abschleppen dürfen keine unzulässigen Zugkräfte und keine stoßartigen Belastungen auftreten. Seil oder Stange dürfen nur an den vorgesehenen Abschleppösen vorn oder hinten angebracht werden. Bei Schleppmanövern abseits regulärer Straßen besteht die Gefahr, dass die Befestigungsteile überlastet werden. Wird ein Abschleppseil verwendet, muss der Fahrer des ziehenden Wagens beim Anfahren und Schalten besonders weich einkuppeln. Der Fahrer des gezogenen Wagens hat darauf zu achten, dass das Seil straff gehalten wird. An beiden Fahrzeugen die Warnblinkanlage einschalten. Da der Bremskraftverstärker nur bei laufendem Motor arbeitet, muss ggf. das Bremspedal kräftiger getreten werden. Beim Anschleppen von Fahrzeugen mit Schaltgetriebe ist Folgendes zu beachten:

- Vor dem Anschleppen 2. oder 3. Gang einlegen, Kupplung halten.
- Zündung einschalten, damit Lenkrad nicht blockiert und Blinkleuchten, Hupe sowie Wisch-Waschanlage benutzt werden können.
- Kupplungspedal loslassen, wenn beide Fahrzeuge in Bewegung sind.
- Sobald der Motor angesprungen ist, Kupplung treten und Gang herausnehmen, um Auffahren auf das Zugfahrzeug zu vermeiden.

Einige Kniffe für Schrauber

Eine unlösbare Verschraubung oder eine abgerissene Schraube haben schon manchen Heimwerker von seinem Reparaturvorhaben wieder abgebracht. Unsere Hinweise sollen helfen, ungewohnte Arbeiten durchzuführen.

Verrostete Verschraubungen lösen

- Die freiliegenden Gewindegänge des Gewindebolzens von Rost und Schmutz befreien.
- Gewinde mit einer Drahtbürste säubern und anschließend mit Rostlöser besprühen.
- Bei Schnell-Rostlösern die Mutter sofort losdrehen.
- Bei anderen Rostlösern etwas warten.
- Wenn die Kanten einer Mutter bereits rund gedreht sind oder wenn Rost die Anlageflächen deformiert hat, hilft nur noch Gewalt.
- Gripzange verwenden. Damit lässt sich die Mutter fest greifen und oft losdrehen.
- Hilft das nicht weiter, wird ein scharfer Meißel angesetzt und die Mutter aufgemeißelt.
- Eine gut zugängliche Mutter kann auch entlang des Gewindes mit einer Metallsäge aufgesägt werden. Werkstätten benutzen einen Mutternsprenger.

Innensechskant- und Innenvielzahnschrauben lösen

- Das Schraubenloch muss von jeglichem Schmutz gesäubert sein, ehe das Werkzeug angesetzt wird.
- Am besten eignen sich Steckeinsätze mit langem Sechskant oder Vielzahn (Torx).
- Im Gegensatz zu Winkelschlüsseln, bei denen die Kraft schräg ansetzt, vertragen die Steckeinsätze einen Hammerschlag auf der Adapterseite mit dem Vierkant. Der Schlag lockert den Sitz der Schraube und erleichtert merklich das Lösen.

Schlitz- und Kreuzschlitzschrauben lösen

Schrauben können so fest sitzen, dass sie sich nicht mehr mit dem Schraubendreher herausdrehen lassen. Bei Kreuzschlitzschrauben dreht sich der Schraubendreher auch bei starkem Druck auf den Griff aus dem Kreuzschlitz heraus. Nach einigen erfolglosen Versuchen ist der Schlitz vermurkst, die Schraube ist praktisch unlösbar.

- Stabilen Schraubendreher ansetzen und mit kräftigem Hammerschlag auf das Griffende versuchen, die Schraubverbindung zu lösen. Meistens bricht die mit dem Kopf fest korrodierte Schraube los. Sie lässt sich dann normal herausdrehen.

■ Hilft der kräftige Hammerschlag nichts, muss ein Schlagschrauber her. Bei jedem Schlag auf dessen Griffoberseite wird der Schraubendrehereinsatz unter Druck ein wenig weiter gedreht.

Blechschrauben ausbohren

Lässt sich in einem Schraubenkopf kein Werkzeug mehr ansetzen, hilft nur noch ausbohren.

■ Erst entfernt man mit einem passenden Bohrer den Schraubenkopf. Eventuell mit einem kleineren Bohrer vorbohren.

■ Das Gewindeteil lässt sich jetzt entweder durchstoßen oder mit einer Zange von der Rückseite abnehmen.

■ Andernfalls mit einem dünnen Bohrer das Gewindeteil ausbohren. Den Bohrerdurchmesser nicht zu groß wählen, sonst hält später nur eine dickere Blechschraube.

Stehbolzen lösen und festdrehen

■ Anlagefläche für Schraubenschlüssel schaffen.

■ Auf dem freien Gewindeteil zwei Muttern fest gegeneinander drehen (kontern).

■ An den blockierten Muttern den Schraubenschlüssel ansetzen und den Bolzen lösen.

Abgerissene Schrauben ausbohren

Das Gegengewinde, in dem die abgerissene Schraube steckt, sollte möglichst wenig Schaden nehmen.

■ Körnerschlag auf Schraubenrestmitte.

■ Bis Schraubengröße M8 mit einem Kernlochbohrer arbeiten. Das ist der Durchmesser einer Schraube ohne Gewindeflanken. Faustregel: Gewindedurchmesser multipliziert mit 0,8.

■ Schrauben größer als M8 mit einem dünneren Bohrer vorbohren.

■ Wenn sich die Metallreste nicht mit einer Reißnadel aus den Gewindegängen entfernen lassen, Gewinde nachschneiden.

Bild 19

Bild 19
Gewindeschneiden mit Vorsicht und Bedacht.

Gewinde schneiden

Hat das Metall noch genug Substanz, kann ein größeres Gewinde eingeschnitten werden. Andernfalls muss eine Gewindebuchse eingesetzt werden. Das Nach- oder Neuschneiden von Gewinden geht in drei Stufen vor sich. Die entsprechenden Gewindeschneider heißen Vorschneider (mit einem Ring am Schaft gekennzeichnet), Mittelschneider (zwei Ringe am Schaft) und Fertigschneider (drei Ringe oder ohne Kennzeichnung).

■ Gewindeschneider nacheinander unter ständigem Ölen in das vorgebohrte Kernloch hinein- und wieder herausdrehen.

■ Beim Hineindrehen ab und zu absetzen und ein Stück zurückdrehen. Sonst werden die Metallspäne zu lang und klemmen.

2 Modell

Modellvorstellung

Der Crafter stellt bereits die zweite Generation Kleintransporter in Zusammenarbeit mit Mercedes dar. Wie schon der Vorgänger sind die Karosseriestrukturen und viele Konstruktionsdetails baugleich mit dem Mercedes Sprinter. Unterscheidungsmerkmale finden sich in einigen Details, den Motoren und der Fahrzeugfront. Getriebe, Achsen und Fahrwerk sind für Sprinter und Crafter weitgehend baugleich.
Als eine markante Besonderheit sticht der 4Motion-Crafter mit Achleitner-Allradantrieb hervor.

Markante Veränderungen
Deutlich moderner im Vergleich zum LT II sind viele Ausstattungselemente neu gestaltet worden. Einige technische Details sind aber durchaus noch aus dem Vorgängermodell bekannt. Neben den äußerlichen Veränderungen gibt es das neue Design im Innenraum mit neuem Kombiinstrument, neuen Stoffen und Lenkrädern, eine neue ansprechende Außenausstattung wie neue Außenspiegel, Motorhaube, Scheinwerfer, Frontend, Rückleuchten, Felgen sowie ein neues Farbprogramm. Den Crafter gibt es ab dem Modelljahr 2006 äußerlich fast unverändert. 2012 erfolgte ein vorsichtiges Facelift was das Design des Crafters mehr in das Markendesign der Volkswagenfahrzeuge eingliederte. Das Kühlerschutzgitter ist breiter geworden und wird jetzt von den Scheinwerfern abgegrenzt. Im unteren Bereich ist eine durchgehende Blende verbaut.

Bild 1

Bild 1
Besonderheit »4Motion«
Die Abmessungen fallen hier je nach Ausstattung und Ausrüstung sehr unterschiedlich aus.

Fahrzeugabmessungen
Die Abmessungen der Fahrzeugvarianten sind gegenüber den Vorgängermodellen etwas gewachsen. Zur Übersicht stellen wir Ihnen die Abmessungen tabellarisch vor.

Kasten und Kombi

	Abmessung	Maß in mm
A	Spurweite vorne*	1708 – 1732
B	Breite	1993
C	Fahrzeughöhe**	2705 (Hoch), 2990 (Superhoch)
D	Spurweite hinten	1521 – 1738*
E	Fahrzeughöhe	2415 (Flach), 2415 (Mittel)
F	Überhang hinten	990 – 2015
G	Radstand	3250 (Kurz),
		3665 (Mittel),
		4325 (Lang)
H	Überhang vorne	1000
I	Länge*	5244 – 7340
Ladekante		665 – 765
Laderaumvolumen		7,5 – 17 m^3
Laderaumlänge		2600 – 4700
Laderaumbreite		Max. 1780
Laderaumhöhe		1650 – 2140

* Abhängig von der Bereifung, Größtmaß bei Zwillingsreifen beim 5-t-Crafter.
** Ohne Beladung, durchgefedert

DOKA – Doppelkabine

	Abmessung	Maß in mm
A	Spurweite vorne*	1708 – 1732
B	Breite	1993
D	Spurweite hinten*	1521 – 1738
E	Fahrzeughöhe	2415 (Flach), 2415 (Mittel)
F	Überhang hinten	1304 – 1709
G	Radstand	3250 (Kurz), 3665 (Mittel), 4325 (Lang)
H	Überhang vorne	1000
I	Länge	5240 (Kurz), 5940 (Mittel), 6940 (Lang), 7340 (Superlang)
Ladekante*		665 – 765
Ladeflächenlänge		2120 – 3600
Ladeflächenbreite		2030 – 2130

* Abhängig von der Bereifung, Größtmaß bei Zwillingsreifen beim 5-t-Crafter.
** Ohne Beladung, durchgefedert

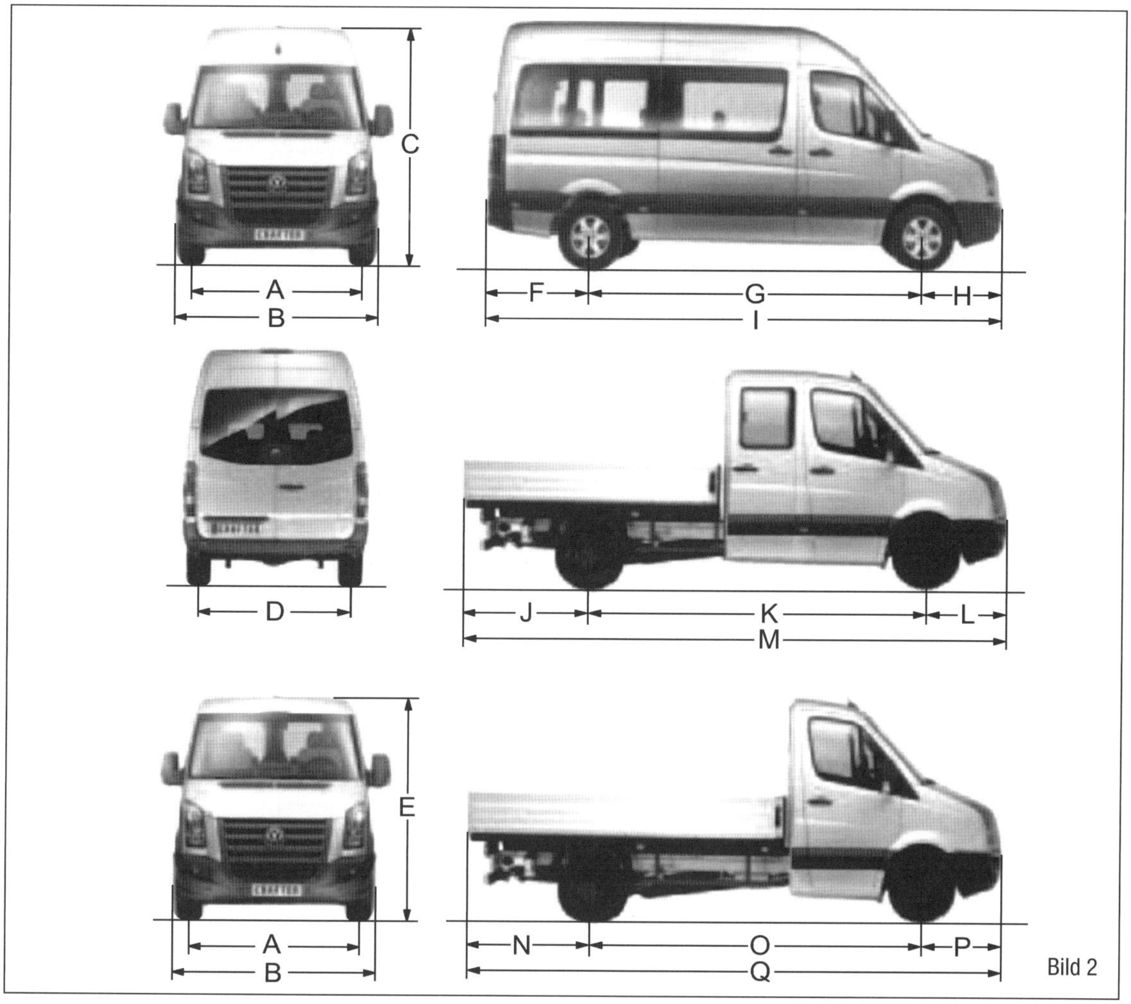

Bild 2

Bild 2
Fahrzeugabmessungen der Karosserievarianten in der Übersicht. Die Abmessungen A-Q werden in den Tabellen angegeben

Pritsche (Einzelkabine)

	Abmessung	Maß in mm
A	Spurweite vorne*	1708 - 1732
B	Breite	1993
D	Spurweite hinten*	1521 – 1738
E	Fahrzeughöhe	2415 (Flach), 2415 (Mittel)
F	Überhang hinten	1074 – 1599
G	Radstand	3250 (Kurz), 3665 (Mittel), 4325 (Lang)
H	Überhang vorne	1000
I	Länge	5240 (Kurz), 5940 (Mittel), 6940 (Lang) , 7340 (Superlang)
Ladekante*		665 – 765
Ladeflächenlänge		2840 – 4300
Ladeflächenbreite		2030 – 2130

* Abhängig von der Bereifung, Größtmaß bei Zwillingsreifen beim 5-t-Crafter.
** Ohne Beladung, durchgefedert

Motor und Antrieb
Neue TDI-Motoren mit Common-Rail-Einspritzsystem sowie ein 6-Gang-Getriebe ergänzen das Antriebskonzept. Auch die Allradvarianten »4MOTION« sind nun mit einem Antriebssystem für echte Offroader von Achleitner lieferbar.

Dieselmotoren
Basierend auf dem legendären 5-Zylinder-TDI-Motor aus dem LT wurden bis 2010 verbaut. Ab diesem Zeitraum wurden die Motoren durch einen neu entwickelten Vierzylinder mit VTG oder Bi-Burbosystemen abgelöst. Ein deutlicher Fortschritt sind die Zahnriemenantriebe, die ein Wechselintervall der Zahnriemen von bis zu 200'000 km ermöglichen.

Manuelles und Shiftmatic-Getriebe
Das Shiftmatic-Getriebe ist ein automatisiertes Schaltgetriebe, welches technisch auf dem normalen 6-Ganggetriebe

basiert. Es wird wie das Schaltgetriebe über den Joystick-Wählhebel geschaltet. Das Schalten der Gänge mit automatischer Kupplungsbetätigung erfolgt durch elektronische Ansteuerung vom Getriebesteuergerät. Es werden hydraulisch arbeitende Komponenten angesteuert, welche Signale vom Getriebesteuergerät in die jeweilige mechanische Schaltbewegung umsetzen. Zeitgleich wird die Kupplung angesteuert. Das Kupplungspedal wird nicht mehr benötigt und entfällt somit.

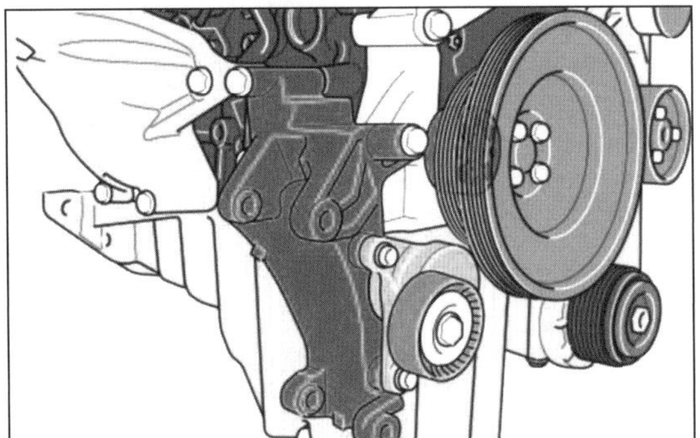

Bild 3

Bild 3
Nebenabtrieb von der Riemenscheibe auf der Motorstirnseite.

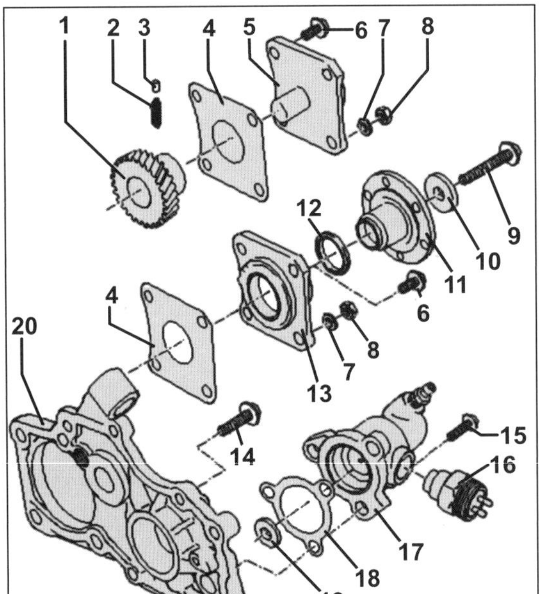

Bild 4

Bild 4
Nebenabtrieb am Getriebe: Er kann mit der Motorkupplung entkuppelt werden. Die Kraftübertragung erfolgt über das Getriebe.

1 Antriebsrad,
2 Druckfeder,
3 Bolzen,
4 Dichtung,
5 Gehäusedeckel,
6 Schraube,
7 Scheibe,
8 Sechskantmutter,
9 Schraube,
10 Scheibe,
11 Flansch,
12 Wellendichtring,
13 Gehäusedeckel-Vorderteil für Nebenabtrieb,
14 Schraube,
15 Schraube,
16 Kontrollschalter für Nebenabtrieb,
17 Schaltzylinder,
18 Dichtung,
19 Unterlegscheibe,
20 Deckel

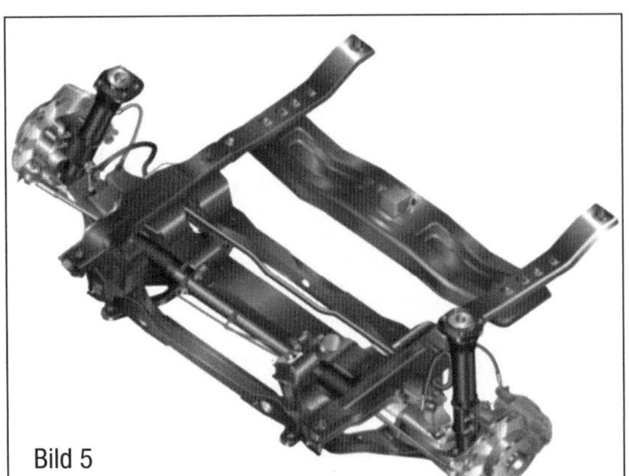

Bild 5

Bild 5
Vorderachse mit quer liegender GFK Blattfeder.

Nebenabtriebe
Im Crafter gibt es zwei unterschiedliche Nebenabtriebe. Zum einen eine zusätzliche Riemenscheibe (Bild 3) auf der Kurbelwelle und zum anderen zum Anflanschen am Getriebeausgang (Bild 4) über eine spezielle Welle. Beide Varianten sind nur mit erheblichem Aufwand nachrüstbar. Sollten Sie also einen Nebenantrieb benötigen, sollten Sie ein entsprechendes Fahrzeug suchen. In den meisten Fällen werden Sie wahrscheinlich bei Fahrzeugen fündig werden, die im kommunalen Einsatz bei Gemeinden und Verbänden waren.

4Motion
Die Allradvarianten des Crafters entstehen bei der Firma Achleitner in Österreich. Für die technische Betreuung, die Servicearbeiten und die Ersatzteilversorgung werden die gleichen Ansprüche formuliert, die an alle Fahrzeuge aus dem Hause Volkswagen gestellt werden. Die 4Motion-Varianten sind vollwertige Offroadfahrzeuge mit hohem Nutzwert. Für den privaten Bereich sind die Allradler nicht nur für Extrem-Camper oder Baufirmen interessant. Das Allradsystem erweitert die Funktionalität des Fahrzeugs.

Komfort und Bedienung
Die Unterscheidungen sind also mitnichten mit einer Veränderung des äußeren Designs abzutun. Informationen über die Systeme, die in Ihrem Fahrzeug verbaut worden sind, werden spätestens dann wichtig, wenn Sie aufgrund eines Ausfalls im Rahmen der Fehlersuche an den Systemen arbeiten wollen.

Sound und Navigation
Je nach Ausstattungsvariante oder auch dem Kundenwunsch bei der Fahrzeugneubestellung werden im Crafter vom Soundsystem bis zu aufwändigen Rückfahrsystemen verbaut. Die technische Aufrüstung ist zwar oft möglich, aber mit viel Arbeit verbunden. Soweit Bedarf besteht, sollte man beim Gebrauchtwagenkauf bereits auf das Vorhandensein dieser Systeme achten.

GFK-Blattfeder vorne
Die Querblattfeder ist aus glasfaserverstärktem Kunststoff (GFK) gefertigt. Dadurch konnte das Gewicht der Querblattfeder gegenüber einer Ausführung aus Stahl deutlich vermindert und das Stabilisierungsvermögen grundsätzlich erhöht werden. Zusätzlich werden durch die besonderen Materialeigenschaften eine bessere Fahrwerksfederung und Dämpfung erreicht.

Stabilisator hinten
Stabilisatoren verteilen ungleichmäßig auf eine Radseite einwirkende Kräfte auf die andere Seite weiter. Je stärker der Stabilisator ausfällt, umso mehr erfolgt dieser Kräfteausgleich, und umso geringer fällt auch die Seitenneigung des Fahrzeugs aus. Der Crafter mit 5,0 t Nutzlast ist serienmäßig mit einem Stabilisator (Durchmesser 28 mm) ausgestattet. Die Ausführung mit 3,5 t Nutzlast kann optional mit einem 17-mm-Stabilisator ausgewählt werden. Zudem können verstärkte Ausführungen für die 3,5-t-Varianten mit 21 mm Durchmesser und bei 5,0-t-Varianten mit 34 mm Durchmesser ausgewählt werden. Die Stabilisatoren können nachgerüstet werden. Sie vermindern die Seitenneigung merklich.

Diverse Assistenten
Neben den technischen Weiterentwicklungen in Sachen Mechanik zum sehr erfolgreichen VW LT als Vorgänger ergeben sich viele neue Möglichkeiten durch das Bordnetz des Crafters. Wie auch beim Pkw kommen bei dem kleinen Nutzfahrzeug neue Fahrerassistenzsysteme, ein neues Infotainment-Programm und letztlich auch neue Klimabedienteile hinzu.

Wischerfunktionen am Crafter
Die Funktionserweiterungen machen auch beim Scheibenwischer nicht halt. Neben einem Licht- und Regensensor spielen auch die Radsensoren des ABS für die Wischersteuerung eine Rolle. Geschwindigkeitsabhängig werden die Wischerstufen automatisch zurückgenommen oder sogar vollständig automatisch ausgelöst. Auch der Heckwischer kann automatisch bei eingeschaltetem Heckwischer betätigt werden. Diese Funktionen werden durch das Bordnetzsteuergerät realisiert und sind softwareabhängig. Informieren Sie sich, welche Ausrüstung Ihr Fahrzeug hat und ziehen Sie für die Fehlersuche grundsätzlich eigene Tester hinzu.

ABS, ESP und Stabilitätssysteme
Typisch für die softwaregestützte Umsetzung sind die umfangreichen Assistenzsysteme der Bremsanlage. Basierend auf einem ABS-System können auch einzelne Bremsgeräte eines Rades angesteuert werden. So wird es mit ESP möglich das Fahrzeug zu stabilisieren oder wie im ASR ein schnell drehendes Rad abzubremsen. Die Systeme arbeiten hier derartig schnell, dass die Reaktion auch von routinierten Fahrern kaum übertroffen werden kann.

Das Start-Stopp-System mit Rekuperation und Energiemanagement
Ab dem Modelljahr 2012 kam eine weitere Besonderheit der technischen Ausrüstung hinzu. Ein Start-Stopp-System mit Rekuperation. Die Start-Stopp-Funktion ist recht leicht vorstellbar. Über das Bordnetzsystem lässt sich natürlich auch die Nutzung des Fahrzeuges erkennen. Entsprechend wird bei aktiviertem System und einer Haltephase der Motor abgestellt. So wird zum einen Kraftstoff und zum anderen eine CO_2-Senkung realisiert. Als Rekuperation bezeichnet man grundsätzlich ein technisches Verfahren zur Energierückführung. Hier sollen aber zwei unterschiedliche Effekte genutzt werden. Natürlich können bei Fahrzeugen mit Verbrennungsmotor keine so hohen Rückgewinnungsraten wie bei einem elektrisch an-

Bild 6
Aktives Start-Stopp-System: Erkennbar an der Infoleuchte oben links und im Display des Tachometers.

Sichtprüfung Messen

Bild 7
Taste zum Abschalten des Start-Stopp-Systems.

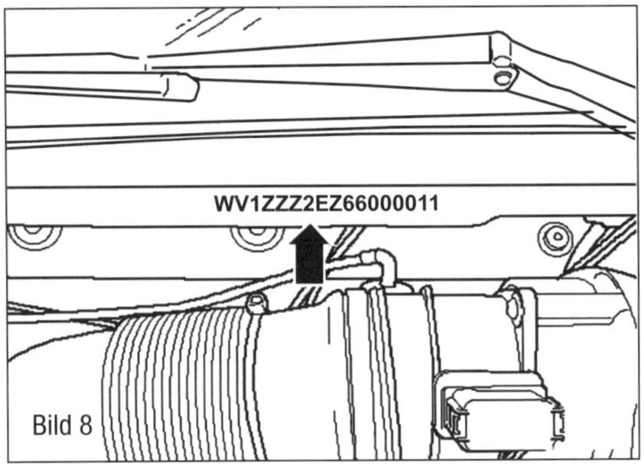

Bild 8
Sichtbare Fahrgestellnummer im Wasserkasten.

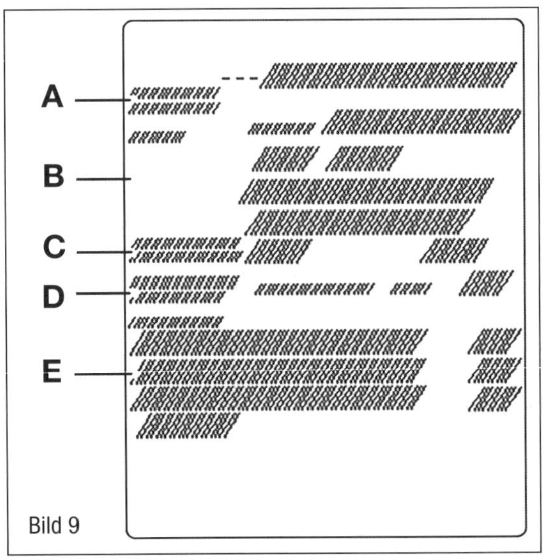

Bild 9
Fahrzeugdatenträger.
- A Fahrzeug-Identifizierungsnummer
- B Fahrzeugtyp, Motorleistung, Getriebe
- C Motor- und Getriebekennbuchstaben
- D VW-Lacknummer, Innenausstattung
- E Mehrausstattungen PR-Nummern

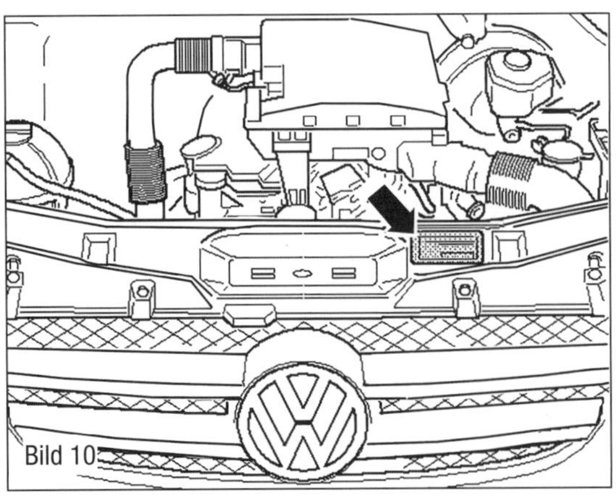

Bild 10
Angeklebt auf der B-Säule enthält die Plakette Fahrgestellnummer und Achslasten, die (FIN) Fahrzeugidentifizierungsnummer, variable Angaben wie z. B. Achslasten, zulässiges Gesamtgewicht, zulässiges Zuggewicht, die Typ-Kennnummer und den Motorkennbuchstaben.

getriebenen Fahrzeug erwartet werden. Durch ein Zusammenspiel verschiedener Fahrzeugsysteme wird durch die Rekuperation eine Reduzierung des Kraftstoffverbrauches erzielt. Für die Rekuperation sind die Generatorsteuerung, die Erfassung des Batterieladezustandes, die Erfassung des Energiebedarfes im Bordnetz und die Erfassung des aktuellen Motorbetriebes erforderlich. Das Motorsteuergerät errechnet eine Empfehlung für die Generatorsteuerung. So kann durch das Absenken der Generatorspannung eine geringere Leistungsabgabe des Generators und damit ein geringerer Kraftstoffverbrauch erreicht werden. In Phasen eines geringeren spezifischen Kraftstoffverbrauchs kann die Generatorspannung erhöht werden. Die erhöhte Generatorleistung ermöglicht eine Rückgewinnung der Energie, die zum Abbremsen des Fahrzeugs benötigt wird, durch die Unterstützung des Motorbremsmomentes. So wird dann mehr Leistung vom Generator zum Laden der Bordnetzbatterien zur Verfügung gestellt, wenn das Fahrzeug abgebremst wird oder durch die Rücknahme des Gaspedals in der Schubabschaltung

Identifizierung

Fahrgestellnummer
Die Fahrzeug-Identifizierungsnummer befindet sich im Motorraum auf der Stirnwand im Wasserkasten (Bild 8).

Aufschlüsselung der Fahrzeug-Identifizierungsnummer (FIN)

WVW	Herstellerzeichen
ZZZ	Füllzeichen
2E	Typ
Z	Füllzeichen
6	Modelljahr 2006
6	Produktionsstätte
000 011	Laufende Nummer

Fahrzeugdatenträger
Den Fahrzeugdatenträger finden Sie gleich zweimal im Fahrzeug. Zum einen ist er auf dem Deckel des Sicherungskastens im Fußraum links verklebt. Der Datenträger befindet sich auch im Serviceplan des Fahrzeuges. Der Aufkleber im Serviceplan und der im Sicherungskasten unterscheiden sich nicht und enthalten die gleichen Daten.

Der Aufkleber auf der Spritzwand rechts (Bild 9) enthält folgende Fahrzeugdaten:
A Fahrzeug-Identifizierungsnummer,
B Fahrzeugtyp, Motorleistung, Getriebe
C Motor- und Getriebekennbuchstaben,
D VW-Lacknummer, Innenausstattung,
E Mehrausstattungen PR-Nummern.
Gerade für die Teilebestellung beim Zubehörhandel sind neben der Fahrgestellnummer und dem Zulassungsdatum auch der Motor- sowie der Getriebekenncode sehr wichtig.

Das Typenschild
Das Typenschild findet sich je nach Fahrzeugvariante am Schlossträger (Bild 10) oder an der Sitzkiste des Fahrersitzes, der B-Säule der Fahrerseite oder im Radhausinnenblech im Motorraum links.

Servicevorgaben

Was den Service angeht, teilt der Fahrzeugdatenträger mit, ob das Fahrzeug mit der Produktionssteuerungsnummer (PR-Nummer) **QG0, QG1, QG2, QI1, QI2, QI3, QI4, QI5, QI7** oder **QI8** ausgestattet ist. Diese Nummern geben Aufschluss über die Service-Intervalle.

Anzeige im SIA
Es gibt verschiedene Kombi-Instrumente, deshalb können die Ausführungen und Anzeigen der Displays durchaus variieren. Beim Display ohne Anzeige von Warn- oder Informationstexten werden die Störungen und auch die Informationen ausschließlich über die Kontrollleuchten angezeigt. Service-Termine werden nach Ölwechsel-Service und Inspektionen unterschieden. Die Service-Intervall-Anzeige informiert über den nächsten Service-Termin, der einen Motorölwechsel enthält und über die nächste fällige Inspektion.

Fahrzeuge ohne Textmeldung
Welcher Service-Termin aktuell angezeigt wird, ist bei Fahrzeugen ohne Textmeldungen im Display des Kombi-Instruments oben rechts in der Displayanzeige ablesbar. Im Display des Kombi-Instruments erscheint ein Schraubenschlüssel-Symbol mit einer Anzeige in km und dem Uhr-Symbol mit einer Anzeige in Tagen bis zum fälligen Service-Termin. Die angegebene Kilometerzahl ist die Anzahl der Kilometer, die noch maximal bis zum fälligen Service-Termin gefahren werden können. Zusätzlich wird oben rechts in der Displayanzeige angezeigt, für welchen Service-Termin die Erinnerung gültig ist (1 für Ölwechsel-Service, 2 für Inspektion).

Wird die Service-Erinnerung für beide Service-Termine angezeigt (Anzeigen 1 und 2 oben rechts im Display des Kombi-Instruments), sind bei Fahrzeugen ohne Textmeldungen die Kilometerzahl und die Anzeige in Tagen für den unmittelbar folgenden Service-Termin gültig.

Fahrzeuge mit Textmeldung
Bei Fahrzeugen mit Textmeldungen im Display des Kombi-Instruments erscheint die Information »Ölwechsel« oder »Inspektion« mit der entsprechenden Anzahl der Tage oder der Wegstrecke bis zum Servicetermin.

Feste Service-Intervalle
Bei Fahrzeugen mit festem Ölwechsel-Service sind feste Service-Intervalle vorgegeben. Die angegebenen Kilometer- oder Zeitwerte sind vorher von Volkswagen Nutzfahrzeuge ermittelt und festgelegt worden. Bei üblichen Betriebsbedingungen ist das Erreichen dieser Service-Intervalle technisch abgesichert.

Flexible Service-Intervalle
Bei Fahrzeugen mit flexiblem Ölwechsel-Service werden die Intervalle individuell ermittelt. Der technische Fortschritt ermöglicht es, den Wartungsbedarf erheblich zu reduzieren. Mit dem flexiblen Ölwechsel-Service setzt Volkswagen eine Technologie ein, mit der nur dann ein Ölwechsel-Service vorgenommen werden muss, wenn das Fahrzeug diesen benötigt. Dabei werden zur Ermittlung des Ölwechsel-Service (max. 2 Jahre) auch die individuellen Einsatzbedingungen und der persönliche Fahrstil berücksichtigt. Die Service-Vorwarnung wird erstmalig 20 Tage vor dem errechneten fälligen Service angezeigt. Die angezeigte Restfahrstrecke wird immer auf 100 km gerundet bzw. die Restzeit auf ganze Tage. Die aktuelle Service-Meldung lässt sich erst ab 500 km nach dem letzten Service abfragen. Bis dahin erscheinen nur Striche in der An-

zeige. Nach dem Service muss die Intervallanzeige zurückgesetzt werden.

Servicemeldung abfragen

Bei eingeschalteter Zündung, abgestelltem Motor und stehendem Fahrzeug kann jederzeit (frühestens aber 500 km nach dem letzten Service) die aktuelle Servicemeldung abgefragt werden. Das kann ebenso wie das nach jedem Ölwechsel- und Intervall-Service nötige Zurücksetzen der SIA mit der Wippe im Scheibenwischerhebel, mit den Bedientasten am Schalttafeleinsatz erfolgen. Natürlich können Sie diese Arbeiten auch mit dem Fahrzeugdiagnosetester erledigen.

Bild 11
»Set« (1) des Tachometers.

Bei einem fälligen Service ertönt beim Einschalten der Zündung ein akustisches Signal, und für einige Sekunden erscheint das blinkende Schraubenschlüssel-Symbol. Bei Fahrzeugen mit Textmeldungen im Display des Kombi-Instruments erscheint »Ölwechsel jetzt!« oder »Inspektion jetzt!«.

Abfragen der Meldung über Bedientasten am Schalttafeleinsatz
Bei eingeschalteter Zündung, abgestelltem Motor und stehendem Fahrzeug kann die aktuelle Service-Meldung abgefragt werden. Ein überfälliger Service wird durch ein Minuszeichen vor der Kilometer- oder Tagesangabe angezeigt.

Fahrzeuge ohne Textmeldung

- Die Taste (1 im Bild 11) im Kombi-Instrument so oft drücken, bis das Schraubenschlüssel-Symbol und oben rechts in der Displayanzeige die Zahl 1 angezeigt werden. Die angezeigten Werte gelten für den Ölwechsel-Service.

- Die Taste (1 im Bild 11) im Kombi-Instrument erneut drücken. Das Schraubenschlüssel-Symbol und oben rechts in der Displayanzeige die Zahl 2 werden angezeigt. Die angezeigten Werte gelten für die Inspektion.

Service- und andere Wechsel-Intervalle Modelljahr 2006 bis 2012 Crafter (2E/2F)		
Dieselmotoren mit erhöhtem Schwefelanteil im Dieselkraftstoff	Ölwechsel-Service (fest)	alle 10.000 km
QG0/QG2/QG1-Fahrzeuge mit Codierung auf Festintervall	Ölwechsel-Service (fest) alle Intervall-Service (fest)	20.000 km/1 Jahr max. 40.000 km/2 Jahre
QG1-Fahrzeuge alle Fahrzeuge	Intervall-Service (flexibel) Inspektions-Service	max. 40.000 km/2 Jahre max. 80.000 km/2 Jahre

Service- und andere Wechsel-Intervalle Modelljahr 2013 Crafter (2E/2F)		
QI1	Ölwechsel-Service (fest)	alle 5000 km/1 Jahr
QI2	Ölwechsel-Service (fest)	alle 7500 km/1 Jahr
QI3	Ölwechsel-Service (fest)	alle 10.000 km/1 Jahr
QI4	Ölwechsel-Service (fest)	alle 15.000 km/1 Jahr
QI5	Ölwechsel-Service (fest)	alle 20.000 km/1 Jahr
QI1, QI2, QI3, QI4, QI5	Intervall-Service (fest)	alle 40.000 km/2 Jahr4
QI8	Intervall-Service (flexibel)	alle 40.000 km/2 Jahre
QI1, QI2, QI3, QI4,	Inspektions-Service	Inspektions-Service
QI5, QI8		80.000 km/alle 2 Jahre

Service- und andere Wechsel-Intervalle Modelljahr 2014 Crafter (2E/2F)

QI1	Ölwechsel-Service (fest)	alle 5000 km/1 Jahr
QI2	Ölwechsel-Service (fest)	alle 7500 km/1 Jahr
QI3	Ölwechsel-Service (fest)	alle 10.000 km/1 Jahr
QI4	Ölwechsel-Service (fest)	alle 15.000 km/1 Jahr
QI5	Ölwechsel-Service (fest)	alle 20.000 km/1 Jahr
QI8	Intervall-Service (flexibel)	alle 40.000 km/2 Jahre
QI1, QI2, QI3, QI4, QI5, QI8	Inspektions-Service	Inspektions-Service 40.000 km/alle 2 Jahre. Der erweiterte Umfang wird erstmalig nach 3 Jahren, dann alle 2 Jahre oder 80.000 km fällig.

Service- und andere Wechsel-Intervalle Modelljahr 2014 Crafter (2E/2F)

QI1	Ölwechsel-Service (fest)	alle 5000 km/1 Jahr
QI2	Ölwechsel-Service (fest)	alle 7500 km/1 Jahr
QI3	Ölwechsel-Service (fest)	alle 10.000 km/1 Jahr
QI4	Ölwechsel-Service (fest)	alle 15.000 km/1 Jahr
QI5	Ölwechsel-Service (fest)	alle 20.000 km/1 Jahr
QI8	Intervall-Service (flexibel)	alle 40.000 km/2 Jahre
QI1, QI2, QI3, QI4, QI5, QI8	Inspektions-Service	Inspektions-Service 40'000 km/alle 2 Jahre. Der erweiterte Umfang wird erstmalig nach 3 Jahren, dann alle 2 Jahre oder 80.000 km fällig.

Service- und andere Wechsel-Intervalle Modelljahr 2013 Crafter 4MOTION mit Achleitner-Allradantrieb (2E/2F)

QI4, QI5	Ölwechsel-Service (fest)	alle 20.000 km/1 Jahr
QI4, QI5	Ölwechsel-Service (fest) erschwerten Betrieb*	alle 15.000 km/1 Jahr
QI8	Intervall-Service (fest)	max. 40.000 km/1 Jahr
QI8	Intervall-Service (fest) erschwerten Betrieb*	max. 30.000 km/1 Jahr
QI8	Inspektions-Service	80.000 km/2 Jahre
QI8	Inspektions-Service erschwerten Betrieb*	60.000 km/2 Jahre

Service- und andere Wechsel-Intervalle Modelljahr 2014 Crafter 4MOTION mit Achleitner-Allradantrieb (2E/2F)

QI4, QI5	Ölwechsel-Service (fest)	alle 20.000 km/1 Jahr
QI4, QI5	Ölwechsel-Service (fest) erschwerten Betrieb*	alle 15.000 km/1 Jahr
QI8	Ölwechsel-Service (flexibel)	max. 40.000 km/1 Jahr
QI8	Ölwechsel-Service (flexibel) erschwerten Betrieb*	max. 30.000 km/1 Jahr
QI4, QI5, QI8	Inspektions-Service**	40.000 km/2 Jahre
QI8	Inspektions-Service** erschwerten Betrieb*	15.000 km/2 Jahre, dann alle 15.000 km/1 Jahr

* Für die Nutzung des Crafter 4MOTION mit Achleitner-Allradantrieb im erschwerten Betrieb muss die PR-Nummer 0X9 vorhanden sein.

** Ein erweiterter Inspektionsumfang wird erstmalig nach 3 Jahren, dann alle 2 Jahre oder nach 80'000 km fällig.

Fahrzeuge mit Textmeldung

■ Das Menü »Einstellungen« anwählen.

■ Im Untermenü »Service« Menüpunkt »Info« auswählen.

Service-Intervall-Anzeige zurücksetzen

Nach erfolgtem Service muss die Anzeige (SIA) wieder zurückgesetzt werden (»Anpassung «).

Mit dem Fahrzeugdiagnosetester geht das professionell vor sich:

■ Tester im Fahrzeug anschließen, Zündung einschalten, »Geführte Funktionen« anwählen.

■ Nacheinander auswählen: Marke, Typ, Modelljahr, Motorkennbuchstaben. Fahrzeugidentifikation bestätigen.

■ Dann wiederum nacheinander auswählen: Schalttafeleinsatz, Service-Intervall-Anzeige zurücksetzen.

■ Die Anpassung gemäß den »Geführten Funktionen« vornehmen, dann »Sprung« anwählen und »Beenden« drücken.

■ Zündung ausschalten, Diagnosestecker abziehen, Zündung wieder einschalten.

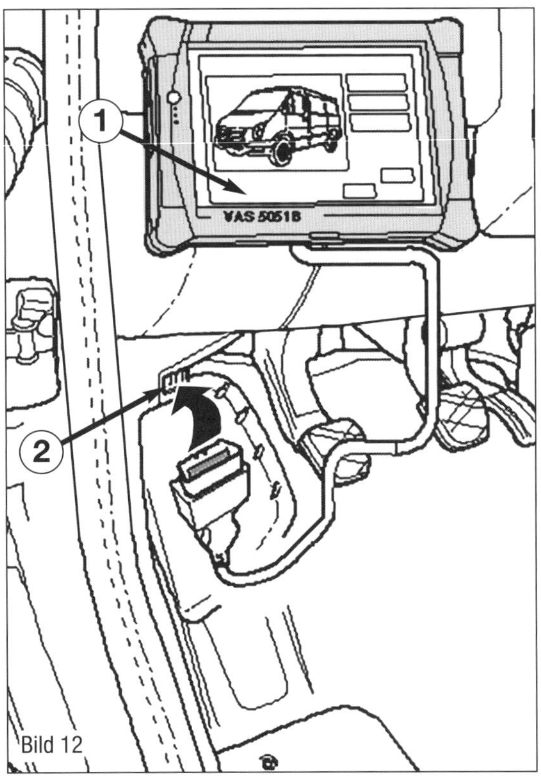

Bild 12
1 Fahrzeugdiagnosetester
2 OBD Stecker

■ Es wird nun kein Serviceereignis mehr angezeigt.

Zurücksetzen des »Ölservice« über die Bedientaste am Schalttafeleinsatz (Bild 11)

Setzen Sie die Ölwechsel-Service-Anzeige nicht zwischen den Service-Intervallen zurück, da es sonst zu falschen Anzeigen im Display kommen kann. Wenn bei gültigem flexiblem Ölwechsel-Service die Service-Intervall-Anzeige manuell zurückgesetzt wird, wird der feste Ölwechsel-Service aktiviert. Das Service-Intervall wird nicht mehr individuell ermittelt.

■ Zündung ausschalten.

■ Taste (1 im Bild 11) im Kombi-Instrument drücken und gedrückt halten.

■ Zündung wieder einschalten.

■ Warten, bis im Display die Anzeige »Ölwechsel-Service zurücksetzen?« erscheint.

■ Die Taste (1) wieder loslassen. Die Service-Intervall-Anzeige befindet sich nun im Rückstellmodus.

■ Die Taste (1) einmal kurz drücken. Das Display schaltet nach kurzer Zeit in die Normalanzeige zurück.

Zurücksetzen »Inspektions-Service« über die Bedientaste am Schalttafeleinsatz (Bild 11)

Wenn die Fahrzeugbatterie bei Fahrzeugen mit flexiblem Ölwechsel-Service längere Zeit abgeklemmt war, ist keine zeitliche Berechnung für den nächsten fälligen Service möglich.

Die Service-Anzeigen können daher falsche Berechnungen anzeigen. In diesem Fall müssen die maximal zulässigen Wartungsintervalle beachtet werden.

■ Zündung ausschalten.

■ Taste (1 im Bild 11) im Kombi-Instrument drücken und gedrückt halten.

■ Zündung wieder einschalten.

■ Warten, bis im Display die Anzeige »Inspektions-Service zurücksetzen?« erscheint.

■ Die Taste (1) wieder loslassen. Die Service-Intervall-Anzeige befindet sich nun im Rückstellmodus.

■ Die Taste (1) einmal kurz drücken. Das Display schaltet nach kurzer Zeit in die Normalanzeige zurück.

Wartungsplan bis 2013

Elektrische Anlage

Öl-Service	Intervall-Service	Inspektions-Service	Arbeitsschritte und Prüfungen
		X	Frontbeleuchtung, Standlicht, Abblendlicht, Fernlicht, Nebelscheinwerfer, Blinkanlage, Warnblinkanlage auf Funktion prüfen.
		X	Schlussleuchten, Bremslicht (auch 3. Bremslichter), Schlusslicht, Rückfahrleuchte, Nebelschlussleuchte, Kennzeichenleuchte, Blinkanlage, Warnblinkanlage auf Funktion prüfen.
		X	Innenraum-, Kofferraum- und Handschuhfachleuchte, Zigarettenanzünder, Steckdosen, Signalhorn und Kontrollleuchten auf Funktion prüfen.
	X		Batterie (auch Zweitbatterie): Sichtprüfung durchführen und magisches Auge prüfen.

Fahrzeug von innen

Öl-Service	Intervall-Service	Inspektions-Service	Arbeitsschritte und Prüfungen
		X	Sicherheitsgurte und Gurtschlösser auf äußere Beschädigung und Funktion prüfen.

Fahrzeug von außen

Öl-Service	Intervall-Service	Inspektions-Service	Arbeitsschritte und Prüfungen
		X	Scheibenwisch- und -waschanlage, Spritzdüseneinstellung: Funktion und Beschädigung prüfen und ggf. einstellen.
		X	Scheibenwischerblätter: Auf Beschädigung und Endablage prüfen und ggf. einstellen.
X	X	X	Lack: Sichtprüfung auf Beschädigung und Korrosion, innen und außen bei geöffneten Türen und Klappen durchführen.
	X		Rückwandtürscharniere schmieren.
		X	Anhängevorrichtung: Funktion, Spiel und Befestigung prüfen.
		X	Anhängevorrichtung schmieren.
	X	X	Frontscheibe: Sichtprüfung auf Beschädigung durchführen.

Bereifung

Öl-Service	Intervall-Service	Inspektions-Service	Arbeitsschritte und Prüfungen
	X	X	Profiltiefe, Zustand und Reifenlaufbild der Bereifung sowie Reifenalter einschließlich des Reserverads und Reifendruck: prüfen ggf. berichtigen.

Sichtprüfung Messen

Fahrzeug von unten

Öl-Service	Intervall-Service	Inspektions-Service	Arbeitsschritte und Prüfungen
		X	Motor und Bauteile im Motorraum (von unten), Getriebe, Achsantrieb, Hinterachse und Gelenkschutzhüllen: Sichtprüfung auf Undichtigkeiten und Beschädigungen durchführen. Bei nicht verbrauchsbedingtem Flüssigkeitsverlust Ursache feststellen und beseitigen.
		X	Sichtprüfung auf Beschädigungen des Unterbodenschutzes und der Unterbodenverkleidungen.
		X	Sichtprüfung auf Undichtigkeiten, Befestigung und Beschädigungen der Abgasanlage durchführen.
	X	X	Spurstangenköpfe auf Spiel prüfen, Zustand der Befestigung und Dichtungsbälge überprüfen.
		X	Faltenbälge der Lenkung auf Undichtigkeiten und Beschädigungen prüfen.
		X	Sichtprüfung der Achsgelenke, Axiallager, Koppelstangenlager und Stabilisatorgummilager auf Beschädigung durchführen.
	X	X	Sichtprüfung der Bremsanlage auf Undichtigkeiten und Beschädigungen durchführen.
		X	Feststellbremse nachstellen.
		X	Tragende Teile auf Beschädigung und Korrosion prüfen.
X	X		Dicke der Bremsbeläge sowie den Zustand der Bremsscheiben vorn und hinten prüfen.
X			GILT NUR FÜR CRAFTER 4MOTION MIT ACHLEITNER-ALLRADANTRIEB:
			Ölstand am Hinterachsdifferentialgetriebe prüfen, ggf. auffüllen.
X			GILT NUR FÜR CRAFTER 4MOTION MIT ACHLEITNER-ALLRADANTRIEB:
			Ölstand am Verteilergetriebe prüfen, ggf. auffüllen.
X			GILT NUR FÜR CRAFTER 4MOTION MIT ACHLEITNER-ALLRADANTRIEB:
			Ölstand am Vorderachsdifferentialgetriebe prüfen, ggf. auffüllen.
	X		Verschraubung der Blattfedern nachziehen.
	X		Wasserablaufbohrung im Bodenbereich der Schiebetür prüfen.

Motorraum (Motor und Antrieb)

Öl-Service	Intervall-Service	Inspektions-Service	Arbeitsschritte und Prüfungen
		X	Motorölstand prüfen.
		X	Motor und Bauteile im Motorraum (von oben): Sichtprüfung auf Undichtigkeiten und Beschädigungen durchführen.
X	X		Motoröl wechseln und Ölfilter ersetzen sowie nach dem Auffüllen ggf. bis Max.-Markierung ergänzen.
	X		Bremsflüssigkeitsstand (abhängig vom Belagverschleiß) prüfen (Spezifikationen beachten).
	X	X	Servolenkung: Ölstand prüfen.
	X		GILT NUR FÜR CRAFTER 4MOTION MIT ACHLEITNER-ALLRADANTRIEB: Achsgelenke, Axiallager, Koppelstangenlager und Stabilisatorgummilager: Sichtprüfung auf Undichtigkeiten und Beschädigungen durchführen.
	X		GILT NUR FÜR CRAFTER 4MOTION MIT ACHLEITNER-ALLRADANTRIEB: Sichtprüfung der Stoßdämpfer auf Undichtigkeiten und Beschädigungen durchführen.

Öl-Service	Intervall-Service	Inspektions-Service	Arbeitsschritte und Prüfungen
	X		GILT NUR FÜR CRAFTER 4MOTION MIT ACHLEITNER-ALLRADANTRIEB: Sichtprüfung der Faltenbälge der Lenkung auf Undichtigkeiten und Beschädigungen durchführen.
	X		GILT NUR FÜR CRAFTER 4MOTION MIT ACHLEITNER-ALLRADANTRIEB IM ERSCHWERTEN BETRIEB: Manschette der Bremskolben ersetzen (die PR-Nummer 0X9 muss vorhanden sein).
	X		GILT NUR FÜR CRAFTER 4MOTION MIT ACHLEITNER-ALLRADANTRIEB IM ERSCHWERTEN BETRIEB: Tilgergewicht Getriebe ersetzen (die PR-Nummer 0X9 muss vorhanden sein).
	X		GILT NUR FÜR CRAFTER 4MOTION MIT ACHLEITNER-ALLRADANTRIEB IM ERSCHWERTEN BETRIEB: Radlager vorn und hinten ersetzen (die PR-Nummer 0X9 muss vorhanden sein).
	X		GILT NUR FÜR CRAFTER 4MOTION MIT ACHLEITNER ALLRADANTRIEB IM ERSCHWERTEN BETRIEB: Gummilager Verteilergetriebe ersetzen (die PR-Nummer 0X9 muss vorhanden sein).
	X		GILT NUR FÜR CRAFTER 4MOTION MIT ACHLEITNER-ALLRADANTRIEB IM ERSCHWERTEN BETRIEB: Kardanwelle Vorderachse ersetzen (die PR-Nummer 0X9 muss vorhanden sein).
	X		Luftfilter mit Sättigungsanzeige prüfen.
		X	Frostschutz und Kühlmittelstand prüfen und ggf. auffüllen.
		X	Zusatzbatterie (soweit verbaut) Flüssigkeitsstand prüfen.
	X		Zustand und Spannung des Keilrippenriemens prüfen (gilt nur für Modelljahr 2013).

Abschließende Arbeiten

Öl-Service	Intervall-Service	Inspektions-Service	Arbeitsschritte und Prüfungen
X	X	X	NUR 5-ZYLINDER-MOTOREN: Reduktionsmittel AdBlue® Tankfüllmenge prüfen, Reduktionsmitteltank (AdBlue®) komplett auffüllen.
		X	Scheinwerfereinstellung prüfen, ggf. einstellen.
		X	Fahrzeugsystemtest durchführen.
X	X	X	Service-Intervall-Anzeige zurücksetzen.
X	X	X	Service-Aufkleber »Ihre nächsten Service-Termine« nächste Fälligkeit eintragen und Service-Aufkleber am Türholm Fahrerseite (B-Säule) ankleben.
		X	Pannenset (falls vorhanden): prüfen (Reifenfüllflasche mit Dichtmittel ersetzen, wenn das Mindesthaltbarkeitsdatum erreicht ist).
		X	Probefahrt durchführen.

Sichtprüfung Messen

Wartungsplan ab 2014

Fahrzeug von innen

Öl-Service*	Insp.-* Arbeiten	Erw.*-Service	Arbeitsschritte und Prüfungen
	X		Innenraum-, Kofferraum- und Handschuhfachleuchten, Zigarettenanzünder, Steckdosen und Kontrollleuchte auf Funktion prüfen.
	X		Luftfilter mit Sättigungsanzeige im Kombi-Instrument prüfen.
		X	Funktion des Signalhorns prüfen.

Fahrzeug von außen

Öl-Service*	Insp.-* Arbeiten	Erw.*-Service	Arbeitsschritte und Prüfungen
X	X	X	Sichtprüfung auf Korrosion der Karosserie innen und außen bei geöffneten Türen und Klappen durchführen.
	X		Frontbeleuchtung, Standlicht, Abblendlicht, Fernlicht, Nebelscheinwerfer, Blinkanlage, Warnblinkanlage auf Funktion prüfen.
	X		Schlussleuchte, Bremslicht (auch 3. Bremslicht), Schlusslicht, Rückfahrleuchte, Nebelschlussleuchte, Kennzeichenleuchte, Blinkanlage, Warnblinkanlage auf Funktion prüfen.
	X		Sichtprüfung der Frontscheibe auf Beschädigung durchführen.
	X		Sicherheitsgurte und Gurtschlösser auf äußere Beschädigung und auf Funktion prüfen.
	X		Wasserlaufbohrungen im Bodenbereich der Schiebetüren prüfen.
	X		Rückwandtürscharniere schmieren.
		X	Scheibenwisch- und -waschanlage, Spritzdüseneinstellung: Funktion und Beschädigung prüfen, ggf. einstellen.
		X	Scheibenwischerblätter auf Beschädigung und Endablage prüfen, ggf. einstellen.
		X	Anhängevorrichtung auf Funktion, Spiel und Befestigung prüfen sowie schmieren.
		X	Feststellbremse nachstellen.

Fahrzeug von unten

Öl-Service*	Insp.-* Arbeiten	Erw.*-Service	Arbeitsschritte und Prüfungen
X			Motoröl ablassen.
X			Dicke der Bremsbeläge sowie Zustand der Bremsscheiben vorn und hinten prüfen.
X			GILT NUR FÜR CRAFTER 4MOTION MIT ACHLEITNER-ALLRADANTRIEB: Ölstand im Hinterachsdifferentialgetriebe prüfen, ggf. auffüllen.
X			GILT NUR FÜR CRAFTER 4MOTION MIT ACHLEITNER-ALLRADANTRIEB: Ölstand im Verteilergetriebe prüfen, ggf. auffüllen.
X			GILT NUR FÜR CRAFTER 4MOTION MIT ACHLEITNER-ALLRADANTRIEB: Ölstand im Vorderachsdifferentialgetriebe prüfen, ggf. auffüllen.

Öl-Service*	Insp.-* Arbeiten	Erw.*- Service	Arbeitsschritte und Prüfungen
	X		NUR FAHRZEUGE MIT HYDRAULISCHER LENKUNG: Ölstand der Servolenkung prüfen.
	X		Zustand und Spannung des Keilrippenriemens prüfen.
	X		Sichtprüfung der Bremsanlage auf Undichtigkeiten und Beschädigungen durchführen.
	X		Spurstangenköpfe auf Spiel, Befestigung und den Zustand der Dichtungsbälge prüfen.
	X		Verschraubung der Blattfedern nachziehen.
	X		GILT NUR FÜR CRAFTER 4MOTION MIT ACHLEITNER-ALLRADANTRIEB: Achsgelenke, Axiallager, Koppelstangenlager und Stabilisator-gummilager prüfen.
	X		GILT NUR FÜR CRAFTER 4MOTION MIT ACHLEITNER-ALLRADANTRIEB: Sichtprüfung der Stoßdämpfer auf Undichtigkeiten und Beschädigungen durchführen.
	X		GILT NUR FÜR CRAFTER 4MOTION MIT ACHLEITNER-ALLRADANTRIEB: Faltenbälge der Lenkung auf Undichtigkeiten und Beschädigungen prüfen.
	X		GILT NUR FÜR CRAFTER 4MOTION MIT ACHLEITNER-ALLRADANTRIEB: Leitungen, Schläuche und Sensorkabel auf Undichtigkeiten und Beschädigungen prüfen.
	X		GILT NUR FÜR CRAFTER 4MOTION MIT ACHLEITNER-ALLRADANTRIEB IM ERSCHWERTEN BETRIEB: Radlager vorn und hinten ersetzen (PR-Nummer 0X9 muss vorhanden sein!).
	X		GILT NUR FÜR CRAFTER 4MOTION MIT ACHLEITNER-ALLRADANTRIEB IM ERSCHWERTEN BETRIEB: Tilgergewicht des Getriebes ersetzen (PR-Nummer 0X9 muss vorhanden sein!).
	X		GILT NUR FÜR CRAFTER 4MOTION MIT ACHLEITNER ALLRADANTRIEB IM ERSCHWERTEN BETRIEB: Gummilager des Verteilergetriebes ersetzen (PR-Nummer 0X9 muss vorhanden sein!).
	X		GILT NUR FÜR CRAFTER 4MOTION MIT ACHLEITNER-ALLRADANTRIEB IM ERSCHWERTEN BETRIEB: Kardanwelle der Vorderachse ersetzen (PR-Nummer 0X9 muss vorhanden sein!).
	X		GILT NUR FÜR CRAFTER 4MOTION MIT ACHLEITNER-ALLRADANTRIEB IM ERSCHWERTEN BETRIEB: Manschetten Bremskolben ersetzen (PR-Nummer 0X9 muss vorhanden sein!)
		X	Sichtprüfung des Motor und der Bauteile im Motorraum (von unten) auf Undichtigkeiten und Beschädigungen durchführen. Getriebe, Achsantriebe und Gelenkschutzhüllen prüfen.
		X	Sichtprüfung der Abgasanlage auf Undichtigkeiten, Befestigung und Beschädigungen durchführen.
		X	Sichtprüfung des Unterbodens auf Beschädigungen des Unterboden-schutzes und der Unterbodenverkleidungen durchführen.
		X	Tragende Teile auf Beschädigung prüfen.
		X	Faltenbälge der Lenkung auf Undichtigkeit prüfen.

Sichtprüfung Messen

Bereifung

Öl-Service*	Insp.-* Arbeiten	Erw.*-Service	Arbeitsschritte und Prüfungen
	X		Profiltiefe, Zustand und Reifenlaufbild der Bereifung sowie Reifenalter einschließlich des Reserverads und Reifendruck: prüfen, ggf. berichtigen.

Motorraum

Öl-Service*	Insp.-* Arbeiten	Erw.*-Service	Arbeitsschritte und Prüfungen
X			Motoröl wechseln und Ölfilter ersetzen sowie nach dem Auffüllen ggf. bis Max.-Markierung ergänzen.
	X		Bremsflüssigkeitsstand (abhängig vom Belagverschleiß) prüfen.
	X		Batterie (ggf. Zweitbatterie): Sichtprüfung durchführen und magisches Auge prüfen.
		X	Sichtprüfung auf Undichtigkeiten und Beschädigungen des Motor und der Bauteile im Motorraum (von oben) durchführen.
		X	Zusatzbatterie Flüssigkeitsstand prüfen.
		X	Frostschutz und Kühlmittelstand des Kühlsystems prüfen und ggf. auffüllen (Frostschutz-Sollwert: -25 °C in Ländern mit arktischem Klima -35 °C)
	X		Zustand und Spannung des Keilrippenriemens prüfen.

Abschließende Arbeiten

Öl-Service*	Insp.-* Arbeiten	Erw.*-Service	Arbeitsschritte und Prüfungen
			NUR 5-ZYLINDER-MOTOREN: Tankfüllmenge für AdBlue® (Reduktionsmittel) prüfen und eventuell komplett auffüllen.
			Ölwechsel-Service: Service-Intervall-Anzeige (fest/flexibel) zurücksetzen.
			Inspektion zurücksetzen: Service-Intervall-Anzeige.
			Scheinwerfereinstellung prüfen, gegebenenfalls einstellen.
			Probefahrt durchführen.
			Pannenset (falls vorhanden) prüfen (Reifenfüllflasche mit Dichtmittel ersetzen, wenn das Mindesthaltbarkeitsdatum erreicht ist).
			Fahrzeugsystemtest durchführen.

Öl* = Ölservice
Insp.* = Inspektionsservice
Erw.* = Zeit- und/oder laufleistungsabhängige Zusatzarbeiten

Zeit- und/oder laufleistungsabhängige Zusatzarbeiten

Fahrwerk und Bremse

Arbeitsschritte und Prüfungen	Fälligkeit
Dicke der Bremsbeläge sowie Zustand der Bremsscheiben vorn und hinten prüfen (Empfehlung).	alle 15.000 km
Bremsflüssigkeit wechseln	alle 2–3 Jahre
Verschraubung der Blattfedern: nachziehen	bei 120.000 km

Filter

Arbeitsschritte und Prüfungen	Fälligkeit
Bei Betrieb mit Dieselkraftstoff, der nicht der Norm »DIN EN 590« entspricht oder/und mit erhöhtem Schwefelanteil (>2000 PPM): Kraftstofffilter ersetzen.	alle 10.000 km
Bei Betrieb mit Dieselkraftstoff, der nicht der Norm »DIN EN 590« entspricht: Kraftstofffilter: entwässern	alle 20.000 km
Bei Betrieb mit Dieselkraftstoff, welcher der Norm »DIN EN 590« entspricht: Kraftstofffilter entwässern.	alle 40.000 km
Bei Betrieb mit Dieselkraftstoff, welcher der Norm »DIN EN 590« entspricht: Kraftstofffilter ersetzen.	alle 120.000 km
Gehäuse des Staub- und Pollenfilters (Innenraumfilter) reinigen und Filtereinsatz ersetzen.	alle 80.000 km oder 2 Jahre
Filtereinsatz Aktivkohle-/Kombifilter (falls vorhanden) der Klimaanlage ersetzen.	alle 80.000 km oder 2 Jahre
Luftfiltergehäuse reinigen und Filtereinsatz ersetzen.	alle 80.000 km oder alle 4 Jahre
Aschemasse (Füllungsgrad) des Dieselpartikelfilter (falls vorhanden) abfragen	zum Serviceintervall

Öle

Arbeitsschritte und Prüfungen	Fälligkeit
GILT NUR FÜR CRAFTER 4MOTION MIT ACHLEITNER-ALLRADANTRIEB: Hinterachsdifferentialgetriebe Öl wechseln.	alle 40.000 km
GILT NUR FÜR CRAFTER 4MOTION MIT ACHLEITNER-ALLRADANTRIEB: Verteilergetriebe Öl wechseln.	alle 40.000 km
GILT NUR FÜR CRAFTER 4MOTION MIT ACHLEITNER-ALLRADANTRIEB: Vorderachsdifferentialgetriebe Öl wechseln.	alle 40.000 km

Zahnriemen

Arbeitsschritte und Prüfungen	Fälligkeit
DIESELMOTOREN AB MODELLJAHR 2013 IN »STAUBREICHEN« LÄNDERN: Zahnriemen für Nockenwellenantrieb prüfen.	alle 40'000 km
NUR 5-ZYLINDER-COMMON-RAIL-DIESELMOTOREN IN STAUBREICHEN LÄNDERN: Zahnriemen und Zahnriemenspannrolle für Nockenwellenantrieb ersetzen.	alle 100'000 km
NUR 4-ZYLINDER-COMMON-RAIL-DIESELMOTOREN IN STAUBREICHEN LÄNDERN: Zahnriemen und Zahnriemenspannrolle für Nockenwellenantrieb ersetzen.	alle 120'000 km
NUR 5-ZYLINDER-COMMON-RAIL-DIESELMOTOREN: Zahnriemen und Zahnriemenspannrolle für Nockenwellenantrieb ersetzen.	alle 200'000 km
NUR 4-ZYLINDER-COMMON-RAIL-DIESELMOTOREN: Zahnriemen und Zahnriemenspannrolle für Nockenwellenantrieb ersetzen.	alle 210'000 km

3 Werkzeug und Ausrüstung

Ob nun reines Hobby oder beruflich: Das Schrauben birgt gewisse Risiken. Vom kleinen Kratzer bis hin zum tödlichen Unfall ist schon alles vorgekommen. Ärgerlich ist es aber auch schon, wenn durch einen unpassenden Schraubenschlüssel eine Schraube so beschädigt wird, dass sie sich nur mit einem erheblichen Aufwand lösen lässt.
Einige Arbeiten werden durch Spezialwerkzeug deutlich erleichtert. Sollten Sie bestimmte Tätigkeiten öfter durchführen, scheuen Sie sich nicht, die Preise für das Spezialwerkzeug anzufragen. Gelegentlich sind die Preise so günstig, dass es sich nicht mal lohnt, die Werkzeuge nachzubauen.

Standardausrüstung für mechanische Arbeiten

Sicherlich ist es immer besser, auf die Werkzeugsätze der Top-Markenhersteller zurückzugreifen. Als Basis allerdings sind auch schon günstigere Ausführungen recht bekannter Marken erhältlich. Gerade für die Arbeiten an modernen Fahrzeugen müssen neben den üblichen Sechskantnüssen auch Vielzahn- und Torxeinsätze zur Verfügung stehen (Bild 4). Eine günstige Alternative für unsere Zwecke bieten »Snap On«- oder »KS-Tool«-Werkzeugkoffer, die ein sehr komplettes Angebot liefern. Sind die Sätze im Angebot, kann man sein Werkzeugsortiment mit einem solchen Set leicht auch um 100 Euro erweitern.
An Werkzeug lässt sich leider kein Geld einsparen. Zum einen ist die Lebenserwartung dieses Werkzeuges stark an den Anschaffungspreis gekoppelt und zum anderen ist es extrem wichtig, dass die Maßhaltigkeit genau stimmt.
Wenn es um die Demontage von einzelnen Bauteilen geht oder auch nur zur Ablage von ausgebauten Fahrzeugteilen, ist eine Werkbank sehr hilfreich (Bild 2). Ist sie stabil genug, kann sie bei der Demontage der Motorteile gute Dienste leisten. Bei der Demontage fallen regelmäßig einige Schrauben an. Um diese besser wieder zuordnen zu können und sie sicher und sauber zu lagern, empfiehlt es sich, für die einzelnen Baugruppen jeweils eine, am besten verschließbare Kiste zu verwenden (Bild 3).

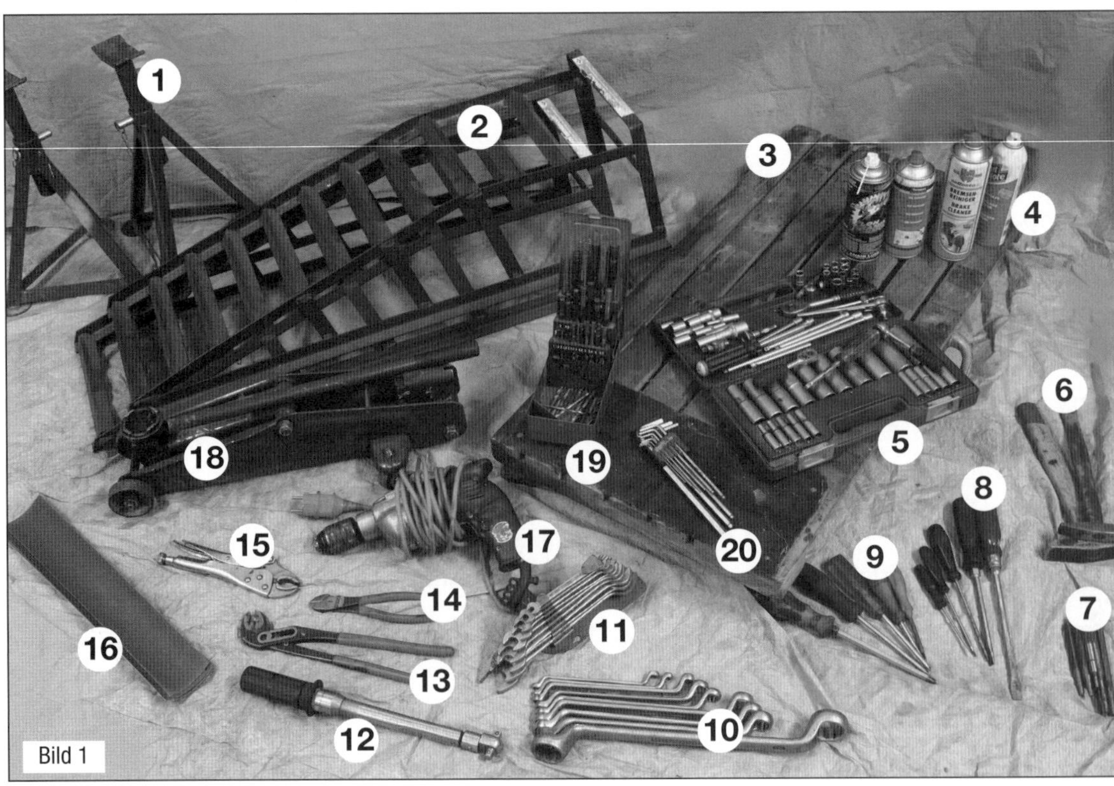

Bild 1

Bild 1
Standardwerkzeug in der Übersicht.
1 Unterstellböcke
2 Auffahrrampen
3 Rollbrett
4 Sprühfett, Rostlöser und Bremsenreiniger
5 Ratschenkasten-Werkzeugset
6 Schlosserhammer 500 g und Schlosserhammer 200 g
7 Durchschlagset und Körner
8 Schlitz-Schraubendreherset
9 Kreuz-Schraubendreherset
10 Ringschlüsselset
11 Gabelschlüsselset
12 Drehmomentschlüssel
13 Wasserpumpenzange
14 Seitenschneider
15 Grip- oder Schnappzange
16 Schleifpapier Korn 120
17 Handbohrmaschine
18 hydraulischer Wagenheber
19 Bohrerset
20 Innensechskant/Torx/-Vielzahnset

Spezialwerkzeuge
Ein hilfreicher Spezialist für enge Stellen ist ein so genannter Greifer oder auch ein »Magnet am Stiel« (Bild 5). Der Motorraum ist gerade bei heutigen Fahrzeugen recht zugebaut. Fällt eine Schraube oder Klammer hinunter, muss diese natürlich wieder herausgesammelt werden. Oft genug wird es für die Finger zu eng. Der Versuch, mit einem Schraubendreher das Entfallene in erreichbare Nähe zu bekommen, endet meist mit einer noch verzwickteren Lage. Der Greifer oder auch ein Magnet kann helfen, die entflohenen Teile ohne fingerbrecherische Aktionen wieder einzufangen.

Zahnriemenvorspannungsprüfer (Bild 6)
Bei allen Motorvarianten ohne automatischen Zahnriemenspanner muss dieser entsprechend den Angaben des Herstellers gespannt werden. Ist er zu lose, können genau wie bei zu fester Spannung Schäden an Riemen oder den Umlenkungen entstehen.

Standardausrüstung für Arbeiten an der elektrischen Anlage

Diagnose-Tools und Auslesegeräte
Unabdingbar ist heutzutage, die in jedem Steuergerät eingebauten Fehlerspeicher auszulesen. Es geht schon lange nicht mehr darum, die großen Fehler abzulegen, sondern eben auch kleine Funktionsstörungen, die vom Steuergerät erkannt werden, für eine Fehlerabfrage bei der Inspektion oder bei der Reparatur zu sichern. Es gibt heute schon Auslesegeräte für die OBD (On-Board-Diagnose) unter 100 Euro, die zumindest das Auslesen nach Codenummer ermöglichen. Wir verwenden in diesem Buch den »VCDS« (VCDS-Diagnosesystem), um die Auslese, einige Bauteilprüfungen und Einstellungen im Bordnetz durchzuführen. Dieses PC-basierte Diagnosesystem liegt mit seinen 350 Euro ungefähr beim Preis eines Profiratschenkastens. Zusätzlich wird lediglich ein Notebook mit Windows-Betriebssystem oder ein ausgedienter Desktop-PC benötigt. Regelmäßige, kostenlose Softwareupdates halten Sie stets auf dem neuesten Stand (Bilder 7 und 8). Die Auslesegeräte werden

Bild 2
Werkbank und Ablage.

Bild 3
Kistchen und Kästchen – das spart Zeit.

Bild 4
Innensechskant, Torx und Vielzahn ... öfter mal was Neues.

Bild 5
Greifer.

Bild 6
Zahnriemenvorspannungs-Prüfer.

zunehmend vielfältiger, und es ergeben sich neue Möglichkeiten. Der »C-Recorder« ermöglicht eine Langzeitüberwachung der Bordelektronik bis zu 24 Stunden Fahrzeit (Nr. 3 in Bild 7). Das ist eine sehr hilfreiche Variante für die Fehlersuche, gerade bei kaum zu ortenden sporadisch auftretenden Fehlern.

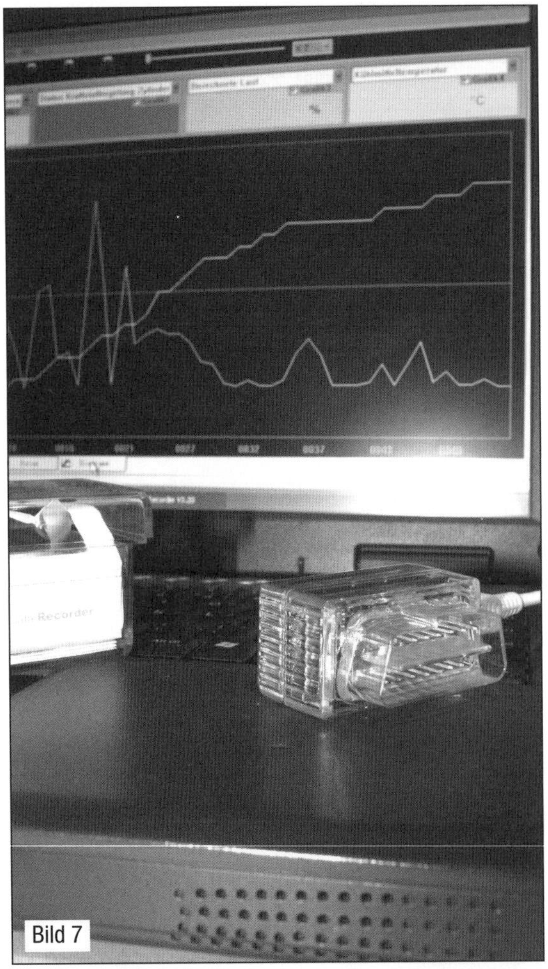

Bild 7
Aufzeichnen während der Fahrt: alle OBD-Daten bis zu 24 Stunden erfassen.
1 Laptop
2 Kennlinien
3 Datenlogger

Bild 8
VCDS: Volldiagnose zum günstigen Kurs.

Sinnvolle Anschaffungen für die Messtechnik

Messspitzen

Riesige Probleme bereitet es, eine Messung an einem angeschlossenen Kabel am Bauteil in Funktion zu realisieren. Zumal ja weder die Isolierung noch das Kabel selbst oder der Stecker beschädigt werden sollen. Die Firma Rose Messtechnik in Limburg-Offheim stellt einen Nadelkontaktierer (Bild 10) her, der genau diese Anforderungen erfüllt (www.rose-netztechnik.de). Das Anstichloch im Kabel ist so klein, dass es keine relevanten Löcher in der Isolierung hinterlässt.

Messbecherersatz »kraftstofffest«

Für die Messungen an der Benzinpumpe oder auch nur mal zum Auffangen von Kraftstoff werden Behältnisse mit Volumenangaben benötigt. Mit etwas Geduld finden sich in der Haushaltsabteilung des Supermarktes recht günstig verwendbare Messbecher oder Schüsseln.

Zum Selbermachen

Natürlich sind Messwerkzeuge in der Regel teuer. Es sei denn, man zeigt etwas Kreativität und Bastlerspürsinn. Die Profigeräte sind sicherlich deutlich professioneller, der Eigenbau aber ist genauso einsatzfähig und kostet oft nur wenige Euro. Messkabelsätze lassen sich aus passenden Anschlüssen vom Schrottplatz leicht und funktionell selbst herstellen (Bilder 11 bis 13). Die Standardausrüstung für Arbeiten an der Karosserie ist im Bild 14 zusammengestellt.

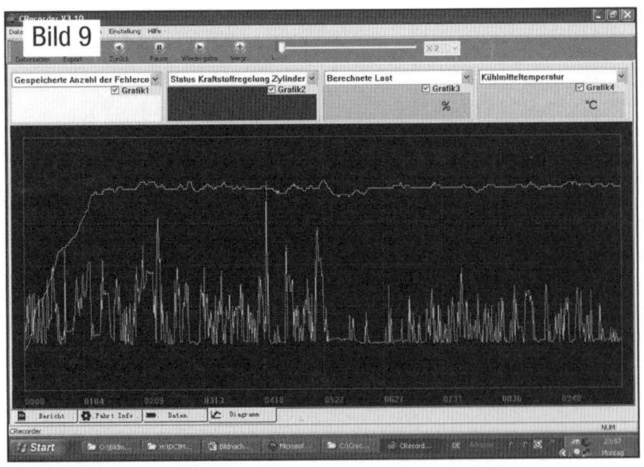

Bild 9
Adapter für den Anschluss von Bauteilen an Batterie-Plus und Masse. Die Kabel und Stecker ermöglichen den Test auch außerhalb des Fahrzeuges.

Bild 10
Nadelkontaktierer im Einsatz.

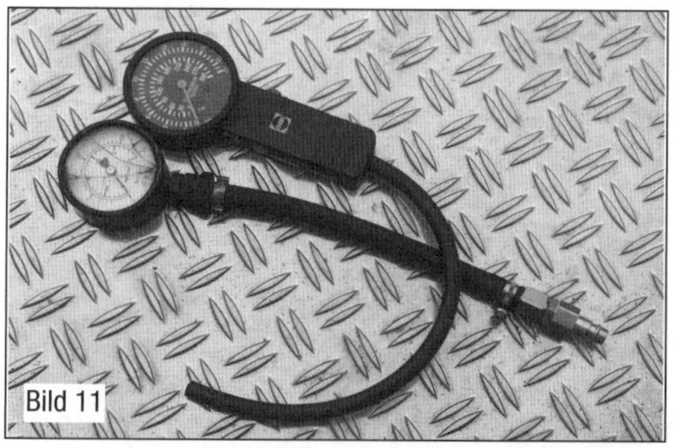

Bild 11
Kraftstoffdruckmanometer. Die Alten sind die besten: Sind die Innereien aus Blech, lassen sich damit nicht nur Luft-, sondern auch der Öl- und der Kraftstoffdruck messen. Anschlüsse und Gewindestücke gibt's oft schon beim örtlichen Hydraulik-Händler oder im Werkzeugladen.

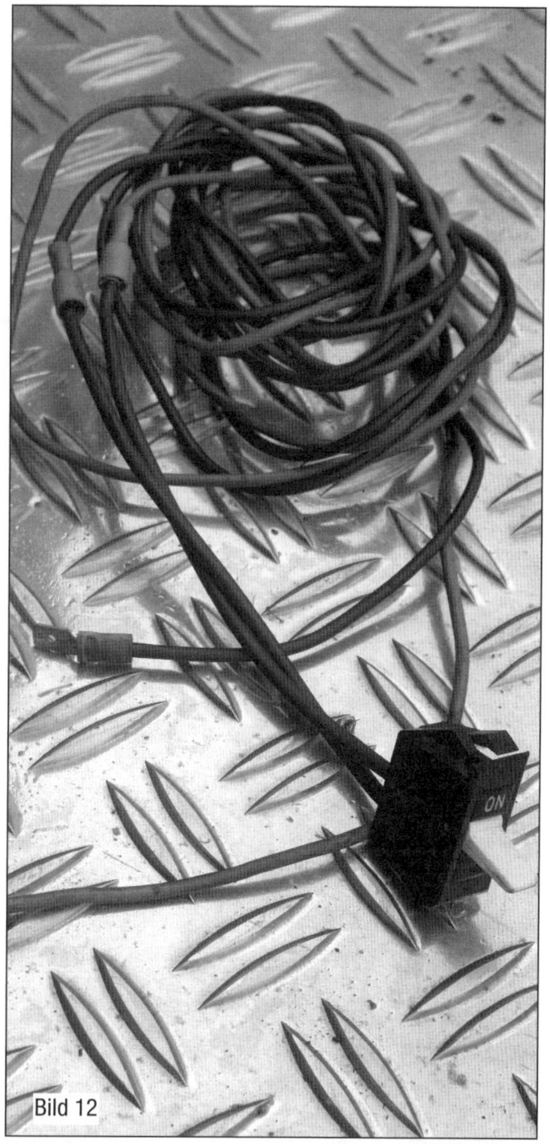

Bild 12
Fernschalter für die Kraftstoffpumpe. Einfach aber genial: ein Taster, 2-m-Kabel und zwei Stecker.

Bild 13
Datenvielfalt zur Überwachung.

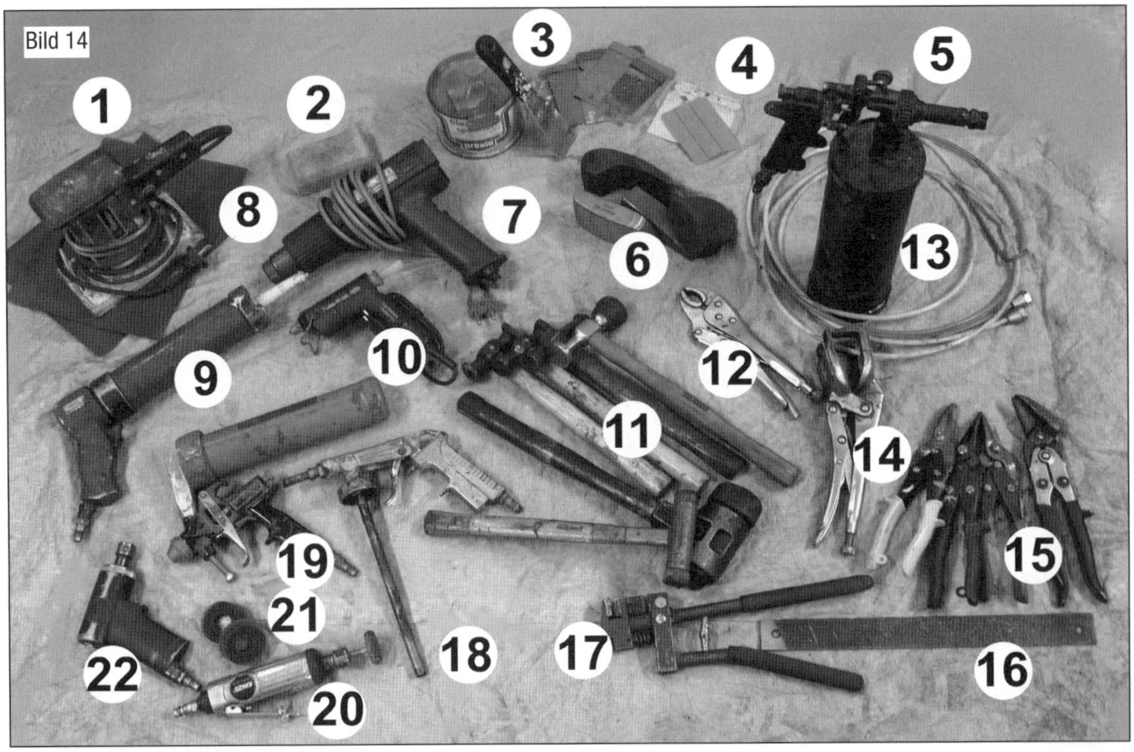

Bild 14
Standard-Ausrüstung für Arbeiten an der Karosserie.

1 Schwingschleifer
2 Schleifklotz
3 Spachtelmasse
4 Japanspachtelset
5 Hohlraumpistole
6 Ausbeuleisen
7 Heißluftföhn
8 Schleifpapier
9 Kartuschen-Pistole
10 Heißklebepistole
11 Hammerset
12 Gripzange flach
13 Hohlraumversiegelungssonden
14 Gripzange abgesetzt und breit
15 Scherenset für gerade und kurvige Schnitte
16 Karosseriefeile
17 Absetzzange
18 Unterbodenschutzpistole
19 Nahtabdichtungsspritzpistole
20 Luftschleifer gerade
21 Bristlelock-Kunststoffschleifpads
22 Luftschleifer winklig

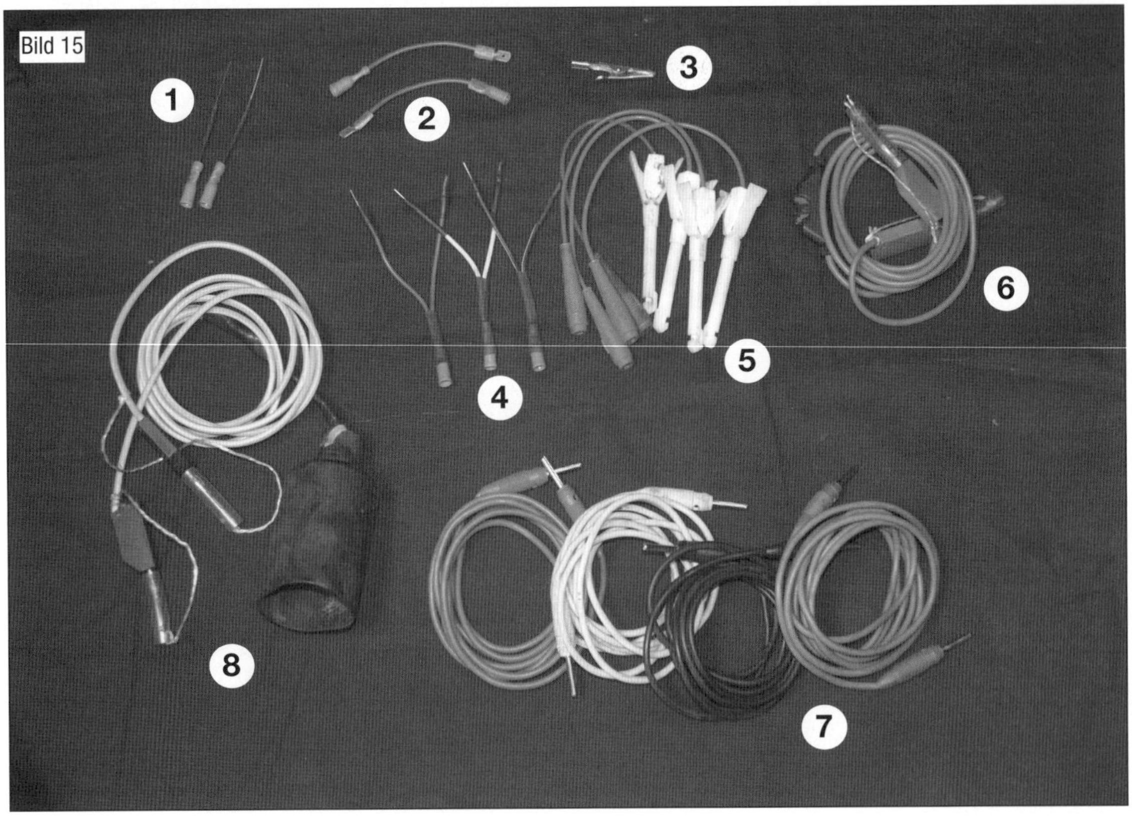

Bild 15

1 Messspitzen, um die Abdichtungen der Steuergerätestecker zu umgehen
2 Flachstecker auf Rundstecker für Laborkabel
3 Krokodilklemme mit Rundstecker
4 Y-Stecker, um Sensoren parallel messen zu können
5 Nadelkontaktierer
6 Anschlusskabel mit Sicherung
7 Laboranschlusskabel (2 m)
8 Anschlusskabel mit Schalter

4 Motoren

Den VW Crafter gibt es mit vierzehn unterschiedlichen Motoren, die ausschließlich mit Commonrail-Einspritzsystem ausgeliefert worden sind. Zu Produktionsbeginn wurde der schon legendäre 5-Zylindermotor verbaut, der mit 2,5 l Hubraum Maßstäbe setzte. Die Basis dieser Motoren stammt noch vom Vorgänger LT II. Die Weiterentwicklung beschränkte sich nicht nur auf ein neueres Einspritzsystem, sondern auch auf dickere Hubzapfen der Kurbelwelle, verstärkte Zahnriementriebe, die ein Wechselintervall von 200.000 km erlauben. Im Zuge der Modernisierung wurden ab 2011 nur noch 4-Zylindermotoren verbaut. Moderne Aufladungssysteme ermöglichen einen deutlich besseren Drehmomentverlauf bei besserem Abgasverhalten und verbesserter Laufkultur.

Die Motormerkmale – Technische Daten

Um Ihnen die Suche nach einem Motor zu erleichtern, stellen wir auf Seite 34 die Daten der ersten Baureihe bis 2010 dar. Hier finden Sie ausschließlich 5-Zylindermotoren. Auf Seite 35 gehen wir dann auf die neueren 4-Zylindermotoren ein. Zudem sind die Motorkennbuchstaben in alphabetischer Reihenfolge angeordnet.

Arbeiten am Motor

Maßnahmen für Sicherheit, einwandfreie Funktion und Sauberkeit

⚠ Bei Arbeiten am Motor, an der Kraftstoffversorgung (Kapitel 7) und an der Einspritzanlage sind bestimmte Maßnahmen zu treffen und Hinweise zu befolgen, die zur Sicherheit bei der Arbeit dienen, eine einwandfreie Funktion aller Systeme gewährleisten sollen und Fehlfunktion oder Schäden durch Verunreinigung vermeiden helfen. Wir stellen sie hier als grundlegend für alle folgenden Arbeiten voran.

Sicherheit

■ Bei allen Montagearbeiten am Kraftstoffsystem Schutzbrille und Schutzhandschuhe tragen. Hautkontakt mit Kraftstoff vermeiden.

■ Der Kraftstoff bzw. die Kraftstoffleitungen im Kraftstoffsystem können sehr heiß werden (Verbrühungsgefahr). Außerdem steht das Kraftstoffsystem unter Druck. Vor dem Öffnen des Systems deshalb Putzlappen um die Verbindungsstelle legen und durch vorsichtiges Lösen der Verbindung Druck abbauen.

■ Aus Sicherheitsgründen muss vor dem Öffnen des Kraftstoffsystems die Sicherung für die Kraftstoffpumpe aus dem Sicherungshalter entfernt werden, da die Pumpe durch den Türkontaktschalter der Fahrertür aktiviert werden kann.

■ Kraftstoffleitungen sind mit Schnellverschlüssen gesichert. Kraftstoffschläuche dürfen nur mit Federbandschellen gesichert werden. Die Verwendung von Klemm- oder Schraubschellen ist nicht zulässig.

■ Beim Aus- und Einbau des Gebers für Kraftstoffvorratsanzeige oder der Kraftstoffpumpe (Kraftstofffördereinheit) aus gefüllten oder teilweise gefüllten Kraftstoffbehältern muss bereits vor Beginn der Arbeiten in die Nähe der Montageöffnung des Kraftstoffbehälters der Schlauch einer eingeschalteten Abgas-Absauganlage zum Absaugen der freiwerdenden Kraftstoffgase gelegt werden.

■ Bei den TSI-Motoren ist die Einspritzanlage in einen Hochdruckbereich (maximal ca. 120 bar) und in einen Niederdruckbereich (ca. 6 bar) aufgeteilt. Vor dem Öffnen des Hochdruckbereichs, z. B. beim Ausbau der Hochdruckpumpe, des Kraftstoffverteilers, der Einspritzventile, der Kraftstoffrohre oder des Kraftstoffdruckgebers, muss der Kraftstoffdruck im Hochdruckbereich definiert auf einen Restdruck von ca. 6 bar abgebaut werden. Dazu ist ein Werkstatt-Diagnosesystem nötig. Bei Einsatz des VAS 5051 wird die »Geführte Funktion: Kraftstoffhochdruck abbauen« ausgeführt: Zündung ausschalten, sauberen Putzlappen um die Verbindungsstelle legen, vorsichtig öffnen, Druck ablassen, ausfließenden Kraftstoff auffangen. Fehlerspeicher abfragen, alle Einträge löschen, Readinesscode erzeugen.

Funktionssicherheit

■ Bei allen Montagearbeiten, insbesondere

Sichtprüfung Messen

Dieselmotoren bis 2011 (die 5-Zylindermotoren)

Kraftstoff (Einspritzsystem)	Diesel (TDI)	Diesel (TDI)	Diesel (TDI)	Diesel (TDI)
Hubraum	2,5 l	2,5 l	2,5 l	2,5 l
Motorkennbuchstaben	BJJ	BJK	BJL	BJM
Zylinderzahl	5	5	5	5
Ventile pro Zylinder	2	2	2	2
Leistung kW bei 1/min	65/3500	80/3500	100/3500	120/3500
Drehmoment Nm bei 1/min	200/1750 bis 2500	280/2000 bis 2250	300/1750 bis 2750	350/2000 bis 3000
Bohrung Ø mm	81,0	81,0	81,0	81,0
Hub mm	95,5	95,5	95,5	95,5
Aufladesystem	TDI-Turbocharger			
Material Zylinderkopf/ Motorblock	Aluminium-Legierung/Grauguss			
Anzahl der Nockenwellen	1	1	1	1
Lage der Nockenwellen	oben	oben	oben	oben
Antrieb der Nockenwellen	Zahnriemen	Zahnriemen	Zahnriemen	Zahnriemen
Anzahl der Kurbelwellenlager	6	6	6	6
Gemischaufbereitung	Common Rail	Common Rail	Common Rail	Common Rail
Abgasreinigung	Dieselpartikelfilter, Zweiwege-Oxikat			
Schadstoffklasse	Euro 4			

Kraftstoff (Einspritzsystem)	Diesel (TDI)	Diesel (TDI)	Diesel (TDI)	Diesel (TDI)
Hubraum	2,5 l	2,5 l	2,5 l	2,5 l
Motorkennbuchstaben	CEBA	CEBB	CECA	CECB
Zylinderzahl	5	5	5	5
Ventile pro Zylinder	2	2	2	2
Leistung kW bei 1/min	65/3300	80/3300	100/3500	120/3500
Drehmoment Nm bei 1/min	250/1900 bis 2300	300/1900 bis 2300	300/2000 bis 2800	360/2000 bis 2800
Bohrung Ø mm	81,0	81,0	81,0	81,0
Hub mm	95,5	95,5	95,5	95,5
Aufladesystem	TDI-Turbocharger			
Material Zylinderkopf/ Motorblock	Aluminium-Legierung/Grauguss			
Anzahl der Nockenwellen	1	1	1	1
Lage der Nockenwellen	oben	oben	oben	oben
Antrieb der Nockenwellen	Zahnriemen	Zahnriemen	Zahnriemen	Zahnriemen
Anzahl der Kurbelwellenlager	6	6	6	6
Gemischaufbereitung	Common Rail			
Abgasreinigung	Dieselpartikelfilter, Zweiwege-Oxikat			
Schadstoffklasse	Euro 5			

Dieselmotoren ab 2011 (die 4-Zylindermotoren)

Kraftstoff (Einspritzsystem)	Diesel (Rail)	Diesel (Rail)	Diesel (TDI)
Hubraum	2,0 l	2,0 l	2,0 l
Motorkennbuchstaben	CKTB	CKTC	CKUB
Zylinderzahl	4	4	4
Ventile pro Zylinder	4	4	4
Leistung kW bei 1/min	80/3500	100/3500	120/3600
Drehmoment Nm bei 1/min	300/1500 bis 2250	340/1575 bis 2250	400/1800
Bohrung Ø mm	81,0	81,0	81,0
Hub mm	95,5	95,5	95,5
Aufladesystem	TDI-Turbocharger		
Material Zylinderkopf/ Motorblock	Aluminium-Legierung/Grauguss		
Anzahl der Nockenwellen	2	2	2
Lage der Nockenwellen	oben	oben	oben
Antrieb der Nockenwellen	Zahnriemen	Zahnriemen	Zahnriemen
Anzahl der Kurbelwellenlager	5	5	5
Gemischaufbereitung	Common Rail	Common Rail	Common Rail
Abgasreinigung*	Dieselpartikelfilter, Zweiwege-Oxikat		
Schadstoffklasse*	Euro 5		

Kraftstoff (Einspritzsystem)	Diesel (Rail)	Diesel (Rail)	Diesel (TDI)
Hubraum	2,0 l	2,0 l	2,0 l
Motorkennbuchstaben	CKUC	CSLB	CKUB
Zylinderzahl	4	4	4
Ventile pro Zylinder	4	4	4
Leistung kW bei 1/min	105/3500	84/3500	120/3500
Drehmoment Nm bei 1/min	340/1575 bis 2250	300/1500	400/1750 bis 2500
Bohrung Ø mm	81,0	81,0	81,0
Hub mm	95,5	95,5	95,5
Aufladesystem	TDI-Turbocharger		
Material Zylinderkopf/ Motorblock	Aluminium-Legierung/Grauguss		
Anzahl der Nockenwellen	2	2	2
Lage der Nockenwellen	oben	oben	oben
Antrieb der Nockenwellen	Zahnriemen	Zahnriemen	Zahnriemen
Anzahl der Kurbelwellenlager	5	5	5
Gemischaufbereitung	Common Rail	Common Rail	Common Rail
Abgasreinigung*	Dieselpartikelfilter, Zweiwege-Oxikat		
Schadstoffklasse*	Euro 5		

aufgrund der engen Bauverhältnisse im Motorraum, Leitungen aller Art z. B. für Kraftstoff, Kühl- und Kältemittel, Unterdruck und elektrische Leitungen so verlegen, dass die ursprüngliche Leitungsführung wieder hergestellt wird.

- Alle Kabelbinder, die beim Ausbau gelöst oder aufgeschnitten werden, sind beim Einbau an der gleichen Stelle wieder zu befestigen.
- Um Beschädigungen an den Leitungen zu vermeiden, auf ausreichenden Freigang zu allen beweglichen oder heißen Bauteilen achten.

Sauberkeit (»5 Regeln«)

- Verbindungsstellen und deren Umgebung vor dem Lösen gründlich reinigen.
- Ausgebaute Teile auf einer sauberen Unterlage ablegen und abdecken. Keine fasernden Lappen benutzen.
- Geöffnete Bauteile sorgfältig abdecken bzw. verschließen, wenn die Reparatur nicht umgehend ausgeführt wird.
- Nur saubere Teile einbauen: Ersatzteile erst unmittelbar vor dem Einbau aus der Verpackung nehmen. Keine Teile verwenden, die unverpackt (z. B. im Regal oder in Werkzeugkästen) aufgehoben wurden.
- Bei geöffneter Kraftstoff- und Einspritzanlage möglichst nicht mit Druckluft arbeiten und das Fahrzeug nach Möglichkeit nicht bewegen.

Diagnosetester einsetzen

An diesem Kapitel lässt es sich leicht erkennen, dass viele Funktionen über die Elektronik virtuell realisiert worden sind. Die Anschaffung eines Testers für die Diagnose ist zwingend erforderlich. Nicht einmal der Anbau der Anhängerkupplung oder das Einstellen des Lichtes ist mehr möglich, wenn man eine fachgerechte Arbeit abliefern möchte. Es geht nicht mehr darum, einen Fehlerspeicher zu löschen, um dann mal »rumzuraten«, was es denn gewesen sein könnte. Es wäre das Gleiche, wenn Sie die Seiten dieses Buches ungelesen ausreißen und dann raten, was denn drin gestanden haben könnte. Die Diagnose über die Fehlerspeicher vereinfacht die Arbeit am Fahrzeug um einiges. Man muss lediglich lernen mit diesem »Werkzeug« zu arbeiten. Ohne Tester bleibt nur der Weg zum Händler, um den Fehlerstatus zu erfassen oder Einstellungen zu machen.

VAG-Tester

Ein großer Teil der Reparaturarbeiten schließt die Diagnose von Fehlern ein. Diese wird durch die ELSA (Elektronisches Service Auskunftsystem) im Zusammenspiel mit den Diagnosegeräten unterstützt. VAS 5051, 5052 oder 5053 können in der Fachwerkstatt an allen vernetzten Arbeitsplätzen betrieben werden und bieten direkten Zugriff auf aktuelle Werkstattliteratur sowie Unterstützung vom Hersteller über Telediagnose. Bei der Diagnose werden alle Kunden- und Fahrzeugdaten an die angeschlossenen Geräte weitergeleitet und sind automatisch an jedem Arbeitsplatz abrufbar. Während einer Reparatur können technische Problemlösungen nachgeschlagen oder im VW Service Net ® tagesaktuelle Zusatzinformationen abgerufen werden. Diese Anbindung an das Netzwerk ermöglicht Software-Updates von Steuergeräten, Geheimnis- und Komponentenschutz, Softwareversionsmanagement, Übertragung von Diagnoseprotokollen, die besagte Telediagnose, die Software-gestützte Durchführung von Aktionen und viele weitere Funktionen.

Das System »ELSA« steht mit aktuellen Daten zur Verfügung. Möglich sind dadurch:

- Datenaustausch zwischen kaufmännischem Bereich und Werkstatt;
- Datenaustausch über Werkstattauslastung und Terminvereinbarung;
- Austausch von Kunden-, Fahrzeug- und Termindaten;
- Rückfluss von Daten über bereits ausgeführte Reparaturen von der Werkstatt auf den Fortschrittsmonitor, so dass der Serviceberater gegebenenfalls in den laufenden Prozess eingreifen kann;
- Datenrückfluss von der Werkstatt für Qualitätskontrolle und Rechnungserstellung;
- Bereitstellung von Daten über benötigte Arbeitszeiten, Arbeitspositionen und Ersatzteile;
- Einbeziehung des Teiledienstes ab Terminvorbereitung in den Service-Prozess.

VCDS oder VAG-COM

Natürlich wählen wir wie auch beim Werkzeug nicht die billigste Variante aus, sondern empfehlen Ihnen die Anschaffung eines Systems, das im Laufe der nächsten Jahre noch einiges an Potenzial in deutscher Sprache liefern wird. Der »VCDS« kommt aus den USA und wird hier in einer deutschen Ausgabe von wenigen Händlern angeboten.

- Reizvoll ist der Aufbau der »Wiki-Seite« der Firma PCI Tuning, auf der zukünftig Fehlerbeschreibungen und die Vorgehensweisen mit dem VCDS abgearbeitet werden sollen. Die Standortbeschreibung der Testerbesitzer könnte die Diagnose auch für die privaten Schrauber sehr auflockern.
- Auf der Internetseite des deutschen Vertriebs www.vcdspro.de können Sie sich genauer informieren. Gerade diejenigen unter den Lesern, die dem Thema »Diagnose« kritisch gegenüberstehen, werden zumeist nach wenigen Versuchen erkennen, wie einfach der Umgang mit Laptop und Fahrzeug wird.

Eine typische Situation im Umgang mit den Fahrzeugen dieser Generation liegt in der schon recht umfangreichen Steuerung und Regelungstechnik.

- Abgestimmt und eingestellt wird oft auf der virtuellen Ebene.

Handgeräte zum Lesen und Löschen
OBD2 ist das Zauberwort, welches den Zugang zumindest zu den Motorsteuergeräten ermöglicht. Die Normung der Diagnose ermöglicht zumindest in diesem Bereich den Zugang zu allen aktuellen Fahrzeugen. Um den Fehlerspeicher auszulesen oder auch Prüffunktionen der Eigendiagnose ausführen zu können reicht meist schon ein Diagnosetool, welches durchaus schon um 100 Euro in diversen Onlineversteigerungen angeboten werden. Oft noch günstiger sind die kleinen Handgeräte schon im Baumarkt um die Ecke erhältlich. Wichtig hierbei ist immer, dass die entsprechende Software und zumindest eine Beschreibung auf Deutsch mitgeliefert wird.

Fehlerspeicher abfragen
Schwierig? Kann ich nicht? Ach was! Wer es schafft E-Mails abzurufen ohne den Computer zu zerstören kann, auch diese Arbeiten leicht erlernen. Wir zeigen Ihnen an einigen Beispielen, wie Aufgaben dieser Art angegangen werden können und möchten Sie

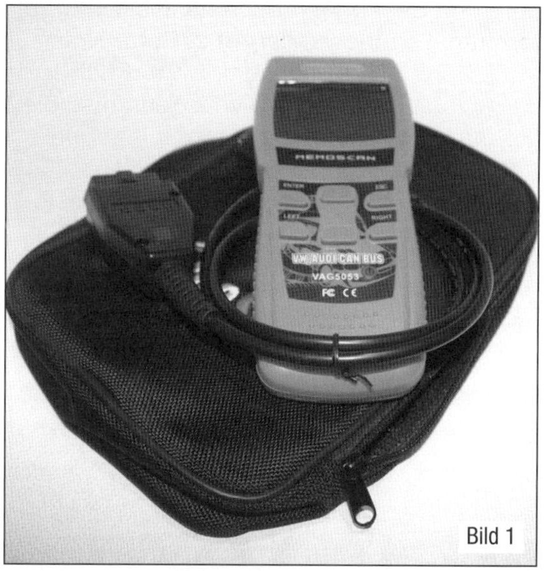

Bild 1

Bild 1
Kleines Fehlerspeicher-Abfragegerät für den kleinen Geldbeutel.

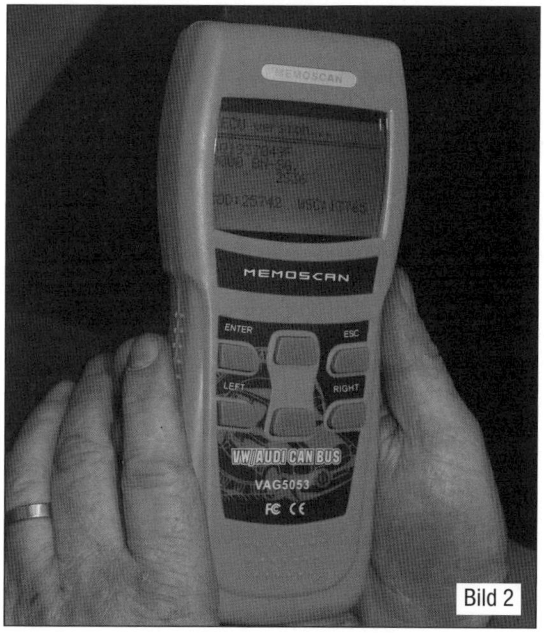

Bild 2

Bild 2
Handtester im Einsatz: Oftmals wie dieser hier nur in englischer Sprache.

animieren, sich zusammen mit Fachforen auch mit der Thematik Tester und Diagnose genauer auseinanderzusetzen.

- Wir gehen davon aus, dass Sie den VCDS ordnungsgemäß nach Handbuch installiert haben.
- Schließen Sie den VCDS auf Ihrem Laptop an die OBD-Dose im Fahrerfußraum an. Die Diagnosedose finden Sie im Fahrerfußraum von unten frei zugänglich (Bild 12 Kapitel 3). Der Anschluss ist sofort erkennbar. Stecken Sie den OBD-Stecker in die Diagnosedose und den USB-Anschluss in Ihren Laptop.
- Starten Sie den VCDS auf Ihrem Laptop.

Bild 3
Startmaske des VCDS als Zugang zu allen Diagnosefunktionen.

Bild 4
Der Zugang über eine Sortierungsmaske schafft schnell einen Überblick.

Bild 5
Die nächste Ebene erlaubt den Zugang zum Fehlerspeicher oder auch zu Messwerten.

Bild 6
Abfrage der Messwerte der Radsensoren bei der ABS-Systemprüfung.

Bild 7
Programmierung der Fahrzeugelektrik nach dem Anbau einer Anhängekupplung.

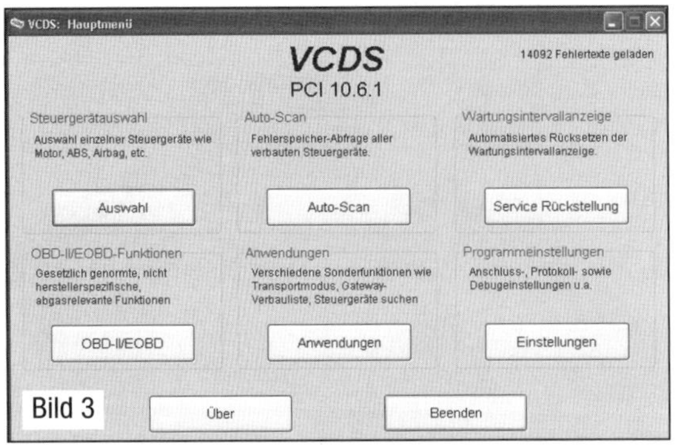

Bild 3

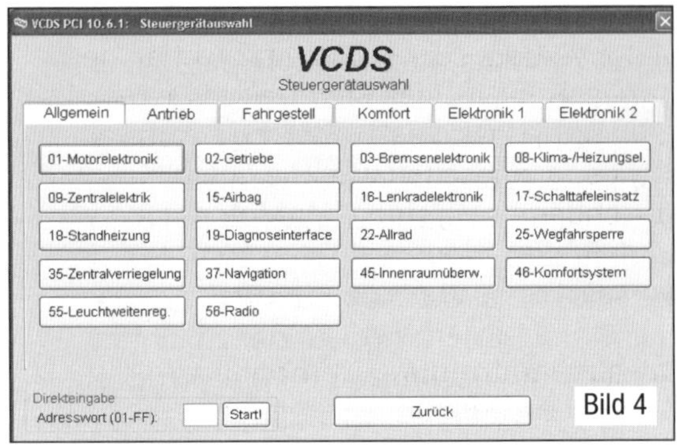

Bild 4

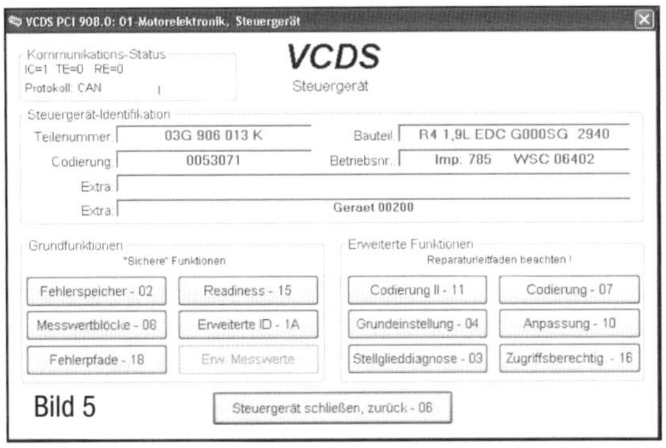

Bild 5

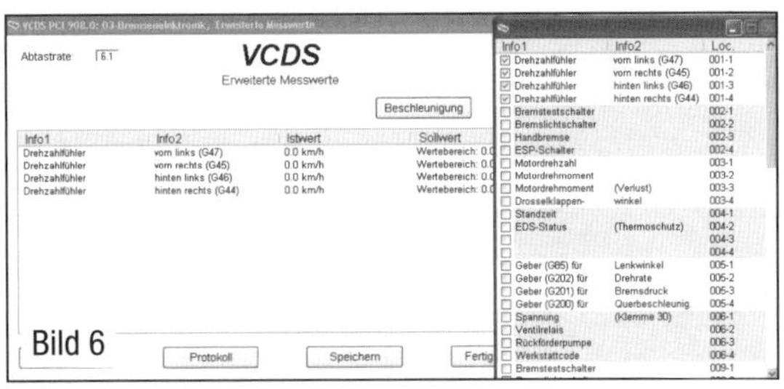

Bild 6

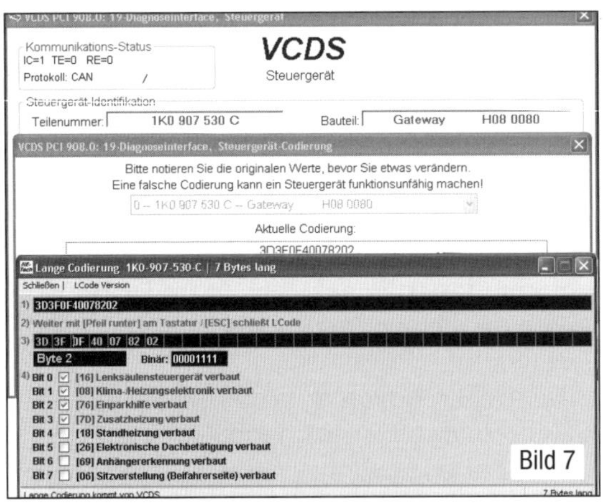

Bild 7

■ Schalten Sie die Zündung ein.
■ Klicken Sie auf die Taste »Auswahl« (Bild 3).
■ Klicken Sie den Karteikartenreiter »Antrieb«oder auch »Verbaut« an (Bild 4).
■ Klicken Sie auf die Taste »01 Motorelektronik« (Bild 4).
■ Klicken Sie auf die Taste »Fehlerspeicher02« (Bild 5). Nun werden Ihnen die Fehler, soweit vorhanden, als Text angezeigt.
■ Sie können die Fehleranzeige speichern, drucken oder kopieren. Sie sollten in jedem Fall den Fehler vermerken, um diesem vielleicht einmal nachgehen zu können. Die Erfahrung zeigt, dass man sich den Fehler auf Dauer nicht im Kopf merken kann. Anschließend können Sie den einzelnen oder alle Fehler mit einem Klick löschen.
■ Klicken Sie auf die Taste »fertig, Zurück«, um die Bildmaske wieder zu verlassen.
■ Schalten Sie die Zündung aus.
■ Ziehen Sie den Tester aus der Diagnosedose.

Derselbe Vorgang kann auf dem Handgerät nachvollzogen werden. Lediglich die Anwahlauswahl ist deutlich geringer. Für einen Ausdruck muss das Gerät an einen Computer oder Laptop angeschlossen werden. Die Anwahl der Funktionen erfolgt über die Pfeiltasten. »Enter« betätigt die getroffene Anwahl und »ESC« erlaubt den Rückzug aus der angewählten Maske. Das hier dargestellte Gerät ist für die VAG-Fahrzeuge optimiert und erlaubt auch den Zugang in andere Steuergeräte. Reine OBD2-Geräte ermöglichen in der Regel nur den Zugang zur Motorelektronik. Die Belegung und die Steuergerätesprache ist nur für den OBD2-Bereich verbindlich auf die abgasrelevanten Bauteile und die Motorelektronik geregelt.

Motorabdeckungen oben und unten aus- und einbauen

Die Motorabdeckung (Geräuschdämmung) ist nicht bei allen Modellen verbaut. Auch nicht immer in allen Teilen. Sollte in Ihrem Modell nur ein Teil oder keine Abdeckung über dem Motor verbaut sein, muss das nicht an der Vergesslichkeit eines Mechanikers liegen. Es kann sein, dass die Ausrüstung bereits ab Werk so vorgesehen war. Die obere Geräuschdämmung ist an der Motorhaube verbaut. Für die 4Motion-Crafter kann eine Triebwerksschutzplatte verbaut sein.

Geräuschdämmung demontieren

Oberteil zusammen mit Unterteil demontieren:

■ Die Sechskantmuttern (2) und (3) im Bild 10 links und rechts abschrauben.

■ Schrauben (6) (3 Stück) herausdrehen und die Geräuschdämpfung (1) mit dem Oberteil (4) abnehmen.

Unterteil demontieren:

■ Schrauben (5 im Bild 10) (4 Stück je Seite) herausdrehen und das Geräuschdämpfung-Unterteil (1) abnehmen.

Die Montage erfolgt sinngemäß in der umgekehrten Reihenfolge.

■ Drehen Sie die Schrauben und Muttern zuerst nur handfest an und richten Sie die Geräuschdämpfung spannungsfrei aus.

■ Drehen Sie die Schrauben mit jeweils 5 Nm Anzugsdrehmoment fest. Die Muttern werden lediglich mit 3 Nm angezogen.

Geräuschdämmung Mitte (2 im Bild 9) demontieren:

■ Schrauben (3 Stück vorn und hinten) herausdrehen und die Geräuschdämpfung Mitte (2 im Bild 9) abnehmen.

Die Montage erfolgt sinngemäß in der umgekehrten Reihenfolge.

■ Drehen Sie die Schrauben und Muttern zuerst nur handfest an und richten Sie die Geräuschdämpfung spannungsfrei aus.

■ Drehen Sie die Schrauben mit jeweils 5 Nm Anzugsdrehmoment fest.

Geräuschdämmung hinten (3 im Bild 9) demontieren:

■ Sechskantmuttern (3 im Bild 11) links und rechts abschrauben.

■ Schrauben (2) (3 Stück) herausdrehen und die Geräuschdämpfung hinten (1) abnehmen.

Die Montage erfolgt sinngemäß in der umgekehrten Reihenfolge.

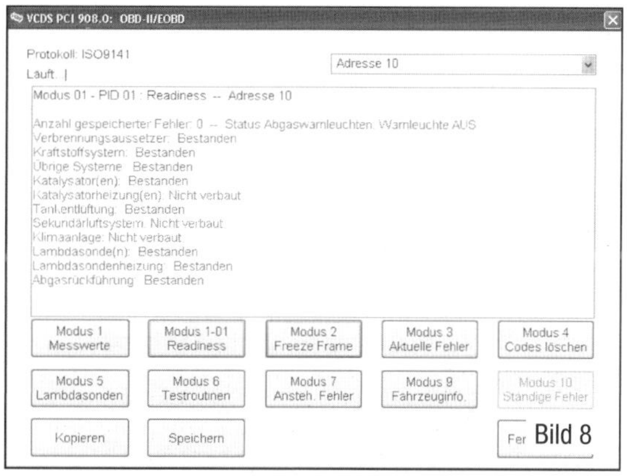

Bild 8

Bild 8
Prüfung des Readynesscode mit dem VCDS vor dem TÜV-Termin.

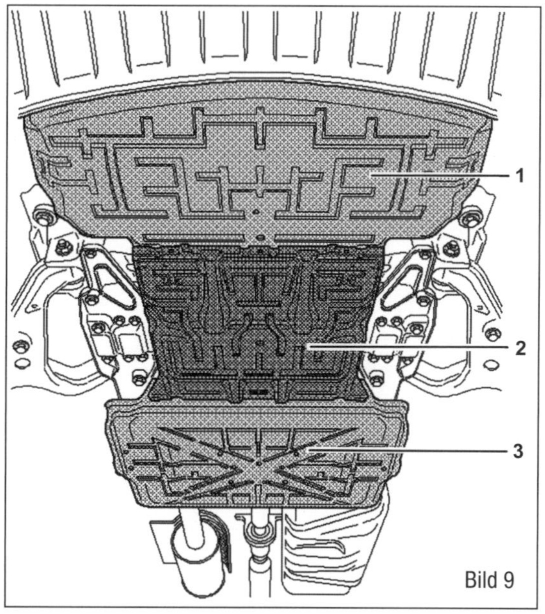

Bild 9

Bild 9
Geräuschdämmung unten.

1 Geräuschdämpfung vorn
2 Geräuschdämpfung Mitte
3 Geräuschdämpfung hinten

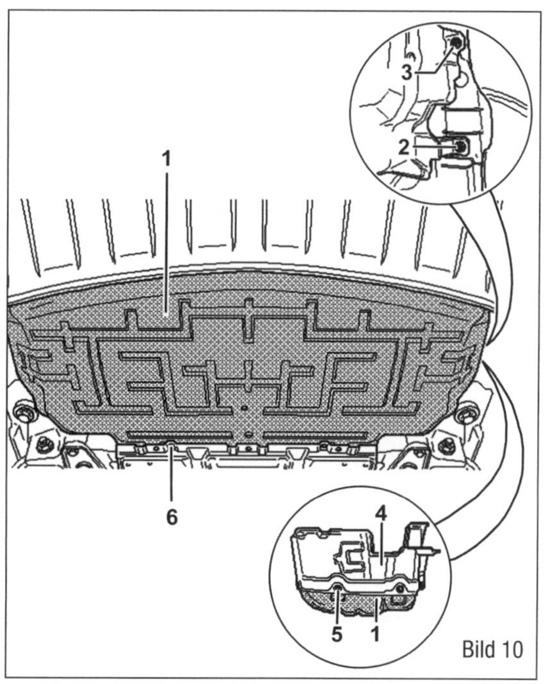

Bild 10

Bild 10
Geräuschdämmung vorne.

1 Geräuschdämpfung vorn
2 Muttern
3 Schrauben
4 Oberteil Geräuschdämmung
5 Schraube
6 Schraube

Bild 11
Geräuschdämmung hinten.
1 Geräuschdämmung
2 Schraube
3 Mutter

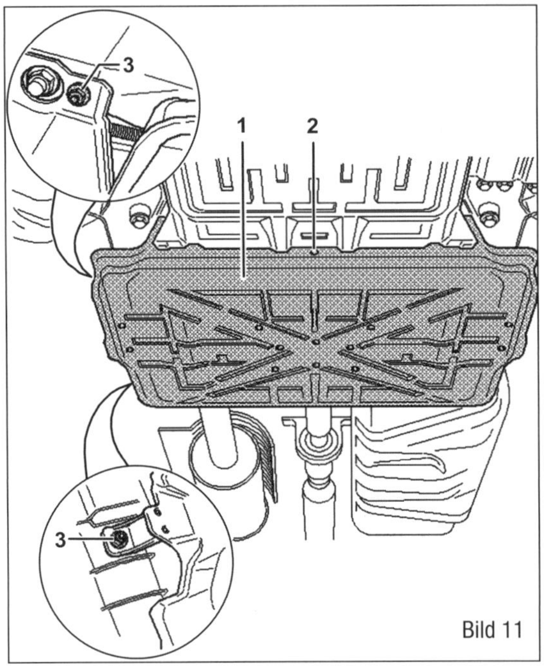

Bild 11

Bild 12
Triebwerkschutz beim Crafter 4Motion.
1 Triebwerk-Schutz
2 Schraube
3 Schraube
4 Unterlegscheibe
5 Unterlegscheibe

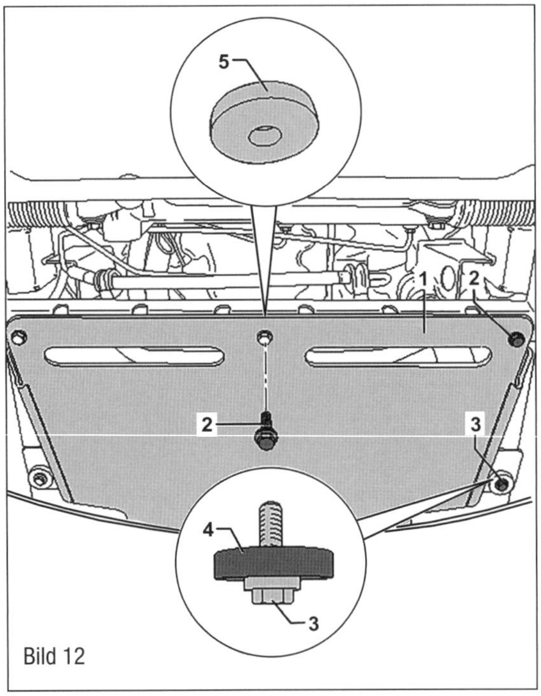

Bild 12

■ Drehen Sie die Schrauben und Muttern zuerst nur handfest an und richten Sie die Geräuschdämpfung spannungsfrei aus.
■ Drehen Sie die Schrauben mit jeweils 5 Nm Anzugsdrehmoment fest.

Triebwerkschutz demontieren
Für die Allradvarianten kann ein Triebwerkschutz verbaut sein.
■ Schrauben (2) und (3) im Bild 12 herausdrehen und Triebwerk-Schutz (1) abnehmen.

Die Montage erfolgt sinngemäß in der umgekehrten Reihenfolge.
■ Triebwerk-Schutz (1 im Bild 12) mit einem zweiten Monteur ansetzen.
■ Unterlegscheiben (5) zwischen Triebwerk-Schutz und Vorderachskörper schieben.
■ Drehen Sie die Schrauben und Muttern zuerst nur handfest an und richten Sie die Geräuschdämpfung spannungsfrei aus.
■ Drehen Sie die Schrauben mit jeweils 40 Nm Anzugsdrehmoment fest.

Prüfung auf Undichtigkeiten und Beschädigungen

Die Sichtprüfung ist von oben und von unten vorzunehmen, weshalb die Geräuschdämpfung (unten) abzubauen ist.

Sichtprüfung wie folgt durchführen:
■ Motor und Bauteile im Motorraum auf Undichtigkeiten und Beschädigungen prüfen.
■ Leitungen, Schläuche und Anschlüsse des Kraftstoffsystems, des Kühl- und Heizsystems, des Ölkreislaufs, der Klimaanlage, der Ansauganlage und der Bremsanlage auf Undichtigkeiten, Scheuerstellen, Porosität und Brüchigkeit prüfen.
■ Alle festgestellten Mängel durch Reparatur beseitigen.
■ Bei nicht verbrauchsbedingtem Flüssigkeitsverlust muss die Ursachen ermittelt und beseitigt werden.

Prüfen des Keilrippenriemen-Zustands
Fahrzeug anheben, Geräuschdämpfung (Spritzschutz, untere Motorverkleidung) ausbauen, Motor am Schwingungsdämpfer/Riemenscheibe mit einem Steckschlüssel durchdrehen.
Keilrippenriemen auf Unterbaurisse (Anrisse, Kernbrüche, Querschnittbrüche), Lagentrennung (Deckschicht, Zugstränge), Ausbruch am Unterbau, Ausfransen der Zugstränge, Flankenverschleiß (Materialabtrag, ausgefranste Flanken, Flankenverhärtung, glasige Flanken, Oberflächenrisse), Öl- und Fettspuren prüfen.
■ Werden Mängel festgestellt, muss der Keilrippenriemen unbedingt ersetzt werden.
■ Zum Verlauf des Keilrippenriemens siehe

Reparaturanweisung »Keilrippenriemen aus- und einbauen«.

Keilrippenriemen aus- und einbauen

Der Keilrippenriemen treibt als wichtiger Teil des Kurbeltriebs die Nebenaggregate Drehstromgenerator und Klimakompressor an. Der Aufbau sieht für die Dieselmotoren ähnlich aus, unterscheidet sich aber im Detail.

De- und Montage am 5-Zylinder-TDI
Unterschiede für die Montagearbeiten entstehen durch die eventuell verbaute Klimaanlage.

Antriebsriemen für Klimakompressor, Generator und Wasserpumpe:

- Laufrichtung des Keilrippenriemens kennzeichnen.
- Bauen Sie den Luftfilter aus.
- Falls vorhanden, Geräuschdämpfung ausbauen.
- Keilrippenriemen für Nebenabtrieb ausbauen (falls vorhanden).
- Schwenken Sie den Halter zum Entspannen des Keilrippenriemens in Pfeilrichtung (Bild 16) und nehmen Sie den Keilrippenriemen von der Generator-Riemenscheibe ab.

Die Montage erfolgt sinngemäß in der umgekehrten Reihenfolge.

- Vor dem Einbau des Keilrippenriemens ist die Spannvorrichtung auf Beschädigungen zu prüfen und ggf. zu erneuern.

Schraubertipp
- Achten Sie vor dem Einbau des Keilrippenriemens darauf, dass alle Aggregate (Generator, Klimakompressor) fest montiert sind.
- Beim Einbauen des Keilrippenriemens achten Sie bitte auf die Laufrichtung und auf einen korrekten Sitz des Riemens in den Riemenscheiben.
- Nach fertig gestellter Arbeit grundsätzlich Motor starten und Riemenlauf kontrollieren.

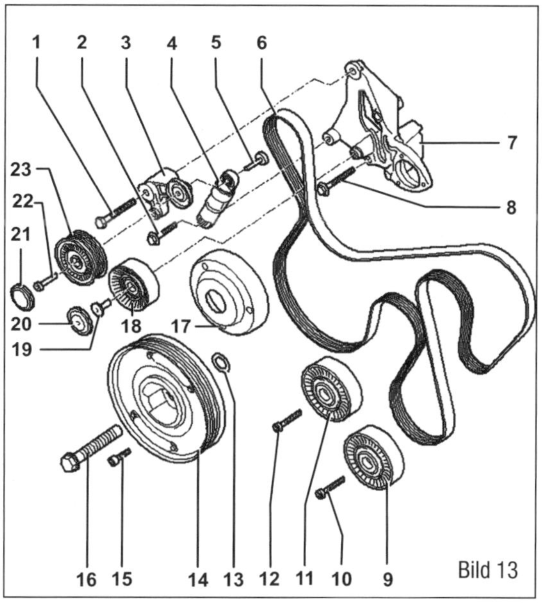

Bild 13
Keilrippenriementrieb.
1 Schraube
2 Schraube
3 Halter
4 Spannelement
5 Schraube
6 Keilrippenriemen
7 Halter
8 Schraube
9 Umlenkrolle
10 Schraube
11 Umlenkrolle
12 Schraube
13 Unterlagscheibe
14 Riemenscheibe
15 Schraube
16 Schraube
17 Riemenscheibe
18 Umlenkrolle
19 Schraube
20 Staubschutzkappe
21 Staubschutzkappe
22 Schraube
23 Spannrolle

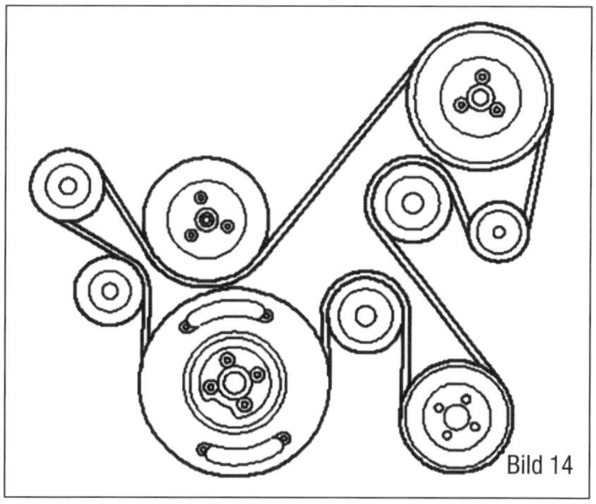

Bild 14
Riementrieb mit Klimakompressor bzw. 2. Generator.

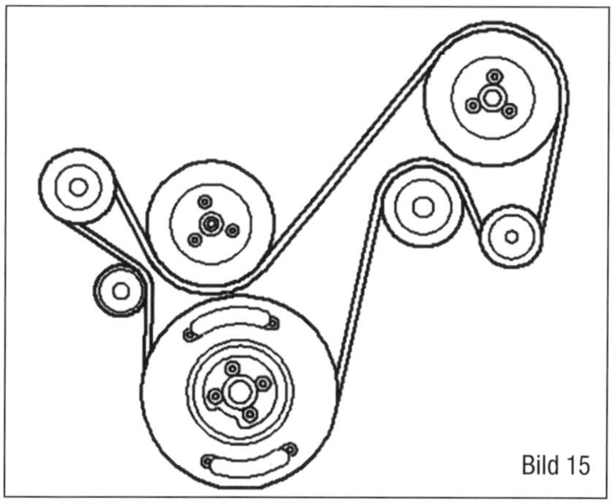

Bild 15
Riementrieb ohne Klimakompressor.

- Vor dem Einbau des Keilrippenriemens darauf achten, dass alle Aggregate (Generator, Klimakompressor, Flügelpumpe) fest angebaut sind.
- Starten Sie den Motor und kontrollieren Sie den Riemenlauf.

Bild 16
Pfeil: Schwenkrichtung des Halters zum Lösen des Keilrippenriemens.

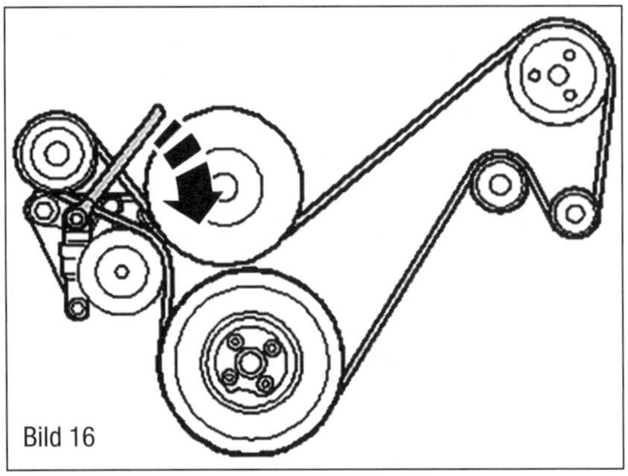
Bild 16

Bild 17
Pfeile: Befestigungsschrauben des Halters für den Keilrippenriemen.

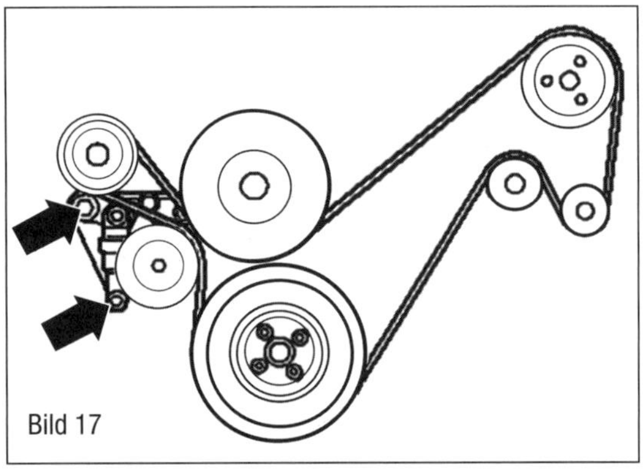
Bild 17

Bild 18
Montage Antriebsriemen für den Nebenantrieb.
1 Schlüssel
2 Keilrippenriemen

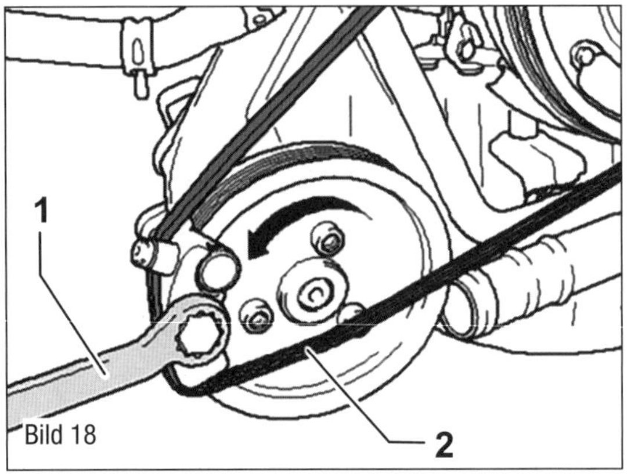

Bild 18

Spannvorrichtung des Antriebsriemens demontieren (5-Zylinder-TDI-Motoren):

■ Nehmen Sie den Keilrippenriemen von der Spannvorrichtung ab.
■ Schrauben Sie die Befestigungsschrauben (Pfeile im Bild 17) heraus.

Die Montage erfolgt sinngemäß in der umgekehrten Reihenfolge.

⚠ Einbaurichtung des Spannelementes (4 im Bild 13 beachten).

■ Keilrippenriemen einbauen und den Riemenverlauf beachten.
■ Starten Sie den Motor und kontrollieren Sie den Riemenlauf.

Antriebsriemen für den Motornebenantrieb 5-Zylinder-TDI-Motoren:

■ Ein eingebauter Keilrippenriemen muss zum Ausbau immer zerschnitten werden. Verwenden Sie dazu ein handelsübliches Cutter-Messer.

Die Montage erfolgt sinngemäß in der umgekehrten Reihenfolge.

■ Achten Sie vor dem Einbau des Keilrippenriemens darauf, dass alle Aggregate (Klimakompressor, Hydraulikpumpe) fest angebaut sind.

■ Beim Einbauen des Keilrippenriemens achten Sie bitte auf die Laufrichtung und auf einen korrekten Sitz des Riemens in den Riemenscheiben.
■ Setzen Sie das Montagewerkzeug (T50016 im Bild 18 dargestellt) auf die Riemenscheibe auf.
■ Sichern Sie das Montagewerkzeug mit der Rändelschraube.
■ Legen Sie den Keilrippenriemen (2 im Bild 18) zuerst auf die Riemenscheibe/Schwingungsdämpfer und dann wie im Bild 18 gezeigt in das Montagewerkzeug ein.
■ Setzen Sie einen passenden Ringschlüssel SW 17 (1) am Montagewerkzeug (T50016) an.

☞ Für das Aufziehen des Keilrippenriemens ist ein Helfer zur Unterstützung erforderlich.

■ Drehen Sie mit dem Ringschlüssel SW 17 (1) vorsichtig die Riemenscheibe in Pfeilrichtung wie im Bild 18 dargestellt.
■ Der Keilrippenriemen (2) wird zur Unterstützung mithilfe des 2. Monteurs nach unten gezogen und gleichzeitig in den Laufrillen der Riemenscheiben geführt.
■ Bauen Sie anschließend das Montagewerkzeug (T50016) aus.

De- und Montage am 4-Zylinder-TDI

Am 4-Zylindermotor können gleich drei unterschiedliche Keilrippenriemen zum Einsatz kommen. Neben dem für Generator Klimakompressor kommt ein weiterer für den Antrieb des Visco-Lüfters zum Einsatz.

Keilrippenriemen für Visco-Lüfter aus- und einbauen:

■ Falls vorhanden, Geräuschdämpfung ausbauen.

- Kühlergrill ausbauen.
- Stoßfänger vorn ausbauen.
- Ladeluftkühler ausbauen.
- Visco-Lüfter ausbauen.
- Keilrippenriemen für Visco-Lüfter (1 im Bild 20) mit einem handelsüblichen Seitenschneider durchtrennen. Der Keilrippenriemen für Visco-Lüfter muss nach jeder Demontage ersetzt werden und kann deshalb beim Ausbau zerschnitten werden.
- Keilrippenriemen abnehmen.
- Neuen Keilrippenriemen auf die Riemenscheibe für Visco-Lüfter auflegen.
- Montagehilfe für Keilrippenriemen (T50045) an den Schwingungsdämpfer anbauen.
- Keilrippenriemen (1) mit der Montagehilfe für Keilrippenriemen (T50045) in Pfeilrichtung festspannen.
- Motor an der Kurbelwelle in Pfeilrichtung drehen und somit den Keilrippenriemen (1) auf den Schwingungsdämpfer aufziehen.

Der weitere Einbau erfolgt sinngemäß in umgekehrter Reihenfolge:

- Beim Anziehen der Schraube für Visco-Lüfter nur in Motordrehrichtung mit einem passenden Maulschlüssel (VW 3312) gegenhalten!

⚠ Es darf keinesfalls an der Welle für den Visco-Lüfter der Motor entgegen der Motordrehrichtung gedreht werden! Die Welle kann sich hierbei lösen.

Keilrippenriemen aus- und einbauen

Die Montagearbeiten zwischen den Varianten mit und ohne Klimaanlage unterscheiden sich nicht wesentlich. Wir stellen Ihnen hier zur Orientierung die Montage für die Variante mit Klimaanlage vor.

- Falls vorhanden, Geräuschdämpfung ausbauen.
- Keilrippenriemen für Visco-Lüfter ausbauen.
- Die Laufrichtung des Keilrippenriemens kennzeichnen.
- Spannelement zum Entspannen des Keilrippenriemens mit Ringschlüssel SW 16 im Uhrzeigersinn schwenken.
- Das Spannelement mit dem Absteckdorn T10060 A arretieren.
- Keilrippenriemen abnehmen.

Die Montage erfolgt sinngemäß in der umgekehrten Reihenfolge.

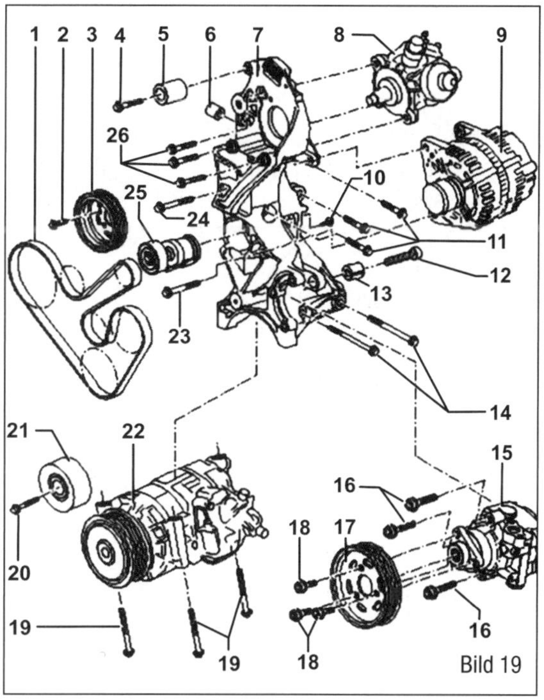

Bild 19
Riementrieb mit Klimakompressor in der Übersicht.
1 Keilrippenriemen
2 Schraube
3 Riemenscheibe
4 Schraube
5 Umlenkrolle
6 Passhülse
7 Halter
8 Hochdruckpumpe
9 Generator
10 Schraube
11 Schraube
12 Schraube
13 Hülse
14 Schraube
15 Flügelpumpe
16 Schraube
17 Riemenscheibe
18 Schraube
19 Schraube
20 Schraube
21 Umlenkrolle
22 Klimakompressor
23 Schraube
24 Schraube
25 Spannelement
26 Schraube

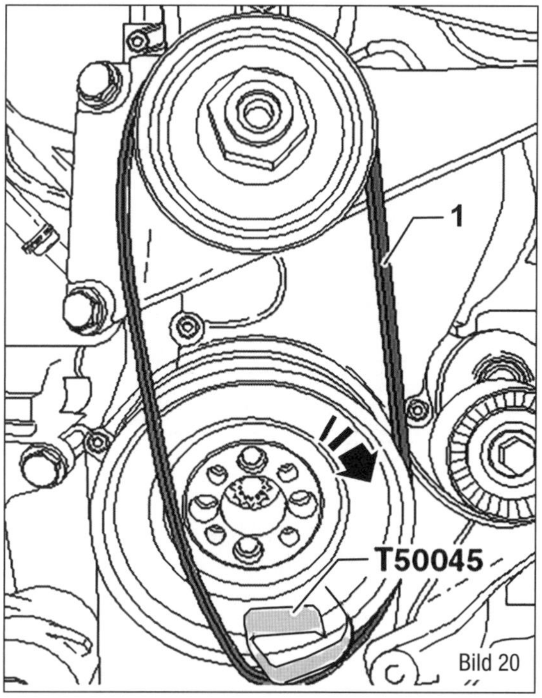

Bild 20
Riementrieb zum Visco-Lüfter.
1 Keilrippenriemen
T50045 Montagehilfe
Pfeil Drehrichtung zur Montage

- Vor dem Einbau des Keilrippenriemens darauf achten, dass alle Aggregate (Generator, Klimakompressor und Flügelpumpe) fest angebaut sind.
- Beim Einbauen des Keilrippenriemens achten Sie bitte auf die Laufrichtung und auf einen korrekten Sitz des Riemens in den Riemenscheiben.
- Keilrippenriemen zuletzt auf das Spannelement auflegen.

Sichtprüfung Messen

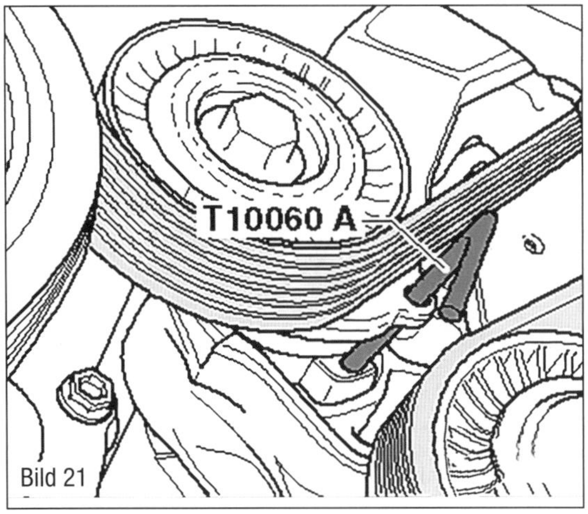

Bild 21
Absteckdorn T10060A zur Sicherung der Spannrolle.

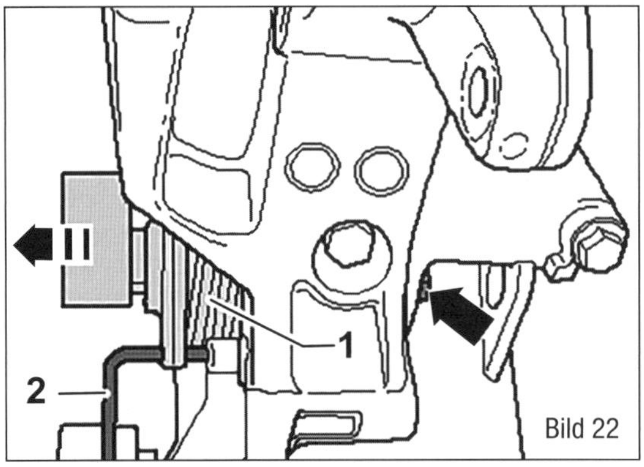

Bild 22
1 Spannelement
2 Absteckdorn T10060A
Pfeil Befestigungsschraube

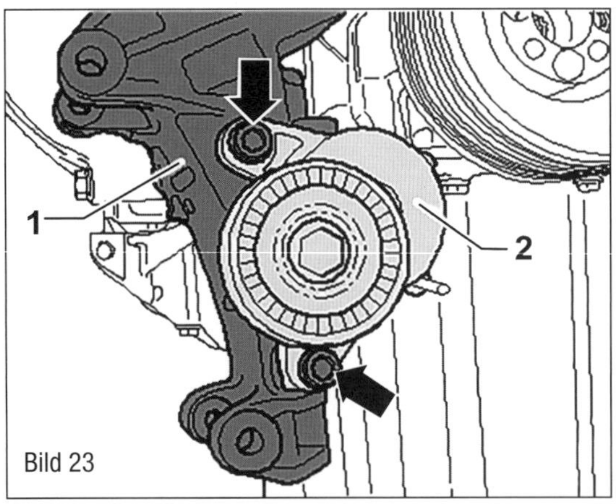

Bild 23
Spannvorrichtung des Nebenantriebs.
1 Halter
2 Spannelement
Pfeile Befestigungsschrauben

- Absteckdorn (T10060 A im Bild 21) ausbauen.
- Motor starten und den Riemenlauf kontrollieren.

Spannvorrichtung für Keilrippenriemenaus- und einbauen:

- Masseband der Batterie und Zweitbatterie abklemmen.
- Luftfilter ausbauen.
- Laufrichtung des Keilrippenriemens kennzeichnen.
- Spannelement zum Entspannen des Keilrippenriemens mit Ringschlüssel SW 16 Im Uhrzeigersinn schwenken.
- Spannelement mit dem Absteckdorn T10060 A arretieren.
- Keilrippenriemen abnehmen.
- Drehstromgenerator ausbauen.
- Schraube (Pfeil im Bild 22) lösen und Spannelement für Keilrippenriemen (1) in Pfeilrichtung herausnehmen.

Die Montage erfolgt sinngemäß in der umgekehrten Reihenfolge.

Die Schraube (Pfeil) kann wieder verwendet werden. Hierzu muss das Anzugsdrehmoment auf 20 Nm + 90° angepasst werden.

Keilrippenriemen für Nebenantrieb aus- und einbauen:

- Falls vorhanden, Geräuschdämpfung ausbauen.
- Laufrichtung des Keilrippenriemens kennzeichnen.
- Spannelement (2 im Bild 23) zum Entspannen des Keilrippenriemens mit Ringschlüssel im Uhrzeigersinn schwenken.
- Spannelement mit Absteckdorn (T10060 A wie im Bild 21) arretieren.
- Keilrippenriemen abnehmen.

Der Einbau erfolgt in umgekehrter Reihenfolge, dabei bitte Folgendes beachten:

- Beim Einbauen des Keilrippenriemens auf die Laufrichtung und auf einen korrekten Sitz des Riemens achten.
- Nach fertig gestellter Arbeit den Riemenlauf kontrollieren.

Spannvorrichtung für Keilrippenriemen Nebenantrieb aus- und einbauen:
Der Nebenantrieb kann auch nachgerüstet werden. So können zusätzliche Aggregate wie eine Servopumpe zur Kipperbetätigung oder auch ein zweiter Generator für Camperumbauten sicher angebaut werden. Für den Umbau muss für den Lauf des Antriebsriemens die Lüfterzarge ausgeschnitten werden.

- Falls vorhanden, Geräuschdämpfung ausbauen.
- Laufrichtung des Keilrippenriemens kennzeichnen.
- Spannelement (2 im Bild 23) zum Ent-

spannen des Keilrippenriemens mit Ringschlüssel im Uhrzeigersinn schwenken.
■ Spannelement mit Absteckdorn (T10060 A wie im Bild 21) arretieren.
■ Keilrippenriemen abnehmen.
■ Schrauben (Pfeile im Bild 23) herausdrehen.
■ Spannelement abnehmen.

Der Einbau erfolgt in umgekehrter Reihenfolge, dabei bitte Folgendes beachten:
■ Beim Einbauen des Keilrippenriemens auf die Laufrichtung und auf einen korrekten Sitz des Riemens achten.
■ Nach fertig gestellter Arbeit den Riemenlauf kontrollieren.

Arbeiten am Zahnriementrieb der TDI-Motoren

Der Ventiltrieb der Diesel-Motoren ist über einen Zahnriemen gesteuert. Dieser muss zum Wechsel, aber auch zum Ausbau des Zylinderkopfes ausgebaut werden. Wir stellen die erforderlichen Arbeitsschritte für die einzelnen Bauweisen der Motortypen vor.

Demontage der Zahnriemenabdeckung beim 5-Zylinder-TDI-Motor
Die Montagearbeiten unterscheiden sich für die einzelnen Motoren kaum. Wir stellen Ihnen eine allgemeingültige Arbeitsbeschreibung zur Verfügung.

Zahnriemenschutz oben demontieren:
Diese Montagearbeiten werden zur Kontrolle des Zahnriemens benötigt.
■ Öffnen Sie die Klammern am Zahnriemenschutz oben (1 im Bild 25).
■ Ziehen Sie den Zahnriemenschutz nach oben ab.

Die Montage erfolgt sinngemäß in der umgekehrten Reihenfolge.
■ Achten Sie darauf, dass der Zahnriemenschutz in den Führungen unten einrastet.
■ Rasten Sie die Halteklammern im Zahnriemenschutz wieder ein.

Zahnriemen beim 5-Zylinder-TDI-Motor
■ Bauen Sie den Keilrippenriemen aus.
■ Bauen Sie den Visco-Lüfter aus.

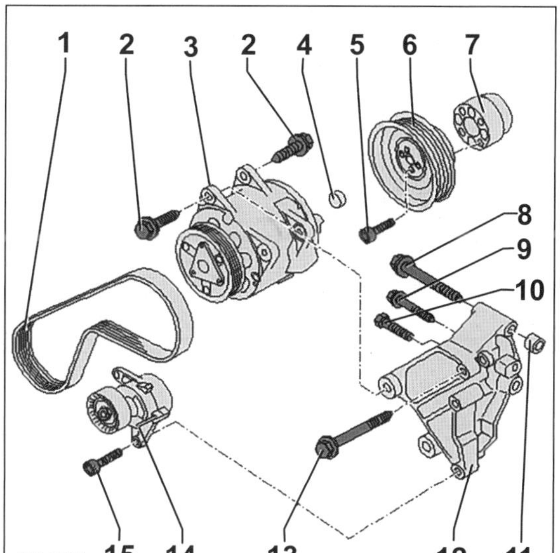

Bild 24

Bild 24
Spannvorrichtung des Nebenantriebs in der Übersicht.
1 Keilrippenriemen
2 Schrauben
3 Klimakompressor
4 Stopfen
5 Schrauben
6 Riemenscheibe
7 Nabe
8 Schraube
9 Schraube
10 Schraube
11 Druckscheibe (nur bei Mono-Turboladern)
12 Halter
13 Schraube
14 Spannelement
15 Schraube

■ Bauen Sie die Luftführungshutze aus.
■ Bauen Sie die Riemenscheibe für Visco-Lüfter aus.
■ Bauen Sie die Umlenkrolle (17 im Bild 25) vom Halter ab.
■ Bauen Sie das Zahnriemenschutz-Oberteil (1) aus.
■ Bauen Sie die Zylinderkopfhaube aus.
■ Setzen Sie den Gegenhalter (T10025 im Bild 26) an und lösen Sie die Zentralschraube von der Schwingungsdämpfer/Zahnriemenrad-Kurbelwelle.
■ Lösen Sie die 4 Befestigungsschrauben der Schwingungsdämpfer/Zahnriemenrad-Kurbelwelle.
■ Drehen Sie die Kurbelwelle in Motordrehrichtung auf OT für Zylinder 1.

Tipp: Drehen Sie dabei die Kurbelwelle so weit, bis die Markierung auf dem Nockenwellenrad mit der Markierung am Zahnriemenschutz hinten übereinstimmt (Pfeile im Bild 27).

■ Schrauben Sie den Verschlussstopfen aus dem Zylinderblock heraus (Pfeil im Bild 28). Die OT-Bohrung darunter in der Kurbelwelle muss sichtbar sein.
■ Stecken Sie den Fixierstift »T50009« in die Bohrung ein. Damit wird die Kurbelwelle gegen Verdrehen gesichert.

Tipp: Lässt sich die Kurbelwelle nicht fixieren, drehen Sie die Kurbelwelle etwas hin und her. Auf den Fixierstift »T50009« darf kein Drehmoment übertragen werden.

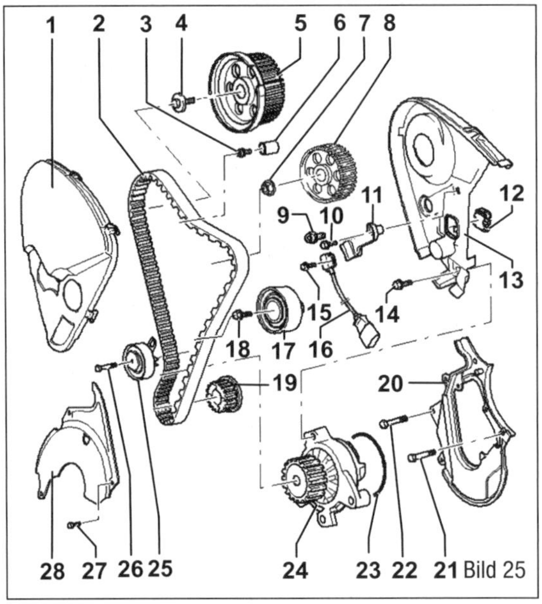

Bild 25
Zahnriementrieb am 5 Zylinder in der Übersicht.
1 Zahnriemenschutz oben
2 Zahnriemen
3 Schraube
4 Schraube
5 Nockenwellenrad
6 Umlenkrolle
7 Mutter
8 Zahnriemenrad
9 Schraube
10 Schraube
11 Halter
12 Verschlussdeckel
13 Zahnriemenschutz hinten
14 Schraube
15 Schraube
16 Hallgeber
17 Umlenkrolle
18 Schraube
19 Kurbelwellen-Zahnriemenrad
20 Zahnriemenschutz unten
21 Schraube
22 Schraube
23 O-Ring
24 Kühlmittelpumpe
25 Spannrolle
26 Schraube
27 Schraube
28 Zahnriemenschutz

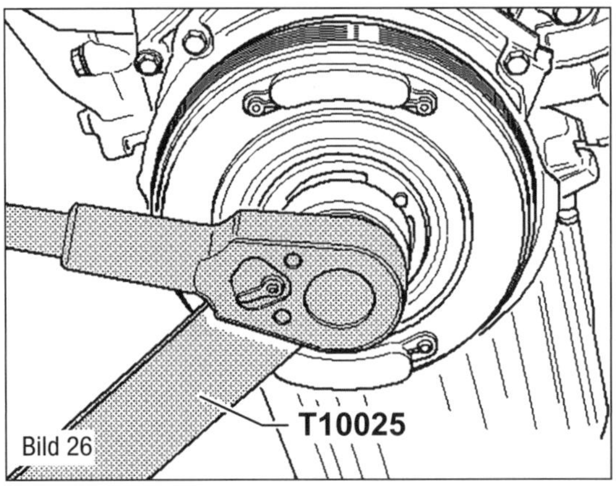

Bild 26
Ansatz des Gegenhalters T10025 auf der Kurbelwelle.

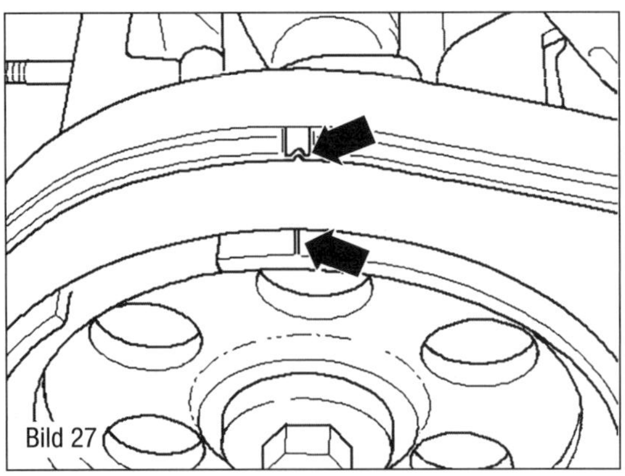

Bild 27
Markierung am Nockenwellenrad und am Zahnriemenschutz hinten (Pfeile).

■ Schrauben Sie die 4 Befestigungsschrauben Schwingungsdämpfer/Zahnriemenrad-Kurbelwelle heraus.
■ Schrauben Sie die Zentralschraube für Schwingungsdämpfer heraus.
■ Nehmen Sie den Schwingungsdämpfer ab.
■ Bauen Sie den Zahnriemenschutz aus.
■ Kennzeichnen Sie die Laufrichtung des Zahnriemens.
■ Entspannen Sie die Spannrolle für Zahnriemen mit Ringschlüssel SW 32 (bei VW 3355).
■ Nehmen Sie den Zahnriemen ab.

Der Einbau erfolgt in umgekehrter Reihenfolge, dabei Folgendes beachten:
■ Die Kurbelwelle muss mit dem Fixierstift »T50009« (im Bohrloch der Verschraubung im Bild 28) arretiert sein.
■ Bauen Sie den Lagerdeckel und den Dichtring für Nockenwelle aus.
■ Bauen Sie den Lagerdeckel wieder ein.
■ Arretieren Sie die Nockenwelle mit dem Einstelllineal (2065A im Bild 29).
■ Mitteln Sie das Einstelllineal (2065A) aus, indem Sie die arretierte Nockenwelle so drehen, bis ein Ende des Einstelllineals am Zylinderkopf anschlägt. Am anderen Ende des Einstelllineals mit der Fühlerlehre das entstandene Spiel messen. Die Fühlerlehre nun mit halbiertem Spielmaß zwischen Einstelllineal und Zylinderkopf einschieben. Dann die Nockenwelle so drehen, bis das Einstelllineal auf der Fühlerlehre aufliegt.
■ Eine zweite Fühlerlehre mit dem gleichen Maß am anderen Ende zwischen Einstelllineal und Zylinderkopf einführen.
■ Lösen Sie die Befestigungsschraube des Nockenwellenrades um eine halbe Umdrehung, dazu einen geeigneten Gegenhalter (VW 3036) verwenden.
■ Ziehen Sie das Nockenwellenrad mit dem Zweiarmabzieher ab.
■ Drehen Sie das Nockenwellenrad so weit, bis die Markierung auf dem Nockenwellenrad mit der Markierung am Zahnriemenschutz hinten übereinstimmt (Pfeile im Bild 27).
■ Bauen Sie die Spannrolle (1 im Bild 30) so ein, dass die Lasche (2) der Spannrolle im Verdrehstift des Zahnriemenschutz-Unterteils sitzt.
■ Legen Sie den Zahnriemen auf. Bei einem gelaufenen Zahnriemen muss dabei die Laufrichtung beachtet werden.
■ Ziehen Sie die Befestigungsschraube der Spannrolle handfest an.
■ Zum Spannen des Zahnriemens verdrehen Sie die Spannrolle mit dem Ringschlüssel SW32 (VW 3355 wie im Bild 31) so weit im Uhrzeigersinn, bis die rechte Kante des Zeigers (A) mit der rechten Kante des Zeigers (B) fluchtet.

Die rechte Kante des Zeigers (A) darf nicht über die rechte Kante des Zeigers (B) hinaus gedreht werden, da sonst die Gefahr einer Vorschädigung der Spannrolle besteht. Falls doch einmal zu weit gedreht wurde, muss die Spannrolle vollständig entspannt und neu gespannt werden. Es reicht nicht aus, den Exzenter nur um das zu weit gedrehte Maß zurückzudrehen.

- Ziehen Sie die Befestigungsschraube der Spannrolle fest.
- Ziehen Sie die Befestigungsschraube für Nockenwellenrad (Gegenhalter verwenden!) fest.
- Entfernen Sie das Einstelllineal »2065 A« und den Fixierstift »T50009« in der Kurbelwelle .
- Bauen Sie den Zahnriemenschutz ein.
- Setzen Sie den Schwingungsdämpfer (Riemenscheibe) mit neuer Unterlegscheibe und neuer Zentralschraube an.
- Setzen Sie einen geeigneten Gegenhalter (wie VW T10025) in den Schwingungsdämpfer ein.
- Ziehen Sie die neue Zentralschraube fest.
- Ziehen Sie die 4 neuen Befestigungsschrauben Schwingungsdämpfer/Zahnriemenrad-Kurbelwelle fest.
- Drehen Sie die Kurbelwelle zwei Umdrehungen in Motordrehrichtung weiter, bis die Kurbelwelle wieder auf OT für den ersten Zylinder steht. Der Fixierstift »T50009« muss in die Kurbelwelle passen.
- Kontrollieren Sie die Zeigerstellung der Spannrolle nochmals. Fluchten die rechten Kanten der Zeiger (A) und (B) nicht, so muss der Spannvorgang wiederholt werden. Die Markierung auf dem Nockenwellenrad muss im gerasterten Bereich stehen.
- Entfernen Sie den Fixierstift »T50009«.
- Schrauben Sie den Verschlussstopfen in den Zylinderblock.
- Bauen Sie den Lagerdeckel und den Dichtring für Nockenwelle ein.
- Bauen Sie den Keilrippenriemen ein.
- Bauen Sie den Visco-Lüfter ein.

Demontage der Zahnriemenabdeckung beim 4-Zylinder-TDI-Motor
Die Montagearbeiten unterscheiden sich für die einzelnen Motoren kaum. Wir stellen Ihnen eine allgemeingültige Arbeitsbeschreibung zur Verfügung.

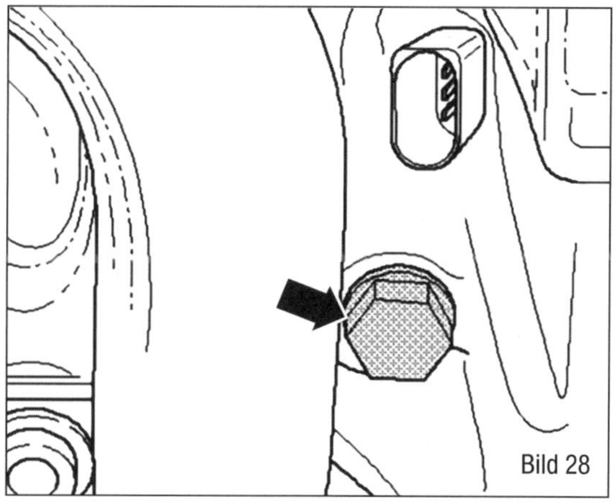

Bild 28
Festsetzen der Kurbelwelle auf OT: Verschlussschraube zur Bohrung in der Kurbelwelle.

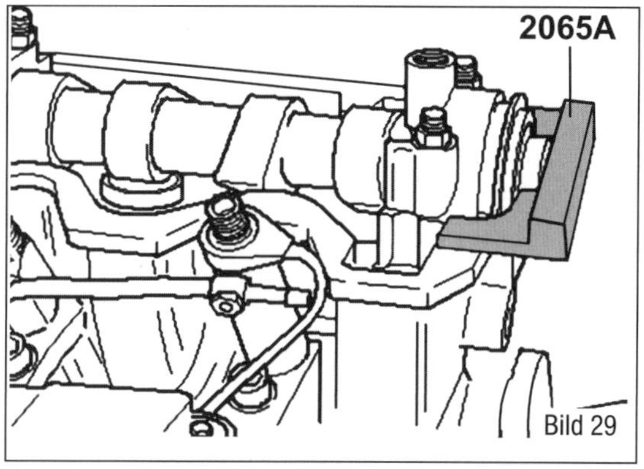

Bild 29
Festsetzen der Nockenwelle auf OT: 2065A Einstelllineal.

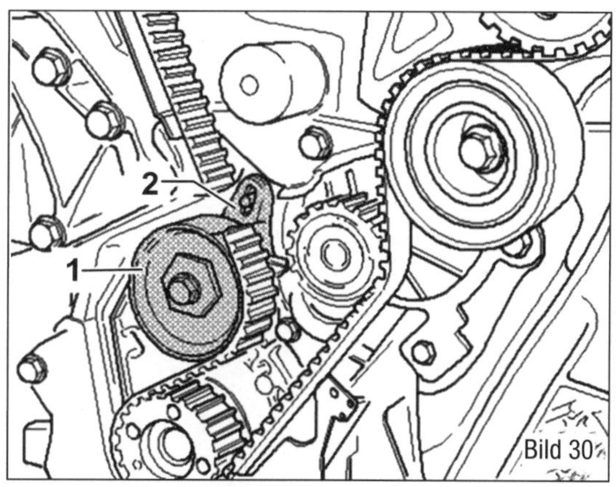

Bild 30
Spannrolle für den Zahnriemen.
1 Spannrolle
2 Lasche

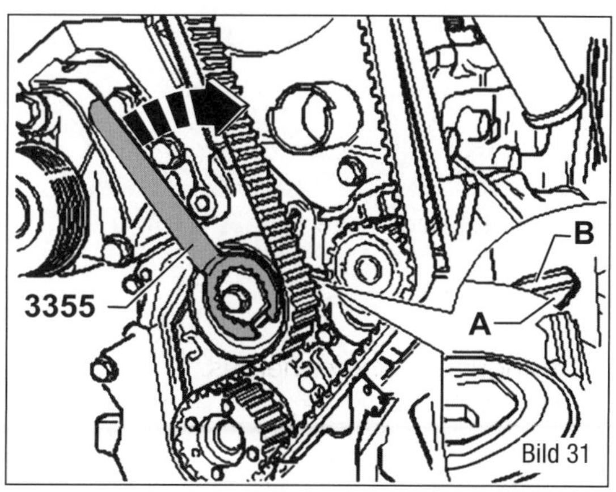

Bild 31
Zahnriemen spannen.
3355 Schlüssel SW32
A Zeiger Spannrolle
B Zeiger Spannrollenträger

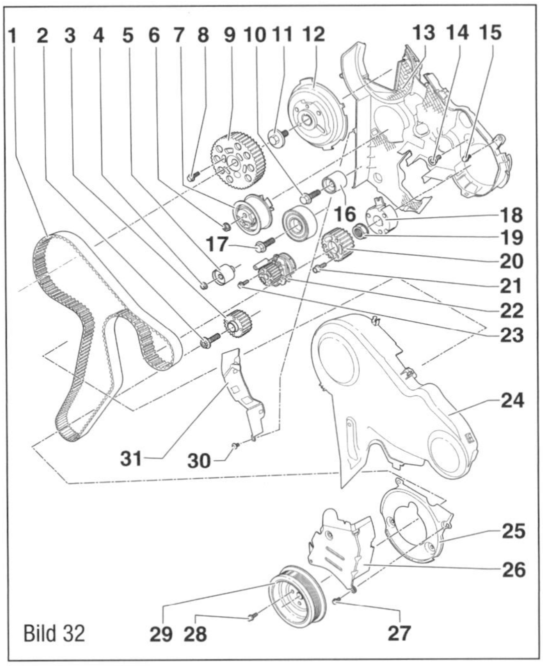

Bild 32

Bild 32
Zahnriementrieb der 4-Zylinder-TDI-Motoren in der Übersicht.

1 Zahnriemen
2 Schraube
3 Kurbelwellen-Zahnriemenrad
4 Schraube
5 Umlenkrolle
6 Schraube
7 Spannrolle
8 Schraube
9 Nockenwellenrad
10 Schraube
11 Schraube
12 Nabe
13 Zahnriemenschutz hinten
14 Schraube
15 Schraube
16 Umlenkrolle
17 Schraube
18 Nabe
19 Schraube
20 Zahnriemenrad der Hochdruckpumpe
21 Schraube
22 Kühlmittelpumpe
23 Schraube
24 Zahnriemenschutz-Oberteil
25 Zahnriemenschutz-Unterteil
26 Zahnriemenschutz-Mittelteil
27 Schraube
28 Schraube
29 Riemenscheibe/Schwingungsdämpfer

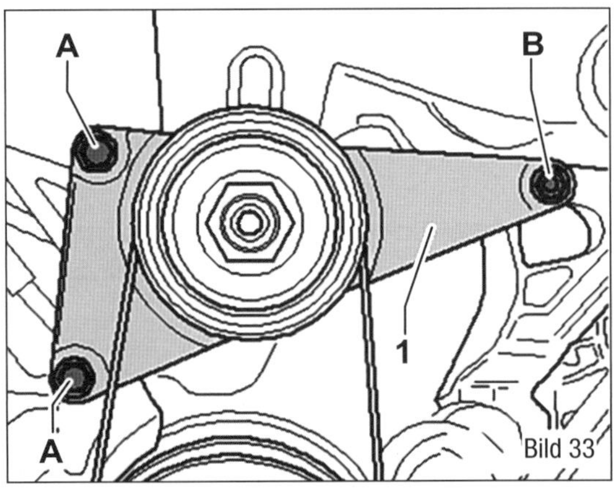

Bild 33

Bild 33
Halter Viscolüfter.

A Schrauben
B Schraube
1 Halter

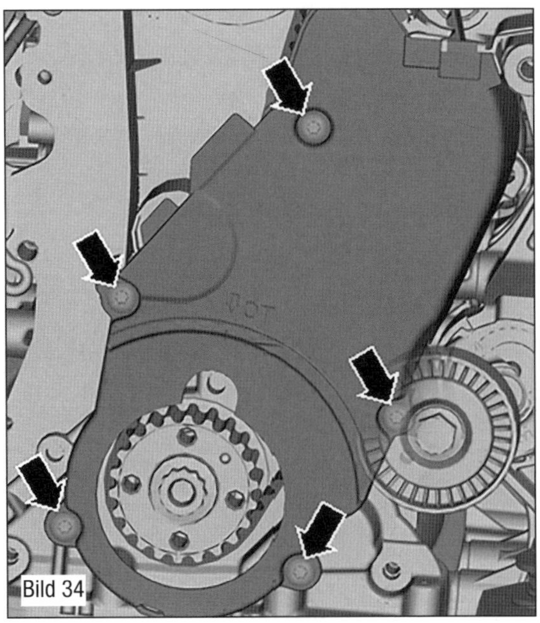

Bild 34

Bild 34
Zahnriemenschutz unten, Pfeile Verschraubungen.

⚠ Einstellarbeiten am Zahnriemen dürfen immer nur bei kaltem Motor durchgeführt werden, da sich die Zeigerposition des Spannelements abhängig von der Motortemperatur ändert.

- Falls vorhanden, Geräuschdämpfung ausbauen.
- Luftfiltergehäuse ausbauen.
- Visco-Lüfter ausbauen.
- Luftführungshutze ausbauen.
- Keilrippenriemen für Nebenantrieb ausbauen.
- Schrauben (A und B im Bild 33) herausdrehen und Halter (1) abnehmen.
- Schwingungsdämpfer/Riemenscheibe an der Kurbelwelle ausbauen.
- Klammern am Zahnriemenschutz oben entriegeln.
- Zahnriemenschutz oben abnehmen.
- Schrauben (Pfeile im Bild 34) herausdrehen.
- Zahnriemenschutz unten abnehmen.
- Kurbelwelle an der Schraube für Zahnriemenrad drehen, bis das Zahnriemenrad Nockenwelle auf »OT« steht.

Zahnriemen beim 4-Zylinder-TDI-Motor

⚠ Zerstörungsgefahr durch Überspringen des Zahnriemens! Die Kurbelwelle nur in Motordrehrichtung durchdrehen.

- Nabe der Nockenwelle mit dem Absteckstift für Diesel-Einspritzpumpe (3359) wie im Bild 35 gezeigt arretieren.

Variante A (Kurbelwellen-Zahnriemenrad mit Markierung arretieren):

☞ Für Kurbelwellen-Zahnriemenräder mit Markierung kann wahlweise der Kurbelwellenstopp »T10050« oder der Kurbelwellenstopp »T10490« verwendet werden.

Kurbelwellen-Zahnriemenrad mit dem Kurbelwellenstopp (T10050 im Bild 36) arretieren:

- Die Markierung auf dem Zahnriemenrad (2) und dem Kurbelwellenstopp »T10050«(1) müssen sich gegenüberstehen.
- Der Zapfen des Kurbelwellenstopp »T10050« muss in die Bohrung des Dichtflansches eingreifen.
- Der Kurbelwellenstopp lässt sich nur von der Stirnseite der Verzahnung her auf das Zahnriemenrad schieben.

Kurbelwellen-Zahnriemenrad mit dem Kurbelwellenstopp »T10490« arretieren:

- Die Zapfen des Kurbelwellenstopp »T10490« müssen in die Gewindebohrungen des Zahnriemenrads eingreifen.
- Der Absteckstift des Kurbelwellenstopp »T10490« muss in die Bohrung am Dichtflansch eingreifen.

Variante B (Kurbelwellen-Zahnriemenrad ohne Markierung arretieren)

Tipp: Kurbelwellen-Zahnriemenräder ohne Markierung werden ausschließlich mit dem Kurbelwellenstopp »T10490« arretiert.

- Kurbelwellen-Zahnriemenrad mit dem Kurbelwellenstopp »T10490« arretieren.
- Die Zapfen des Kurbelwellenstopp »T10490«müssen in die Gewindebohrungen des Zahnriemenrads eingreifen.
- Der Absteckstift des Kurbelwellenstopp »T10490« muss in die Bohrung am Dichtflansch eingreifen (Bild 39).

Fortsetzung alle Varianten

- Schrauben (1 im Bild 35) etwa 90° lösen.
- Schrauben (1 im Bild 38) mit dem Steckeinsatz XZN 10 (T10385 bei VW) etwa 90° lösen.
- Mutter (1 im Bild 37) für Spannrolle lösen.
- Exzenter der Spannrolle mit dem Winkelschraubendreher (T10264) im Gegenuhrzeigersinn drehen, bis die Spannrolle mit dem Absteckwerkzeug (T10265) arretiert werden kann.
- Dann Exzenter der Spannrolle mit dem Winkelschraubendreher (T10264) im Uhrzeigersinn (Pfeil) bis zum Anschlag drehen.
- Die Mutter (1) von Hand anziehen.
- Laufrichtung des Zahnriemens kennzeichnen.

Achtung: Es besteht Zerstörungsgefahr durch umgekehrte Laufrichtung bei einem bereits gelaufenen Zahnriemen! Vor Ausbau des Zahnriemens Laufrichtung mit Kreide oder Filzstift für den Wiedereinbau kennzeichnen.

- Zahnriemen zuerst von der Kühlmittelpumpe und dann von den übrigen Zahnriemenrädern abnehmen.

Tipp: Bei Fahrzeugen mit Nebenantrieb ist aus Lebensdauergründen das Kurbel-

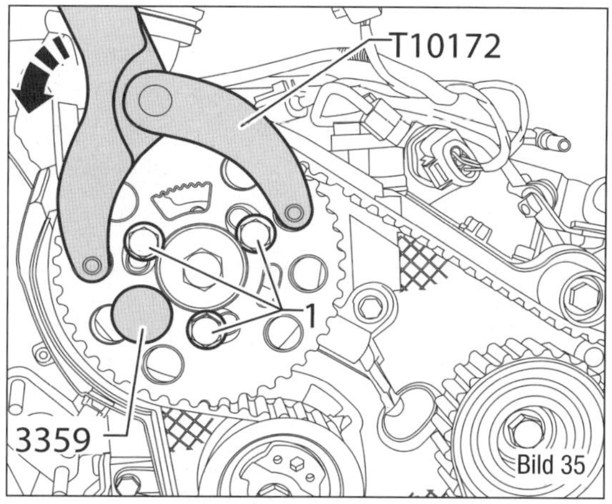

Bild 35
T10172 Gegenhalter
3359 Absteckwerkzeug
1 Schraube Nockenwellenrad

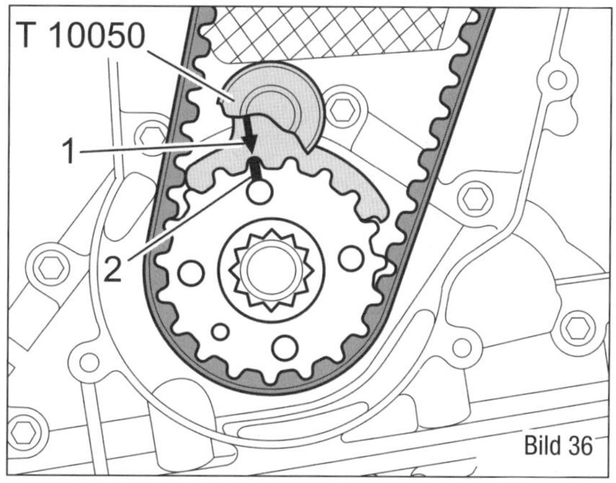

Bild 36
T10050 Absteckwerkzeug Kurbelwelle
1 Pfeilmarkierung
2 Markierung auf dem Kurbelwellenrad

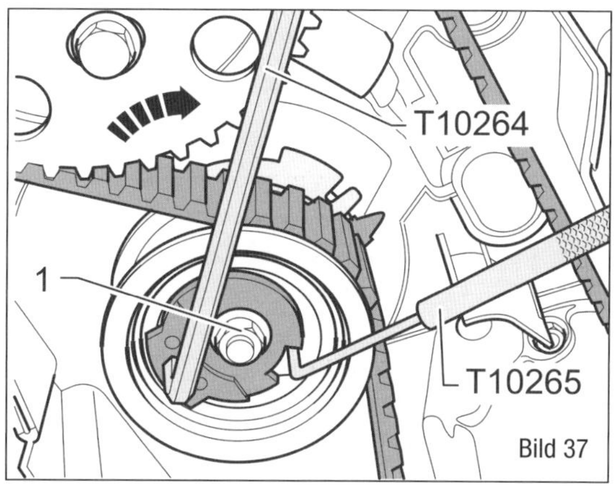

Bild 37
T10264 Inbusschlüssel
T10265 Absteckwerkzeug Kurbelwelle
1 Mutter Spannrolle

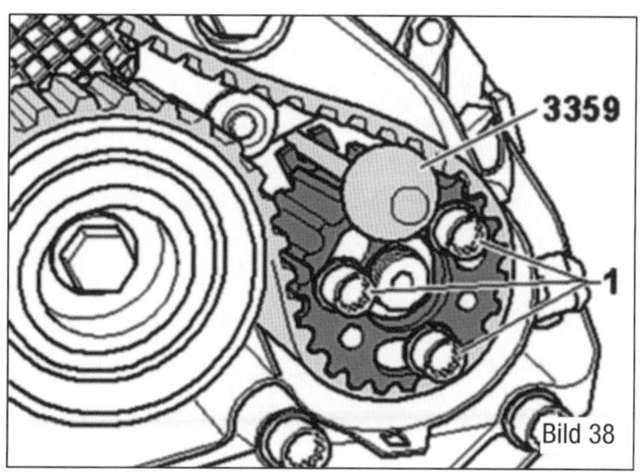

Bild 38
3359 Absteckwerkzeug
1 Schraube Hochdruckpumpe

Bild 39
Absteckwerkzeug T10490 ohne Markierung.

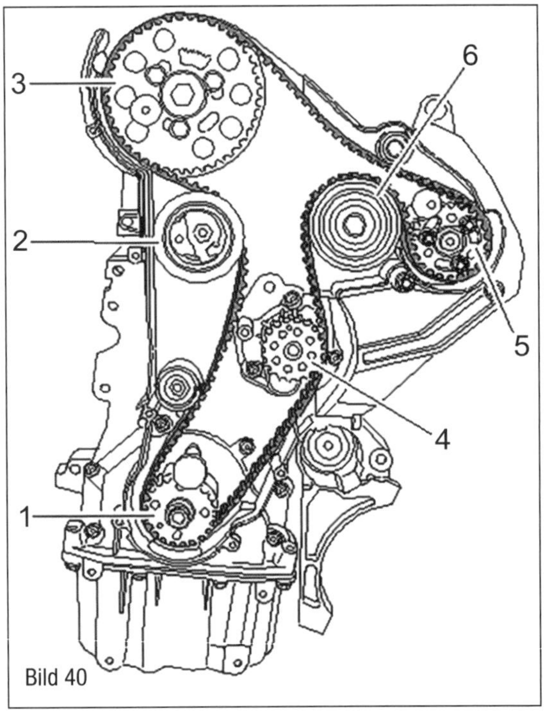

Bild 40
1 Kurbelwellen-Zahnriemenrad
2 Spannrolle
3 Zahnriemenrad Nockenwelle
4 Zahnriemenrad Kühlmittelpumpe
5 Zahnriemenrad Hochdruckpumpe
6 Umlenkrolle

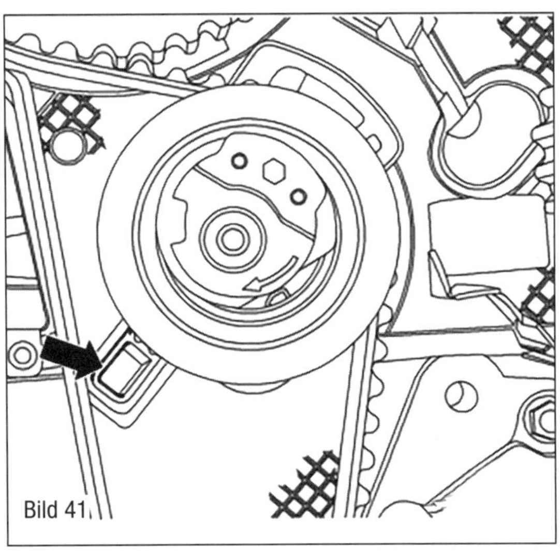

Bild 41
Sitz der Zahnriemenspannrolle in der Zahnriemenabdeckung hinten.

wellen-Zahnriemenrad im Rahmen des Zahnriemenwechsels mit zu ersetzen.

Der Einbau erfolgt in umgekehrter Reihenfolge.

- Für Einstellarbeiten am Zahnriemen muss der Motor grundsätzlich kalt sein.
- Die Spannrolle muss mit Absteckwerkzeug (T10265 im Bild 37) arretiert und mit Mutter (1) auf Rechtsanschlag fixiert sein.
- Die Nabe der Nockenwelle mit Absteckstift für Diesel-Einspritzpumpe (3359 im Bild 35) arretiert.
- Die Schrauben (Pfeile) sind lose eingedreht.
- Das Zahnriemenrad Nockenwelle muss sich gerade noch drehen lassen und darf nicht kippen.
- Kurbelwelle mit Kurbelwellenstopp (T10050 im Bild 36) bzw. mit Kurbelwellenstopp (T10490 im Bild 39) arretiert.
- Nabe der Hochdruckpumpe mit Absteckstift für Diesel-Einspritzpumpe (3359 im Bild 38) arretieren. Wenn erforderlich, drehen Sie die Nabe der Hochdruckpumpe mit einem Schraubendreher an den Schraubenköpfen weiter, bis sich die Nabe mit dem Absteckstift arretieren lässt.
- Schrauben (1 im Bild 38) lose eingedreht.

Das Zahnriemenrad der Hochdruckpumpe muss sich gerade noch drehen lassen und darf nicht kippen.

- Zahnriemenrad Nockenwelle und Zahnriemenrad Hochdruckpumpe in ihren Langlöchern im Uhrzeigersinn auf Anschlag drehen.
- Zahnriemen in der genannten Reihenfolge auflegen (Bild 40):
  1 Kurbelwellen-Zahnriemenrad
  2 Spannrolle
  3 Zahnriemenrad Nockenwelle
  4 Zahnriemenrad Kühlmittelpumpe
  5 Zahnriemenrad Hochdruckpumpe
  6 Umlenkrolle
- Mutter (1 im Bild 37) für Spannrolle lösen und Absteckwerkzeug T10265 entfernen.

⚠ Auf den richtigen Sitz der Spannrolle im Zahnriemenschutz hinten (Pfeil im Bild 41) achten.

- Gegenhalter (T10172 im Bild 35) am Zahnriemenrad Nockenwelle ansetzen.
- Den Gegenhalter im Gegenuhrzeigersinn

drücken und auf Vorspannung halten.
■ Exzenter der Spannrolle mit dem Winkelschraubendreher (T10264 wie im Bild 37) vorsichtig im Uhrzeigersinn drehen, bis der Zeiger mittig in der Lücke der Grundplatte steht. Die Mutter (1 im Bild 37) darf sich nicht mitdrehen.
■ In dieser Stellung Schrauben für das Zahnriemenrad der Nockenwelle und die Schrauben für das Zahnriemenrad der Hochdruckpumpe festziehen.
■ Spannrolle in dieser Lage halten und Mutter festziehen.
■ Absteckstift für die Diesel-Einspritzpumpe, den Kurbelwellenstopp entfernen.

Steuerzeiten prüfen:

Gefahr: Durch Überspringen des Zahnriemens kann ein Motorschaden entstehen.
Die Kurbelwelle darf nur in Motordrehrichtung durchgedreht werden.

■ Kurbelwelle an der Schraube für Zahnriemenrad zwei Umdrehungen in Motordrehrichtung drehen, bis die Kurbelwelle kurz vor »OT« steht.
■ Kurbelwellenstopp wieder am Kurbelwellen-Zahnriemenrad ansetzen.
■ Kurbelwelle in Motordrehrichtung drehen, bis der Zapfen des Kurbelwellenstopps aus der Drehbewegung heraus in den Dichtflansch eingreift. Die Nabe der Nockenwelle muss sich mit dem Absteckstift für Diesel-Einspritzpumpe (wie im Bild 35) arretieren lassen. Der Arretierpunkt der Hochdruckpumpennabe lässt sich nur sehr schwer wieder finden. Eine geringe Abweichung hat jedoch keinen Einfluss auf den Motorlauf.

Ein seitlicher Versatz von maximal 5 mm ist zulässig. Ist der Versatz zu groß, müssen die Steuerzeiten korrigiert werden.

Steuerzeiten korrigieren:
■ Wenn sich die Nabe der Nockenwelle nicht arretieren lässt, Kurbelwellenstopp so weit zurückziehen, bis der Zapfen die Bohrung frei gibt.
■ Die Kurbelwelle entgegen der Motordrehrichtung etwas über den »OT« hinausdrehen.

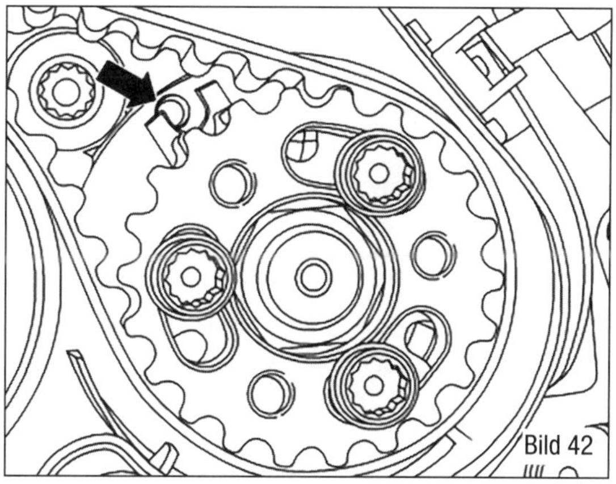

Bild 42
Absteckmarkierung für das Antriebsrad der Hochdruckpumpe.

■ Die Kurbelwelle jetzt langsam in Motordrehrichtung drehen, bis sich die Nabe der Nockenwelle arretieren lässt.
■ Nach dem Arretieren die Schrauben für Zahnriemenrad Nockenwelle lösen.

Zapfen des Kurbelwellenstopps steht links von der Bohrung:
■ Kurbelwelle in Motordrehrichtung drehen, bis der Zapfen des Kurbelwellenstopps aus der Drehbewegung heraus in den Dichtflansch eingreift.
■ Schrauben für Zahnriemenrad Nockenwelle festziehen.

Zapfen des Kurbelwellenstopps steht rechts von der Bohrung:
■ Kurbelwelle zuerst etwas entgegen der Motordrehrichtung drehen.
■ Kurbelwelle wieder in Motordrehrichtung drehen, bis der Zapfen des Kurbelwellenstopps aus der Drehbewegung heraus in den Dichtflansch eingreift.
■ Schrauben für Zahnriemenrad Nockenwelle festziehen.

Fortsetzung bei richtig eingestellten Steuerzeiten:
■ Absteckstift für Diesel-Einspritzpumpe und Kurbelwellenstopp entfernen.
■ Kurbelwelle an der Schraube für das Zahnriemenrad (Mitte) 2 Umdrehungen in Motordrehrichtung drehen, bis die Kurbelwelle kurz vor »OT« steht.
■ Kontrolle der Steuerzeiten wiederholen.
■ Lässt sich die Nabe der Nockenwelle jetzt abstecken, werden zuerst die Befestigungsschrauben des Nockenwellenrades festgezogen.
Das Nockenwellenrad muss mit dem bereits beschriebenen Gegenhalter festgehalten

Bild 43
1 Druckregelventil
2 Schraube
3 O-Ring
4 Schraube
5 Zylinderkopfhaube
6 Zylinderkopfschraube
7 Glühkerze
8 Piezo-Injektor
9 Schraube
10 Kugelscheibe
11 Spannbügel
12 Abstützung
13 Aufhängeöse
14 Kupferscheibe
15 Mutter
16 Unterdruckpumpe
17 Stößel
18 Hochdruckspeicher
19 Schraube
20 Schraube
21 Verschlussdeckel
22 Zahnriemenschutz hinten
23 Halter
24 Schraube
25 Zylinderkopfdichtung
26 Zahnriemen
27 Schraube
28 Nockenwellenrad
29 Zylinderkopf
30 Öleinfüllstutzen
31 Dichtring
32 Verschlussdeckel
33 Schlauch

Bild 44
1 Lagerdeckel
2 Mutter
3 Nockenwelle
4 Tassenstößel
5 Kegelstücke
6 Ventilfederteller
7 Ventilfeder
8 Ventilschaftabdichtung
9 Reparatur-Ventilführung
10 Dichtring
11 Zylinderkopf
12 Ventile
13 Dichtring
14 Ventilführung

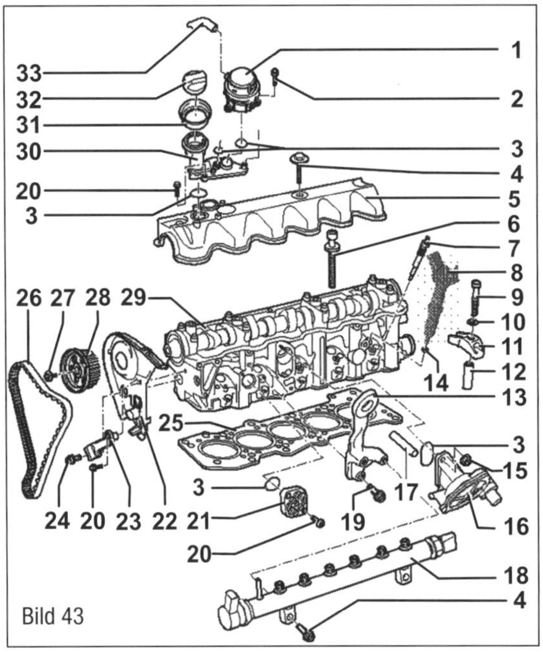
Bild 43

werden. Dann die Schrauben des Hochdruckpumpenrades festziehen. Auch hier muss mit dem bereits beschriebenen Gegenhalter in diesem Fall das Hochdruckpumpenrad festgehalten werden.
- Zahnriemenschutz unten einbauen.
- Schwingungsdämpfer/Riemenscheibe einbauen.
- Zahnriemenschutz oben zuerst hinten in den Zahnriemenschutz Mitte einhängen.
- Danach den Zahnriemenschutz oben in den Zahnriemenschutz Mitte einhängen.

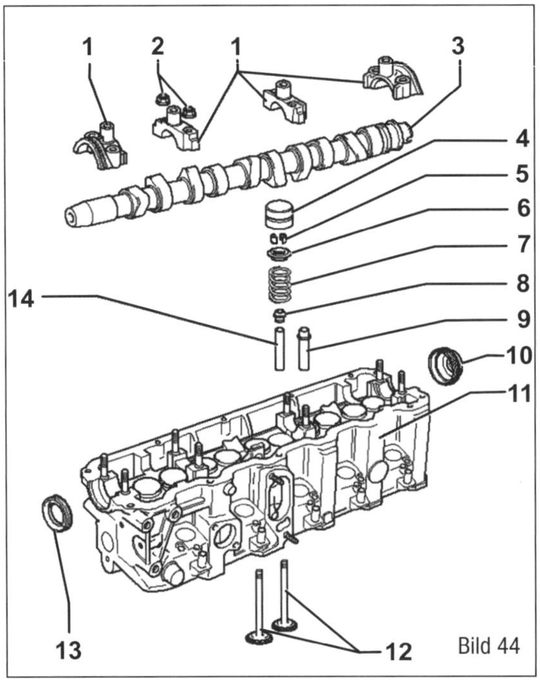
Bild 44

- Zahnriemenschutz mit Klammern befestigen.

Der weitere Zusammenbau erfolgt sinngemäß in entgegengesetzter Reihenfolge zum Ausbau.
- Keilrippenriemen einbauen.
- Keilrippenriemen für Nebenantrieb einbauen.
- Visco-Lüfter einbauen.
- Luftführungshutze einbauen.
- Falls vorhanden, Geräuschdämpfung einbauen.
- Luftfilter einbauen.

Ventildeckel/Zylinderkopfhaube und Nockenwelle demontieren

Ventildeckel am 5-Zylinder-Motor
- Bauen Sie den Luftfilter aus.
- Bauen Sie den Motor für Saugrohrklappe und das Abgasrückführungsventil aus.
- Bauen Sie den Kraftstoffspeicher (18 im Bild 43) aus (Kraftstoffschläuche bleiben angeschlossen).
- Ziehen Sie den Schlauch vom Druckregelventil ab.
- Bauen Sie den Kabelhalter am Saugrohr ab.
- Bauen Sie den Öleinfüllstutzen (30 im Bild 43) ab.
- Schrauben Sie die Zylinderkopfhaube ab.

Der Einbau erfolgt sinngemäß in umgekehrter Reihenfolge.

Nockenwelle aus- und einbauen am 5-Zylinder-Motor
- Bauen Sie den Zahnriemen und das Nockenwellenrad aus.
- Bauen Sie die Unterdruckpumpe (16 im Bild 43) mit Stößel aus.
- Bauen Sie erst Lagerdeckel 1 und 3 im Bild 44 aus.
- Lösen Sie Lagerdeckel 2 und 4 abwechselnd über Kreuz.

Der Einbau erfolgt sinngemäß in umgekehrter Reihenfolge.
- Beim Einbau der Nockenwelle müssen die Nocken für den ersten Zylinder nach oben zeigen.

- Beim Einbau der Lagerdeckel auf Mittenversatz der Bohrung achten, vor Einbau Lagerdeckel aufsetzen und Einbaulage ermitteln.
- Trennflächen der Lagerdeckel (1 und 4) mit Silikon-Klebedichtmittel abdichten.
- Ölen Sie die Laufflächen der Nockenwelle.
- Ziehen Sie die Lagerdeckel (2 und 4) abwechselnd über Kreuz an und anschließend fest.
- Bauen Sie die Lagerdeckel (1 und 3) ein.
- Bauen Sie den Zahnriemen ein.

⚠ Nach dem Einbau von neuen Tassenstößeln darf der Motor ca. 30 Minuten nicht gestartet werden. Die hydraulischen Ausgleichselemente müssen sich setzen (Ventile setzen sonst auf den Kolben auf).

Ventildeckel am 4-Zylinder-Motor

- Öleinfüllschlauch ausbauen.
- Kurbelgehäuseentlüftung an der Zylinderkopfhaube ausclipsen.
- Kühlmittelschlauch am Stutzen des Kühlers für Abgasrückführung abbauen.
- Steckverbindung vom Potenziometer für Regelklappe trennen.
- Schraube von der Halterung Hochdruckleitung zum Rail herausdrehen.
- Überwurfmuttern lösen und Hochdruckleitung zum Rail abnehmen.
- Klammern öffnen und den Zahnriemenschutz oben abnehmen.
- Unterdruckschlauch an der Zylinderkopfhaube abziehen.
- Rücklaufleitungsanschlüsse an den Einspritzeinheiten abziehen, hierzu an den Bügeln (1 und 2 im Bild 45) etwas gegenhalten und Entriegelungsbolzen in Pfeilrichtung nach oben ziehen.
- Elektrische Steckverbindungen an den Einspritzeinheiten trennen.
- Elektrische Steckverbindung am Regelventil für Kraftstoffdruck (Railrohr links) trennen.
- Stecker vom Kraftstoffdruckgeber (Railrohr rechts) abziehen.

⚠ Halten Sie beim Lösen der Hochdruckleitung den Hochdruckstutzen mit einem Maulschlüssel gegen. Löst sich der Hochdruckstutzen, kommt es zu Undichtigkeiten.

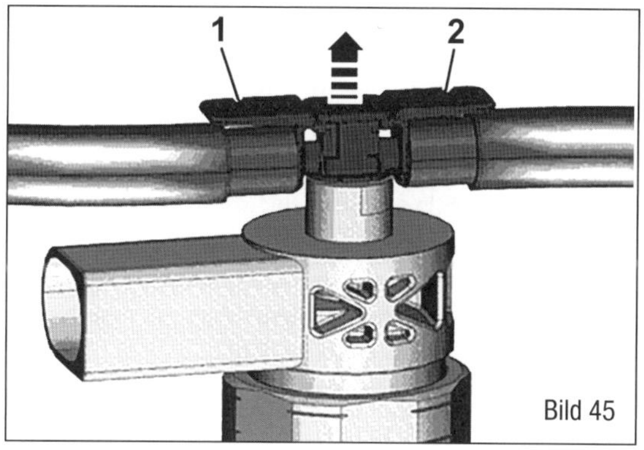

Bild 45

Bild 45
1 Bügel
2 Bügel
Pfeil Endsicherungsrichtung

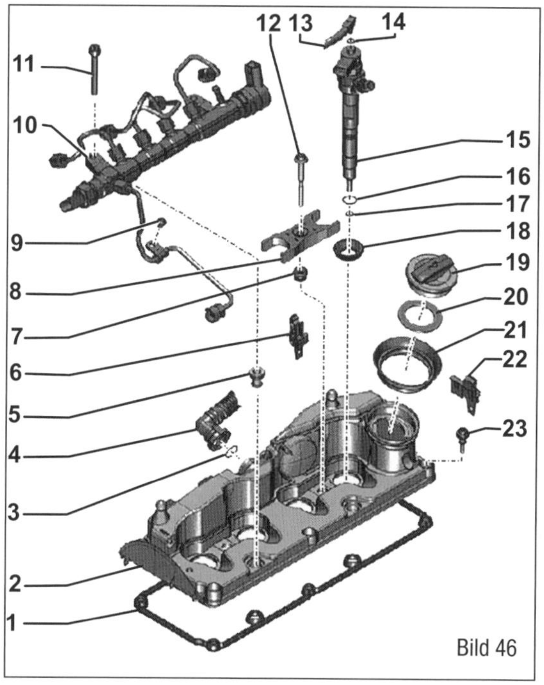

Bild 46

Bild 46
1 Dichtung
2 Zylinderkopfhaube
3 O-Ring
4 Schlauch
5 Dichtbuchse
6 Halter
7 Tülle
8 Spannpratze
9 Schraube
10 Hochdruckspeicher
11 Schraube
12 Schraube
13 Kraftstoffrücklaufleitung
14 O-Ring
15 Einspritzeinheit
16 O-Ring
17 Wärmeschutzdichtung
18 Dichtring
19 Verschlussdeckel
20 Dichtung
21 Tülle
22 Halter
23 Schraube.

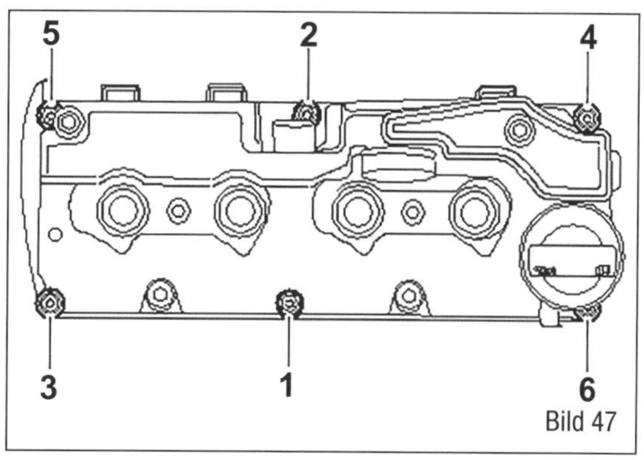

Bild 47

Bild 47
1 bis 6 Anzugsreihenfolge, 6 bis 1 Lösereihenfolge.

- Kraftstoffrückschlauch vom Hochdruckspeicher (Kraftstoffverteiler) abbauen, dazu Schlauchschelle lösen.
- Leitungsführung vom Hochdruckspeicher (Kraftstoffverteiler) abnehmen und zur Seite legen.
- Überwurfmuttern der 4 Hochdruckleitungen öffnen.

Sichtprüfung Messen

■ Schrauben (11 im Bild 46) herausdrehen, Hochdruckspeicher (10) (Kraftstoffverteiler) abnehmen und zur Seite legen.
■ Einspritzeinheiten (15) ausbauen
■ Schrauben für Zylinderkopfhaube in der Reihenfolge (6 bis 1 im Bild 47) lösen und herausdrehen.

☞ Um die Schraube (4) herauszudrehen, muss ggf. das Kühlmittelrohr etwas gelöst werden.

■ Zylinderkopfhaube abnehmen.

Der Einbau erfolgt sinngemäß in umgekehrter Reihenfolge.
■ Dichtung für Zylinderkopfhaube und die Schrauben für Zylinderkopfhaube bei Beschädigung oder Undichtigkeit ersetzen.
■ Tüllen und Dichtringe für Injektoren bei Beschädigung oder Undichtigkeit ersetzen.
■ Schrauben für Zylinderkopfhaube in der Reihenfolge (1 bis 6 im Bild 47) handfest anziehen.
■ Darauf achten, dass die Zylinderkopfhaube korrekt mit dem Zahnriemenschutz verclipst ist.
■ Freigang zwischen der Nabe und dem Zahnriemenschutz prüfen.
■ Kraftstoffsystem mit dem Fahrzeugdiagnosetester entlüften.

Nockenwellen aus- und einbauen am 4-Zylinder-Motor

Der Aufwand für die Demontage der Nockenwellen ist sehr hoch und erfordert umfangreiches Spezialwerkzeug. Zudem fallen diese Arbeitsschritte recht selten an. Der Ausbau der Nockenwellen ist lediglich beim Ersatz des Zylinderkopfes oder der Nockenwelle erforderlich. Wenn Sie keinen Zugang zu den beschriebenen Werkzeugen haben, sollten Sie diese Arbeiten nicht angehen und diese dann an eine Werkstatt vergeben. Wir verzichten aus den oben genannten Gründen auf eine Beschreibung.

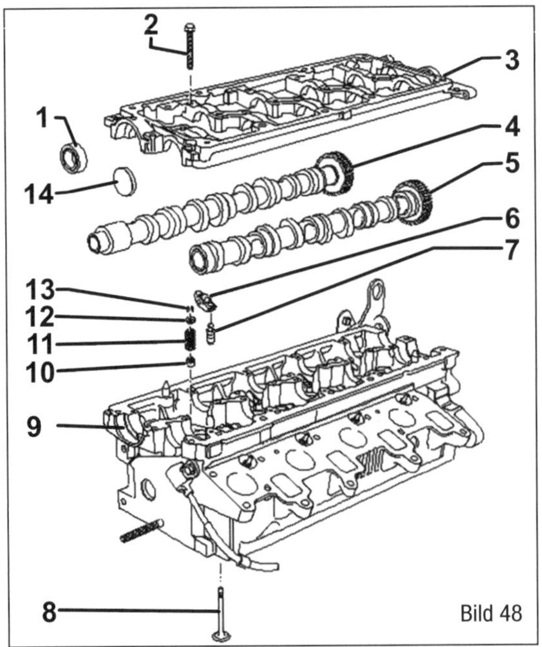

Bild 48

Bild 48
1 Dichtring
2 Schraube
3 Lagerrahmen
4 Auslassnockenwelle
5 Einlassnockenwelle
6 Rollenschlepphebel
7 Hydraulisches Ausgleichselement
8 Ventil
9 Zylinderkopf
10 Ventilschaftabdichtung
11 Ventilfeder
12 Ventilfederteller
13 Ventilkegelstück
14 Verschlussdeckel

Zylinderkopf aus- und einbauen

Warnende Anzeichen beachten

Wenn der Motor durch die Zylinderkopfdichtung viel Öl verliert, wenn man Öl-Wasser-Gemisch (Ölemulsion) am Messstab oder im Kühlwasser-Ausgleichsbehälter findet, wenn es bei laufendem Motor im Ausgleichsbehälter sprudelt, kann die Zylinderkopfdichtung defekt sein. Es kommen natürlich auch Schäden am Ölwärmetauscher und am Zylinderkopf selbst in Frage. Gelegentlich sind der Motorblock und die Umgebung darunter durch austretendes Öl verschmutzt. Schon das sind warnende Zeichen. Aber schwere Schäden sind auf jeden Fall zu befürchten, wenn Kühlwasser in den Brennraum gelangt. Eine weiße Auspufffahne ist ernst zu nehmender Hinweis darauf.

Sehr anspruchsvolle Reparaturarbeit

Bereits bei den genannten ersten Anzeichen ist es also ratsam, den Zylinderkopf abzubauen, prüfen zu lassen und die Dichtung zu wechseln.
Diese Arbeit gehört zu den anspruchsvolleren bei der Motorreparatur. Es sind zahlreiche Baugruppen der Motorperipherie zu demontieren. Der Zusammenbau muss mit äußerster Sorgfalt erfolgen, um nicht etwa dann erst kapitale Schäden zu verursachen. Es gibt ein allgemeingültiges Schema zum Aus- und Einbau des Zylinderkopfes, dem auch wir hier folgen und dabei auf motorspezifische Ergänzungen eingehen. Orientieren Sie sich dabei an der Montageübersicht der jeweiligen Motoren.

■ Der Motor darf höchstens handwarm sein, sonst kann sich der Zylinderkopf verziehen.

■ Die Kolben dürfen, falls nicht anders gefordert, nicht im OT stehen.
■ Vor Ausbau des Kühlmitteltemperaturgebers muss Druck vom Kühlsystem abgebaut werden.
■ O-Ringe an Geber und Zylinderkopfdichtung sind immer zu ersetzen.
■ Nach dem Ersetzen der Zylinderkopfdichtung müssen wie nach dem Wechsel des Zylinderkopfes das Kühlmittel und das Motoröl erneuert werden.
■ Den ausgebauten Zylinderkopf nur auf einer Schaumstoffunterlage ablegen, da andernfalls die Glühkerzen beschädigt werden können.
■ Den ausgebauten Zylinderkopf mit Haarlineal und Fühlerblattlehre an mehreren Stellen auf Verzug prüfen.
■ Vor dem Einbauen kontrollieren, ob beide Passhülsen zur Zentrierung des Zylinderkopfs am Zylinderblock vorhanden sind.
■ Beim Lösen und auch beim Einbau der Zylinderkopfschrauben sind die vorgegebene Reihenfolge und Anzugsdrehmomente streng einzuhalten.

Demontage des Zylinderkopfes beim 5-Zylinder-TDI-Motor
■ Lassen Sie das Kühlmittel ab.
■ Bauen Sie den Luftfilter aus.
■ Bauen Sie den Motor für die Saugrohrklappe und das Abgasrückführungsventil aus.
■ Bauen Sie den Kühler für Abgasrückführung (falls vorhanden) vom Zylinderkopf ab.
■ Bauen Sie den Abgasturbolader aus.
■ Bauen Sie das Führungsrohr für den Ölmessstab aus.
■ Klemmen Sie alle erforderlichen Kraftstoffleitungen/-schläuche ab.
■ Bauen Sie den Halter vom Hochdruckspeicher ab.
■ Trennen Sie alle Verbindungs-, Kühlmittel-, Unterdruck- und Ansaugschläuche vom Zylinderkopf.
■ Alle erforderlichen elektrischen Leitungen vom Zylinderkopf abziehen/abklemmen und frei legen.
■ Bauen Sie die Unterdruckpumpe mit Stößel aus.
■ Nehmen Sie den Zahnriemen ab.
■ Schrauben Sie die Zylinderkopfhaube ab.
■ Schrauben Sie das Kühlmittelrohr am Zylinderkopf ab.

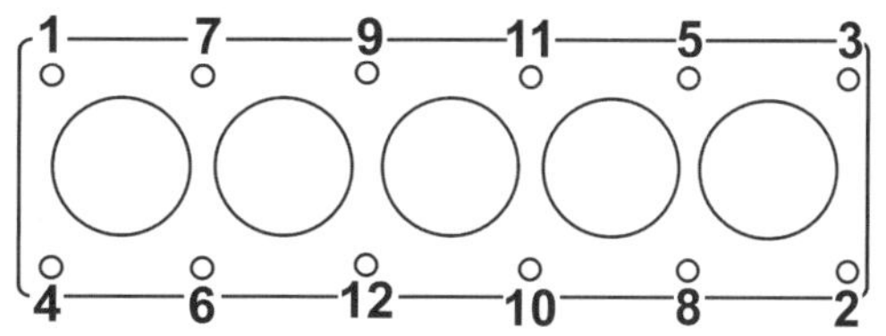

Bild 49

Bild 49
1 bis 12 Lösereihenfolge.

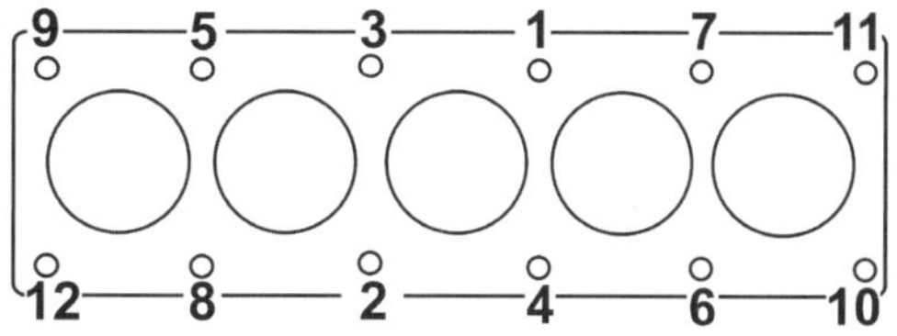

Bild 50

Bild 50
1 bis 12 Anzugsreihenfolge.

■ Bauen Sie das Nockenwellenrad aus.
■ Bauen Sie den Zahnriemenschutz hinten aus.
■ Halten Sie die Reihenfolge beim Lösen der Zylinderkopfschrauben ein (Bild 49).
■ Nehmen Sie den Zylinderkopf ab.

⚠ Bitte mit dem Zylinderkopf sorgfältig umgehen, um Beschädigungen zu vermeiden.

Der Einbau erfolgt sinngemäß in umgekehrter Reihenfolge.

⚠ In den Sacklöchern der Zylinderkopfschrauben im Zylinderblock darf sich kein Öl oder Kühlmittel befinden.
☞ Nehmen Sie neue Zylinderkopfdichtung erst unmittelbar vor dem Einbau aus der Verpackung. Behandeln Sie die neue Dichtung äußerst sorgfältig. Beschädigungen führen zu Undichtigkeiten.
⚠ Beachten Sie die Kennzeichnung der Zylinderkopfdichtung. Die Teilenummer zeigt zum Zylinderkopf und muss unterhalb der Glühkerze des 4. Zylinders lesbar sein.

■ Stopfen Sie saubere Putzlappen in die Zylinder, damit kein Schmutz und keine Schmirgelreste zwischen Zylinderwand und Kolben gelangen können.
■ Vermeiden Sie auch, dass Schmutz und Schmirgelreste in das Kühlmittel gelangen.
■ Säubern Sie nun vorsichtig die Dichtflächen von Zylinderkopf und Zylinderblock. Achten Sie darauf, dass keine lang gezogenen Riefen oder Kratzer entstehen (bei

Verwendung von Schleifpapier darf die Körnung nicht unter 100 liegen).

- Schmirgel- und Schleifreste sowie die Putzlappen sorgfältig entfernen.
- Falls die Kurbelwelle zwischenzeitlich verdreht wurde: Kolben des 1. Zylinders auf den oberen Totpunkt stellen und die Kurbelwelle wieder etwas zurückdrehen.
- Legen Sie die neue Zylinderkopfdichtung auf.
- Setzen Sie den Zylinderkopf auf.
- Neue Zylinderkopfschrauben einsetzen und handfest anziehen.

Bild 51
1 Zylinderkopf
2 Scheibe
3 Zylinderkopfschraube
4 Öldruckschalter
5 Schraube
6 Aufhängeöse
7 Glühstiftkerze
8 Dichtung
9 Unterdruckpumpe
10 Schraube
11 Klammer
12 Kühlmitteltemperaturgeber
13 Dichtring
14 Schraube
15 Kühlmittel-Anschlussstutzen
16 Dichtung
17 Schraube
18 Aufhängeöse
19 Zylinderkopfdichtung
20 Hallgeber
21 Schraube

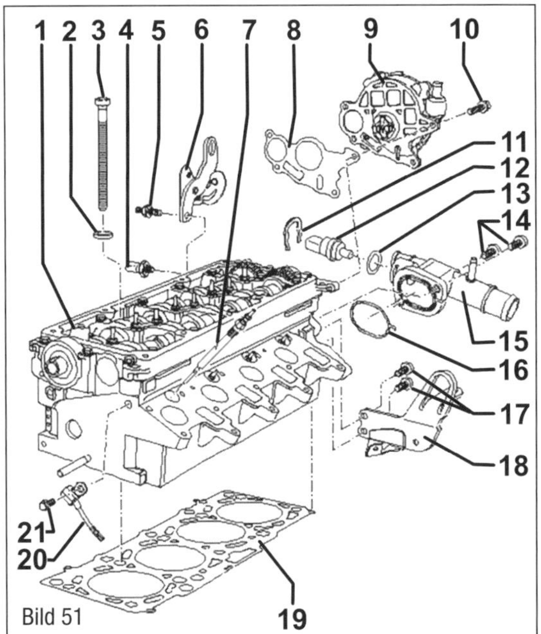

Bild 51

Bild 52
1 Schlauch Kurbelgehäuse
A Schelle
B Unterdruckleitungen im Halter

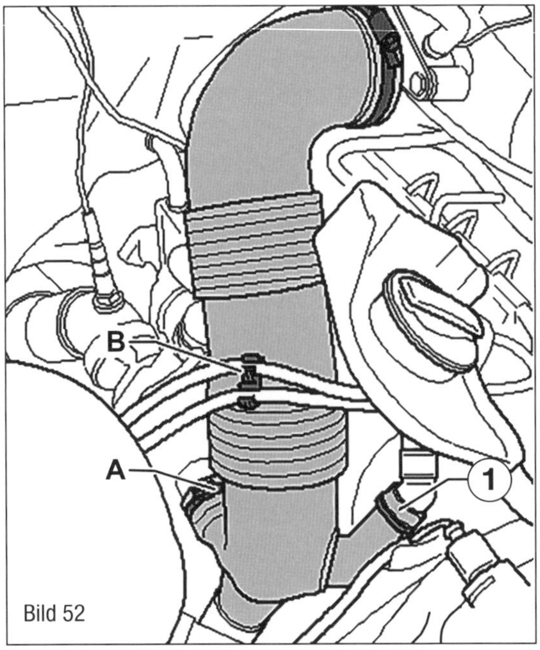

Bild 52

- Ziehen Sie die Zylinderkopfschrauben in der gezeigten Reihenfolge (Bild 50) auf Drehmoment an (Kapitel Anzugsdrehmomente). Ein Nachziehen der Zylinderkopfschrauben nach Reparaturen ist nicht erforderlich.

⚠ Beim Drehen der Nockenwelle darf die Kurbelwelle nicht auf OT stehen. Beschädigungsgefahr Ventile/Kolbenboden.

- Zahnriemen einbauen und die Steuerzeiten einstellen.
- Kühlmittel einfüllen.

Demontage des Zylinderkopfes beim 4-Zylinder-TDI-Motor

⚠ Alle Kabelbinder, die beim Zylinderkopfausbau gelöst oder aufgeschnitten werden, sind beim Zylinderkopfeinbau an der gleichen Stelle wieder zu befestigen. Alle Steckverbindungen, die beim Ausbau getrennt wurden, sind beim Einbau an der gleichen Stelle wieder aufzustecken. Offene Leitungen und Leitungsanschlüsse mit sauberen Stopfen zu verschließen. Abgelassenes Kühlmittel zur Entsorgung oder Wiederverwendung in einem sauberen Behälter auffangen.

⚠ Bei allen Montagearbeiten, insbesondere im Motorraum auf Grund der engen Bauverhältnisse, beachten Sie bitte, dass Leitungen aller Art (z. B. für Kraftstoff, Hydraulik, Aktivkohlebehälteranlage, Kühl- und Kältemittel, Bremsflüssigkeit, Unterdruck) und elektrische Leitungen so zu verlegen sind, dass die ursprüngliche Leitungsführung wieder hergestellt wird. Um Beschädigungen an den Leitungen zu vermeiden, ist auf ausreichenden Freigang zu allen beweglichen oder heißen Bauteilen zu achten.

- Batterie abklemmen.
- Luftfiltergehäuse ausbauen.
- Falls vorhanden, Geräuschdämpfung ausbauen.
- Kühlmittel ablassen.
- Unterdruckleitungen (B im Bild 52) aus der Halterung am Saugrohr ausclipsen.
- Schlauch für Kurbelgehäuseentlüftung (1) abziehen.
- Schelle (A) lösen und Ansaugschlauch ausbauen.

- Steckverbindung von der Pumpe für Kühlmittelumlauf trennen.
- Pumpe für Kühlmittelumlauf vom Halter abziehen und anbinden.
- Muttern vom Halter Luftfilter abschrauben und Halter abnehmen.
- Öleinfüllschlauch ausbauen.
- Unterdruckleitung zum Bremskraftverstärker und zur Unterdruckpumpe ausbauen.
- Zylinderkopfhaube ausbauen.
- Kühler für Abgasrückführung ausbauen.
- Abgasturbolader ausbauen.
- Elektrische Steckverbindung am Öldruckschalter trennen.
- Steckverbindung (Pfeil im Bild 53) am Kühlmitteltemperaturgeber trennen.
- Schrauben (1) vom Kühlmittelflansch (2) herausdrehen und Kühlmittelflansch hängen lassen.
- Schrauben (Pfeil A und B im Bild 54) vom Wasserrohr (1) herausdrehen.
- Schelle lösen und Kühlmittelschlauch abziehen.
- Schraube der Halteschelle am Kühlmittelschlauch herausdrehen.
- Schraube für das Führungsrohr für Ölmessstab herausdrehen.
- Elektrische Steckverbindung an der Drosselklappensteuereinheit trennen.
- Schelle lösen und Druckrohr von der Drosselklappensteuereinheit abziehen.
- Saugrohr ausbauen.
- Zahnriemen vom Zahnriemenrad Nockenwelle abnehmen.
- Schrauben des Zahnriemenrades der Nockenwelle herausdrehen und Zahnriemenrad von der Nabe der Nockenwelle abnehmen.
- Zentralschraube für Nabe für Nockenwelle lösen, dazu mit dem Gegenhalter »VAG T10051« gegenhalten. Schraube etwa 2 Umdrehungen herausdrehen.
- Abziehvorrichtung (T10052 im Bild 55) an der Nabe für Nockenwelle ansetzen. Schrauben (1) in die Nabe eindrehen.
- Zum Abziehen der Nabe für Nockenwelle Schraube (2) eindrehen und am Sechskant (SW 30) der Abziehvorrichtung gegenhalten.
- Nabe vom Konus der Nockenwelle abnehmen.
- Schraube für Zahnriemenschutz hinten (oben im Zylinderkopf) herausdrehen.
- Schraube für Hallgeber herausdrehen und den Hallgeber zur Seite legen.

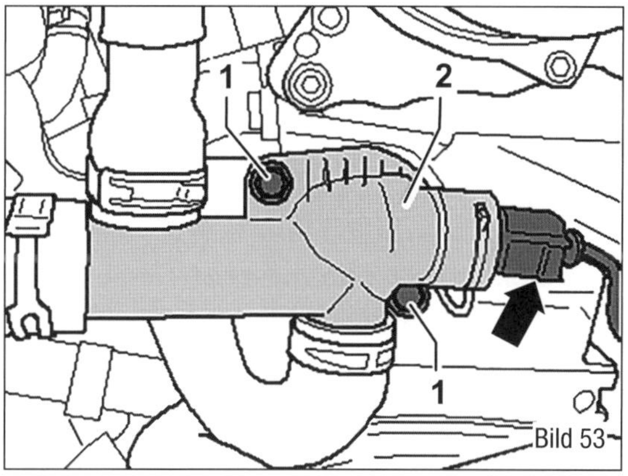

Bild 53
1 Schrauben
2 Kühlmittelflansch
Pfeil Steckverbindung

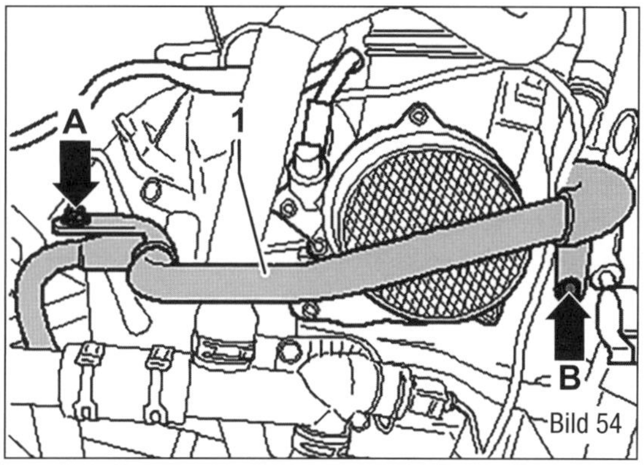

Bild 54
A Schraube
B Schraube
1 Wasserrohr

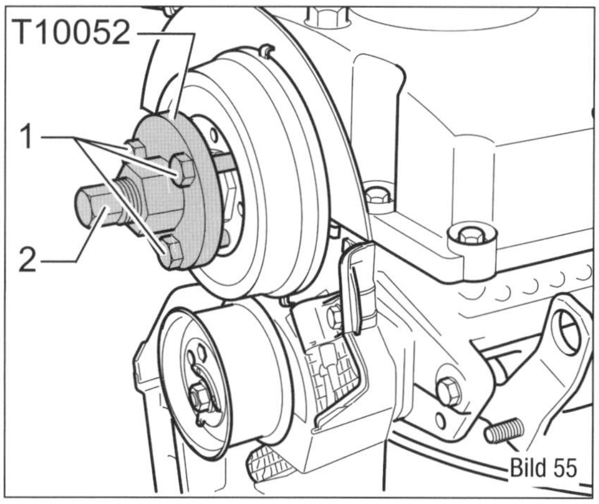

Bild 55
1 Befestigungsschrauben
2 Spannschraube
T10052 Abzieher für die Nabe der Nockenwelle

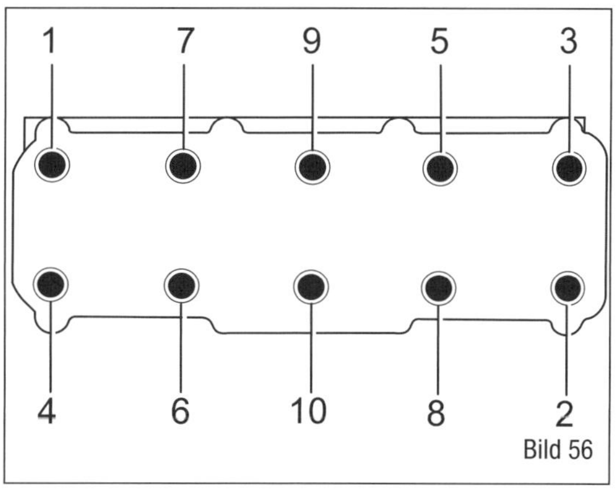

Bild 56
Reihenfolge 1–10 zum Lösen der Zylinderkopfschrauben.

Sichtprüfung Messen

■ Schrauben für Zylinderkopf in der Reihenfolge (1 bis 10 im Bild 56) lösen.

Zum Herausnehmen des Zylinderkopfs ist ein zweiter Mechaniker erforderlich.

■ Prüfen, ob alle erforderlichen Schläuche und Leitungen gelöst sind!
■ Zylinderkopf beim Aus- und Einbau nicht auf den Passhülsen im Zylinderblock absetzen.
■ Zylinderkopf zuerst an der Getriebeseite anheben und etwas nach links ziehen. Dabei die Spannrolle vom Zahnriemen von der Stiftschraube abnehmen.

Die Zahnriemenspannrolle wird beim Herausheben des Zylinderkopfs von der Stiftschraube gezogen.

■ Beim Herausheben des Zylinderkopfs die elektrischen Leitungen und die Kühlmittelschläuche an der Transportöse vorbeiführen.

⚠ Beschädigungsgefahr der Glühstifte beim Abstellen des Zylinderkopfs! Ausgebauten Zylinderkopf nicht mit eingebauten Glühkerzen auf der Dichtfläche abstellen, da die Glühstifte geringfügig über die Dichtfläche hinausragen.

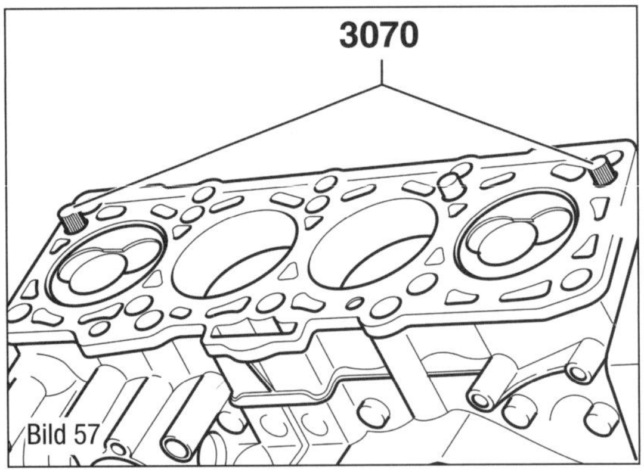

Bild 57
3070 Führungsbolzen (auch 3070/9).

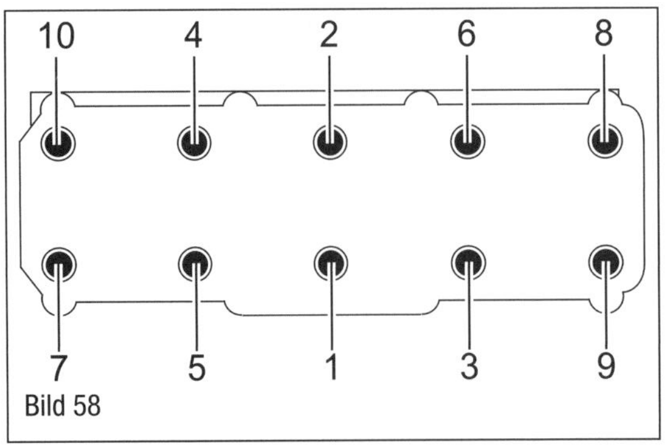

Bild 58
Reihenfolge 1–10 zum Anziehen der Zylinderkopfschrauben.

⚠ Beschädigungsgefahr der Dichtflächen! Bei Verwendung von Schleifpapier darf die Körnung nicht unter 100 liegen. Dichtungsreste von Zylinderkopf und Zylinderblock vorsichtig entfernen. Darauf achten, dass keine lang gezogenen Riefen oder Kratzer entstehen. Schmirgel- und Schleifreste sorgfältig entfernen.

⚠ Beschädigungsgefahr des Zylinderblocks! In den Sacklöchern für die Schrauben für Zylinderkopf im Zylinderblock darf sich kein Öl oder Kühlmittel befinden.

⚠ Neue Zylinderkopfdichtung erst unmittelbar vor dem Einbau aus der Verpackung nehmen. Um zu verhindern, dass die Silikonschicht und der Sickenbereich der Zylinderkopfdichtung beschädigt werden, Dichtung äußerst sorgfältig behandeln. Gefahr von Undichtigkeiten an der Zylinderkopfdichtung!

⚠ Beschädigungsgefahr offener Ventile! Wenn ein Austauschzylinderkopf eingebaut wird, die mitgelieferten Plastikunterlagen zum Schutz der offenen Ventile erst abnehmen, wenn unmittelbar im Anschluss der Zylinderkopf aufgesetzt wird. Es besteht Beschädigungsgefahr von Ventilen und Kolbenböden nach Arbeiten am Ventiltrieb! Um sicherzustellen, dass kein Ventil beim Anlassen aufsetzt, Kurbelwelle vorsichtig mindestens 2 Umdrehungen durchdrehen.

Wichtige Hinweise für die Montage:
■ Mit äußerster Vorsicht vorgehen. Unbedingt einen zweiten Mechaniker zu Hilfe nehmen.
■ Zylinderkopfschrauben immer ersetzen.
■ Dichtringe, Dichtungen, selbstsichernde Muttern, Schrauben, die mit Weiterdrehwinkel festgezogen werden und Befestigungsschellen ersetzen.
■ Wird ein Austauschzylinderkopf eingebaut, müssen die Berührungsflächen zwischen Rollenschlepphebel und Nockengleitbahn eingeölt werden.
■ Schlauchstutzen sowie Luftführungsrohre und -schläuche müssen vor dem Einbau frei von Öl und Fett sein.
■ Beim Ersetzen des Zylinderkopfs oder der Zylinderkopfdichtung müssen das gesamte Kühlmittel und das Motoröl gewechselt werden.

Zylinderkopf ersetzen:

■ Falls am neuen Zylinderkopf kein Rohrstutzen montiert ist, muss dieser im neuen Zylinderkopf eingebaut werden. Rohrstutzen mit Silikon-Klebedichtmittel im Zylinderkopf einsetzen, dann mit einem geeigneten Werkzeug in den Zylinderkopf eintreiben.

■ Zum Zentrieren Führungsbolzen (3070/9) in die äußeren Bohrungen auf der Ansaugseite einschrauben (Bild 57).

Einbaulage der Zylinderkopfdichtung: Kennzeichnung »oben« oder Teilenummer zum Zylinderkopf.

■ Zylinderkopfdichtung auflegen.

■ Zylinderkopf in den Zahnriemenschutz einfädeln und dabei die Spannrolle auf die Stiftschraube aufstecken. Der Zylinderkopf darf dabei nicht auf den Passhülsen im Zylinderblock schleifen.

■ Zylinderkopf aufsetzen.

■ 8 Zylinderkopfschrauben einsetzen und von Hand bis zur Anlage eindrehen.

■ Führungsbolzen (3070 im Bild 57) durch die Schraubenbohrung im Zylinderkopf herausdrehen und die letzten Zylinderkopfschrauben von Hand bis zur Anlage eindrehen.

Der weitere Einbau erfolgt sinngemäß in umgekehrter Reihenfolge.

Kraftstoffsystem entlüften:

Um einen Trockenlauf der Hochdruckpumpe zu vermeiden und einen raschen Motorstart nach Teiletausch zu erzielen, sind folgende Punkte unbedingt zu beachten:

■ Werden Bauteile/Komponenten des Kraftstoffsystems zwischen Kraftstoffbehälter und Hochdruckpumpe abgebaut, ausgebaut oder ersetzt, muss eine Entlüftung des Kraftstoffsystems mit dem Diagnosetester durchgeführt werden. Dieser Vorgang dauert 130 Sekunden. Dabei werden die Kraftstoffpumpen insgesamt 3 Mal angesteuert. Der Vorgang darf nicht vorzeitig abgebrochen werden.

■ Probefahrt durchführen und Ereignisspeicher abfragen.

Kompressionsdruck prüfen

Die Prüfwerte des Kompressionsdrucks in den einzelnen Zylindern zeigen an, ob der Motor sich noch in einem guten mechanischen Zustand befindet oder ob er für einen Austausch reif ist, zumindest aber komplett überholt werden muss.

TDI-Motoren

Zur Prüfung werden ein Kompressionsdruck-Prüfgerät (VAG 1763), für den 2.0 l-TDI der Adapter (1763/8), ein Gelenkschlüssel mit Schlüsselweite 10 (VAG 3220) für Glühstiftkerzen sowie ein Drehmomentschlüssel 5 bis 50 Nm benötigt. Die Motoröltemperatur muss mindestens 30 °C und die Batteriespannung mindestens 11,5 V betragen.

Vorbereitung und Druckprüfung:

■ Steckverbindungen der Einspritzeinheiten abziehen.

■ Glühstiftkerze des entsprechenden Zylinders mit dem Gelenkschlüssel SW 10 (3220) ausbauen.

■ Adapter V.A.G 1763/8 anstelle der Glühstiftkerze einschrauben.

Falls nötig, Schnellkupplung (V.A.G 1763/3) zwischen Kompressionsdruck-Prüfgerät (V.A.G 1763) und Adapter (V.A.G 1763/8) befestigen.

■ Kompressionsdruck mit Kompressionsdruck-Prüfgerät (V.A.G 1763) prüfen.

■ Motor so lange starten, bis kein Druckanstieg mehr vom Prüfgerät angezeigt wird.

■ Die geforderten und zu messenden Wer-

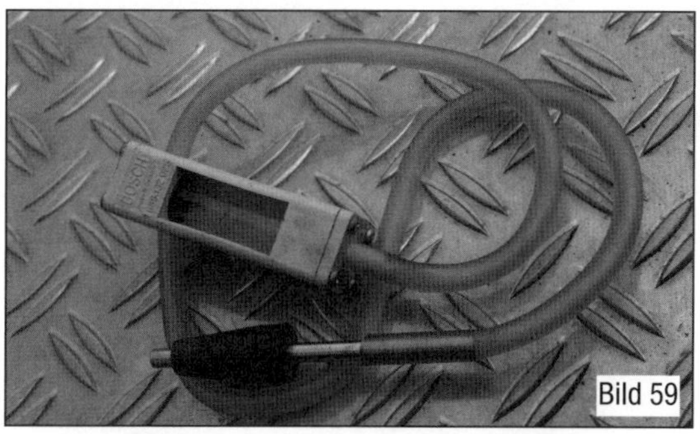

Bild 59
Der OT-Finder: Auf dem Weg nach OT verdrängt der Kolben Luft und schiebt den Anzeigekolben im Gerät nach oben. Fällt er schlagartig ab, wurde der OT-Punkt überschritten.

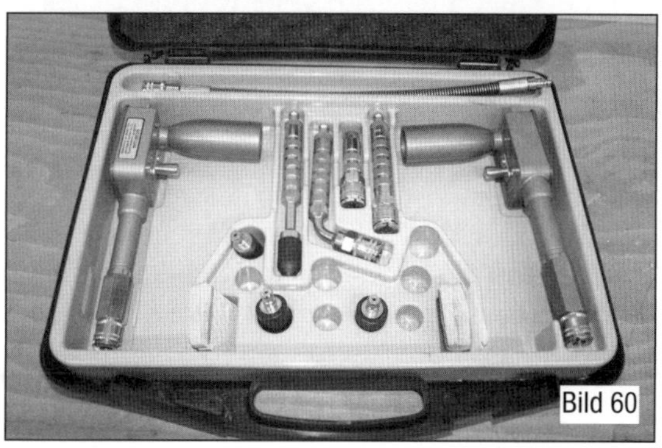

Bild 60
Kompressionsdruckprüfer: Als Set für alle Fälle mit unterschiedlichen Adaptern.

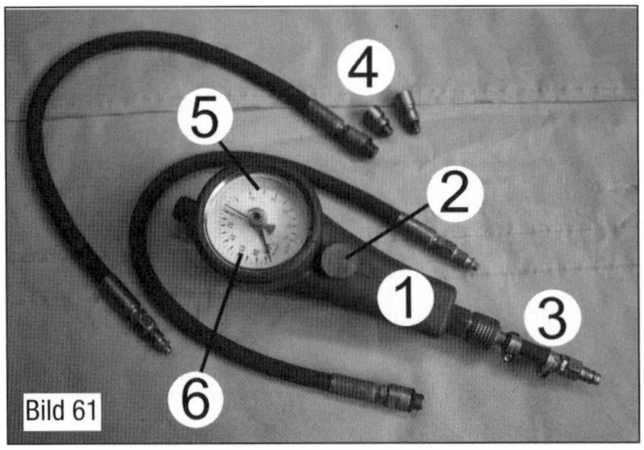

Bild 61
Meist recht günstig zu ersteigern: der Druckverlustprüfer.
1 Gehäuse
2 Einstellrad für Druckangleich
3 Anschlussschlauch Druckluftnetz
4 Prüfanschluss
5 Messuhr Kompressionsdruck
6 Messuhr Kompressionsdruck

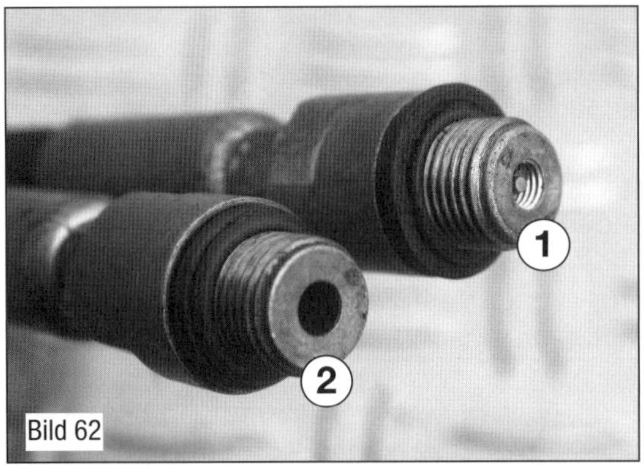

Bild 62
Nicht verwechseln: Mit Ventil (1) ist er für den Kompressionstest gerüstet, ohne Ventil (2) für den Druckverlusttest.

Bild 63
Druckverlusttest am Fahrzeug.

te sind also bei allen TDI gleich. Der Messwert sollte etwa 25 bis 31 bar bei einem neuen Motor betragen. Ab einem Messwert von 19 bar oder einem Druckunterschied von mehr als 5 bar muss der Motor auf Verschleiß oder Leckagen untersucht werden (Druckverlusttest).

Rückbau und in Betrieb setzen:

- Glühstiftkerzen mit dem Gelenkschlüssel einschrauben und mit 18 Nm festziehen. Die Stecker von Hand wieder auf die Glühstiftkerzen aufstecken, auf festen Sitz achten.
- Übrige Einbauarbeiten sinngemäß umgekehrt zum Ausbau.
- Motorabdeckung aufsetzen.
- Durch das Trennen der Steckverbindungen für Einspritzeinheiten werden Fehler abgespeichert. Daher Fehlerspeicher abfragen (VAS 5051) »Geführte Fehlersuche«, ggf. vorhandene Fehler beheben, danach Fehlerspeicher löschen und Readinesscode erzeugen.

Druckverlusttest alle Motoren

Schon fast in Vergessenheit geraten, und doch war er schon vor einigen Jahrzehnten bekannt. Da der Tester in den meisten Werkstätten nicht mehr oder kaum noch zum Einsatz kommt, lässt sich ab und an ein solches Gerät auch von Bosch schon mal günstig erstehen.
25 bis 50 Euro werden es dann meist. Auch mit diesem Gerät wird die Dichtheit des Zylinders bewertet. Nur, dass nicht der Motor den Druck aufbringt, sondern der Motor mit Luftdruck aus dem Tester beaufschlagt wird. Undichtheiten können nun zum einen zahlenmäßig erfasst und zum anderen »erhört« werden.
Die Diagnose fällt deshalb deutlich präziser aus, als das Ergebnis des Kompressionstests.

- Stimmen Sie den Drucktester auf den Kompressordruck Ihrer Werkstatt ab.
- Wählen Sie den passenden Gewindeadapter und den Anschlussschlauch für den Druckverlusttest aus.
- Stellen Sie Radio und andere Lärmquellen ab.
- Verdrehen Sie den Motor so weit, bis er am Ende des Verdichtungstaktes oder am Anfang des Arbeitstaktes steht.
- Ertasten Sie vorsichtig den Kolbenboden mit einem Schraubendreher und verdrehen Sie den Motor bis zu Zünd-OT.
- Blockieren Sie den Motor (Gang einlegen, Handbremse anziehen). Sollten Sie den Motor mit einem 19-mm-Schlüssel auf der Kurbelwelle festhalten wollen, achten Sie darauf, dass sich der Motor verdrehen kann, sobald der Prüfdruck des Testers auf dem Kolben lastet.

Er erzeugt ein nicht unbedeutendes Drehmoment, das Sie eventuell nicht von Hand halten können. Es besteht Verletzungsgefahr durch Abrutschen oder Klemmen!

Bild 64

Bild 65

Bild 64
Druckverlust in Ordnung.

Bild 65
Druckverlust problematisch.

Beschreibung	Toleranz	Ursache
Druckverlust zu groß: Zischgeräusch am Ansaugtrakt feststellbar, keine Zischgeräusche am Auspuff feststellbar.	Bis 15% sind zulässig.	Einlassventil nicht sauber geschlossen, Einlassventil undicht, Einlassventil beschädigt; Steuerzeiten stimmen nicht, Motor steht nicht im Zünd-OT (Arbeitstakt).
Druckverlust zu groß: Zischgeräusche am Auspuff feststellbar, keine Zischgeräusche am Ansaugtrakt feststellbar.	Bis 15% sind zulässig.	Auslassventil nicht sauber geschlossen, Auslassventil undicht, Auslassventil beschädigt, Steuerzeiten stimmen nicht, Motor steht nicht im Zünd-OT (Arbeitstakt).
Druckverlust zu groß: Zischgeräusche am Auspuff feststellbar, Zischgeräusche am Ansaugtrakt feststellbar.	Bis 15% sind zulässig.	Beide Ventile nicht sauber geschlossen, beide Ventile undicht, beide Ventile beschädigt; Steuerzeiten stimmen nicht, Motor steht nicht im Zünd-OT (Arbeitstakt).
Druckverlust zu groß: keine Zischgeräusche am Auspuff feststellbar, keine Zischgeräusche am Ansaugtrakt feststellbar.	Bis 15% sind zulässig.	Druckverlust über Kolben und Zylinder, Kolben und/oder Kolbenringe verschlissen oder defekt, Zylinderkopfdichtung defekt (während der Prüfung »blubbert« der Ausgleichsbehälter).

Messung/Prüfung:

■ Führen Sie den Anschlussschlauch des Druckverlusttesters zuerst in das rechte Kerzenloch ein (Bild 63).

■ Kuppeln Sie den Messschlauch an das Messgerät an.

■ Werten Sie jeden Zylinder einzeln wie unten beschrieben aus.

■ Wiederholen Sie diesen Vorgang nun für alle Zylinder des Motors (Auswertung Bilder 64 und 65).

■ Notieren Sie den angezeigten Druckverlust für jeden Zylinder einzeln.

■ Ein Druckverlust bei 4-Takt-Hubkolbenmotor ist bis zu 15% zulässig.

■ Drehen Sie den Öldeckel ab und achten Sie auf Zischgeräusche aus dem Motorblock.

■ Legen Sie den Kopf auf den Luftfilter oder, besser noch, entfernen Sie den Luftfilter und hören Sie, ob Zischgeräusche aus dem Ansaugtrakt wahrnehmbar sind.

■ Kontrollieren Sie auch am Auspuff, ob hier ein Luftstrom oder ein Zischgeräusch hörbar ist.

Verschleißmessung am Motor

Zugegeben, in der heutigen Zeit werden diese Arbeiten nur noch selten durchgeführt. Es ist aber nicht so, dass man die Verschleißmessung am Motor nicht mehr benötigen würde. Vielmehr wird sie oft aus Zeitgründen nicht mehr durchgeführt. Im privaten Bereich legen wir nun aber eher Wert auf eine kostengünstige Reparatur und möchten gerne den Zustand unseres Gefährtes sicher dokumentieren. Sollten Sie den Motor einmal so weit zerlegt haben oder sind auf der Suche nach erhöhtem Ölverbrauch des Motors, können Sie, nachdem Zylinderkopf und Kolben demontiert wurden, den Motorblock ausmessen. Oftmals ist der Kolbenausbau auch am eingebauten Motor realisierbar. Schließlich müssen wir lediglich die Ölwanne abnehmen können, um die Pleuellager abschrauben zu können. Ob und wie weit die Laufleistung oder auch ungünstige Betriebszustände dem Motor zugesetzt haben, muss mit einigen einzelnen Messungen kontrolliert werden. Für die Messungen werden ein Innenmessgerät, eine Messuhr, ein Messschieber, eine Fühlerlehre sowie eine Bügelmessschraube benötigt. Die Messung beschreibt den Zustand von Zylinder und Kolben. Das Zusammenspiel dieser Bauteile wird durch die Auswertung der Messergebnisse bewertet.

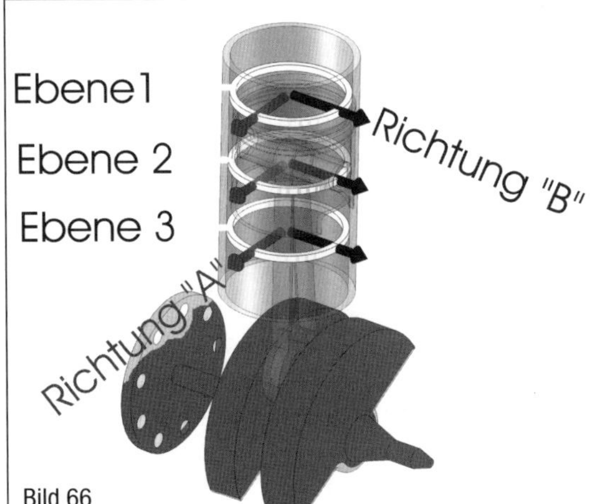

Bild 66

Bild 66
Messebenen und Messrichtungen am Zylinder.

Messungen am Zylinder

Vorbereitung der Messungen:

■ Demontieren Sie den Zylinderkopf.

■ Reinigen Sie Zylinderlaufbahn und Kolben gründlich.

■ Messen Sie mit Hilfe des Messschiebers den Zylinderdurchmesser. Legen Sie anhand dieses Maßes fest, welche Adaptionsstücke in das Innenmessgerät eingebaut werden müssen.

■ Montieren Sie das ausgewählte Adaptionsstück am Innenmessgerät.

■ Führen Sie die Messuhr in die Aufnahme ein. Festgezogen wird sie aber erst, nachdem die Voreinstellung durchgeführt wurde.

■ Richten Sie die Messuhr gerade in der Zylinderlaufbahn aus und stellen Sie mit einer Vorspannung von 2 mm fest.

■ Richten Sie das Grundmaß (entweder das mit dem Messschieber ermittelte und gerundete oder ein vom Hersteller angegebenes) mit der Bügelmessschraube aus.

■ Führen Sie die Feinjustierung des Innenmessgerätes durch.

Messungen:

■ Als Nächstes wird nun das Innenmessgerät in den zu messenden Zylinder eingeführt. Die Messung der Zylinderbuchse soll den Verschleiß genau darstellen. Da der Verschleiß im Zylinder in der Regel durch die unterschiedlichen Belastungszustände ungleichmäßig ausfällt, werden die Zylinder in zwei Richtungen und drei Ebenen beurteilt. Die Messrichtung wird in die Richtung »A« und »B« aufgeteilt, wobei »B« dann die Messung in Achsenrichtung der Kurbelwelle und »A« die Messung in Drehrichtung der Kurbelwelle darstellt. Die Messhöhe nennt sich recht einfach »1«, »2« oder »3«. So wird ein sehr genaues Bild des Zylinderverschleißes dargestellt (Bild 66).

- Zuerst einmal sollten alle Messungen in der Richtung »A« gemacht und in das Auswertungsblatt eingetragen werden. Erst dann werden die Messungen in der Richtung »B« durchgeführt und eingetragen. Das erspart das mehrmalige Einsetzen des Innenmessgerätes in den Zylinder.
- Führen Sie die Messung in Richtung »A« durch und tragen Sie diese ins Auswerteblatt ein.
- Führen Sie die Messungen in der Richtung »B« durch und tragen Sie diese in das Auswerteblatt ein.

Werte, die über das Grundmaß gehen, werden als »+«-Werte eingetragen. Werte die das Grundmaß unterschreiten, werden in der Tabelle als »-«-Wert geführt. Diese Praxis spart viel Rechnerei und somit auch mögliche Fehlerquellen ein.

Messungen am Kolben

Nachdem die Messungen festgehalten wurden, werden nun die Kolben gemessen. Die Bügelmessschraube ist nun noch auf das Grundmaß des Zylinders eingestellt.

- Sie muss nun etwas geöffnet werden.

Die Messungen werden grundsätzlich 90° versetzt zur Kolbenbolzenachse durchgeführt.

- Die Messung erfolgt nach Herstellerangaben am Kolbenhemd. Bei den meisten Herstellern liegt diese Messhöhe bei ca. 1,5 cm vom Hemdende, also vom unteren Ende des Kolbens.
- Auch hier werden die Messergebnisse im Messprotokoll unter dem Begriff Kolbendurchmesser notiert.

Kolben und Ölabstreifringe

Neben dem Verschleiß am Kolbenhemd können auch die Kolbenringe beziehungsweise die Ölabstreifringe sowie die Ringnuten im Kolben verschleißen. Durch die Bewertung der Kolbenringe mit Stoß- und Höhenspiel kann hier eine ausreichend genaue Aussage über den Zustand der Bauteile getroffen werden.

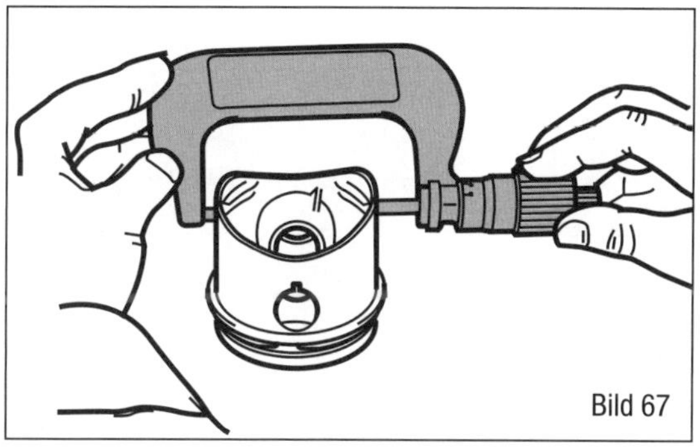

Bild 67
Messung des Kolbendurchmessers.

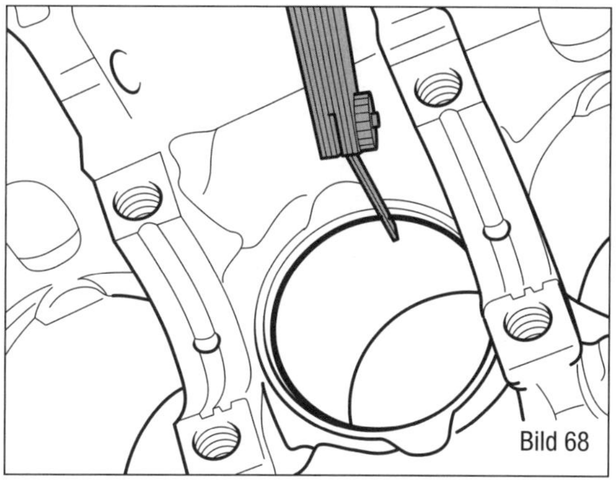

Bild 68
Stoßspielmessung am im Zylinder gerade eingelegten Kolbenring.

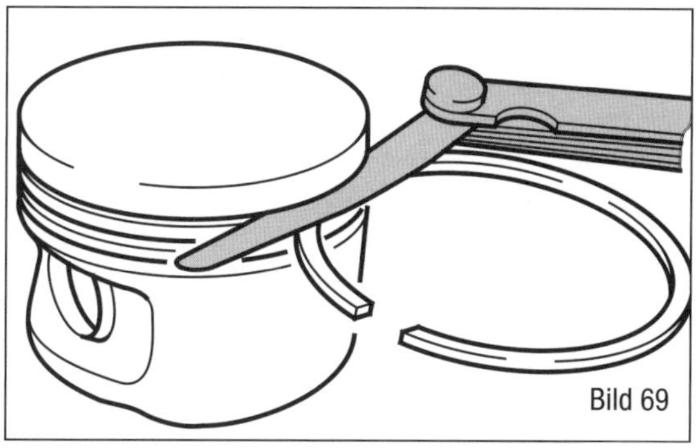

Bild 69
Höhenspielmessung am in die Ringnut eingelegten Kolbenring.

Höhenspiel prüfen:

Der Kolbenring dichtet den Kolben zum Zylinder ab. Er schleift bei jeder Kolbenbewegung an der Zylinderwand entlang. Zwar wird er durch das Motoröl geschmiert, Verschleiß entsteht aber dennoch. Der Verschleiß der Kolbenringe muss also auch beachtet und vermessen werden.

- Nun wird der Kolbenring in die Ringnut eingelegt.
- Mit Hilfe der Fühlerlehre wird nun geprüft, wie groß das Spiel des Kolbenrings nach oben und unten ist.
- Die Messwerte werden natürlich auch im Auswertebogen festgehalten.

Bild 70
Lagerspielprüfung mit Plastigage.

Bild 71
Eingelaufene Nockenwelle.

Stoßspiel prüfen:
Mit dieser Prüfung wird der Verschleiß des Kolbenringes selbst geprüft.

- Zuerst einmal muss der Kolbenring genau gerade in den Zylinder eingesetzt werden.
- Liegt der Kolbenring wie gezeigt im Zylinder, wird nun wiederum mit der Fühlerlehre das Spaltmaß zwischen den beiden Kolbenringenden gemessen (Bild 68).
- Auch hier muss ein Maß aus den Herstellerunterlagen herausgesucht werden. Über den Daumen darf dieses Maß nicht größer als 1 mm ausfallen.

Auswertung Zylinder und Kolben

Die Messung ist der eine Teil, die Auswertung der Ergebnisse ist aber mindestens genauso wichtig. Nachdem nun die Ergebnisse aus den Messungen des Zylinders und der Kolben vorliegen, können wir schon eine Aussage über die Verwendbarkeit von Zylinder und Kolben treffen.

Die Ovalität:
Ovalität ist die Verformung des Zylinders. Sie kann zum einen durch die Einwirkung von Temperatur und zum anderen durch den Verschleiß entstehen. Sie wird als die größte Ovalität angegeben und vergleicht die Ovalität der einzelnen Messebene eines Zylinders.

Das Laufspiel:
Es beschreibt, wie viel Platz zwischen Kolben und Zylinder ist. Auch hier müssen wieder die Herstellerangaben zu Rate gezogen werden. Als Daumenwert kann von einem Laufspiel von 0,04 mm bis zu 0,09 mm ausgegangen werden.

- Das Laufspiel errechnet sich, wenn man den Kolbendurchmesser vom größten und dem kleinsten Zylinderdurchmesser abzieht.

Lagerspiel an Kurbelwelle und Pleuel mit Plastigage messen

Im Gegensatz zu den Messungen mit dem Innenmessgerät ist die Messung mit Plastigage ungenauer, aber dafür sehr schnell durchzuführen. Liegen keine besonderen Verschleißspuren oder eigenartig anmutende Lagertragbilder vor, ist diese Messmethode durchaus legitim. Für die Messung werden die Lager komplett montiert (oder bleiben es).
Um gut an die Lagerdeckel heranzukommen, empfiehlt es sich, die Kolben in eine Stellung zu bringen, an der die Lagerdeckel bequem de- und montiert werden können.

- Demontieren Sie die Lagerdeckel und reinigen Sie die Lagerstelle mit einem fusselfreien Lappen.
- Legen Sie einen Messfaden ein und montieren Sie das Lager wieder.
- Ziehen Sie das Lager auf das Solldrehmoment an. Der Messfaden wird nun »platt gedrückt«.
- Nach dem Entfernen des Lagerdeckels lässt sich anhand der Breite des Messfadens mit der mitgelieferten Tabelle das Lagerspiel ermitteln.

Beurteilen von Planflächen

Für diese Prüfung ist ein Präzisionslineal erforderlich. Das Haarlineal wird auf dem Zylinderkopf aufgelegt und gegen das Licht gehalten. Diese Prüfung über Kreuz und an mehreren Stellen am Zylinderkopf durchgeführt, lässt die gesamte Fläche des Zylinderkopfes auf Ebenheit prüfen.

Prüfungen an der Nockenwelle:
Auch die Nockenwelle unterliegt dem Verschleiß, oftmals finden sich bereits durch genaues Betrachten Mängel, die natürlich auch entsprechend bewertet werden müssen.

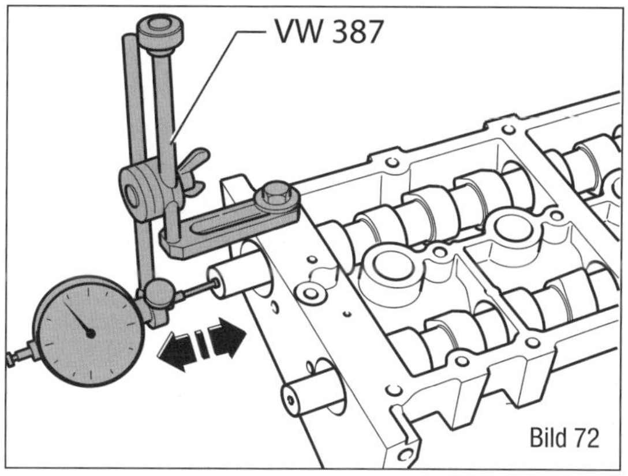

Bild 72
Messaufbau zur Axialspielmessung an der Nockenwelle.

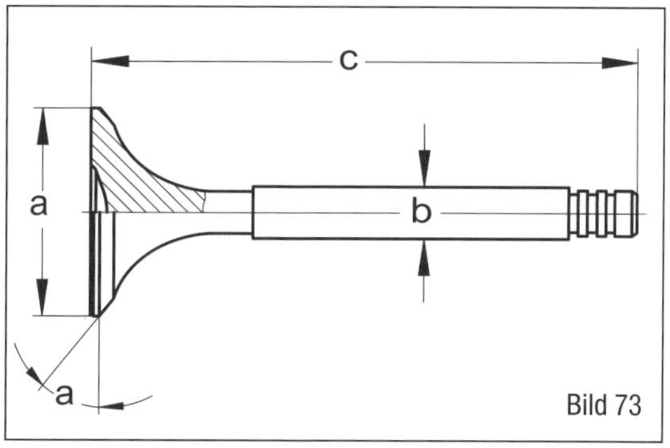

Bild 73
Abmessungen am Ventil.
a Tellerdurchmesser
b Schaftdurchmesser
c Ventillänge Sitzwinkel

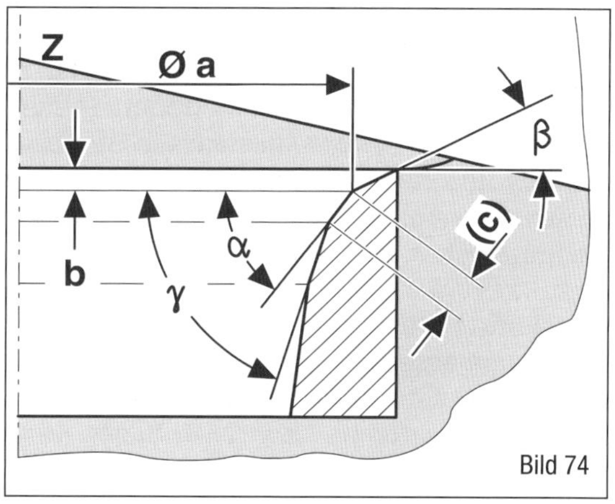

Bild 74
Abmessungen am Ventilsitz.
a Ventiltellerdurchmesser
α Sitzwinkel
β Korrekturwinkel außen
b maximales Nachbearbeitungsmaß
c Sitzbreite
γ Korrekturwinkel innen
Z Zylinderkopfkante.

Laufspuren an der Nockenwelle:
Kleine Laufspuren dürfen gerade in Anbetracht des Alters des Motors als normal bezeichnet werden. Tiefe Rillen und Ausbuchtungen müssen eine Ursache haben. Gratartige scharfkantige Ausformungen an den Lagerstellen sind ein deutliches Zeichen für Verschleiß. In diesen Fällen muss das Lagerspiel geprüft werden.

Verschleiß an der Nockenwelle:
Wenn sich die Nocken abnutzen, bedeutet das immer eine geringere Ventilöffnung und somit Leistungsverlust des Motors. Da auch die Oberflächenqualität in diesen Fällen stark leidet, werden die Ventilbetätigungen, also die Kipp- oder Schlepphebel, mit beeinträchtigt. Die Lagerstellen für diese Bauteile sollten dann sehr gründlich untersucht werden. Lässt man durch Laufspuren beschädigte Teile weiterhin in Betrieb, kann es sein, dass der Schaden sich auf der beispielsweise erneuten Nockenwelle wieder einstellt. Auch die Ursache für den Schaden muss festgestellt werden. Ist die Ölpumpe noch in Ordnung? Betrachten wir einmal einige einfache Messungen, die an der Nockenwelle durchgeführt werden sollen:

Schlagprüfung an der Nockenwelle:
- Entweder wird die Nockenwelle zwischen die Spitzen der Drehbank eingespannt oder auf Auflager gelegt.
- Man richtet nun eine Messuhr mit Halter auf die einzelnen Lager aus und dreht die Nockenwelle.
- Der Höhenunterschied wird auf der Messuhr schnell deutlich. Die maximalen Toleranzen müssen aus den Herstellerunterlagen entnommen werden. Als Daumenrichtwert kann ein Schlag bis zu 0,01 mm angenommen werden. Nockenwellen mit einer größeren Abweichung sollten ersetzt werden.

Nockenhubmessung:
Mit dem gleichen Messaufbau wie bei der Schlagprüfung kann auch der Hub der Nocke festgestellt werden. Gemessen wird der Unterschied zwischen der tiefsten Stelle und der höchsten Stelle eines Nockens. Auch diese Maße werden von jedem Motorenhersteller angegeben und sind nicht ohne weiteres übertragbar. Sollte ein relevanter Verschleiß vorliegen, ist er in der Regel auch schon am Verschleißbild gut zu erkennen. Sinnvoll ist es allerdings, die Nocken der einzelnen Zylinder untereinander auszumessen und zu vergleichen. Die Ursache für einen deutlichen Unterschied kann schon mangelhafte Schmierung für den Ventiltrieb dieses Zylinders sein.

Lagerspielmessung der Nockenwelle
Will man das Lagerspiel lediglich kontrollieren und hat keinen besonderen Befund, reicht es aus, die Lager mit Plastigage auszumessen. Die Vorgehensweise wurde bereits an den Kurbelwellen- und Pleuellagern

vorgestellt. Soll das Lagerspiel genau in Augenschein genommen werden, müssen das gute alte Innenmessgerät und eine entsprechende Bügelmessschraube in den Einsatz kommen. Auch diese Vorgehensweise wurde bereits vorgestellt und muss lediglich auf den kleineren Durchmesser der Nockenwelle abgestimmt werden.

Axialspielmessung an der Nockenwelle
Das Axialspiel ist das seitliche Spiel der Nockenwelle. Auch diese Richtung ist Beschränkungen unterlegen. Selbstverständlich müssen auch hier die Werte der Motorenhersteller herangezogen werden. Im Grundsatz kann aber davon ausgegangen werden, dass ein Axialspiel von 0,15 mm noch in Ordnung ist. Am einfachsten lässt sich das Axialspiel ausmessen, wenn Ventile und/oder Ventiltrieb nicht eingebaut sind. So entfällt die Reibung zwischen den betätigten Ventilhebeln und der Nockenwelle. Als Messmittel kommt auch hier wieder die Messuhr mit Messuhrträger zum Einsatz. Sie sollte dann entweder mit dem Magnetfuß befestigt oder an einer geeigneten Stelle verschraubt werden. Eine gebrochene Nockenwelle ist immer ein Zeichen großer mechanischer Kräfte. Oftmals bedeutet das, dass Ventile und eventuell auch die Stößelstangen beschädigt wurden. Diese Teile müssen dann in jedem Fall genauer unter die Lupe genommen werden.

Ventil und Führung beurteilen
Ventil ausmessen
Natürlich gibt es auch Abmessungen am Ventil. Die Tellerbreite und die Ventilsitzbreite gehören auch zu den Abmessungen, die bei der Beurteilung eines Ventils sehr wichtig sind. Dabei entscheidet sich, inwieweit ein Ventil wieder eingesetzt, überarbeitet oder erneuert werden muss. In den meisten Fällen ist aber die Überarbeitung nicht zulässig und auf das Einläppen oder Einschleifen beschränkt.

Ventilschlag ausmessen
Um den Ventilschlag beurteilen zu können, muss das Ventil spielfrei gelagert werden. Das geht schon recht gut auf einem Messprisma. Besser jedoch ist die Aufnahme in einer Ventilprüfvorrichtung. Beurteilt werden der Ventilschlag am Ventilteller und in der Mitte des Schaftes.

Ventilführung ausmessen
Auch diese Messung ist mit Hilfe einer Messuhr recht einfach zu bewerkstelligen. Das Ventil wird ohne Ventilfedern, Klemmstücken und Ventilschaftdichtung eingeführt. Nun wird das Kippen des Ventils mit einer Messuhr erfasst. Auch hier gelten durchaus unterschiedliche Werte, die von den jeweiligen Motorenherstellern vorgegeben werden. Auch muss darauf geachtet werden, dass die Messlänge (also das Maß, um das das Ventil aus dem Kopf herausragt) eingehalten wird.

Motoren aus- und einbauen

☞ Im weiteren Arbeitsablauf muss die Batterie ausgebaut werden. Prüfen Sie deshalb bitte, ob ein codiertes Radio eingebaut ist. Gegebenenfalls ist vorher die Anti-Diebstahl-Codierung zu erfragen.

Der Motor wird bei allen Varianten zusammen mit dem Getriebe nach vorne ausgebaut. Alle Kabelbinder, die beim Motorausbau gelöst oder aufgeschnitten werden, sind beim Motoreinbau an der gleichen Stelle wieder zu befestigen. Offene Leitungen und Leitungsanschlüsse mit sauberen Stopfen aus dem Verschlussstopfenset für Motor »VAS 6122« verschließen. Fangen Sie abgelassenes Kühlmittel zur Entsorgung oder Wiederverwendung in einem sauberen Behälter auf.

5-Zylinder-Dieselmotoren
- Vor dem Ausbau die Ereignisspeicher aller Steuergeräte mit dem Fahrzeugdiagnosetester abfragen.

Fahrzeuge mit automatisiertem Schaltgetriebe:
- Führen Sie die Funktion »Druckabbau, Getriebehydraulik« durch.

Fortsetzung für alle Fahrzeuge:
- Klemmen Sie das Masseband an der Batterie bei ausgeschalteter Zündung ab.
- Bauen Sie den Luftfilter aus.
- Falls vorhanden, Geräuschdämpfung ausbauen.
- Bauen Sie den Stoßfänger aus.
- Bauen Sie den Schlossträger aus.
- Lassen Sie das Kühlmittel ab.

■ Bauen Sie den Kühler und den Ladeluftkühler aus.
■ Bauen Sie den Schalldämpfer und das Abgasendrohr (soweit vorhanden) aus.

Motorkennbuchstaben BJJ, BJK, BJL, BJM:
■ Lösen Sie die Kardanwelle am Getriebeflansch.

Motorkennbuchstaben CEBA, CEBB, CECA, CECB:
■ Bauen Sie den Partikelfilter aus.
■ Bauen Sie die Kardanwelle aus.

Fahrzeuge mit Schaltgetriebe:
■ Bauen Sie die Schaltbetätigung am Getriebe ab.
■ Ziehen Sie die Leitung zum Nehmerzylinder am Getriebe ab.
■ Ziehen Sie den Motorleitungsstrangstecker am Motorsteuergerät.

Fahrzeuge mit automatisiertem Schaltgetriebe:
■ Trennen Sie die Steckverbindungen Getriebe/Karosserie.

Motorkennbuchstaben BJJ, BJK, BJL, BJM:
■ Bauen Sie den Drucksensor 1 für Abgas (G450) mit Halter aus, Schläuche bleiben angeschlossen.

Fortsetzung für alle Fahrzeuge:
■ Trennen Sie die Steckverbindungen Motorleitungsstrang/Karosserie und legen Sie den Motorleitungsstrang auf dem Motor ab.
■ Lösen Sie die Befestigungsschrauben der Flügelpumpen-Riemenscheibe.
■ Bauen Sie den Keilrippenriemen aus.
■ Bauen Sie die Flügelpumpe aus und legen Sie sie seitlich ab.

Fahrzeuge mit Klimaanlage:
⚠ Um Beschädigungen am Kondensator sowie an den Kältemittelleitungen/-schläuchen zu vermeiden, ist darauf zu achten, dass die Leitungen und Schläuche nicht überdehnt, geknickt oder verbogen werden. Um den Motor auch ohne Öffnen des Kältemittelkreislaufs aus- und einbauen zu können, lösen Sie den Klimakompressor vom Halter. Befestigen Sie den Klimakompressor so am Aufbau, dass die Kältemittelleitungen/-schläuche entlastet sind.

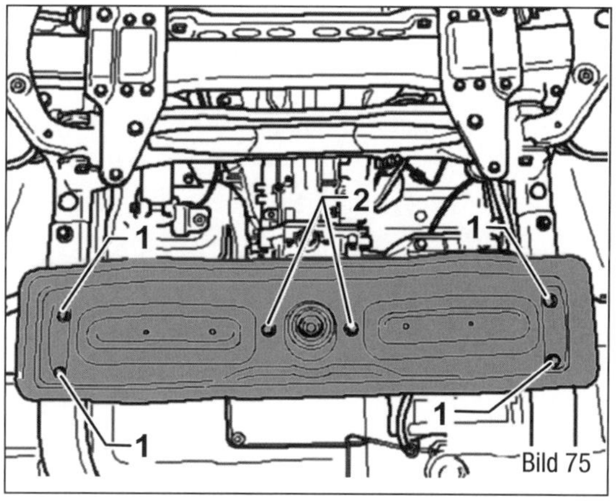

Bild 75
Getriebe von unten.
1 Verschraubungen am Rahmen
2 Verschraubungen am Getriebe

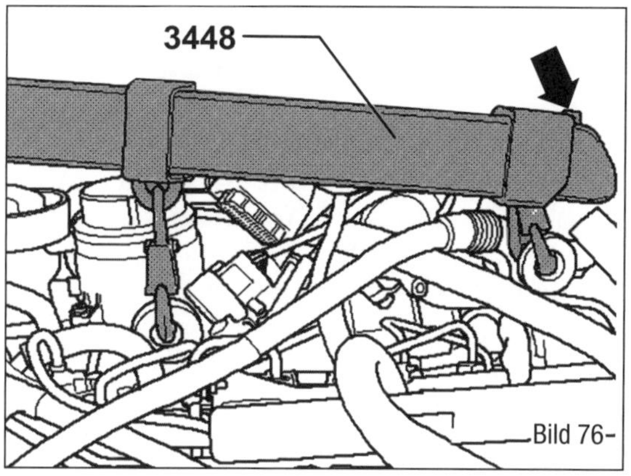

Bild 76
Anhängevorrichtung 3448für den Motorkran, Pfeil Anschlagschraube.

Fortsetzung für alle Fahrzeuge:
■ Trennen Sie die Kraftstoffvor- und -rücklaufleitung (Pfeile) dazu Entriegelungstasten betätigen.
■ Trennen Sie alle Verbindungs-, Kühlmittel-, Unterdruck- und Ansaugschläuche vom Motor.
■ Klemmen Sie die Batterie-Plusleitung am Batterie-Pluspol ab und legen Sie die Leitung frei.
■ Alle weiteren erforderlichen elektrischen Leitungen vom Motor abziehen/abklemmen und frei legen.
■ Bauen Sie den Motor für Saugrohrklappe aus.
■ Bauen Sie den rechten Halter für Luftfilter aus.
■ Bauen Sie die Frontklappe aus.
■ Schrauben Sie die Befestigungsschrauben für das Getriebe (2 im Bild 75) heraus.
■ Hängen Sie die Anhängevorrichtung (3448 im Bild 76) am Werkstattkran ein.
■ Hängen Sie die Anhängevorrichtung (3448) wie gezeigt am Motor ein.
⚠ Anschlagschraube (Pfeil) muss festgezogen sein.

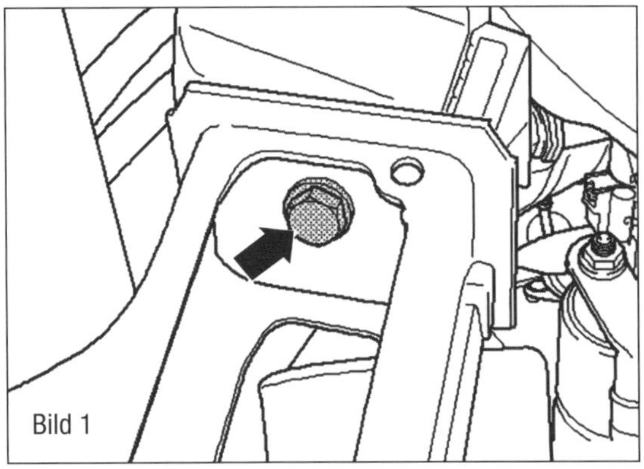

Bild 77
Schraube Motorhalter (Pfeil).

■ Schrauben Sie die Befestigungsschraube für das Motorlager rechts (Pfeil im Bild 77) ab.
■ Schrauben Sie die Befestigungsschraube für den Motorhalter links ab.

Das Aggregat muss beim Herausheben sorgfältig geführt werden, um Beschädigungen am Aufbau und am Lenkgetriebe zu vermeiden.

■ Heben Sie das Aggregat an und ziehen Sie es nach vorn heraus.

Der Einbau erfolgt sinngemäß in umgekehrter Reihenfolge.

⚠ Bei allen Montagearbeiten, insbesondere im Motorraum auf Grund der engen Bauverhältnisse, achten Sie bitte darauf, dass Leitungen aller Art (z. B. für Kraftstoff, Hydraulik, Aktivkohlebehälteranlage, Kühl- und Kältemittel, Bremsflüssigkeit, Unterdruck) und elektrische Leitungen so verlegt werden, dass die ursprüngliche Leitungsführung wieder hergestellt wird. Um Beschädigungen an den Leitungen zu vermeiden, auf ausreichenden Freigang zu allen beweglichen oder heißen Bauteilen achten.

■ Neue Passhülsen zur Zentrierung Motor/Getriebe in den Zylinderblock einsetzen.
■ Verzahnung der Antriebswelle leicht mit Schmierfett schmieren.
■ Kupplung und Kupplungsbetätigung prüfen und einbauen.
■ Beim Einbau des Motor/Getriebe-Aggregates auf Freigang zum Aufbau sowie zum Lenkgetriebe achten.
■ Richten Sie die Motorlagerung durch Schüttelbewegung spannungsfrei aus.
■ Bauen Sie die Frontklappe ein.
■ Bauen Sie den Motor für Saugrohrklappe ein.
■ Bauen Sie die Flügelpumpe ein.
■ Bauen Sie den Klimakompressor ein.
■ Bauen Sie die Kardanwelle ein.

Motorkennbuchstaben CEBA, CEBB, CECA, CECB:
■ Bauen Sie den Partikelfilter ein.

Fortsetzung für alle Fahrzeuge:
■ Bauen Sie den Schalldämpfer und das Abgasendrohr ein.

Fahrzeuge mit Schaltgetriebe:
■ Schaltbetätigung anbauen und gegebenenfalls einstellen.
■ Stecken Sie die Leitung zum Nehmerzylinder am Getriebe auf und entlüften Sie die Kupplungsbetätigung.

Fortsetzung für alle Fahrzeuge:
■ Bauen Sie den Schlossträger ein.
■ Bauen Sie den Stoßfänger ein.
■ Falls vorhanden, Geräuschdämpfung einbauen.
■ Bauen Sie den Luftfilter ein.
■ Füllen Sie Kühlmittel auf.

Fahrzeuge mit automatisiertem Schaltgetriebe:
■ Führen Sie die Funktion »Getriebe Schalteinstellung lernen« mit dem Diagnosetester durch.

Fortsetzung für alle Fahrzeuge:
■ Führen Sie eine Probefahrt durch und fragen Sie anschließend den Ereignisspeicher mit dem Diagnosetester ab.

4-Zylinder-Dieselmotoren
■ Vor dem Ausbau die Ereignisspeicher aller Steuergeräte mit dem Fahrzeugdiagnosetester abfragen.
■ Masseband der Batterie und Zweitbatterie abklemmen.
■ Frontklappe ausbauen.
■ Luftfilter ausbauen.
■ Kühlergrill ausbauen.
■ Stoßfänger vorn ausbauen.
■ Stoßfängerträger vorn ausbauen.

Fahrzeuge mit Klimaanlage:
■ Kältemittel absaugen.
■ Kältemittelleitungen am Kondensator lösen.
■ Schraube (Pfeil im Bild 78) herausdrehen und Kältemittelleitung (1) trennen.

Fortsetzung alle Fahrzeuge:

■ Schlossträger mit Kühler, Ladeluftkühler und falls vorhanden Kondensator ausbauen.
■ Unterdruckleitung zum Bremskraftverstärker und zur Unterdruckpumpe ausbauen.
■ Falls vorhanden, Geräuschdämpfung ausbauen.
■ Kühlmittel ablassen.
■ Schlauchschellen (1 und 2 im Bild 79) lösen und Kühlmittelschläuche unten abziehen.
■ Schlauchschellen (1 und 2 im Bild 80) lösen und Kühlmittelschläuche oben abziehen.
■ Schlauchschelle (3 im Bild 81) lösen und Kühlmittelschlauch (2) vom Kühler für Abgasrückführung (1) abziehen.
■ Unterdruckschlauch trennen.
■ Steckverbindung von Pumpe für Kühler der Abgasrückführung trennen.
■ Steckverbindung vom Kühlmitteltemperaturgeber am Kühlerausgang trennen.
■ Kühlmittelausgleichsbehälter mit Schlauchpaket ausbauen.
■ Schlauch vom Potenziometer für Regelklappe der Abgasrückführung abziehen und beiseite legen.
■ Schlauch abziehen und beiseite legen.
■ Schelle vom Partikelfilter ausbauen.
■ Keilrippenriemen lösen und beiseite legen.
■ Flügelpumpe für Servolenkung abbauen und beiseite legen.

Kreislauf Servolenkung nicht öffnen!

■ Steckverbindung vom Motorsteuergerät trennen.
■ Steckverbindung darunter trennen.
■ Elektrischen Leitungsstrang ausclipsen und auf dem Motor ablegen und befestigen.

Die Kabelbinder lassen sich öffnen und müssen nicht zerstört werden!

■ Steckverbindung vom Saugrohrdruckgeber trennen.
■ Schellen lösen und Kühlmittelschläuche vom Anschluss Wärmetauscher abziehen.
■ Steckverbindung von der Pumpe für Kühlmittelumlauf trennen.
■ Pumpe für Kühlmittelumlauf vom Halter abziehen.

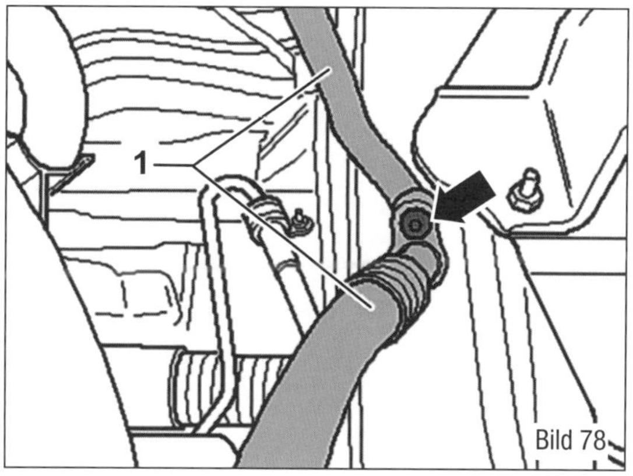

Bild 78
1 Kältemittelleitung
Pfeil Schraube

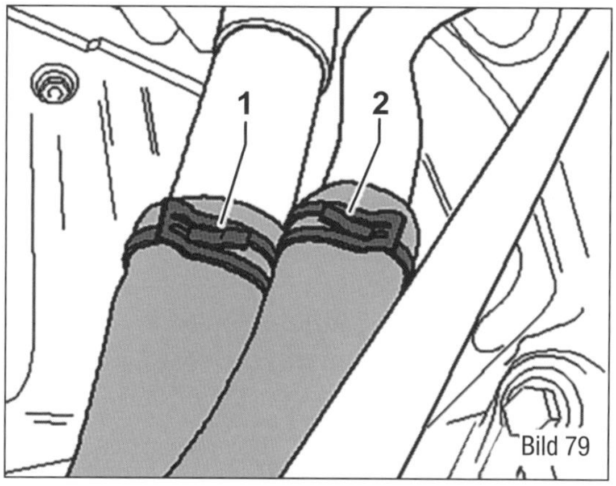

Bild 79
Kühlmittelschläuche unten.
1 Schelle
2 Schelle

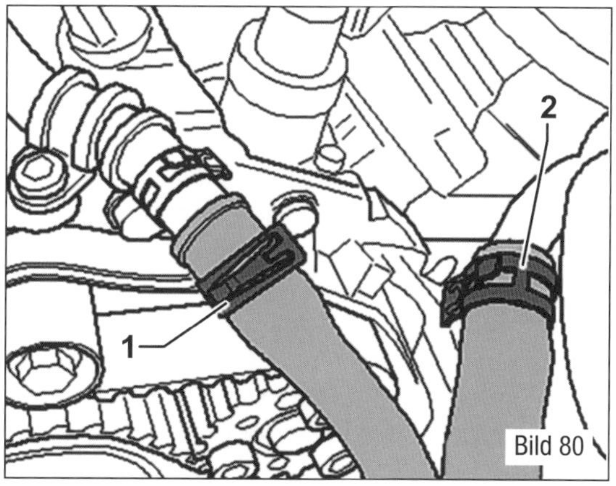

Bild 80
Kühlmittelschläuche oben.
1 Schelle
2 Schelle

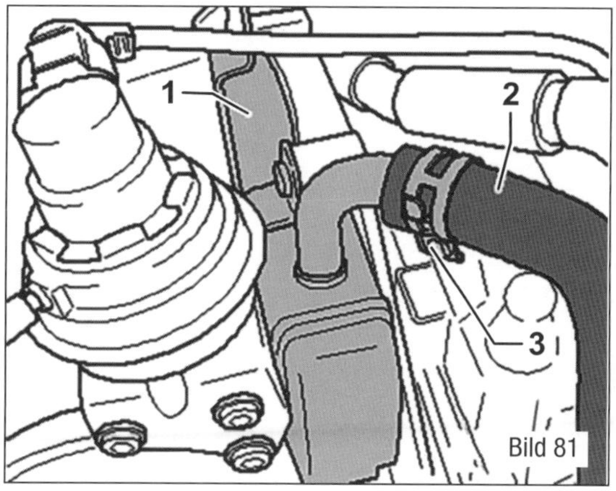

Bild 81
Abgasrückführung.
1 Kühler Abgasrückführung
2 Kühlschlauch
3 Schlauchschelle

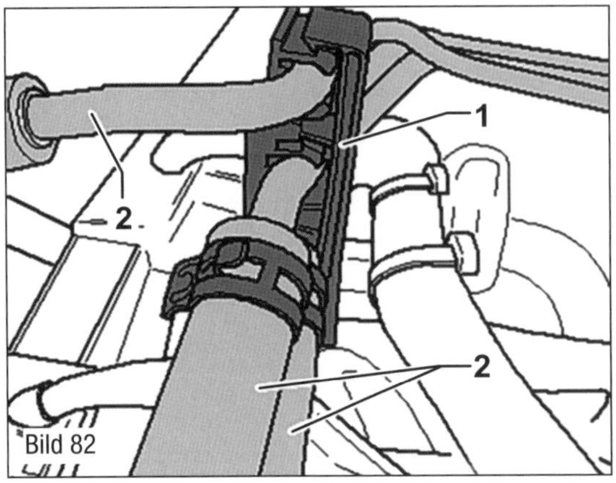

Bild 82
1 Halter
2 Kraftstoffleitungen

■ Muttern vom Halter des Luftfilters abschrauben und Halter abnehmen.
■ Kraftstoffleitungen (2 im Bild 82) aus dem Halter (1) ausclipsen.
■ Batterie-Plusleitung am Batterie-Pluspol abklemmen und komplett freilegen.
■ Kraftstoffleitungen trennen und verschließen.
■ Schaltseile am Getriebe lösen.
■ Leitung vom Nehmerzylinder am Getriebe abklemmen und verschließen.
■ Schrauben von der Lagerung Kardanwelle herausdrehen.
■ Kardanwelle vom Getriebe abflanschen und an der Karosserie befestigen.

■ Schrauben (2 im Bild 75) vom Getriebelager herausdrehen.
■ Anhängevorrichtung (3448 im Bild 72) am Werkstattkran einhängen.
■ Anhängevorrichtung (3448) am Motor einhängen.
■ Schraube vom Motorlager rechts abschrauben.
■ Masseleitung am Rahmen herausdrehen.
■ Schraube vom Motorlager links abschrauben.

⚠ Motor mit Getriebe muss beim Herausheben sorgfältig geführt werden, um Beschädigungen am Aufbau und am Lenkgetriebe zu vermeiden.

■ Motor mit Getriebe anheben und nach vorn herausziehen.

Der Einbau erfolgt sinngemäß in umgekehrter Reihenfolge.

⚠ Beim Einbau eines neuen Rumpfmotors ist es zwingend erforderlich, nach Montage der Hochdruckleitungen die Spannpratzen der Einspritzeinheiten mit vorgeschriebenem Drehmoment festzuziehen. Zur Ausrichtung der Einspritzeinheiten bei Montage der Hochdruckleitungen sind die Spannpratzen nach Auslieferung nur »handfest« angezogen. Bei Nichtbeachtung kann es zu Motorschäden kommen.

Fahrzeuge mit Allradantrieb
■ Vor dem Ausbau den Ereignisspeicher aller Steuergeräte mit dem Fahrzeugdiagnosetester abfragen.
■ Masseband der Batterie und Zweitbatterie abklemmen.
■ Frontklappe ausbauen.
■ Luftfilter ausbauen.
■ Kühlergrill ausbauen.
■ Stoßfänger vorn ausbauen.
■ Stoßfängerträger vorn ausbauen.

Fahrzeuge mit Klimaanlage:
■ Kältemittel absaugen.
■ Kältemittelleitungen am Kondensator lösen.
■ Schraube (Pfeil im Bild 78) herausdrehen und Kältemittelleitung (1) trennen.

Fortsetzung alle Fahrzeuge:
■ Schlossträger mit Kühler, Ladeluftkühler und falls vorhanden Kondensator ausbauen.
■ Unterdruckleitung zum Bremskraftverstärker und zur Unterdruckpumpe ausbauen.
■ Falls vorhanden, Geräuschdämpfung ausbauen.
■ Kühlmittel ablassen.
■ Schlauchschellen (1 und 2 im Bild 79) lösen und Kühlmittelschläuche unten abziehen.
■ Schlauchschellen (1 und 2 im Bild 80) lösen und Kühlmittelschläuche oben abziehen.
■ Schlauchschelle (3 im Bild 81) lösen und Kühlmittelschlauch (2) vom Kühler für Abgasrückführung (1) abziehen
■ Unterdruckschlauch abziehen.
■ Steckverbindung von Pumpe für Kühler der Abgasrückführung trennen.
■ Steckverbindung vom Kühlmitteltemperaturgeber am Kühlerausgang trennen.
■ Kühlmittelausgleichsbehälter mit Schlauchpaket ausbauen.
■ Schlauch vom Potenziometer für Regelklappe der Abgasrückführung abziehen und beiseite legen.

- Schläuche abziehen und beiseite legen.
- Schelle vom Partikelfilter ausbauen.
- Keilrippenriemen lösen und beiseite legen.
- Flügelpumpe für Servolenkung abbauen und beiseite legen.

Kreislauf Servolenkung nicht öffnen!

- Steckverbindung vom Motorsteuergerät trennen.
- Steckverbindung darunter trennen.
- Elektrischen Leitungsstrang ausclipsen und auf dem Motor ablegen und befestigen.

Die Kabelbinder müssen nicht zerstört werden!

- Steckverbindung vom Saugrohrdruckgeber trennen.
- Schellen lösen und Kühlmittelschläuche vom Anschluss Wärmetauscher abziehen.
- Steckverbindung von der Pumpe für Kühlmittelumlauf trennen.
- Pumpe für Kühlmittelumlauf vom Halter abziehen.
- Muttern vom Halter Luftfilter abschrauben und Halter abnehmen.
- Kraftstoffleitungen (2 im Bild 82) aus Halter (1) ausclipsen.
- Batterie-Plusleitung am Batterie-Pluspol abklemmen und komplett freilegen.
- Kraftstoffleitungen trennen und verschließen.
- Schaltseile am Getriebe lösen.
- Leitung vom Nehmerzylinder am Getriebe abklemmen und verschließen.
- Schrauben von der Lagerung Kardanwelle herausdrehen.
- Kardanwelle vom Getriebe abflanschen und an der Karosserie befestigen.
- Schrauben (Pfeile im Bild 83) für die Gleichlaufgelenkwelle (1) herausdrehen und Welle nach unten herausnehmen.
- Schrauben (Pfeile im Bild 84) vom Getriebelager herausdrehen.
- Anhängevorrichtung (3448 im Bild 76) am Werkstattkran einhängen.
- Anhängevorrichtung (3448) am Motor einhängen.
- Schraube vom Motorlager rechts abschrauben.
- Schraube Masseleitung herausdrehen.
- Schraube vom Motorlager links abschrauben.

Der Motor mit Getriebe muss beim Herausheben sorgfältig geführt werden, um Beschädigungen am Aufbau und am Lenkgetriebe zu vermeiden.

- Motor mit Getriebe anheben und nach vorn herausziehen.

Der Einbau erfolgt sinngemäß in umgekehrter Reihenfolge.

Beim Einbau eines neuen Rumpfmotors ist es zwingend erforderlich, nach Montage der Hochdruckleitungen die Spannpratzen der Einspritzeinheiten mit vorgeschriebenem Drehmoment festzuziehen. Zur Ausrichtung der Einspritzeinheiten bei Montage der Hochdruckleitungen sind die Spannpratzen nach Auslieferung nur »handfest« angezogen. Bei Nichtbeachtung kann es zu Motorschäden kommen.

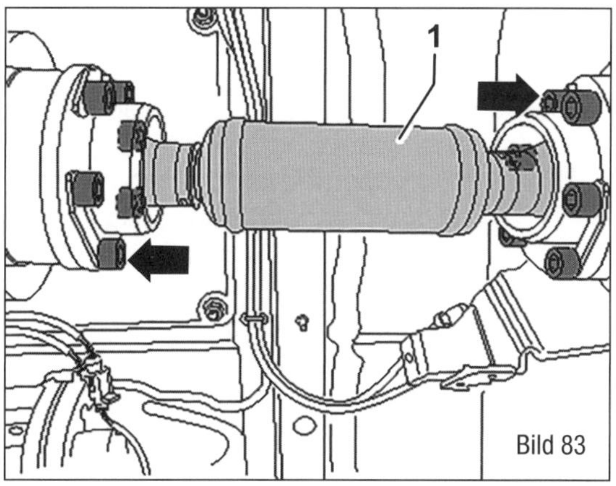

Bild 83
1 Gleichlaufgelenkwelle
Pfeile Schrauben

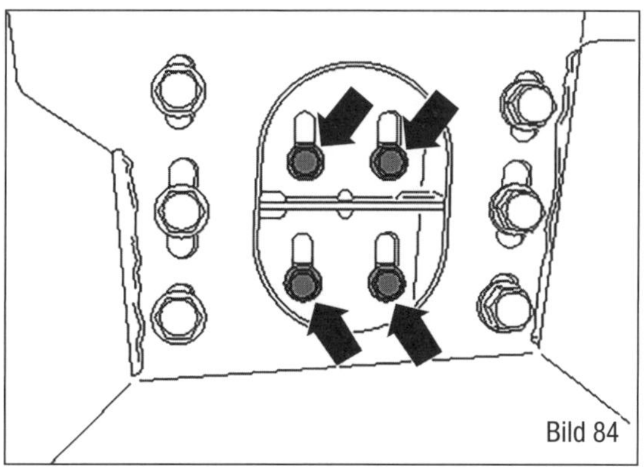

Bild 84
Schrauben (Pfeile) Getriebelager.

5 Motorschmierung

Alle Stellen im Motor, an denen Metalle aufeinander gleiten, müssen ständig mit Öl versorgt werden: Kolben, Zylinderlaufbahnen, die Lager von Kurbelwelle und Nockenwelle. Kein Triebwerk des Crafters hielte mehr als einige wenige Minuten ohne passende Schmierung durch. Damit das Öl seine Aufgabe erfüllen kann, strömt es im Motorblock durch ein System von Leitungen und feinen Bohrungen an die richtige Adresse. Eine wichtige Rolle in diesem Kreislauf spielt die Ölpumpe. Sie holt über das Ölsaugrohr das Motoröl aus der Ölwanne und drückt es in die Leitungen. Zuvor muss die Flüssigkeit den im Hauptstrom des Schmiersystems sitzenden Ölfilter passieren. Dort werden Verunreinigungen wie Ruß, Metallabrieb und Staub herausgefiltert. Ein Überdruckventil an der Pumpe öffnet bei zu hohem Druck, so dass ein Teil des Öls in die Ölwanne zurückfließen kann. Der Motor verbraucht Öl, weil es teilweise in den Verbrennungsraum gelangt und dort verbrennt. Ein undichter Motor, defekte Ventilschaftabdichtungen, auch falsch eingebaute Kolbenringe oder zu viel Spiel zwischen Ventilführung und Ventilschaft treiben den Verbrauch in die Höhe. Wenn der Motor technisch in Ordnung ist, verbraucht er allerdings so wenig, dass zwischen den Ölwechselintervallen nichts oder nur eine geringe Menge nachgefüllt werden muss.

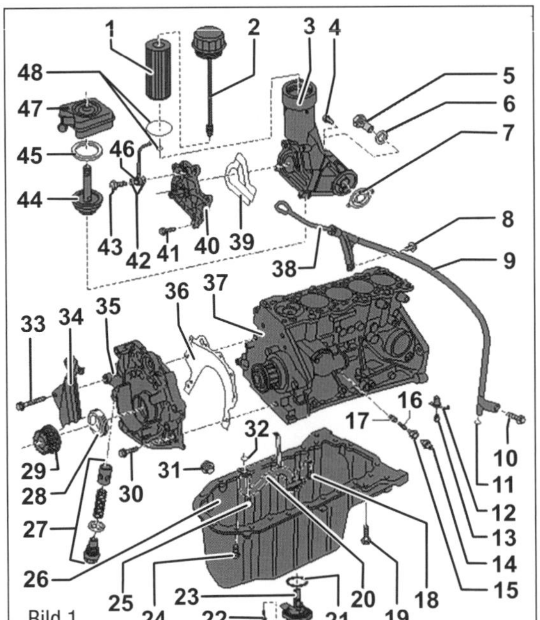

Bild 1

Bild 1
5-Zylinder-Motor.
1 Ölfiltereinsatz
2 Verschlussdeckel
3 Ölfilterhalter
4 Schraube
5 Hohlschraube
6 Dichtring
7 Dichtung
8 Schraube
9 Führungsrohr
10 Schraube
11 O-Ring
12 Ölspritzdüse
13 Schraube
14 Öldruckschalter
15 Adapter
16 Feder
17 Öldruckhalteventil
18 Schraube
19 Schraube
20 Saugleitung
21 Dichtung
22 Schraube
23 Öltemperaturgeber
24 Schraube
25 Schraube
26 Ölwanne
27 Ölüberdruckventil
28 Dichtring
29 Zahnriemenrad
30 Schraube
31 Ölablassschraube
32 O-Ring
33 Schraube
34 Zahnriemenschutz
35 Ölpumpe
36 Dichtung
37 Zylinderblock
38 Ölmessstab
39 Dichtung
40 Verschlussdeckel
41 Schraube
42 Dichtung
43 Hohlschraube
44 Verschlussschraube
45 Dichtung
46 Ölvorlaufleitung
47 Motorölkühler
48 O-Ring

Unterschiedliche Konzepte
Betrachtet man die beiden Bilder 1 und 2 ist der Unterschied erst im Detail erkennbar. Die beiden Diesel verwenden für den Antrieb der Ölpumpe nicht immer eine Steuerkette. Beim 4-Zylinder kommt ein Zahnriemen zum Einsatz. Die Ölkühler (Wärmetauscher) und Ölfiltergehäuse unterscheiden sich für die Motoren erkennbar. Die Dieselmotoren sind mit dem bei VW/Audi schon bekannten Filtereinsatz ausgerüstet. In diesem Kapitel werden wir Ihnen die wichtigsten Teile des Schmiersystems auch schrauberisch und wartungstechnisch näher bringen.

Altölkontrolle
Wenn Sie bei Motorreparaturen größere Mengen Metallspäne oder Abrieb feststellen, kann dies auf einen Kurbelwellen- oder Pleuellagerschaden hindeuten. Um Folgeschäden zu verhindern, führen Sie bitte nach der Reparatur folgende Arbeiten durch:

- Ölkanäle sorgfältig reinigen
- Ölspritzdüsen ersetzen
- Motorölkühler ersetzen
- Ölfiltereinsatz ersetzen

Motorölstand prüfen

- Das Fahrzeug zum Messen des Ölstandes waagerecht abstellen. Motor abstellen und mindestens drei Minuten warten, damit das Öl in die Wanne zurückfließen kann.
- Ölmessstab herausziehen, mit einem sauberen Putzlappen abwischen und den Messstab wieder bis zum Anschlag hineinschieben.
- Messstab anschließend wieder herausziehen und Ölstand ablesen (Bilder 3 und 4). Die Bilder zeigen die hauptsächlich eingesetzten Varianten des Messstabs, es gibt aber noch andere Ausführungen. Das in den Bildern gezeigte Prinzip gilt jedoch generell. Die Markierungen besagen: Bei Ölstand oberhalb der Markierung »a« (Max-Marke Pfeil 1) besteht die Gefahr von Katalysatorschäden. Beim Nachfüllen im Bereich »b«

kann es vorkommen, dass der Ölstand danach im Bereich »a« steht. Beim unbedingt nötigen Nachfüllen von Öl im Bereich »c« genügt es, dass danach der Ölstand im Messfeld »b« (geriffeltes Feld) steht. Bei Ölstand unterhalb der c-Markierung (Min-Marke Pfeil 2) etwa 0,5 Liter Öl (bis zur a-Markierung) auffüllen.

Motoröl ablassen oder absaugen, Motoröl auffüllen

Ölwechsel mit Altölauffang- und Absauggerät

■ Öleinfüllverschlussdeckel abnehmen und Motoröl mit Altölauffang- und Absauggerät absaugen. Der Motorölwechsel mit einem Altölauffang- und Absauggerät (z. B. V.A.G 1782) sollte nach Möglichkeit bei betriebswarmem Motor durchgeführt werden.

Öl über Schraube ablassen

■ Fahrzeug anheben, Geräuschdämpfung ausbauen, Ölablassschraube unten in der Ölwanne herausdrehen und das austretende Öl auffangen.

■ Neue Ölablassschraube mit unverlierbarem Dichtring handfest einschrauben und mit 30 Nm (M14) oder 50 Nm (M24) anziehen. Das Drehmoment darf nicht überschritten werden. Ein zu hohes Drehmoment könnte zu Undichtigkeiten oder sogar zu Beschädigungen im Bereich der Ölablassschraube führen.

■ Ölfilter ersetzen (auf den nächsten Seiten).

Motoröl einfüllen

Werkseitig ist ein Qualitäts-Mehrbereichsöl eingefüllt, das außer in extrem kalten Klimazonen als Ganzjahresöl gefahren werden kann. Die Benzinmotoren benötigen die in nachfolgender Tabelle angegebenen Ölfüllmengen mit Ölfilterwechsel, der immer zum Ölwechsel gehört. Wird der Filter nicht ausgebaut und gewechselt, werden rund 0,5 Liter weniger Öl benötigt. Beim Nachfüllen und beim Ölwechsel muss unbedingt die Spezifikation beachtet werden, wie sie der Hersteller vorschreibt. In der Vergangenheit gab es eine ganze Reihe Öle nach VW-Norm für Benzin- und für Dieselmotoren. In neuerer Zeit ist ein »Motorenöl speziell für VW/Audi-Fahrzeuge / SAE 5W-30« entwickelt worden, das der VW-Norm 504 00 und auch der (Dieselmotor-)Norm 507 00 entspricht. Volkswagen empfiehlt als entsprechendes Produkt das ARAL-Öl »Super Tronic LongLife III«.

■ Einfüllöffnung aufschrauben, Öl gemäß Spezifikation (siehe Tabelle), möglichst mit Trichter, auffüllen.

■ Öleinfüllverschlussdeckel wieder aufschrauben.

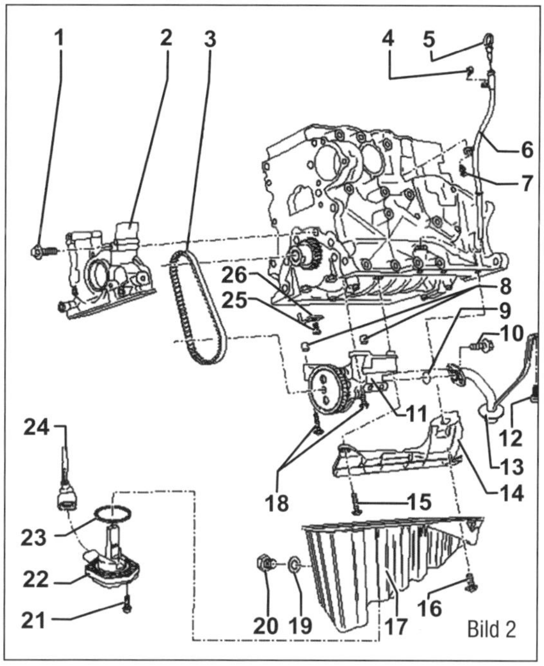

Bild 2

Bild 2
4-Zylinder-Motor.
1 Schraube
2 Dichtflansch
3 Zahnriemen
4 Schraube
5 Ölmessstab
6 Führungsrohr
7 Clip
8 Passhülsen
9 O-Ring
10 Schraube
11 Ölpumpe
12 Schraube
13 Saugleitung
14 Schwallwand
15 Schraube
16 Schraube
17 Ölwanne
18 Schraube
19 Dichtring
20 Ölablassschraube
21 Schraube
22 Ölstands- und Öltemperaturgeber
23 Dichtring
24 Leitungsstrang
25 Schraube
26 Ölspritzdüse

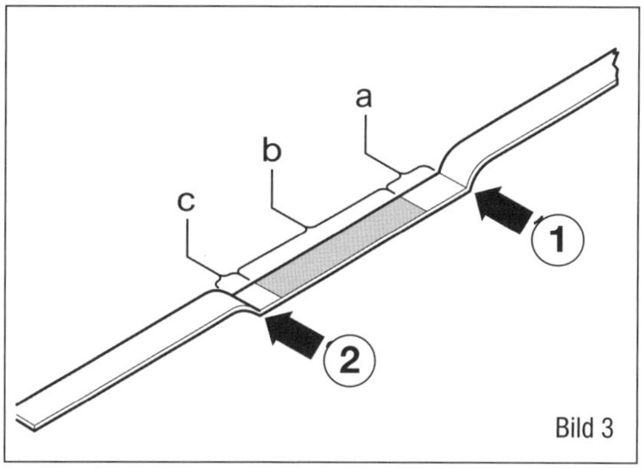

Bild 3

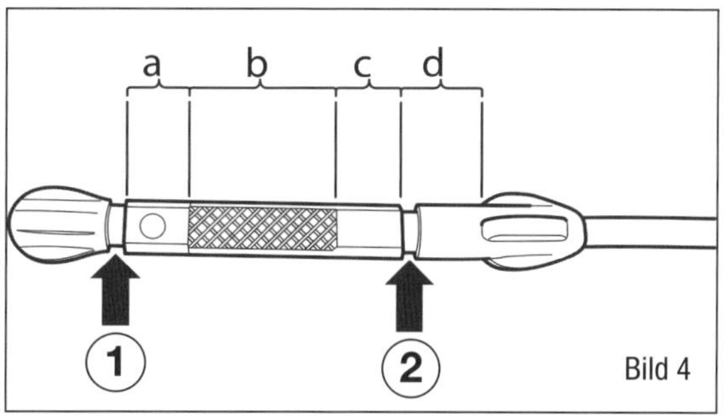

Bild 4

Bild 3 und 4
Markierungen an Ölmessstäben in Flachmetallform.
a kein Öl nachfüllen
b in diesem geriffelten Feld kann Öl nachgefüllt werden,
c Öl muss unbedingt nachgefüllt werden
Pfeile = Markierungen für maximalen (1) und minimalen (2) Füllstand

Sichtprüfung | Messen

Spezifikationen VW-Crafter-Motoren		
Motor-Bauart	*Mit LongLife-Service (feste Intervalle)*	*Ohne LongLife-Service (flexible Intervalle)*
Fünfzylinder TDI mit/ohne DPF	507 00 / 505 01	507 00 / 505 01
Vierzylinder TDI mit/ohne DPF	507 00 / 505 01	507 00 / 505 01

- Motor anlassen und auf Undichtigkeiten prüfen.
- Motorölstand erneut prüfen und ggf. Öl nachfüllen.
- Nachdem Öl erneut nachgefüllt worden ist, mindestens drei Minuten warten und dann erneut Ölstand prüfen.
- Geräuschdämpfung einbauen und Fahrzeug ablassen.

Bild 5
5-Zylinder.
1 Ölfiltereinsatz
2 Verschlussdeckel
3 Ölfilterhalter
4 Schraube
5 Hohlschraube
6 Dichtring
7 Dichtung
8 Dichtung
9 Führungsrohr,
10 Schraube
11 Dichtung
12 Hohlschraube
13 Ölvorlaufleitung
14 Verschlussschraube
15 Dichtung
16 Motorölkühler
17 O-Ring

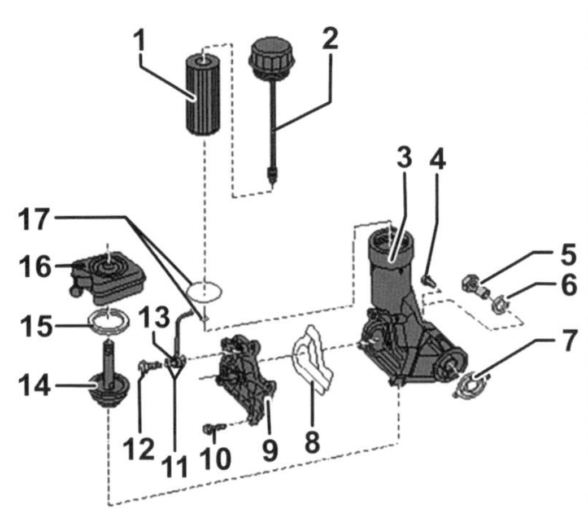

Bild 5

Bild 6
4-Zylinder.
1 O-Ring
2 Verschlussdeckel
3 O-Ring
4 O-Ring
5 Ölfiltereinsatz
6 Führungsrohr
7 Schraube
8 Spreizclip
9 Motorölkühler
10 Schraube
11 Gummidichtungen
12 Schraube
13 Ölfilterhalter
14 Gummidichtungen

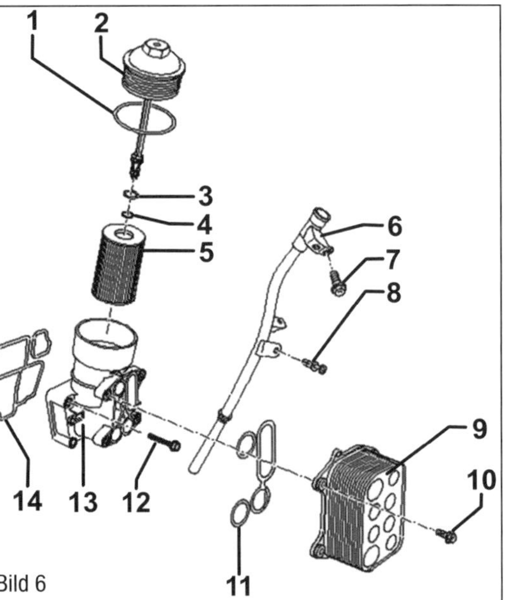

Bild 6

Ölfilter oder Ölfiltereinsatz wechseln

Zum Einsatz kommen hier im Wesentlichen zwei Bauarten für die unterschiedlichen Motortypen. Der Übersicht halber werden wir die Motoren anhand des Filteraufbaus darstellen.

5-Zylinder-TDI-Motor Filtereinsatz wechseln

Lösen Sie den Schraubdeckel (2 im Bild 5) vor dem Ablassen/Absaugen, damit das Motoröl aus dem Filtergehäuse ausfließen kann. Vermeiden Sie, dass Motoröl auf Bauteile im Motorraum tropft.

- Verschlussdeckel (2) z. B. mit entsprechendem Ring-Maulschlüssel oder Steckeinsatz lösen. Lösen Sie den Verschlussdeckel vor dem Ablassen/Absaugen, damit das Motoröl aus dem Filtergehäuse ausfließen kann.
- Dichtflächen am Schraubdeckel und am Ölfiltergehäuse reinigen.

Einbauen

- Ersetzen Sie den Filtereinsatz (1).
- O-Ringe (17 im Bild 5) ersetzen.
- Schraubdeckel (2) einbauen und mit 25 Nm festziehen.

Der weitere Zusammenbau erfolgt sinngemäß in entgegengesetzter Reihenfolge zum Ausbau.

4-Zylinder-TDI-Motor Filtereinsatz wechseln

- Verschlussdeckel (2 in Bild 6) z. B. mit entsprechendem Ring-Maulschlüssel oder Steckeinsatz lösen.

Lösen Sie den Verschlussdeckel vor dem Ablassen/Absaugen, damit das Motoröl aus dem Filtergehäuse ausfließen kann. Vermeiden Sie, dass Motoröl auf Bauteile im Motorraum tropft.

- Dichtflächen am Schraubdeckel und am Ölfiltergehäuse reinigen.

Einbauen

- Ersetzen Sie den Filtereinsatz (5).
- O-Ringe (1 und 4 im Bild 6) ersetzen.
- Schraubdeckel (2) einbauen und mit 25 Nm festziehen.

Der weitere Zusammenbau erfolgt sinngemäß in entgegengesetzter Reihenfolge zum Ausbau.

Ölwanne aus- und einbauen

5-Zylinder-TDI-Motoren

Die Arbeit an diesen Motoren kann als im Prinzip übertragbares Beispiel für alle 5-Zylinder-TDI-Motoren im Crafter gelten.

- Bauen Sie den Luftfilter aus.
- Falls vorhanden, Geräuschdämpfung ausbauen.
- Lassen Sie das Motoröl ab.

Motorkennbuchstaben BJJ, BJK, BJL, BJM:

- Bauen Sie den Schalldämpfer und das Abgasendrohr (falls vorhanden) aus.
- Lösen Sie die Kardanwelle am Getriebeflansch.

Motorkennbuchstaben CEBA, CEBB, CECA, CECB:

- Kardanwelle lösen und zum Beispiel mit einem handelsüblichen Kabelbinder am Aufbau befestigen.
- Schrauben Sie die Schellen am Partikelfilter ab.
- Lösen Sie die Befestigungsmuttern des Partikelfilters (Pfeile im Bild 7).

Fortsetzung für alle Fahrzeuge:

- Ziehen Sie den 3-fach-Stecker vom Ölstands- und Öltemperaturgeber ab.
- Clipsen Sie die Luftführungshutze aus.
- Bauen Sie den Behälter für Scheibenwaschanlage aus.
- Bauen Sie das Luftführungsrohr aus.
- Schrauben Sie die Kühlmittelrohre ab, Kühlmittelschläuche bleiben angeschlossen.
- Schrauben Sie das Kühlmittelrohr vom rechten Längsträger ab.
- Setzen Sie die Abfangvorrichtung (10-222 A im Bild 8) mit den Adaptern (10-222 A /9) auf und fangen Sie den Motor in Einbaulage ab.

Tipp: Von den Adaptern (10-222 A/9) werden aus zwei Adaptersätzen jeweils die langen Adapter benötigt.

Bild 7
Verschraubung Partikelfilter.
1 Halterung
Pfeile Schrauben

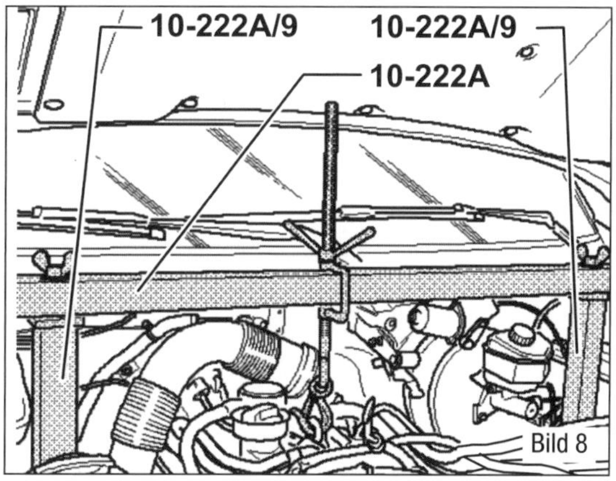

Bild 8
10-222A/9 Adapter
10-222A Abfangvorrichtung

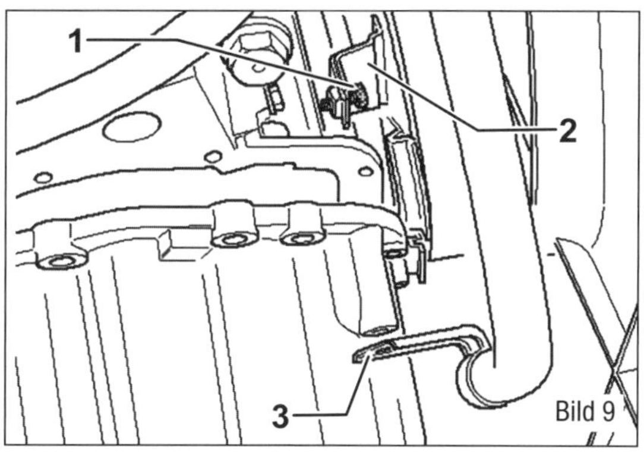

Bild 9
1 Befestigungsschraube
2 Halter Zahnriemenschutz
3 Kühlmittelrohr

- Schrauben Sie die Befestigungsschraube für das Motorlager rechts ab.
- Schrauben Sie die Befestigungsschraube für den Motorhalter links ab.
- Heben Sie den Motor mit der Abfangvorrichtung (10-222 A im Bild 8) an.
- Lösen Sie die Befestigungsschraube (1 im Bild 9) für den Halter Zahnriemenschutz (2).
- Drehen Sie die Befestigungsschrauben Getriebe/Ölwanne heraus.
- Ölwannenschrauben herausdrehen.

Tipp: Zum Lösen der Schrauben an der Schwungradseite Schwungrad so ver-

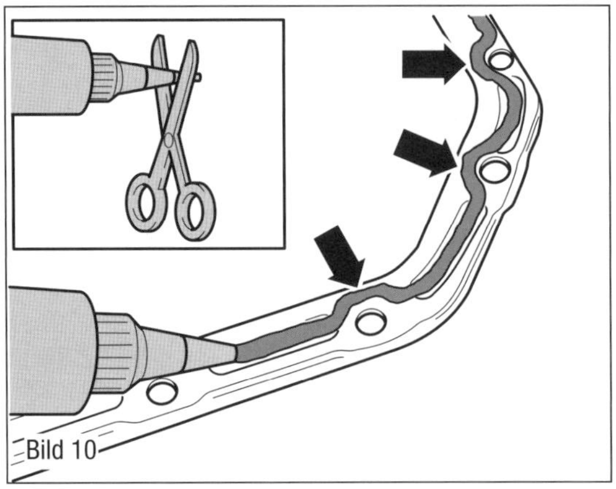

Bild 10
Lage der Dichtmasse auf der Ölwanne.

drehen, dass die Aussparung mit den Schrauben fluchtet. Schrauben mit Steckeinsatz T10058 oder Steckeinsatz T10347 bzw. mit dem handelsüblichen »T30«-Torx-Bit (200 mm lang) herausdrehen.

- Nehmen Sie die Ölwanne ab. Gegebenenfalls müssen Sie die Ölwanne dazu durch leichte Schläge mit einem Gummihammer lösen.
- Entfernen Sie die Dichtmittelreste am Zylinderblock mit einem Flachschaber.
- Entfernen Sie die Dichtmittelreste an der Ölwanne mittels einer rotierenden Bürste, z. B. einer Handbohrmaschine mit Kunststoffbürsten-Einsatz (Schutzbrille aufsetzen).
- Reinigen Sie die Dichtflächen. Sie müssen öl- und fettfrei sein.

Der Einbau erfolgt sinngemäß in umgekehrter Reihenfolge.

☞ Beachten Sie das Haltbarkeitsdatum des Dichtmittels.

- Die Ölwanne muss nach dem Auftragen des Silikon-Dichtmittels innerhalb 5 Minuten eingebaut werden.
- Die Dichtmittelraupe darf nicht dicker sein, da sonst überschüssiges Dichtmittel in die Ölwanne gelangen und das Sieb in der Saugleitung der Ölpumpe verstopfen kann.
- Schneiden Sie die Tubendüse an der vorderen Markierung ab (Düse ca. 3 mm).
- Tragen Sie das Silikon-Dichtmittel wie gezeigt auf die saubere Dichtfläche der Ölwanne auf. Die Dichtmittelraupe muss: 2 bis 3 mm dick sein und im Bereich der Schraubenbohrungen an der Innenseite vorbeilaufen (Pfeile im Bild 10).
- Drücken Sie das Kühlmittelrohr (3 im Bild 9) Richtung Kühler und setzen Sie die Ölwanne ein.
- Ziehen Sie den Halter Zahnriemenschutz (2) etwas vom Zylinderblock ab und setzen Sie die Ölwanne am Zylinderblock an.
- Ziehen Sie die Schrauben leicht an.

☞ Beim Einbau der Ölwanne am ausgebauten Motor darauf achten, dass die Ölwanne schwungradseitig bündig mit dem Zylinderblock abschließt.

- Nach der Montage der Ölwanne muss das Dichtmittel ca. 30 Minuten trocknen. Erst danach darf Motoröl eingefüllt werden.
- Ziehen Sie die Ölwannenschrauben fest.
- Ziehen Sie die Schrauben Ölwanne/Getriebe fest.

Motorkennbuchstaben CEBA, CEBB, CECA, CECB:

- Ersetzen Sie die Dichtung.
- Ersetzen Sie die Schellen.

4-Zylinder-TDI-Motoren

Die Arbeit an diesen Motoren kann als im Prinzip übertragbares Beispiel für die 4-Zylinder-TDI-Motoren im Crafter gelten.

- Luftfilter ausbauen.
- Behälter für Scheibenwaschanlage ausbauen.
- Falls vorhanden, Geräuschdämpfung ausbauen.
- Motoröl ablassen.
- Motor mit Abfangvorrichtung (10-222 A) wie im Bild 8 gezeigt aufsetzen und Motor in Einbaulage abfangen.

☞ Von den Adaptern (10-222 A /9) werden aus zwei Adaptersätzen jeweils die langen Adapter benötigt.

- Schwungrad ausbauen.
- Schraube (Pfeil) herausdrehen.
- Schraube (Pfeil) herausdrehen.
- Motor mit der Abfangvorrichtung (10-222 A im Bild 8) anheben.
- Steckverbindung (Pfeil) vom Ölstands- und Öltemperaturgeber abziehen.
- Verbindungsschrauben Ölwanne/Getriebe herausdrehen.
- Schrauben der Ölwanne über Kreuz herausschrauben.
- Gegebenenfalls ist die Ölwanne durch leichte Schläge mit einem Gummihammer zu lösen.
- Ölwanne ausbauen.

■ Dichtmittelreste am Zylinderkurbelgehäuse mit einem Flachschaber entfernen.
■ Dichtmittelreste an Ölwanne und Zylinderblock beispielsweise mit rotierender Kunststoffbürste entfernen und Dichtflächen reinigen; sie müssen frei von Öl und Fett sein.

Verschmutzungsgefahr des Schmiersystems und der Lager. Offene Teile des Motors abdecken! Schutzbrille tragen!

Der Einbau erfolgt sinngemäß in umgekehrter Reihenfolge.

Beachten Sie das Haltbarkeitsdatum des Dichtmittels.

■ Die Ölwanne muss nach dem Auftragen des Silikon-Dichtmittels innerhalb 5 Minuten eingebaut werden.
■ Die Dichtmittelraupe darf nicht dicker sein, da sonst überschüssiges Dichtmittel in die Ölwanne gelangen und das Sieb in der Saugleitung der Ölpumpe verstopfen kann.
■ Schneiden Sie die Tubendüse an der vorderen Markierung ab (Düse ca. 3 mm).
■ Tragen Sie das Silikon-Dichtmittel wie gezeigt auf die saubere Dichtfläche der Ölwanne auf. Die Dichtmittelraupe muss 2 bis 3 mm dick sein und im Bereich der Schraubenbohrungen an der Innenseite vorbeilaufen (Pfeile im Bild 10).

Dichtmittelraupe im Bereich des Dichtflansches vorn und hinten besonders sorgfältig auftragen (Pfeile im Bild 11).

Nach dem Auftragen des Dichtmittels ist die Ölwanne innerhalb von 5 Minuten einzubauen. Beim Einbau der Ölwanne am ausgebauten Motor darauf achten, dass die Ölwanne schwungradseitig bündig mit dem Zylinderkurbelgehäuse abschließt.

■ Ölwanne ansetzen und Verbindungsschrauben Ölwanne/Getriebe sowie alle Ölwannenschrauben leicht anziehen. Die Ölwanne muss am Zwischenblech zum Getriebeflansch bündig anliegen. Schrauben in Stufen anziehen (Bild 11):
1. Stufe: (1) bis (20) über Kreuz 5 Nm
2. Stufe: (Pfeile) mit 40 Nm
3. Stufe: (1) bis (20) über Kreuz mit 15 Nm

Beim Einbauen der Ölwanne am ausgebauten Motor darauf achten, dass die Wanne schwungradseitig bündig mit dem Zylinderblock abschließt. Nach der Montage der Ölwanne muss das Dichtmittel etwa 30 Minuten aushärten. Erst danach darf Motoröl eingefüllt werden.

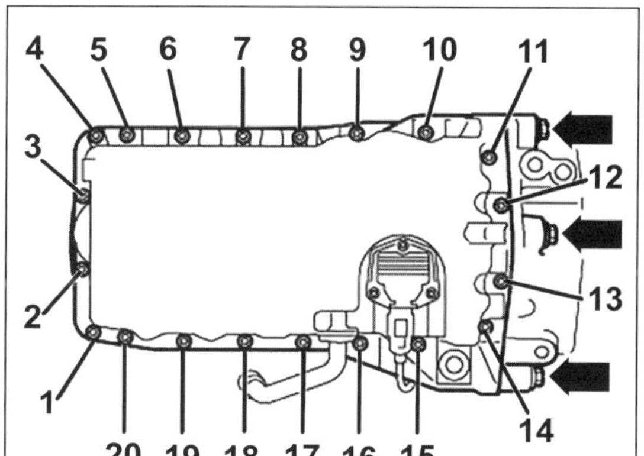

Bild 11

Bild 11
Anzugsfolge der Schrauben der Ölwanne.

■ Geräuschdämpfung einbauen.
■ Motoröl einfüllen und Ölstand prüfen.

Demontage der Ölpumpe

Der Aufbau der beiden Motoren unterscheidet sich grundlegend. Die Pumpe für den 5-Zylinder-Motor ist stirnseitig verbaut.

5-Zylinder-TDI-Motoren

■ Falls vorhanden, Geräuschdämpfung ausbauen.

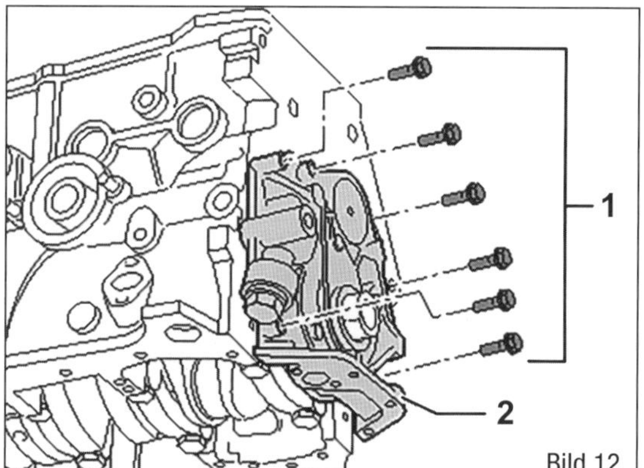

Bild 12

Bild 12
1 Schrauben Ölpumpe
2 Ölpumpe

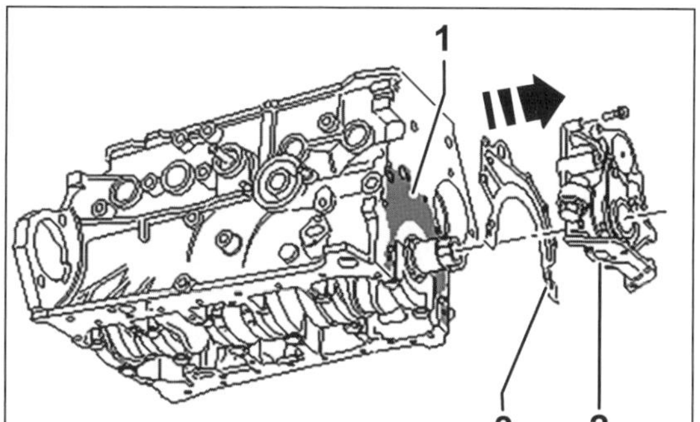

Bild 13

Bild 13
1 Zylinderblock
2 Ölpumpe
3 Dichtung

Sichtprüfung Messen

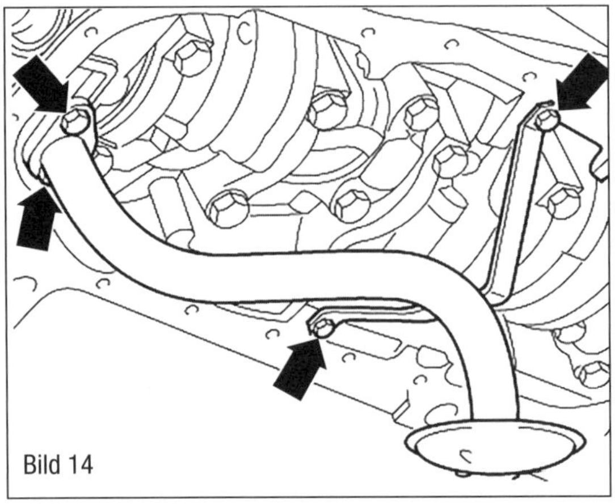
Bild 14

Bild 14
Schrauben (Pfeile) der Saugleitung.

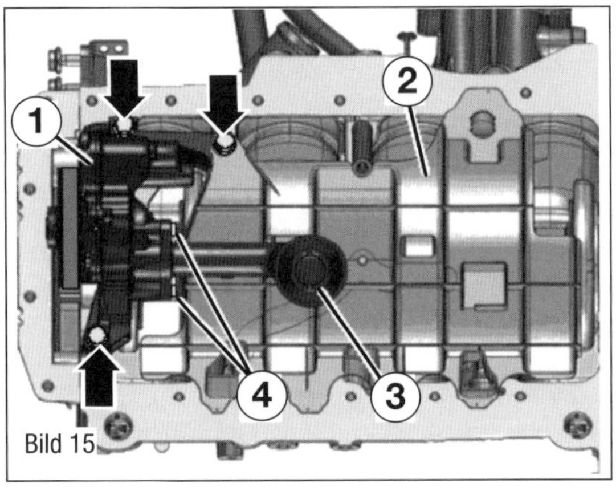

Bild 15

Bild 15
1 Ölpumpe
2 Schwallsperre
3 Ölansaugrohr
4 Schrauben
Pfeile Schrauben

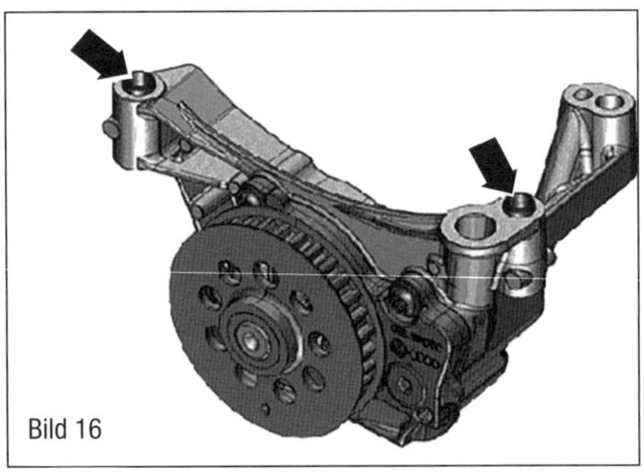
Bild 16

Bild 16
Passhülsen (Pfeile).

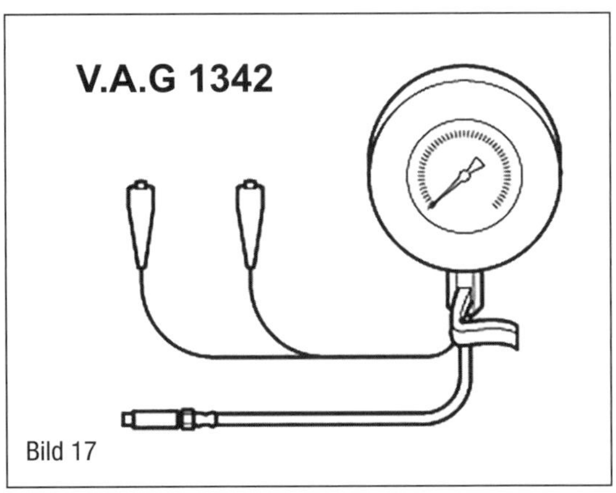

Bild 17

Bild 17
VAG 1342 Öldruckprüfgerät.

- Ölmessstab herausziehen.
- Keilrippenriemen ausbauen.
- Zahnriemen ausbauen.
- Kurbelwellen-Zahnriemenrad ausbauen.
- Motoröl ablassen.
- Ölwanne ausbauen
- Schrauben der Saugleitung (Pfeile im Bild 14) herausdrehen und Saugleitung abnehmen.
- Schrauben (1 im Bild 12) der Ölpumpe (2) lösen.
- Ölpumpe (2) abnehmen, gegebenenfalls durch leichte Schläge mit einem Gummihammer lösen.
- Dichtung (3 im Bild 13) der Ölpumpe (2) entnehmen. Ggf. Dichtmittelreste am Zylinderblock (1) mit einem Schaber entfernen. Dichtflächen reinigen, sie müssen öl- und fettfrei sein.

Der Einbau erfolgt sinngemäß in umgekehrter Reihenfolge.

- Dichtungen und Dichtringe ersetzen.
- Montagevorrichtung »T10053« anbauen.
- Dichtung der Ölpumpe anlegen.
- Ölpumpe anbauen und Schrauben handfest anziehen und anschließend festziehen.
- Montagevorrichtung »T10053« entfernen.
- Saugleitung anhalten und Schrauben (Pfeile im Bild 14) handfest anziehen und anschließend festziehen.

O-Ring der Saugleitung nicht vergessen.

- Ölwanne einbauen.
- Kurbelwellen-Zahnriemenrad einbauen.
- Zahnriemen einbauen.
- Keilrippenriemen einbauen.
- Falls vorhanden, Geräuschdämpfung einbauen.
- Motoröl auffüllen.
- Probefahrt durchführen.

4-Zylinder-TDI-Motoren

- Ölwanne ausbauen.
- Wenn die Ölpumpe ersetzt werden soll, Schrauben (4 im Bild 15) herausdrehen und Ölansaugrohr (3) abnehmen.
- Schrauben (Pfeile) für Ölpumpe (1) und Schwallsperre (2) herausdrehen.
- Schwallsperre abnehmen.
- Ölpumpe (1) aus dem Zahnriemen aushängen und abnehmen.

Der Einbau erfolgt sinngemäß in umgekehrter Reihenfolge.

■ Wenn am Ölpumpengehäuse keine Passhülsen (Pfeile im Bild 16) zur Zentrierung der Ölpumpe vorhanden sind, bitte Passhülsen einsetzen.
■ Leichtgängigkeit der Ölpumpe prüfen, dazu Zahnriemenrad mit einem Finger durchdrehen. Eine schwergängige Ölpumpe ersetzen.
■ Zahnriemen für Ölpumpe prüfen. Einen beschädigten Zahnriemen ersetzen. Nach längerer Laufzeit kann der Zahnriemen durchhängen, dies ist kein Mangel.
■ Ölwanne einbauen.
■ Motoröl einfüllen und Ölstand prüfen.

Öldruckschalter und Öldruck prüfen

Es werden ein üblicher Öldruckprüfer (z. B. V.A.G 1342) sowie ein Spannungsprüfer mit Leuchtdiode und den Messhilfsmitteln (Anschlusskabel) benötigt.
Der Öldruckschalter ist bei den einzelnen Motortypen an unterschiedlichen Stellen eingebaut.

Prüfablauf
■ Prüfen Sie den Motorölstand.
■ Die Öltemperatur muss mindestens 80°C betragen. Der Kühlerlüfter muss einmal geschaltet haben.
■ Stecker vom Öldruckschalter abziehen.
■ Öldruckschalter ausbauen und in das Prüfgerät schrauben.
■ Prüfgerät anstelle des Öldruckschalters in den Zylinderkopf einschrauben.
■ Braune Leitung des Prüfgerätes an Masse (-) legen. Spannungsprüfer mit Hilfsleitungen (Kabelset) an Batterie plus (+) und Öldruckschalter anschließen (Prüfanordnung nach Bild 18).
■ Motor anlassen und die LED und die Druckanzeige beobachten. Der Schaltpunkt des Öldruckschalters kann bereits beim Anlassen überschritten werden.
■ Langsam die Drehzahl erhöhen.

5-Zylinder-TDI-Motoren
■ Lassen Sie den Motor an und erhöhen Sie die Drehzahl: Bei 0,55 … 0,85 bar Überdruck muss die Leuchtdiode aufleuchten, andernfalls Öldruckschalter ersetzen.
■ Drehzahl weiter erhöhen. Bei 2000/min1

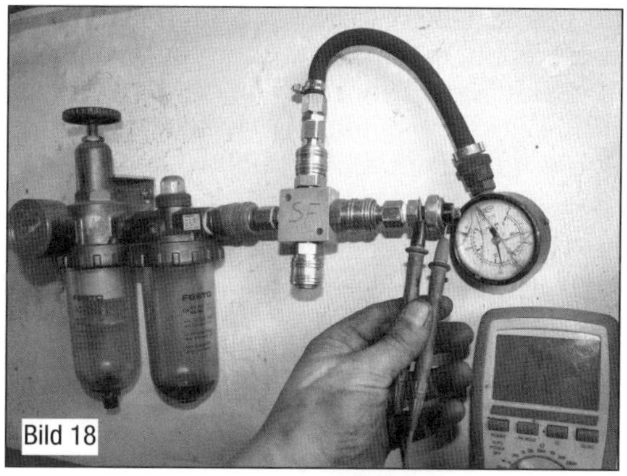
Bild 18

Bild 18
Prüfgerät aus dem Eigenbausortiment.

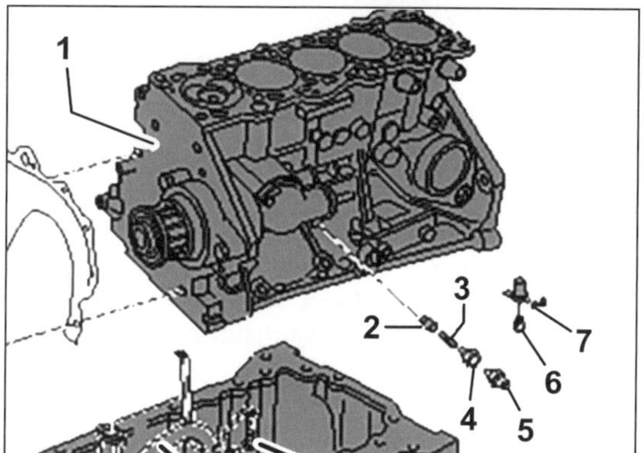

Bild 19

Bild 19
Einbauposition des Öldruckschalters beim 5-Zylinder.
1 Motorblock
2 Öldruckhalteventil
3 Feder
4 Adapter
5 Öldruckschalter
6 Schraube
7 Ölspritzdüse

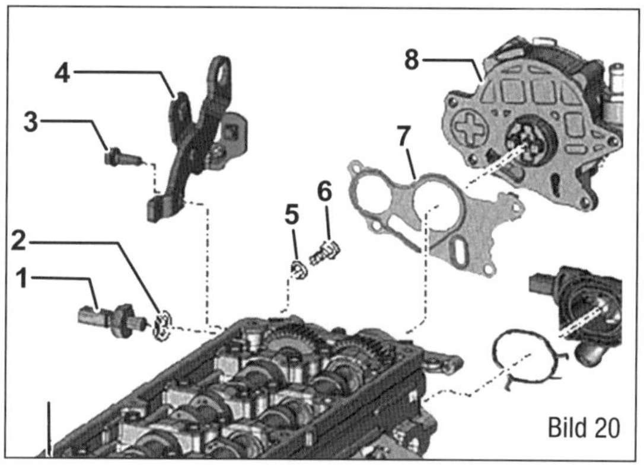

Bild 20

Bild 20
Einbauposition des Öldruckschalters beim 4-Zylinder.
1 Öldruckschalter
2 Dichtring
3 Schraube
4 Aufhängeöse
5 Dichtring
6 Verschlussschraube
7 Dichtung
8 Unterdruckpumpe

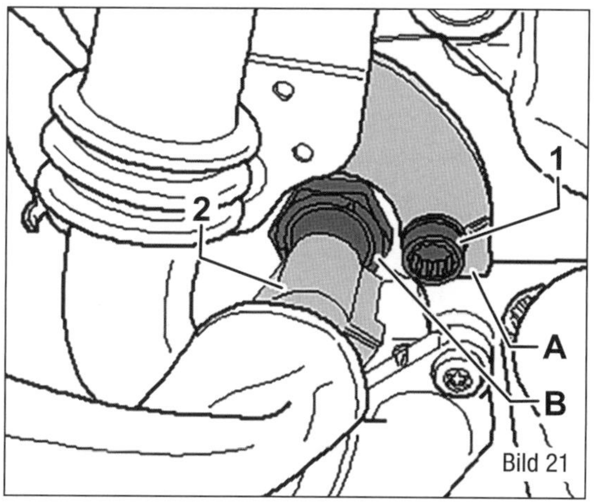

Bild 21

Bild 21
1 Schraube
2 Steckverbindung
A Motoraufhängeöse
B Öldruckschalter

und 80 °C Öltemperatur soll der Öl-Überdruck mindestens 2,0 bar betragen.
■ Bei höherer Drehzahl darf der Öl-Überdruck 7,0 bar nicht überschreiten, ggf. Ölüberdruckventil bzw. Öldruckhalteventil ersetzen.

4-Zylinder-TDI-Motoren
■ Spannungsprüfer V.A.G 1527B mit Hilfsleitungen aus Messhilfsmittel-Set V.A.G 1594C an Öldruckschalter F1 und Batterie-Plus (+) anschließen.
■ Die Leuchtdiode darf nicht leuchten. Wenn die Leuchtdiode bereits jetzt leuchtet, müssen Sie den Öldruckschalter F1 ersetzen.
Beobachten Sie das Öldruckprüfgerät und die Leuchtdiode während des Anlassvorgangs, da der Schaltpunkt des Öldruckschalters bereits beim Anlassen überschritten werden kann. Bei 0,3 … 0,6 bar Überdruck muss die Leuchtdiode aufleuchten. Wenn die Leuchtdiode nicht leuchtet, Öldruckschalter (F1) ersetzen. Der Öldruck im Leerlauf muss mindestens 0,6 bar betragen.
■ Drehzahl weiter erhöhen. Bei 2000/min[1] muss der Öldruck bei mindestens 1,0 bar liegen.
■ Bei höherer Drehzahl darf der Öl-Überdruck 7,0 bar nicht überschreiten, ggf. Ölüberdruckventil bzw. Öldruckhalteventil ersetzen.

Alle Motoren
■ Wird der Sollwert unterschritten, können mögliche Ursachen wie Verschmutzung des Siebes im Ölansaugrohr oder Lagerschäden ermittelt werden. Wird der Sollwert überschritten, müssen die Ölkanäle geprüft werden, ggf. ist der Ölfilterhalter mit Überdruckventil zu ersetzen, ansonsten: Ölpumpe ersetzen.
■ Beim Wiedereinbau des Öldruckschalters die Anzugsdrehmomente beachten.

Öldruckschalter aus- und einbauen

Der Arbeitsablauf für die einzelnen Motortypen ist sehr ähnlich.
Wir stellen den Ablauf allgemeingültig vor und heben die Besonderheiten für die einzelnen Modelle hervor.
■ Motorabdeckung (soweit verbaut) ausbauen.
■ Legen Sie einen Lappen unter den Öldruckschalter um eventuell austretendes Öl auffangen zu können.

5-Zylinder-TDI-Motoren
■ Drehen Sie den Öldruckschalter (5 im Bild 19) heraus.

Der Einbau erfolgt sinngemäß in umgekehrter Reihenfolge.
■ Ölstand prüfen.

4-Zylinder-TDI-Motoren
■ Luftfilter ausbauen.
■ Schraube (1 im Bild 21) (3 im Bild 20) herausdrehen und Motoraufhängeöse (A oder 4) abnehmen.
■ Steckverbindung (2 im Bild 21) trennen.
■ Öldruckschalter (B im Bild 21 bzw. 1 im Bild 20) mit Gelenkschlüssel SW 24 »T40175« herausschrauben.

Der Einbau erfolgt sinngemäß in umgekehrter Reihenfolge.
■ Ölstand prüfen.

6 Kühlsystem

Funktion des Kühlkreislaufs
Das Kühlsystem sorgt für die richtige Betriebstemperatur des Motors. Es besteht aufbauseitig aus Kühler, Ladeluftkühler, Luftführungshutze mit Kühlerlüftern und Ausgleichsbehälter für Kühlmittel. Motorseitig gehören Kühlmittelschläuche und Kühlmittelrohre sowie ein Netz aus kleinen, genau bemessenen Kanälen in Motorblock und Zylinder, in denen die in den Ausgleichsbehälter eingefüllte Kühlflüssigkeit zirkuliert, zum System. So entsteht ein Wassermantel, der die Verbrennungswärme über die Schläuche des Kühlsystems an den Kühler abführt. Welche Wege im jeweils konkreten Betriebszustand das Kühlmittel im Kühlsystem nimmt, hängt von der Temperatur des Motors ab.
Zu den motorseitigen Aggregaten des Kühlsystems gehören ferner der Motorölkühler und der Kühler für Abgasrückführung. Diese Niedertemperatur-Abgasrückführung sorgt für die Reduzierung der NOx-Emissionen. Bei geschlossenem Kühlmittelregler (Thermostat) wird der Abgasrückführungs-Kühler direkt vom Motorkühler mit kaltem Kühlmittel versorgt. Aufgrund des dadurch größeren Temperaturgefälles kann eine größere Abgasmenge zurückgeführt werden. Somit können die Verbrennungstemperaturen und in deren Folge die Stickoxid-Emissionen in der Warmlaufphase des Motors weiter gesenkt werden. Eine mechanische Kühlmittelpumpe (»Wasserpumpe«) sorgt für den ständigen Kreislauf des Kühlmittels. Sie wird bei den TDI-Motoren von der Kurbelwelle über den Zahnriemen angetrieben, der das Nockenwellenrad und die Hochdruckpumpe des Einspritzsystems antreibt. Die elektrische Zusatzwasserpumpe wird vom Motorsteuergerät angesteuert und läuft nach Motorstart ständig mit. Ein Kühlmittelregler (Dehnstoff-Thermostat) hält die Kühlmitteltemperatur konstant. Das Kühlsystem steht unter einem Überdruck von etwa 1,2 bis 1,5 bar bei Betriebstemperatur. Dadurch und durch den Einsatz von Kühlmittelzusätzen erhöht sich der Siedepunkt der Kühlflüssigkeit von 100 °C auf rund 120 °C. Die höhere Temperatur ermöglicht einen wirtschaftlicheren und damit Kraftstoff sparenden Motorbetrieb. Wenn bei einem heißen Motor der Kühlmitteldruck 1,5 bar übersteigt, tritt das Überdruckventil am Ausgleichsbehälter in Aktion. Es öffnet dann und lässt zum Druckausgleich etwas Wasserdampf entweichen.

Sicht- und Funktionsprüfungen

Kühlmittelstand prüfen
■ Der Kühlmittelstand wird bei kaltem Motor am Kühlmittel-Ausgleichsbehälter geprüft. Dieser Behälter befindet sich im Motorraum rechts hinten. Er ist meist mit den Markierungen »Max« und »Min« gekennzeichnet, auf jeden Fall mit der »min«-Markierung und einer Markierungslinie für den maximalen Füllstand.
■ Ist der Motor kalt, muss das Kühlmittel zwischen »Max« und »Min« (Bild 1), bei warmem Motor etwas über der Markierungslinie für maximalen Füllstand stehen.
■ Bei nicht verbrauchsbedingtem Flüssigkeitsverlust muss die Ursache ermittelt und durch Reparatur beseitigt werden.

Frostschutz des Kühlmittels prüfen
Zur Frostschutzprüfung wird ein handelsüblicher Ansaugprüfer oder für genauere Prüfung ein so genanntes Refraktometer (VW: T10007, T10007 A) benötigt. Beim Ansaugprüfer wird der jeweilige Frostschutz in

Bild 1
Kühlmittelstand am Kühlmittelausgleichsbehälter.

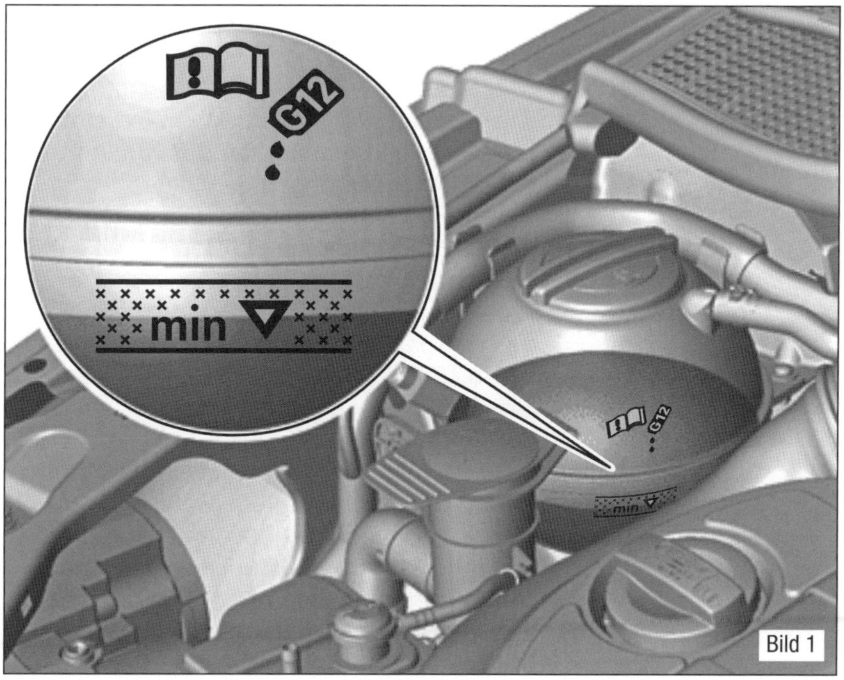

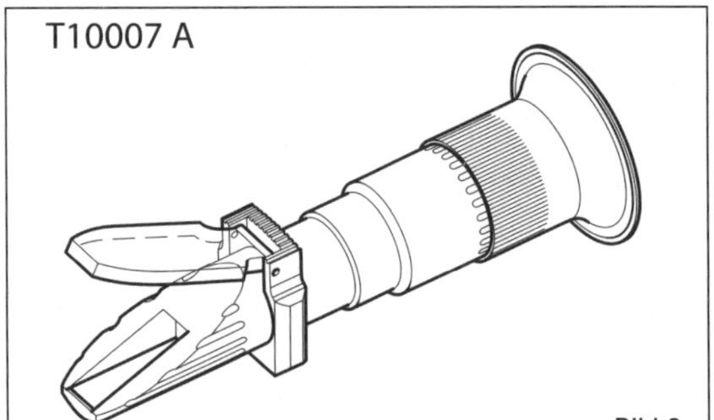

Bild 2
Refraktometer zur Frostschutzgehaltsprüfung.

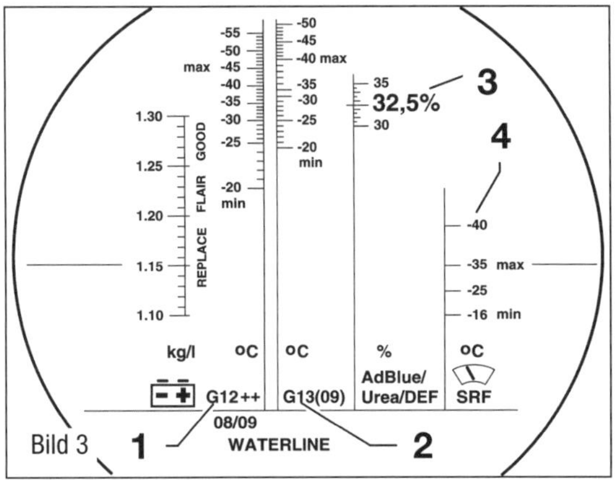

Bild 3
Sichtfeld des Refraktometer.
1 G12; G12 Plus, G12 Plusplus und G11
2 G13
3 AdBlue
4 Scheibenfrostschutz

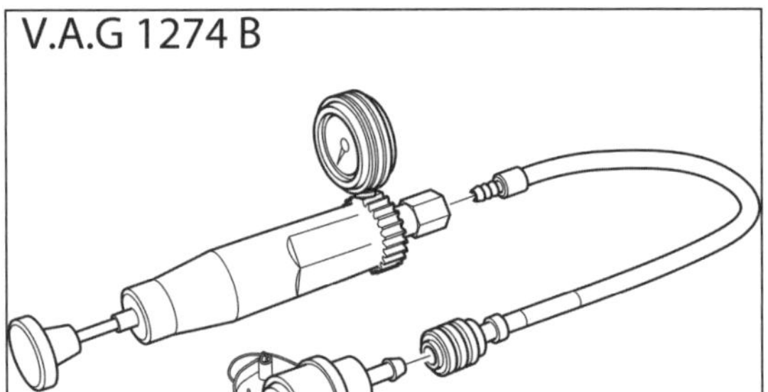

Bild 4
Kühlsystemprüfgerät V.A.G 1274 BCC.

°C angezeigt. VW schreibt den Werkstätten aber vor, die Konzentration des Kühlmittelzusatzes bei der jüngsten Motorengeneration mit dem Refraktometer »T10007 A« entsprechend Bedienungsanleitung zu prüfen (Bilder 2 und 3). Die Skala »1« des Refraktometers bezieht sich auf die Kühlmittelzusätze G12, G12 plus, G12 plusplus und G11. Die Skala »2« bezieht sich nur auf den Kühlmittelzusatz G13.

■ Prüfen Sie den Kühlmittelstand im Ausgleichsbehälter bei kaltem Motor.

■ Den genauen Wert bei den Prüfungen liest man an der Hell-/Dunkel-Grenze ab. Zur besseren Veranschaulichung der Hell-/Dunkel-Grenze wird mit der Pipette ein Tropfen Wasser auf das Glas gebracht. Die Hell-/Dunkel-Grenze ist dann deutlich an der »Waterline« zu erkennen (Bild 3). Der Frostschutz muss bis etwa -25 °C gewährleistet sein.

■ Bei zu geringem Frostschutz Kühlflüssigkeit ablassen und durch Kühlmittelzusatz G12 plusplus ergänzen.

■ Probefahrt durchführen und Frostschutz des Kühlmittels erneut prüfen. Kühlsystem auf Dichtigkeit prüfen. Zur Prüfung der Dichtheit des Kühlsystems und des Überdruckventils wird ein Kühlsystem-Prüfgerät (V.A.G 1274 B) einschließlich Adapter für Kühlsystem-Prüfgerät (V.A.G 1274/8 und V.A.G 1274/9) benötigt. Der Motor muss betriebswarm sein.

■ Verschlussdeckel vom Kühlmittel-Ausgleichsbehälter öffnen.

■ Adapter für Kühlsystemprüfgerät (V.A.G 1274/8) in den Kühlmittelausgleichsbehälter schrauben, Anschlussstück (V.A.G 1274 B/1) in den Adapter für Kühlsystemprüfgerät klemmen und das Anschlussstück über den mitgelieferten Verbindungsschlauch mit dem Kühlsystem-Prüfgerät (V.A.G 1274 B) verbinden (Bild 4).

■ Mit der Handpumpe des Kühlsystem-Prüfgerätes ca. 1,0 bar Überdruck erzeugen. Fällt der Druck ab: Undichte Stelle suchen und Fehler beseitigen. Bevor das Kühlsystemprüfgerät vom Verbindungsschlauch oder Anschlussstück getrennt wird, muss unbedingt der vorhandene Druck abgebaut werden. Dazu das Druckentlastungsventil am Kühlsystem-Prüfgerät drücken, bis das Druckmanometer den Wert »0« anzeigt. Überdruckventil im Verschlussdeckel des Kühlmittelbehälters prüfen.

■ Verschlussdeckel des Kühlmittel-Ausgleichsbehälters in den Adapter für Kühlsystemprüfgerät (V.A.G 1274/9) schrauben, Anschlussstück (V.A.G 1274 B/1) in den Adapter für Kühlsystemprüfgerät klemmen und das Anschlussstück über den mitgelieferten Verbindungsschlauch mit dem Kühlsystem-Prüfgerät verbinden.

■ Mit der Handpumpe des Kühlsystem-Prüfgerätes einen Überdruck von max. 1,6 bar erzeugen. Das Überdruckventil darf noch nicht öffnen. Öffnet das Überdruckventil vorzeitig: Verschlussdeckel ersetzen.

■ Druck auf über 1,6 bar erhöhen. Das Überdruckventil muss öffnen. Öffnet das Überdruckventil nicht: Verschlussdeckel ersetzen.

Kühlmittel ablassen, ergänzen, auffüllen

Kühlmittel ablassen

Der wesentlichen Arbeitsschritte unterscheiden sich nicht in den einzelnen Motormodellen. Wir stellen Ihnen eine allgemeingültige Anweisung vor und führen die Besonderheiten der einzelnen Modelle auf.

Einen großen Einflussfaktor auf die Effektivität eines Kühlmittels stellt das zur Mischung verwendete Wasser dar. Durch die unterschiedlichen Inhaltsstoffe, die länderspezifisch und sogar regionalspezifisch sein können, hat Volkswagen entschieden, die Wasserqualität für Kühlsysteme zu definieren. Destilliertes Wasser erfüllt alle Anforderungen. Aus diesem Grund wird empfohlen, auch bei allen älteren Modellen das Kühlmittel bei Ergänzungen und Neubefüllungen mit destilliertem Wasser anzumischen.

■ Verschlussdeckel vom Kühlmittel-Ausgleichsbehälter öffnen.

Bei warmem Motor steht das Kühlsystem unter Druck, beim Öffnen des Ausgleichsbehälters kann deshalb heißer Dampf bzw. heißes Kühlmittel entweichen. Überdruck abbauen, dazu Verschlussdeckel mit einem Lappen abdecken und vorsichtig öffnen. Schutzbrille und Schutzbekleidung tragen, um Augenverletzungen und Verbrühungen zu vermeiden.

■ Fahrzeug anheben und Motorspritzschutz(Geräuschdämpfung) abschrauben.

■ Auffangwanne für Werkstattkräne (z. B. VAS 6208) unter den Motor stellen.

5-Zylinder-TDI-Motoren Kühlmittel ablassen:

■ Öffnen Sie den Verschlussdeckel des Kühlmittelausgleichsbehälters.

■ Falls vorhanden, Geräuschdämpfung ausbauen.

■ Ziehen Sie die Kühlmittelschläuche (Pfeile im Bild 6) von den Kühlmittelrohren ab.

■ Kühlmittelschläuche wieder anschließen und mit Schellen befestigen.

4-Zylinder-TDI-Motoren Kühlmittel ablassen:

■ Verschlussdeckel des Ausgleichsbehälters öffnen.

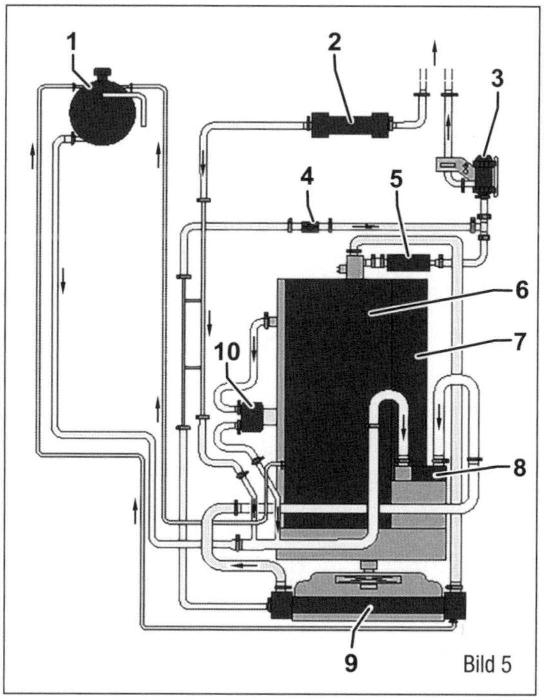

Bild 5
Kühlsystem Anschlussplan mit Zusatzheizung.
1 Ausgleichsbehälter
2 Wärmetauscher
3 Pumpe Nachlauf
4 Unterdruckventil
5 Kühler AGR
6 Zylinderkopf
7 Zylinderblock
8 Kühler
9 Motorölkühler

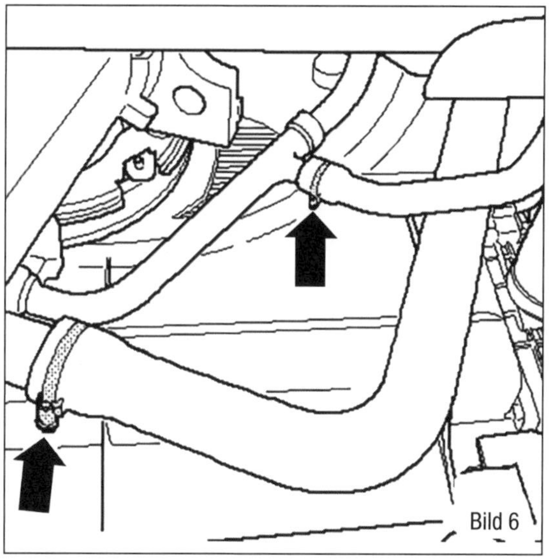

Bild 6
Schlauchschellen (Pfeile) am Kühler.

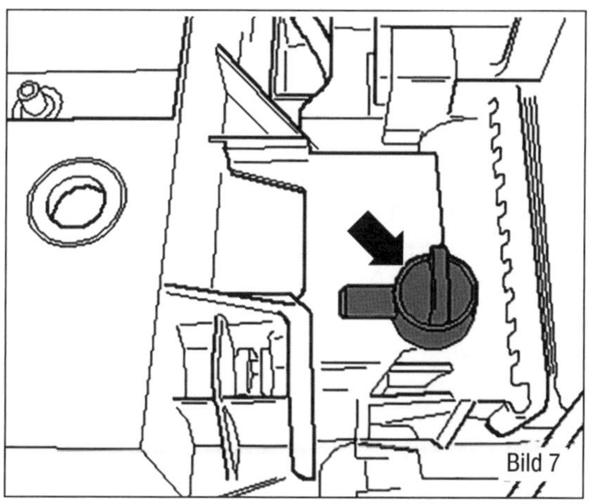

Bild 7
Ablaufschraube im Kühler (Pfeil).

Sichtprüfung Messen

Bild 8
Füllgerät für den Kühlkreislauf bei VW/Audi.

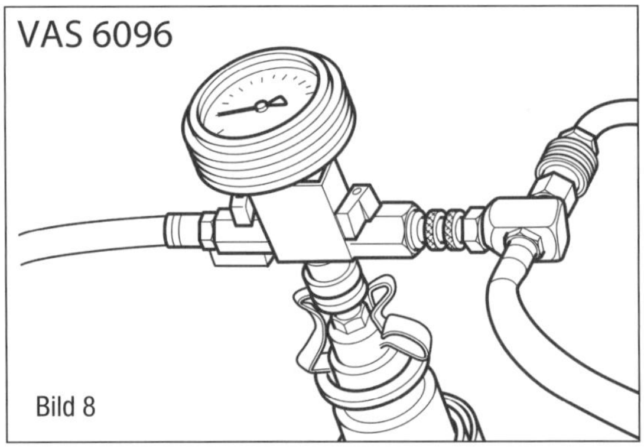

Bild 8

Bild 9
Aufbau des Füllgerätes für den Kühlkreislauf bei VW/Audi.
1 Ausgleichsbehälter
2 Abluftschlauch
3 Behälter
4 Druckluftschlauch
A Ventil
B Ventil
VAG 1274/8 Adapter
VAS 6096 Befüllgerät

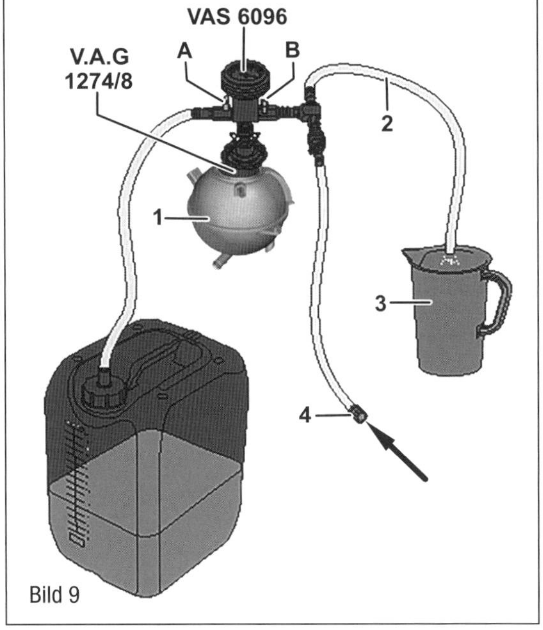

Bild 9

■ Falls vorhanden, Geräuschdämpfung ausbauen.
■ Ablaufschraube (Pfeil im Bild 7) öffnen und Kühlmittel auslaufen lassen.

Befüllen mit Gerät VAS 6096

Wurden Kühler, Wärmetauscher, Zylinderkopf oder Zylinderkopfdichtung ersetzt: gebrauchtes Kühlmittel vorschriftsmäßig entsorgen und nicht wieder verwenden!
■ Behälter vom Kühlsystem-Befüllgerät (VAS 6096 im Bild 9) mit mindestens 8 Litern vorgemischtem Kühlmittel im richtigen Mischungsverhältnis befüllen.
■ Adapter für Kühlsystemprüfgerät (V.A.G 1274/8) auf den Ausgleichsbehälter (1) schrauben.
■ Kühlsystem-Befüllgerät (VAS 6096) auf den Adapter (V.A.G 1274/8) montieren.
■ Abluftschlauch (2) in einen kleinen Behälter (3) leiten.

☞ Die Abluft reißt eine geringe Menge Kühlmittel mit, die aufgefangen werden soll.
■ Ventile (A und B im Bild 9) schließen, dazu Hebel quer zur Durchflussrichtung drehen.
■ Schlauch (4) an Druckluft (Druck: 6 bis 10 bar Überdruck) anschließen.
■ Ventil (B) öffnen, dazu Hebel in Durchflussrichtung drehen. Im Kühlsystem wird von der Saugstrahlpumpe Unterdruck erzeugt. Der Zeiger des Anzeigeinstruments muss in den »grünen Bereich« des Manometers wandern.
■ Zusätzlich kurz Ventil (A) öffnen, dazu Hebel in Durchflussrichtung drehen, damit sich der Schlauch des Kühlmittelausgleichsbehälters des Kühlsystem-Befüllgeräts (VAS 6096) mit Kühlmittel füllt.
■ Ventil (A) wieder schließen.
■ Ventil (B) weitere 2 Minuten geöffnet lassen. Im Kühlsystem wird von der Saugstrahlpumpe weiter Unterdruck erzeugt, der Zeiger des Anzeigeinstruments muss weiterhin im grünen Bereich stehen.
■ Ventil (B) schließen. Der Zeiger des Anzeigeinstruments muss im grünen Bereich stehen bleiben, dann reicht der Unterdruck im Kühlsystem für die anschließende Befüllung aus. Wenn der Zeiger unterhalb des grünen Bereichs steht, den Vorgang wiederholen. Wenn der Unterdruck abfällt, müssen Sie das Kühlsystem auf undichte Stellen prüfen.
■ Druckluftschlauch abziehen.
■ Ventil (A) öffnen. Durch den Unterdruck im Kühlsystem wird Kühlmittel aus dem Kühlmittelausgleichsbehälter des Kühlsystem-Befüllgerät (VAS 6096) angesaugt und das Kühlsystem befüllt.
■ Anschließend das Kühlsystem-Befüllgerät (VAS 6096) vom Kühlmittelausgleichsbehälter wieder abbauen.
■ Falls vorhanden, Geräuschdämpfung einbauen.

Befüllen ohne Gerät

■ Das Kühlmittel langsam bis zur oberen Markierung des gerasterten Feldes am Ausgleichsbehälter auffüllen (Bild 1).
■ Ausgleichsbehälter verschließen. Den Motor starten und die Motordrehzahl für ca. 3 Minuten auf ca. 2000/min halten.
■ Den Motor danach im Leerlauf laufen lassen bis der Lüfter anläuft.

■ Kühlmittelstand prüfen und ggf. ergänzen. Bei betriebswarmem Motor muss der Kühlmittelstand an der oberen Markierung, bei kaltem Motor in der Mitte des gerasterten Feldes liegen.

Kühler aus- und einbauen

Die unterschiedlichen Motorvarianten verändern auch den Arbeitsablauf zum Ausbau des Kühlers im Detail.

■ Falls vorhanden, Geräuschdämpfung ausbauen.
■ Kühlmittel ablassen.
■ Stoßfängerabdeckung vorn ausbauen.

5-Zylinder-TDI-Motoren

■ Lassen Sie das Kühlmittel ab.
■ Bauen Sie den Visco-Lüfter aus.
■ Ziehen Sie die Kühlmittelschläuche vom Kühler ab.
■ Bauen Sie die Luftführungshutze.
■ Bauen Sie den Kühlergrill aus.
■ Schrauben Sie den Kühler vom Ladeluftkühler ab.
■ Nehmen Sie den Kühler nach oben heraus.

Der Einbau erfolgt sinngemäß in umgekehrter Reihenfolge.

■ Schrauben Sie den Kühler am Ladeluftkühler an.
■ Bauen Sie die Luftführungshutze ein.
■ Bauen Sie den Visco-Lüfter ein.
■ Bauen Sie den Kühlergrill ein.
■ Füllen Sie Kühlmittel auf.

4-Zylinder-TDI-Motoren

Es wurden zwei unterschiedliche Visco-Lüfter verbaut. Die Montagearbeiten werden aber kaum verändert.

■ Falls vorhanden, Geräuschdämpfung ausbauen.
■ Kühlmittel ablassen.
■ Luftfilter ausbauen.
■ Kühlergrill ausbauen.
■ Stoßfänger vorn ausbauen.
■ Falls vorhanden, Kühlergebläsegehäuse ausbauen.
■ Visco-Lüfter ausbauen.
■ Luftführungshutze ausbauen.
■ Schrauben links und rechts (Pfeil im Bild 11) herausdrehen.
■ Halteklammern (Pfeile im Bild 12) vom

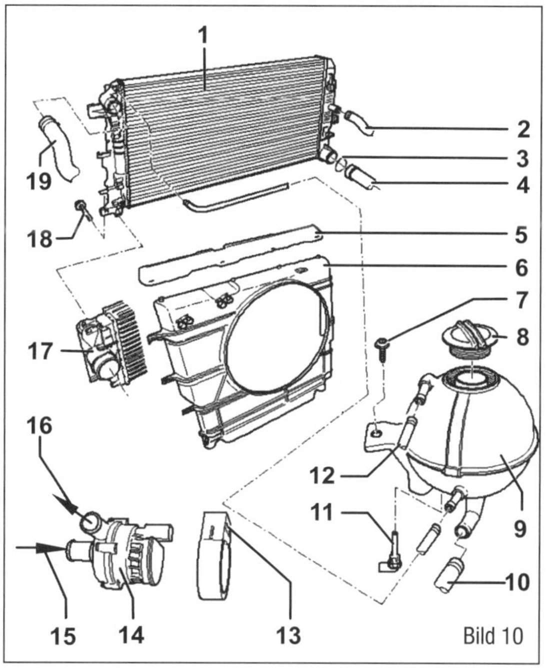

Bild 10
Kühler und Kühlerlüfter.
1 Kühler
2 Kühlmittelschlauch
3 O-Ring
4 Kühlmittelschlauch unten
5 Luftführung
6 Luftführungshutze
7 Schraube
8 Verschlussdeckel
9 Ausgleichsbehälter
10 Kühlmittelschlauch
11 Kühlmittelmangelanzeige
12 Kühlmittelschlauch
13 Halter
14 Pumpe Nachlauf
15 vom Kühler
16 zum Wärmetauscher
17 Ladeluftkühler
18 Schraube
19 Kühlmittelschlauch oben

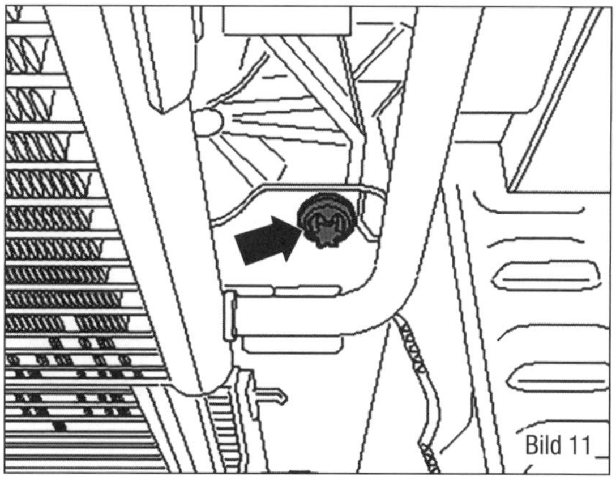

Bild 11
Schraube (Pfeil) zur Kühlerbefestigung links und rechts.

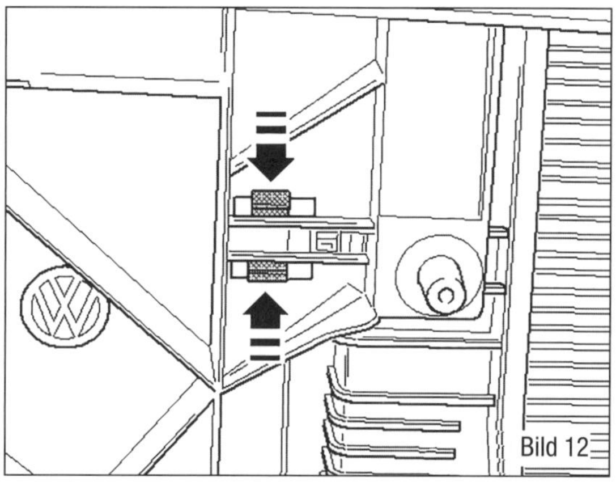

Bild 12
Halteklammern (Pfeile) zusammendrücken und Kühler in Richtung Motorraum bewegen.

Kühler entriegeln und Kühler Richtung Motorraum drücken.

■ Falls vorhanden, Kondensator vom Kühler trennen und am Schlossträger befestigen.
■ Kühler nach oben herausnehmen.

Sichtprüfung Messen

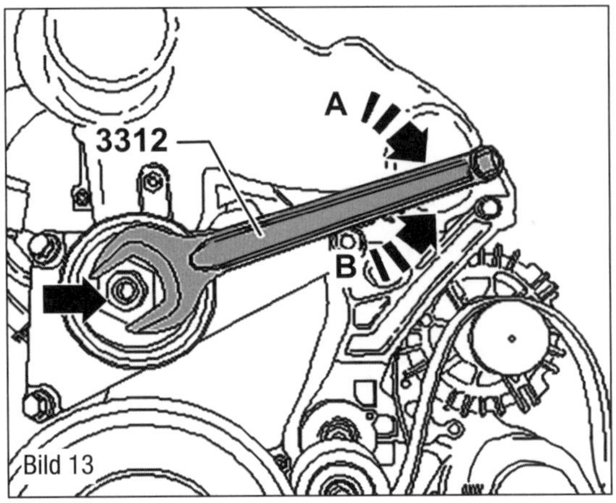

Bild 13
Pfeil A Drehrichtung mit der Motordrehrichtung (zulässig)
Pfeil B Drehrichtung gegen die Motordrehrichtung (unzulässig)
3312 Maulschlüssel

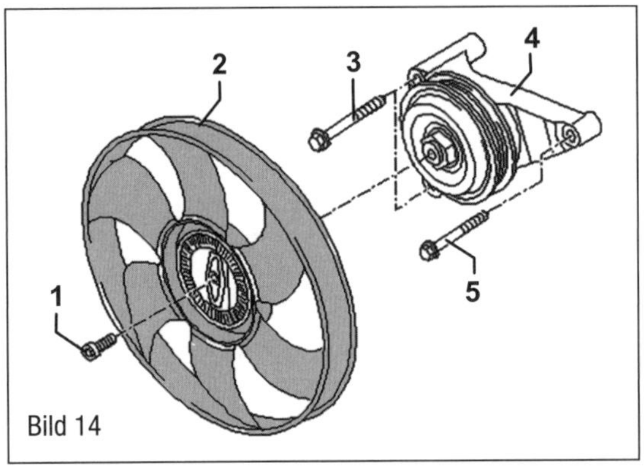

Bild 14
Variante 1 (Halter mit Keilrippenriemenscheibe).
1 Schraube (Linksgewinde)
2 Visco-Lüfter
3 Schraube
4 Halter
5 Schraube

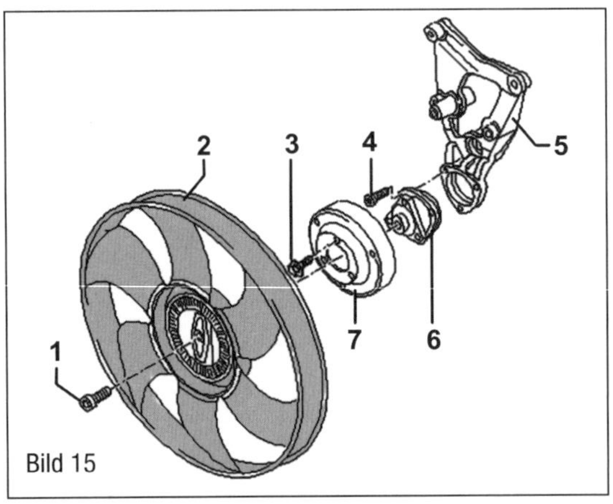

Bild 15
Variante 2 (Halter und Keilrippenriemenscheibe einzeln).
1 Schraube
2 Visco-Lüfter
3 Schraube
4 Schraube
5 Halter
6 Flanschwelle mit Lager
7 Keilrippenriemenscheibe

Der Einbau erfolgt sinngemäß in umgekehrter Reihenfolge.
- Kühlmittel auffüllen.

Lüfter und Zarge aus- und einbauen

Die Montagearbeiten sind für die verschiedenen Motorvarianten kaum unterschiedlich. Wir stellen Ihnen eine allgemeingültige Arbeitsbeschreibung zur Verfügung.

Lüfter ausbauen
- Falls vorhanden, Geräuschdämpfung ausbauen.
- Kühlergrill ausbauen.
- Stoßfänger vorn ausbauen.
- Ladeluftkühler ausbauen.

Variante 1 (Bild 14):
- Visco-Lüfter lösen. Dabei mit dem Maulschlüssel (3312 im Bild 13) an der Welle gegenhalten. Es darf keinesfalls an der Welle (Pfeil) für Visco-Lüfter der Motor entgegen der Motordrehrichtung (Pfeil B) gedreht werden! Die Welle kann sich hierbei lösen. Beim Anziehen der Schraube für Visco-Lüfter nur in Motordrehrichtung (Pfeil A) mit dem Maulschlüssel (3312) gegenhalten)

Variante 2 (Bild 15):
- Blockieren Sie die Riemenscheibe mit dem Zweilochmutterndreher (3212) und lösen Sie den Visco-Lüfter.

Weiter für beide Varianten

⚠ Die Schraube des Visco-Lüfters hat ein Linksgewinde!
- Visco-Lüfter nach vorn herausnehmen.

Der Einbau erfolgt sinngemäß in umgekehrter Reihenfolge.

Lüfterzarge (Luftführungshutze) ausbauen
- Luftfilter ausbauen.
- Behälter für Servolenkung aus der Halterung ausclipsen und beiseite legen.
- Falls vorhanden, Geräuschdämpfung ausbauen.
- Visco-Lüfter ausbauen.
- Kühlmittelschläuche aus der Luftführungshutze ausclipsen.
- Schrauben (Pfeile im Bild 16) vom Halter (1) für Pumpe Kühler der Abgasrückführung (2) herausdrehen.
- Alle weiteren Kühlmittelschläuche aus der Luftführungshutze ausclipsen.
- Luftführungshutze (2 im Bild 17) links und rechts entriegeln. Dazu mit einem Schraubendreher den Sicherungshebel (1) nach vorn drücken und die Luftführungshutze (2) etwas anheben.
- Luftführungshutze nach oben herausnehmen.

Der Einbau erfolgt sinngemäß in umgekehrter Reihenfolge.

Kühlmittelpumpe (Wasserpumpe) aus- und einbauen

5-Zylinder-TDI-Motoren

- Falls vorhanden, Geräuschdämpfung ausbauen.
- Lassen Sie das Kühlmittel ab.
- Nehmen Sie den Zahnriemen ab.
- Bauen Sie das Nockenwellenrad aus.
- Bauen Sie den Zahnriemenschutz hinten aus.
- Schrauben Sie die Befestigungsschrauben der Kühlmittelpumpe (Pfeile im Bild 18) heraus und nehmen Sie Kühlmittelpumpe vorsichtig heraus.

Der Einbau erfolgt sinngemäß in umgekehrter Reihenfolge.

- O-Ring der Kühlmittelpumpe ersetzen.
- Dichtfläche für O-Ring reinigen und glätten.
- O-Ring mit Kühlmittel benetzen.
- Zahnriemen einbauen.
- Steuerzeiten einstellen.
- Kühlmittel auffüllen.

4-Zylinder-TDI-Motoren

- Falls vorhanden, Geräuschdämpfung ausbauen.
- Lassen Sie das Kühlmittel ab.
- Zahnriemen ausbauen.
- Schrauben (1 im Bild 19) herausdrehen und Kühlmittelpumpe (2) abnehmen.
- O-Ring (3) abnehmen.

Der Einbau erfolgt sinngemäß in umgekehrter Reihenfolge.

- O-Ring der Kühlmittelpumpe ersetzen.
- Dichtfläche für O-Ring reinigen und glätten.
- O-Ring (3) mit Kühlmittel benetzen.
- Kühlmittelpumpe (2) einsetzen. Der Verschlussstopfen im Gehäuse muss nach unten zeigen.
- Zahnriemen einbauen.
- Steuerzeiten einstellen.
- Kühlmittel auffüllen.

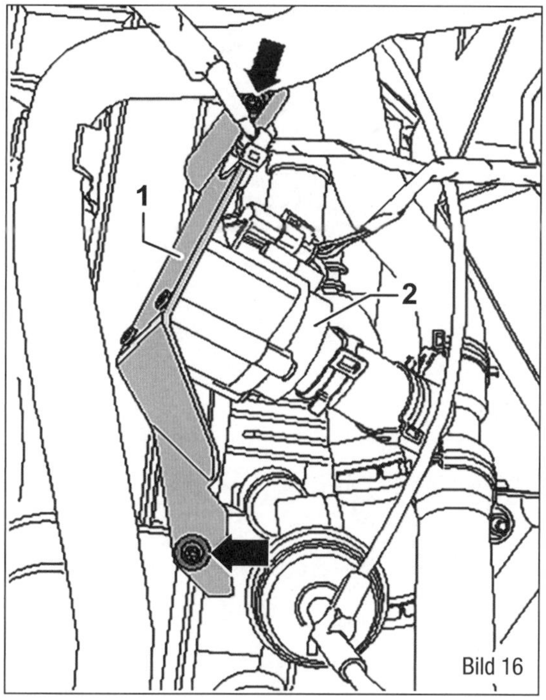

Bild 16
1 Halter
2 Pumpe AGR Kühler
Pfeile Schrauben

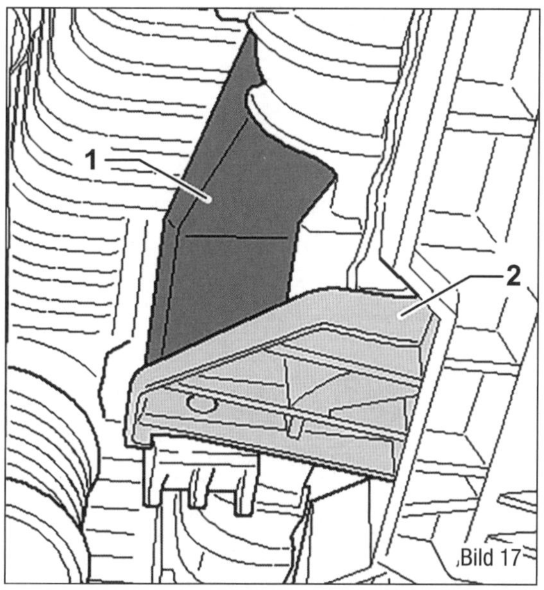

Bild 17
1 Sicherungshebel
2 Luftführungshutze

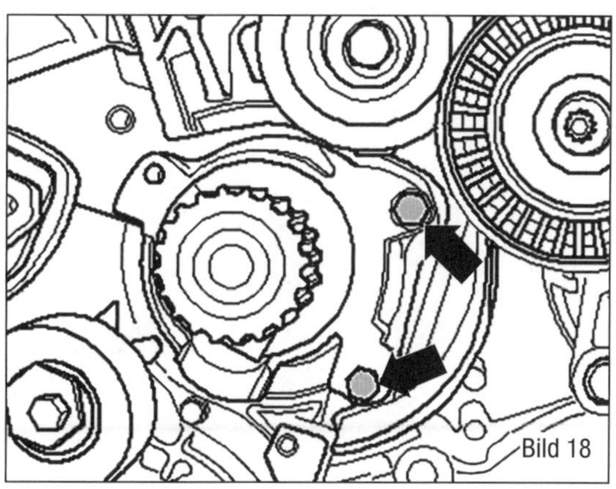

Bild 18
Schrauben Kühlmittelpumpe (Pfeile).

Bild 19
1 Schraube
2 Kühlmittelpumpe
3 O-Ring

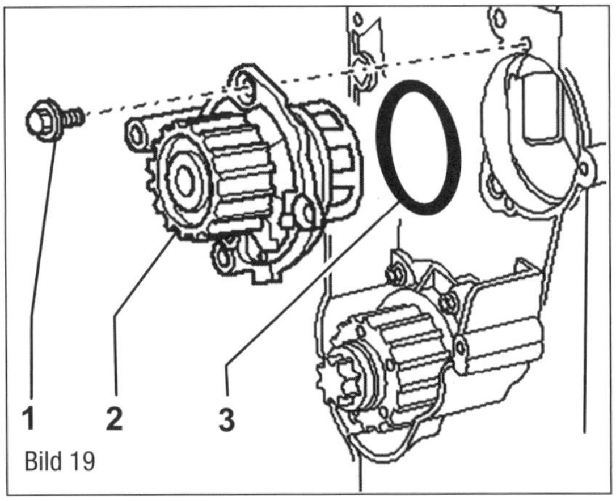

Bild 19

Bild 20
1 Kühlmittelschlauch
2 Schelle
3 Halter
4 Kühlmittelpumpe

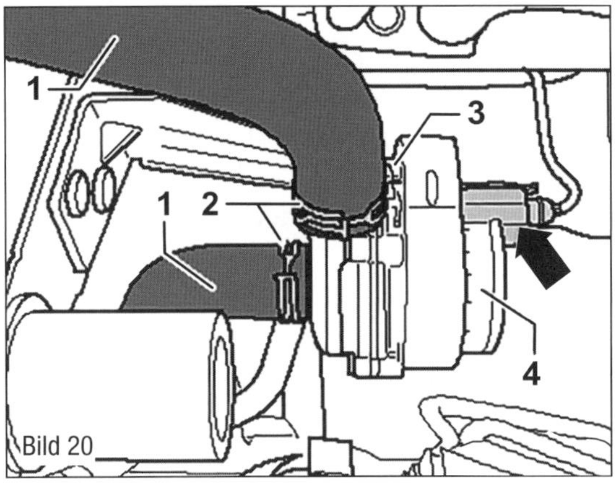

Bild 20

Bild 21
1 Kühlmittelschlauch
2 Kabelstranghalter

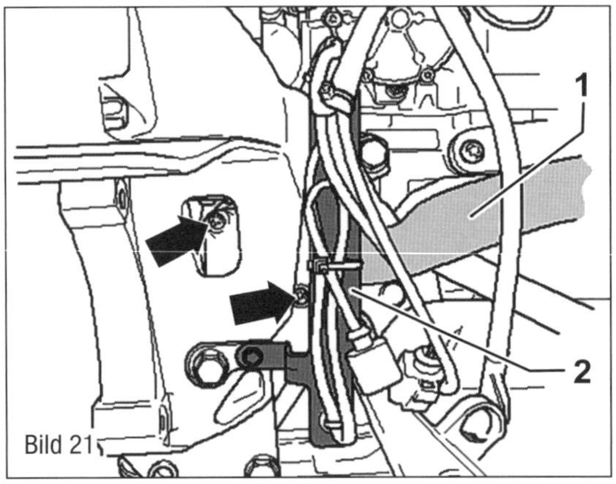

Bild 21

Bild 22
Einbaulage des Kühlmittelreglers (1) beachten!

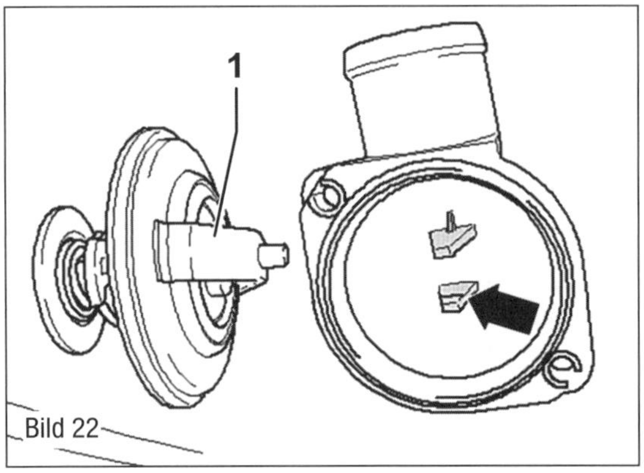

Bild 22

Kühlmittelumlaufpumpe (elektrisch) aus- und einbauen

- Geräuschdämpfung oder den Unterfahrschutz ausbauen.
- Überdruck abbauen, dazu Verschlussdeckel für Kühlmittelausgleichsbehälter mit Lappen abdecken und vorsichtig öffnen.
- Stecker entriegeln und abziehen.
- Kühlmittelschläuche (1 im Bild 20) mit den Schlauchklemmen bis 25 mm »3094« abklemmen.
- Schellen (2) lösen und Kühlmittelschläuche (1) abziehen.
- Pumpe für Kühlmittelumlauf (4) vom Halter (3) abziehen.

Der Einbau erfolgt sinngemäß in umgekehrter Reihenfolge.

- Kühlmittelstand prüfen.
- Luftfilter einbauen.

Temperaturregler und Thermostate

5-Zylinder-TDI-Motoren

- Bauen Sie den Luftfilter mit Luftführung aus.
- Klemmen Sie das Masseband an der Batterie bei ausgeschalteter Zündung ab.
- Falls vorhanden, Geräuschdämpfung ausbauen.
- Lassen Sie das Kühlmittel ab.
- Bauen Sie den Kühlmittelschlauch (1 im Bild 21) am Anschlussstutzen ab.
- Bauen Sie den Kabelstranghalter (2) aus.
- Drehen Sie die Schrauben (Pfeile) für den Anschlussstutzen heraus und ziehen Sie ihn zusammen mit dem Kühlmittelregler heraus.

Der Einbau erfolgt sinngemäß in umgekehrter Reihenfolge.

- Ersetzen Sie den O-Ring.
- Reinigen Sie die Dichtfläche.
- Setzen Sie den Kühlmittelregler mit neuem O-Ring in den Zylinderblock ein.

⚠ Achten Sie auf die richtige Einbaulage des Kühlmittelreglers (1 im Bild 22). Er muss in die innere Aufnahme (Pfeil) des Anschlussstutzens einrasten. Die Abbildung zeigt den Kühlmittelregler im ausgebauten Zustand.

- Bauen Sie den Anschlussstutzen ein und schrauben Sie ihn fest.

■ Füllen Sie Kühlmittel auf.
■ Falls vorhanden, Geräuschdämpfung einbauen.
■ Bauen Sie den Luftfilter mit Luftführung ein.
■ Klemmen Sie das Masseband an der Batterie bei ausgeschalteter Zündung an.

4-Zylinder-TDI-Motoren
Betrachten wir die unterschiedlichen Regeleinheiten für das Kühlmittel im Detail hinsichtlich der Montagearbeiten.

4/2-Wege-Ventil mit Kühlmittelregler aus- und einbauen:
■ Falls vorhanden, Geräuschdämpfung ausbauen.
■ Luftfilter ausbauen.
■ Generator ausbauen.
■ Ladeluftrohr ausbauen.
■ Ölfiltergehäuse ausbauen.
■ Schrauben (3 im Bild 23) für Kühlmittelrohre (4) am Zylinderblock abschrauben.
■ Schellen der Kühlmittelschläuche (1 und 2) lösen.
■ Kühlmittelschläuche von den Anschlussstutzen (A und C im Bild 24) abziehen.
■ Kühlmittelrohr aus dem Anschluss (B) herausziehen.
■ Schrauben (3) des 4/2-Wegeventils (2) mit Steckeinsatz XZN 8 »T40159« herausdrehen.
■ Ventil aus dem Zylinderblock und nachfolgend nach links ziehen, um den Anschluss (C) vom Kühlmittelrohr zu trennen.

Der Einbau erfolgt sinngemäß in umgekehrter Reihenfolge.

Das 4/2-Wegeventil zuerst mit dem Anschluss (B) an das Kühlmittelrohr ansetzen.
■ Ölfiltergehäuse einbauen.
■ Generator einbauen.
■ Ladeluftrohr einbauen.
■ Luftfilter einbauen.
■ Kühlsystem befüllen.
■ Falls vorhanden, Geräuschdämpfung einbauen.

Y-Thermostat aus- und einbauen (AGR)
Dies ist der Kühler für die Abgasrückführung in den Kühlmittelkreislauf. So kann in Abhängigkeit von der Außentemperatur die Kühlervorlauftemperatur des Kühlers für Abgasrückführung beeinflusst werden.

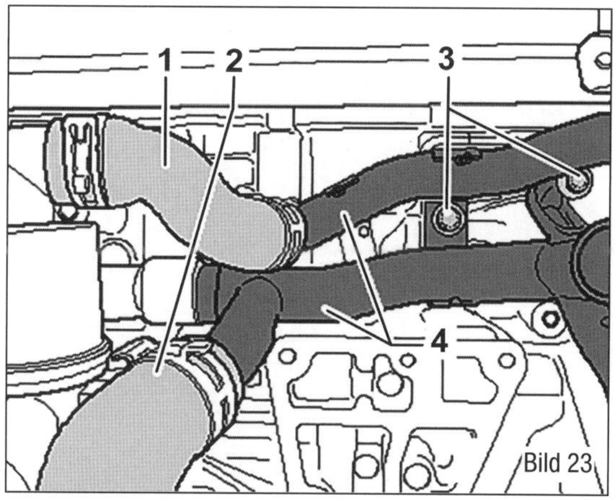

Bild 23
1 Kühlmittelschlauch
2 Kühlmittelschlauch
3 Schrauben
4 Kühlmittelrohre

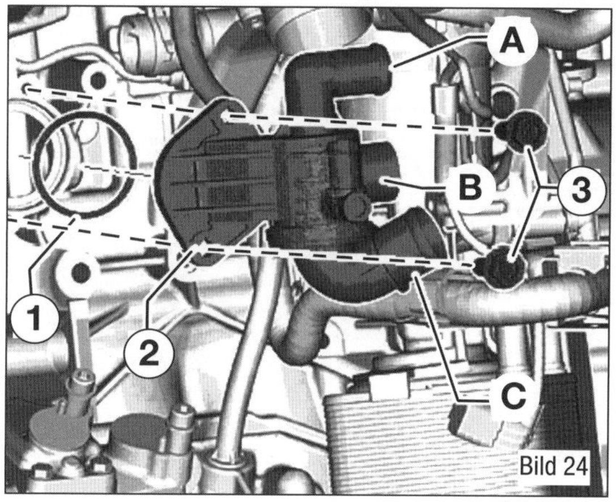

Bild 24
4/2-Wegeventil.
1 O-Ring
2 4/2-Wegeventil
3 Schrauben
A Anschlussstutzen
B Anschlussstutzen
C Anschluss

Funktion der 2/2 Unterdruckwasserventile: Der Anschluss vom Kühlerrücklauf (kalte Seite) ist offen. Dort ist ein »Schließer-Ventil« verbaut. Wenn das Ventil betätigt wird, wird es geschlossen. Der Anschluss vom Kühlervorlauf (warme Seite) ist geschlossen. Hier ist ein »Öffner-Ventil« verbaut. Dadurch ergibt sich eine Kühlung des Kühlers für Abgasrückführung mit dem kalten Kühlmittel aus dem Kühler für Kühlmittel. Die beiden 2/2-Unterdruckwasserventile werden zeitgleich über ein Elektroumschaltventil an das Vakuum des Unterdrucksystems gelegt. Das Temperaturniveau des Kühlmittels zum Kühler für Abgasrückführung ändert sich. Der Anschluss vom Kühlerrücklauf (kalte Seite) ist dann geschlossen und der Anschluss vom Kühlervorlauf (warme Seite) geöffnet. Dadurch ergibt sich eine Kühlung des Kühlers für Abgasrückführung mit dem warmen Kühlmittel vor dem Kühler für Kühlmittel. Die Umschaltung erfolgt beispielsweise unter Einfluss der Außentemperatur und soll unter anderem eine Kondensatbildung im Kühler für Abgasrückführung verhindern.

Sichtprüfung Messen

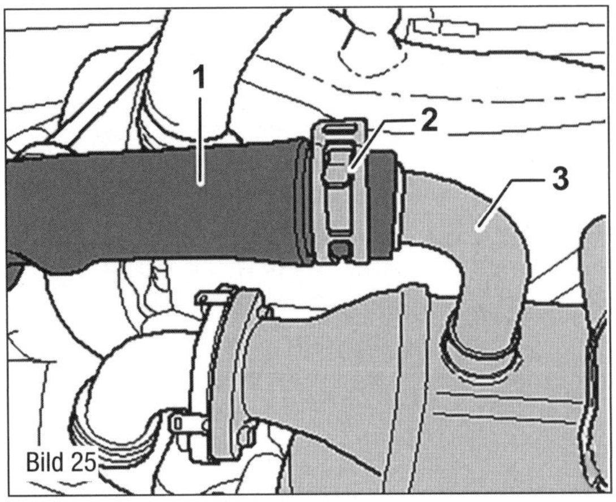

Bild 25
1 Kühlmittelschlauch
2 Schelle
3 Anschluss am Kühler für Abgasrückführung

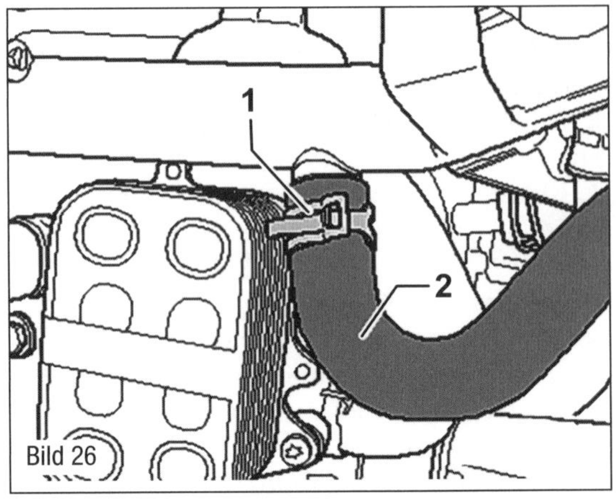

Bild 26
1 Schelle
2 Kühlmittelschlauch

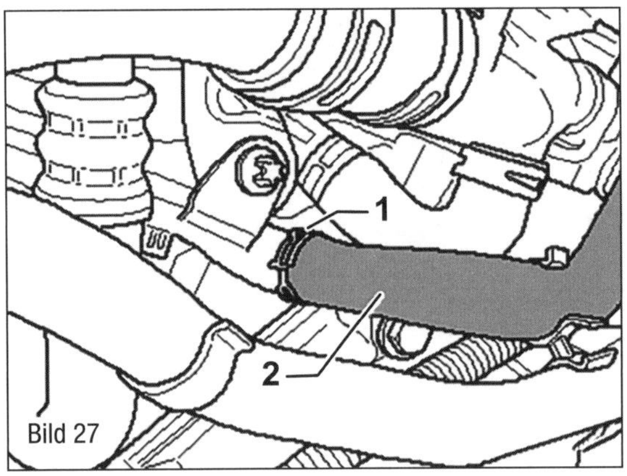

Bild 27
1 Schelle
2 Kühlmittelschlauch

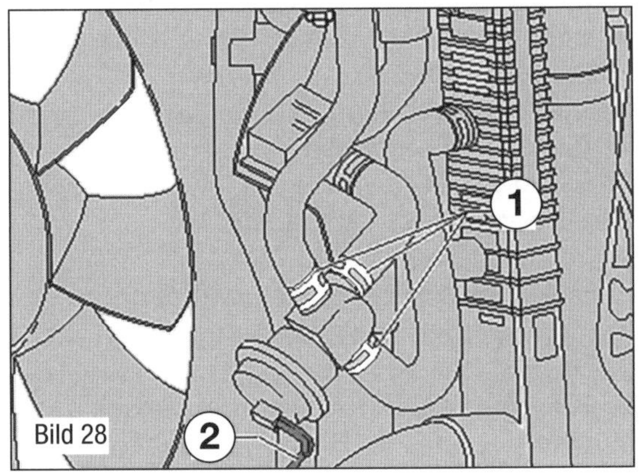

Bild 28
1 Schellen
2 Unterdruckschlauch

Aus- und Einbau:

■ Luftfilter ausbauen.

■ Falls vorhanden, Geräuschdämpfung ausbauen.

■ Kühlmittel ablassen.

■ Schelle (2 im Bild 25) vom Kühler für Abgasrückführung (3) lösen und Kühlmittelschlauch (1) abziehen.

■ Schelle (1 im Bild 26) lösen und Kühlmittelschlauch (2) abziehen.

■ Schelle (1 im Bild 27) lösen und Kühlmittelschlauch (2) abziehen.

■ Kühlmittelschläuche aus den Halterungen lösen.

■ Y-Thermostat mit Schlauchpaket herausnehmen.

Der Einbau erfolgt sinngemäß in umgekehrter Reihenfolge.

■ Kühlmittelschläuche in die Halterungen einclipsen.

■ Kühlmittel auffüllen.

■ Luftfilter einbauen.

■ Falls vorhanden, Geräuschdämpfung einbauen.

3/2-Wegeventil aus- und einbauen, (Euro-6-Fahrzeuge):

■ Kühlmittelbehälter lösen und zur Seite legen.

■ Kühlmittel ablassen.

■ Unterdruckschlauch (2 im Bild 28) abziehen, anschließend Schellen (1) lösen und die Wasserschläuche abziehen.

Der Einbau erfolgt in umgekehrter Reihenfolge.

■ Kühlmittel auffüllen.

7 Kraftstoffversorgung

Bauteile der Anlage und Arbeiten am Kraftstoffsystem

Sicherheit geht vor

Der Kraftstoffdruck im Hochdruckrohr kann beim Common-Rail-System bis zu 2000 bar betragen! Beachten Sie die Sicherheitsmaßnahmen zum Druckabbau im Hochdruckbereich. Selbst die Kraftstoffvorlaufleitung steht unter Druck! Tragen Sie Schutzbrille und Schutzbekleidung, um Verletzungen und Hautkontakt zu vermeiden. Vor dem Lösen von Schlauchverbindungen Putzlappen um die Verbindungsstelle legen. Dann durch vorsichtiges Abziehen des Schlauchs Druck abbauen.

Aus Sicherheitsgründen muss vor dem Öffnen des Kraftstoffsystems die Stromzufuhr zur Kraftstoffpumpe unterbrochen werden. Die Kraftstoffpumpe wird sonst beim Öffnen der Fahrertür aktiviert. Nutzen Sie eine der folgenden Möglichkeiten um die Stromzufuhr zu unterbrechen.

Wichtig zu wissen für die Arbeit an dieser Reparaturgruppe ist die Tatsache, dass es automatische Ein- und Ausschaltfunktionen für die Kraftstoffpumpe gibt. Die Crash-Kraftstoffabschaltung soll die Gefahr eines Fahrzeugbrandes nach einem Crash reduzieren, indem die Kraftstoffpumpe abgeschaltet wird. Kurzzeitiges Einschalten der Pumpe beim Öffnen der Tür soll andererseits eine Komfortverbesserung des Startverhaltens beim Motor bewirken. Dabei wird die Kraftstoffpumpe 2 Sekunden lang angesteuert, damit sich im Kraftstoffsystem Druck aufbaut.
Weil die Kraftstoffpumpe beim Einschalten der Zündung und durch den Türkontaktschalter der Fahrertür aktiviert wird, muss vor dem Öffnen des Kraftstoffsystems aus Sicherheitsgründen, wenn die Batterie nicht abgeklemmt wird, der Anschlussstecker von der Kraftstoff-Fördereinheit abgezogen oder die Sicherung für die Ansteuerung der Kraftstofffördereinheit aus dem Sicherungshalter entfernt werden.

Die Anlage im Überblick

Wichtigste Bauteile des Systems der Kraftstoffversorgung sind der Kraftstoffbehälter (Tank), in den der Kraftstoff über Tankklappeneinheit und Einfüllstutzen eingebracht wird, die in den Tank eingebaute Kraftstofffördereinheit (Kraftstoffpumpe), der Kraftstofffilter und die Kraftstoffleitungen (Bild 1). Die Vorlaufleitung (die untere Leitung über dem Verschlussring der Fördereinheit) ist schwarz gekennzeichnet, die Rücklaufleitung (im Bild die obere) ist blau. Es gibt kaum Merkmale, durch die sich die durchaus unterschiedlichen Tankanlagen für Dieselmodelle und vergleichbare Benzinermodelle mit 0,5 oder 6 bar Niederdrucksystem voneinander unterscheiden lassen. Die Einbauposition der Komponenten unterscheidet sich heute auch bei unterschiedlichen Fahrzeugtypen kaum. Erfahrungsgemäß werden Ersatz oder auch Arbeiten am Tanksystem sich auf die Intankpumpe oder den Kraftstoffgeber beschränken. Der Austausch der kompletten Tankanlage ist möglich, aber aufwändig und kommt sehr selten vor.

Bild 1
Tankanlage in der Übersicht.
1 Verschlussdeckel
2 Tankklappeneinheit
3 Schraube
4 Abdeckung
5 Vorlaufleitung
6 Rücklaufleitung
7 Überwurfmutter
8 Kraftstofffördereinheit
9 Dichtring
10 Kraftstoffbehälter
11 Spannband
12 Schraube
13 Entlüftungsleitung
14 Abdeckung
15 Masseleitung
16 Blechmutter
17 Schraube

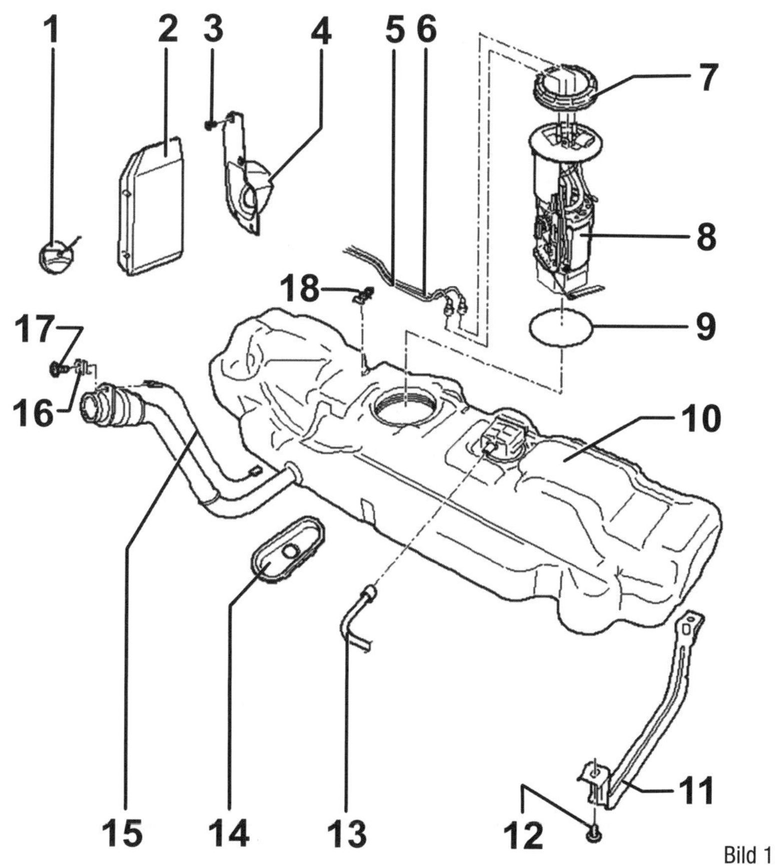

Bild 1

Bild 2
Variante 1.
1 Steckkupplung
2 Kraftstoffleitung

Bild 3
Variante 2.
1 Steckkupplung
2 Kraftstoffleitung

Elektrische Sicherungen für Kraftstoffpumpe
Die zutreffende Sicherung befindet sich auf dem Steckplatz »SC 6« des Sicherungshalters »SC« in der Schalttafel links. Diese 15-A-Sicherung 18 sichert die Stromzufuhr zum Steuergerät für Kraftstoffpumpe und zum Kraftstoffpumpensteuergerät auf der Kraftstofffördereinheit. Einbezogen in diesen Sicherungskreis ist auch die Diagnosepumpe für Kraftstoffsystem. Der Sicherungshalter »SB« ist der wichtigste Einbauort für die zum schnellen Zugriff gedachten Sicherungen. Beim Aus- und Einbau des Gebers für Kraftstoffvorratsanzeige oder der Kraftstoffpumpe (Kraftstofffördereinheit) aus gefüllten oder teilweise gefüllten Kraftstoffbehältern muss bereits vor Beginn der Arbeiten in der Nähe der Montageöffnung des Kraftstoffbehälters zum Absaugen der frei werdenden Kraftstoffgase der Abgasschlauch einer eingeschalteten Abgasabsauganlage gelegt werden. Alternativ kann ein Radiallüfter mit Motor außerhalb des Luftstroms und Fördervolumen größer als 15 m³/h verwendet werden. Kraftstoffleitungen sind mit Schnellverschlüssen gesichert. Kraftstoffschläuche dürfen nur mit Federbandschellen gesichert werden. Die Verwendung von Klemm- oder Schraubschellen ist nicht zulässig.

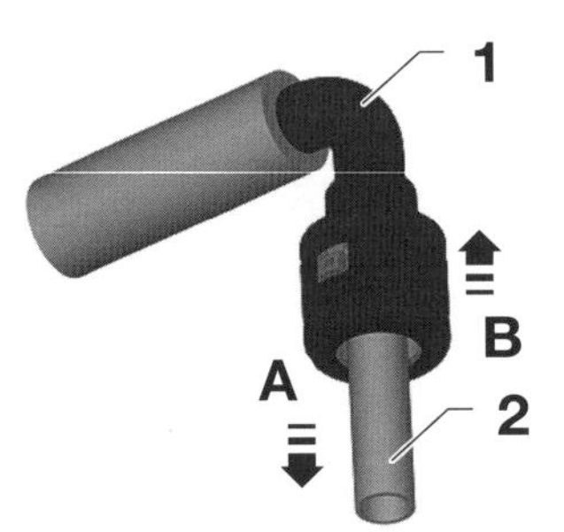

Bild 2

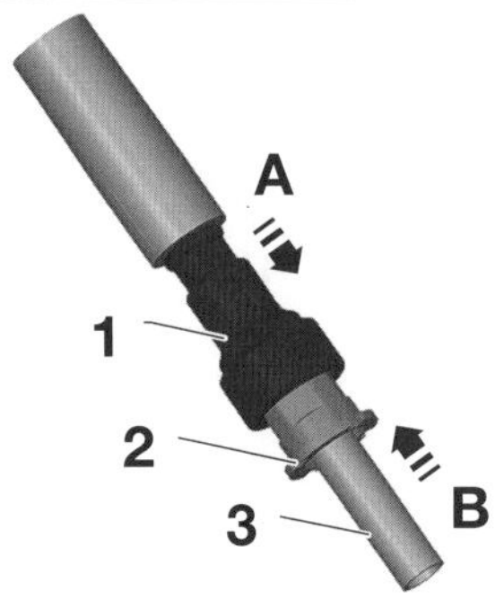

Bild 3

Steckkupplungen trennen

Bei Fahrzeugen der Volkswagengruppe finden sich sechs typische Stecksysteme für die Verbindungen der Kraftstoffversorgungsschläuche.

Variante 1 (Bild 2)
- Steckkupplung (1) in Pfeilrichtung A drücken.
- Entriegelungstasten drücken und gedrückt halten.
- Steckkupplung (1) in Pfeilrichtung B von der Kraftstoffleitung (2) abziehen.
- Beim Einbau Farbzuordnung beachten.
- Steckkupplungen müssen beim Verriegeln »hörbar« einrasten.
- Den festen Sitz der Steckkupplung durch Gegenziehen prüfen!

Variante 2 (Bild 3)
- Steckkupplung (1) in Pfeilrichtung A drücken.
- Zugentriegelung (2) in (Pfeilrichtung B) ziehen.
- Steckkupplung (1) in Pfeilrichtung B von der Kraftstoffleitung (3) abziehen.
- Beim Einbau Farbzuordnung beachten.
- Die Steckkupplungen müssen beim Verriegeln »hörbar« einrasten.
- Den festen Sitz der Steckkupplung durch Gegenziehen prüfen!

Variante 3 (Bild 4)
- Entriegelungstaste (Pfeil) drücken und Steckkupplungen abziehen.
- Beim Einbau Farbzuordnung beachten.
- Steckkupplungen müssen beim Verriegeln »hörbar« einrasten.
- Den festen Sitz der Steckkupplungen durch Gegenziehen prüfen!

Variante 4 (Bild 5)
- Steckkupplung in Pfeilrichtung A drücken.
- Entriegelungstasten (Pfeile) drücken und Steckkupplung abziehen.
- Beim Einbau Farbzuordnung beachten.
- Steckkupplungen müssen beim Verriegeln »hörbar« einrasten.
- Den festen Sitz der Steckkupplung durch Gegenziehen prüfen!

Variante 5 (Bild 6)
- Steckkupplung mit Entriegelungstasten (Pfeile) rechts und links öffnen.

- Entriegelungstasten (Pfeile) drücken und Steckkupplung abziehen.
- Beim Einbau Farbzuordnung beachten.
- Steckkupplungen müssen beim Verriegeln »hörbar« einrasten.
- Den festen Sitz der Steckkupplung durch Gegenziehen prüfen!

Variante 6 (Bild 7)

- Steckkupplung mit Entriegelungstasten (Pfeile) rechts und links.
- Steckkupplung (1) in Pfeilrichtung drücken und gedrückt halten.
- Entriegelungstasten (Pfeile) drücken und Steckkupplung abziehen.
- Beim Einbau Farbzuordnung beachten.
- Steckkupplungen müssen beim Verriegeln »hörbar« einrasten.
- Den festen Sitz der Steckkupplung durch Gegenziehen prüfen!

Kraftstoffbehälter entleeren

Werkzeuge: Kraftstoffabsauggerät (z. B. VAS 5190 mit Adapter für Kraftstoffabsaugung), Schlüssel (T10202) für Tankgeber (und für Verschlussring der Kraftstofffördereinheit; Bild 8), Drehmomentschlüssel 40 bis 200 Nm.

Das Entleeren des Tanks mit dem Absauggerät wird vor allem dann erforderlich, wenn die Kraftstoffpumpe nicht arbeitet. Wir erläutern das Vorgehen bei fast gefülltem und bei weniger vollem Kraftstoffbehälter.

⚠ Hautkontakt mit Kraftstoff vermeiden! Kraftstoffbeständige Handschuhe tragen!

Kraftstoffbehälter entleeren bei intakter Kraftstoffpumpe

- Ziehen Sie die Vorlaufleitung ab, fangen ausfließenden Kraftstoff mit einem Putzlappen auf.
- Kraftstoffabsauggerät (VAS 5190) mit Adapter zur Kraftstoffabsaugung (VAS 5190 /3) an die Kraftstoffvorlaufleitung anschließen.
- Trennen Sie die Steckverbindung zur Zusatzkraftstoffpumpe bzw. zur Kraftstoffpumpe 2 (Inline EKP).
- Schließen Sie den Fahrzeugdiagnosetester an.
- Schalten Sie die Zündung ein.

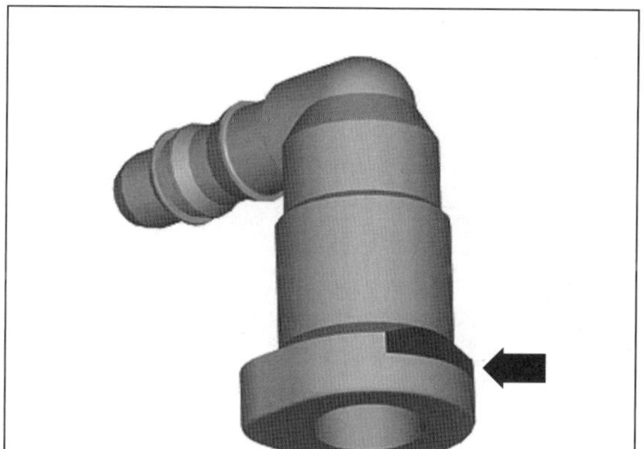

Bild 4

Bild 4
Variante 3.
Pfeil = Entriegelungstaste

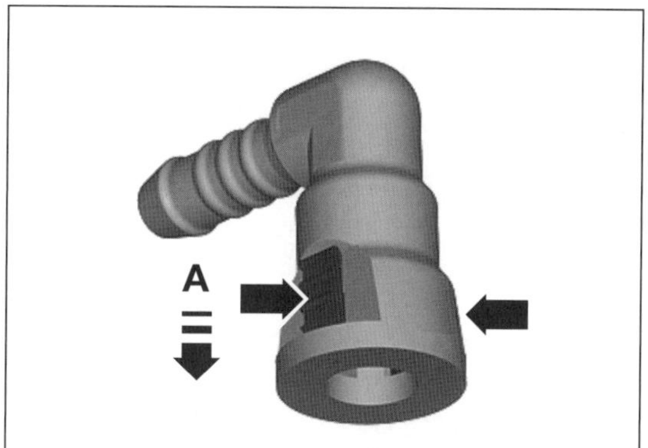

Bild 5

Bild 5
Variante 4.
Pfeile = Entriegelungstasten

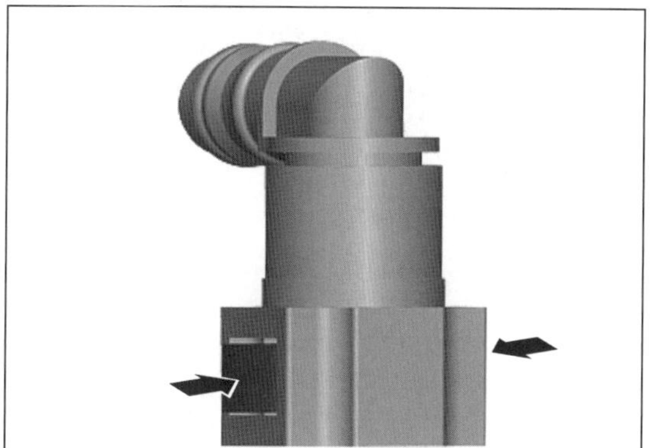

Bild 6

Bild 6
Variante 5.
Pfeile = Entriegelungstasten

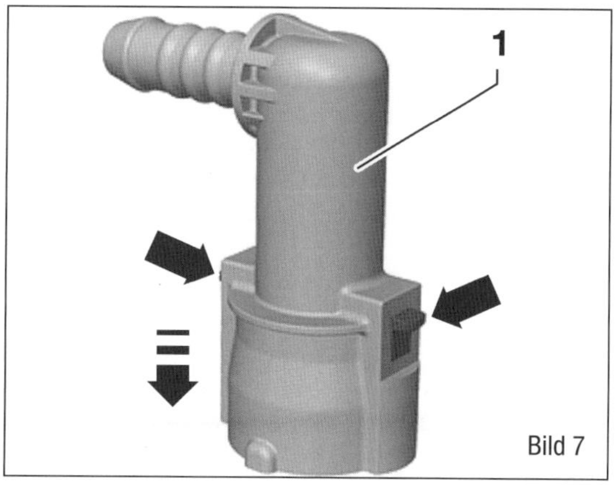

Bild 7

Bild 7
Variante 6.
Pfeile = Entriegelungstasten
1 Steckkupplung

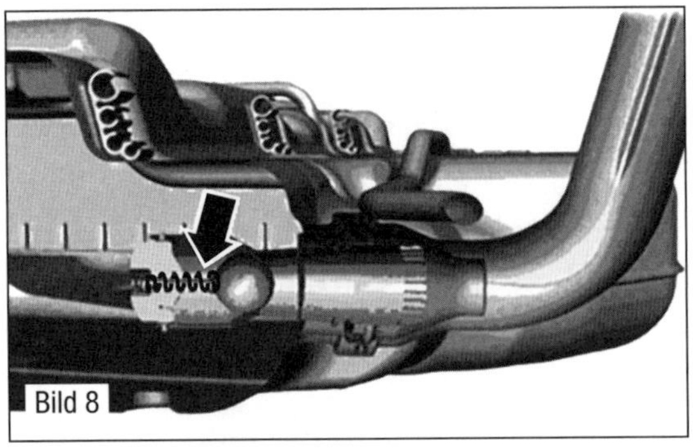

Bild 8
Rückschlagventil (Pfeil) im Tankstutzen.

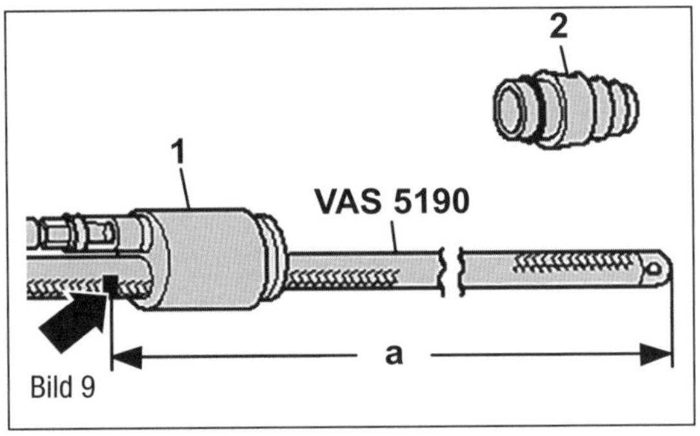

Bild 9
1 Schaftstück
2 Muffe
VAS 5190 Absauggerät
a Schlauchlänge 81,5 cm
Pfeil Markierung

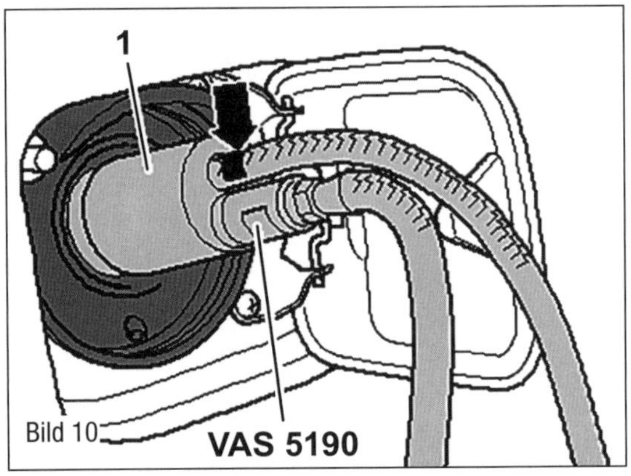

Bild 10
1 Schaftstück
VAS 5190 Absauggerät
Pfeil Markierung

- Nehmen Sie den Verschlussdeckel vom Kraftstoff-Einfüllstutzen ab.
- Schließen Sie den Fahrzeugdiagnosetester an und führen Sie die geführte Funktion »Kraftstoffsystem entleeren« durch.

Die Kraftstoffpumpen werden nun angesteuert. Der Fahrzeugdiagnosetester zeigt den Fortschritt des Entleerens an.

- Absperrhahn am Kraftstoffabsauggerät (VAS 5190) öffnen, bis der Kraftstoffbehälter entleert ist.

Kraftstoffbehälter entleeren über den Zugang der Intankpumpe

Der Zugang über die Intankpumpe ist nur bei ausgebautem Kraftstofftank möglich.

- Kraftstoffbehälter über den Tankstutzen entleeren.
- Kraftstoffbehälter ausbauen.
- Kraftstofffördereinheit ausbauen.
- Kraftstofffördereinheit entleeren und auf einen sauberen Untergrund stellen.
- Kraftstoffbehälter mit dem Kraftstoffabsauggerät »VAS 5190« über die Öffnung der Kraftstofffördereinheit vollständig entleeren.

Der Einbau erfolgt sinngemäß in umgekehrter Reihenfolge.

Es besteht Explosionsgefahr des Kraftstoffbehälters! Nach dem Einbau eines neuen oder vollkommen entleerten Kraftstoffbehälters muss umgehend eine Mindestmenge von 5 Litern Kraftstoff eingefüllt werden. Die Kraftstoffpumpe darf in einem vollkommen leeren Kraftstoffbehälter nicht anlaufen.

- Die Steckverbindungen der Entlüftungs- und Kraftstoffleitungen müssen beim Zusammenstecken hörbar einrasten.
- Kraftstoffleitungen am Kraftstoffbehälter einclipsen.
- Stecker am Flansch der Kraftstoffpumpe aufstecken und Leitung am Kraftstoffbehälter einclipsen.
- Auf festen Sitz der Kraftstoffschläuche achten.

Kraftstoffbehälter entleeren über das Absauggerät

- Vor Beginn der Montagearbeiten die Sicherheitsmaßnahmen beachten.
- Im Abstand (a im Bild 9) = 815 mm vom Ende des Absaugschlauchs mit Isolierband eine Markierung (Pfeil) auf den Schlauch des Kraftstoffabsauggeräts (VAS 5190) kleben.
- Verschlussdeckel vom Kraftstoffeinfüllstutzen abnehmen.
- Schaftstück (1) des Kraftstoffabsauggeräts (VAS 5190) auf den Kraftstoffeinfüllstutzen des Kraftstoffbehälters schrauben.
- Absaugschlauch so weit in den Kraftstoffbehälter schieben, bis die zuvor angebrachte Markierung (Pfeil im Bild 10) am Schaftstück steht.

Am unteren Ende des Einfüllstutzens befindet sich ein Kugelventil im Kraftstoffbehälter, das durch den Absaugschlauch nicht beschädigt werden darf. Deshalb den Schlauch nur bis zu der zuvor angebrachten Markierung einschieben.

■ Kraftstoffbehälter so weit wie möglich entleeren.
■ Absaugschlauch des Kraftstoffabsauggeräts (VAS 5190) vorsichtig herausziehen.

Tipp: Wenn kein Kraftstoff mehr abgesaugt wird, ist der Kraftstoffbehälter nur so weit entleert, dass der Geberflansch gefahrlos geöffnet werden kann.

Kraftstofffördereinheit im Tank aus- und einbauen

Soll die Kraftstofffördereinheit getauscht werden, ist zuvor die Kraftstoffpumpe zu prüfen (Funktion und Spannungsversorgung, Kraftstoffdruck und Haltedruck sowie Kraftstofffördermenge, Stromaufnahme). Prüfen Sie zuerst die Steckverbindung 5-polig auf festen Sitz, indem Sie am Stecker ziehen, ohne die Verriegelung zu betätigen. War der Stecker nicht richtig gesteckt, kann er einen Fehler verursacht haben. Damit soll ein Fehltausch der Kraftstofffördereinheit vermieden werden. Diese komplexen Prüfungsarbeiten erfordern eine Reihe von Prüf- und Messgeräten wie Druckmessgerät (V.A.G 1318) mit verschiedenen Adaptern, Mengenvergleichsmessgerät (V.A.G 1348) und einen Fahrzeugdiagnosetester, die in der heimischen Garage kaum vorhanden sein dürften. Eventuell hilft eine Mietwerkstatt. Wir halten für diese Prüfung eine Fachwerkstatt für die beste Empfehlung.

Achtung: Kraftstoffsystem steht unter Druck! Tragen Sie Schutzbrille und Schutzhandschuhe um Verletzungen und Hautkontakt zu vermeiden. Vor dem Lösen von Schlauchverbindungen Putzlappen um die Verbindungsstelle legen. Dann durch vorsichtiges Abziehen des Schlauchs Druck abbauen.

■ Kraftstoffbehälter entleeren.
■ Kraftstoffbehälter ausbauen.
■ Tankklappeneinheit ausbauen.
■ Anschlüsse für blaue bzw. blau markierte Rücklaufleitung und schwarze Vorlaufleitung entriegeln und diese von der Kraftstofffördereinheit abziehen.
■ Steckverbindung entriegeln und von der Kraftstofffördereinheit abziehen.

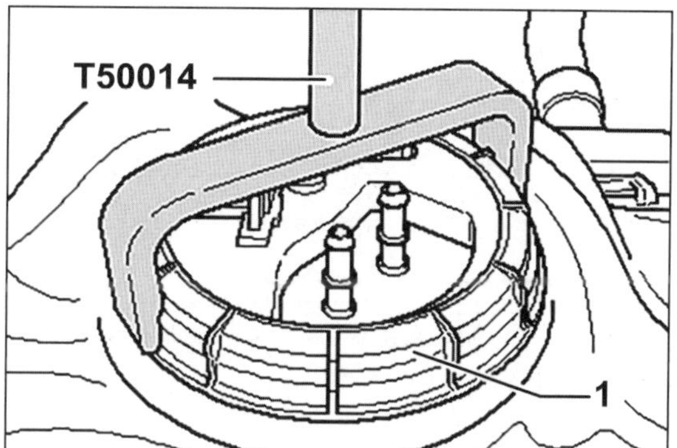

Bild 11
1 Überwurfmutter
T50014 Schlüssel für Überwurfmutter

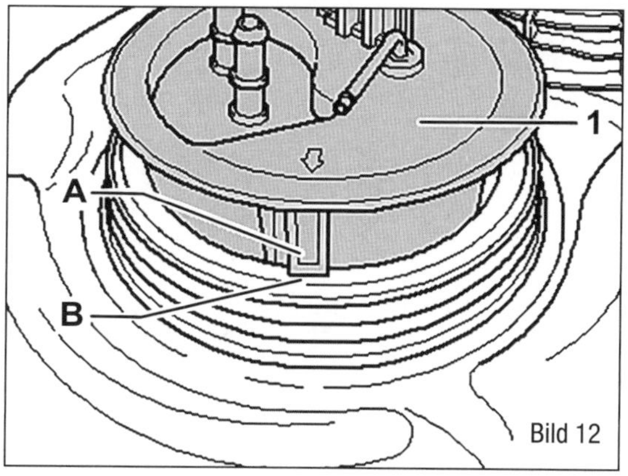

Bild 12
1 Kraftstofffördereinheit
A Nase
B Aussparung

■ Überwurfmutter mit dem Schlüssel für Überwurfmutter (T50014 im Bild 11) abschrauben.
■ Kraftstofffördereinheit aus dem Kraftstoffbehälter herausnehmen.

Der Einbau erfolgt sinngemäß in umgekehrter Reihenfolge.
■ Der Pfeil auf der Kraftstofffördereinheit (1 im Bild 12) zeigt zur Aussparung (B) am Kraftstoffbehälter. Die Nase der Kraftstofffördereinheit (A) muss mit der Aussparung (B) am Kraftstoffbehälter übereinstimmen.
■ Anschlüsse für blaue bzw. blau markierte Rücklaufleitung und schwarze Vorlaufleitung sind auf dem Flansch des Gebers für Kraftstoffvorratsanzeige durch (Pfeile) gekennzeichnet.

Geber für Kraftstoffvorratsanzeige aus- und einbauen

Die Montagearbeiten für die einzelnen Modelle unterscheiden sich nur unwesentlich. Die hier beschriebenen Arbeitsschritte können als Arbeitsschema für

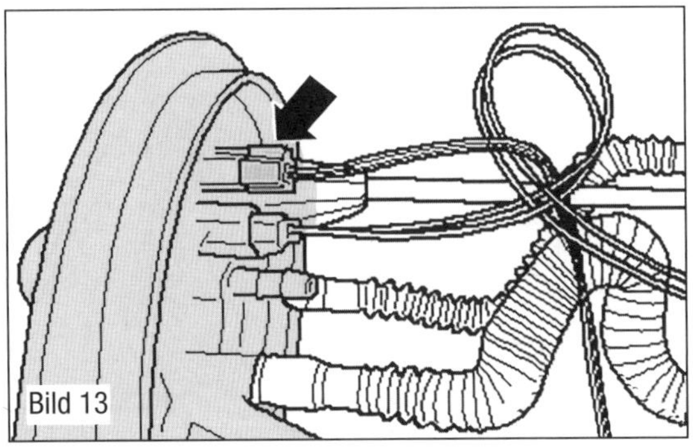

Bild 13
Geber Kraftstoffgeber (Pfeil).

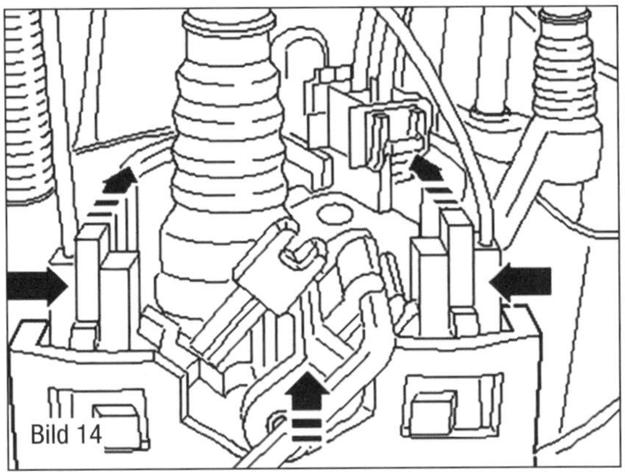

Bild 14
Verrastungen (Pfeile); die gestrichelten Pfeile stellen die Demontagerichtung dar.

alle Modelle übernommen werden. Bei Fahrzeugen mit Allradantrieb macht es die Bauform des Kraftstoffbehälters erforderlich, den Kraftstoff aus dem Bereich des Kraftstoffvorratsgebers zur Kraftstofffördereinheit zu pumpen. Hierzu pumpt eine Saugstrahlpumpe den Kraftstoff von der linken Kammer in die rechte Kammer des Kraftstoffbehälters. Der linke Flansch besteht aus Saugstrahlpumpe, Kraftstofffilter, Druckbegrenzungsventil und Kraftstoffvorratsgeber.

- Kraftstoffbehälter entleeren.
- Kraftstoffbehälter ausbauen.
- Kraftstofffördereinheit ausbauen.
- Kraftstofffördereinheit entleeren und auf einen sauberen Untergrund stellen.
- Steckverbindung (Pfeil im Bild 13) vom Geber für Kraftstoffvorratsanzeige abziehen und Leitung frei legen.
- Verrastung (Pfeile im Bild 14) entriegeln und Geber für Kraftstoffvorratsanzeige nach oben (Pfeilrichtung) herausziehen.

Der Einbau erfolgt sinngemäß in umgekehrter Reihenfolge.

- Geber für Kraftstoffvorratsanzeige in den Führungen an der Kraftstoffpumpe einsetzen und bis zum Einrasten nach unten drücken.

Kraftstofftank aus- und einbauen

Es kann beim Ausbau des Kraftstofftanks immer Restkraftstoff austreten. Legen Sie sich Bindemittel und einige Lappen bereit um den austretenden Kraftstoff aufzufangen. Um zu vermeiden, dass Dreck in die Anschlüsse oder in den Tank selber eintritt, kann man die Anschlussstücke mit Klebeband abkleben oder durch Lappen verschließen.

- Prüfen Sie zuerst, ob ein codiertes Radio eingebaut ist. In diesem Fall erfragen Sie bitte die Anti-Diebstahl-Codierung.
- Klemmen Sie bei ausgeschalteter Zündung das Masseband der Batterie ab.
- Befestigungsschraube für Tankklappeneinheit herausschrauben und Tankklappeneinheit ausbauen.
- Tankklappe öffnen und Verschlussdeckel abschrauben.
- Umfeld am Kraftstoffeinfüllstutzen reinigen.
- Befestigungsschraube (3 im Bild 1) lösen, dann Abdeckung (4) vom Einfüllstutzen abziehen und ausbauen.
- Schraube (17) vom Einfüllstutzen herausdrehen.
- Falls vorhanden, Geräuschdämpfung ausbauen.
- Kraftstoffleitungen (5 und 6) vom Kraftstofffilter trennen.
- Bei Fahrzeugen mit Zusatzheizung zusätzliche Kraftstoffleitung trennen.

⚠ Die Kraftstoffvorlaufleitung steht unter Umständen unter Druck! Schutzbrille und Schutzbekleidung tragen, um Verletzungen und Hautkontakt zu vermeiden. Vor dem Lösen von Schlauchverbindungen Putzlappen um die Verbindungsstelle legen. Dann durch vorsichtiges Abziehen des Schlauchs Druck abbauen.

- Eventuell auslaufenden Kraftstoff mit einem Putzlappen auffangen.
- Steckverbindung (Pfeil im Bild 14) und Kraftstoffleitung (1) trennen.
- Abdeckung (14 im Bild 1) ausbauen.
- Masseleitung (15 im Bild 1) trennen.
- Entlüftungsleitung(13 im Bild 1) aus der Karosserie ziehen.
- Kraftstoffbehälter mit dem Motor- und Getriebeheber »V.A.G 1383 A« abstützen.

■ Schrauben der Spannbänder herausdrehen und Kraftstoffbehälter vorsichtig absenken.

Der Einbau erfolgt in umgekehrter Reihenfolge.

⚠ Kraftstoffpumpe darf nicht bei leerem Kraftstoffbehälter anlaufen, da es sonst zu Verpuffungen kommen kann! Kraftstoffbehälter muss mit mindestens 5 Liter Kraftstoff gefüllt sein.

■ Einbaulage der Spannbänder beachten.
■ Die Steckverbindungen der Entlüftungs- und Kraftstoffleitungen müssen beim Zusammenstecken hörbar einrasten.
■ Vor- und Rücklaufschlauch nicht vertauschen.
■ Entlüftungs- und Kraftstoffschläuche knickfrei verlegen.
■ Auf festen Sitz der Leitungsanschlüsse achten.
■ Masseverbindung Kraftstoffbehälter/Karosserie am Einfüllstutzen prüfen

Verhalten bei Falschbetankung

Durch eine Falschbetankung kann es wegen mangelnder Schmierung durch den falschen Kraftstoff (z. B. Ottokraftstoff) zu irreversiblen Schäden an den Hochdruckkomponenten, insbesondere der Hochdruckpumpe, kommen. Hier sind Schäden in Form von Fressern und Partikelabtrag zu erwarten. Durch diese Partikel wiederum sind weitere Schäden im Druckregelventil und in den Injektoren als sicher anzunehmen. Betrachten wir als Nächstes zwei mögliche Szenarien genauer.

Der Motor wurde mit falschem Kraftstoff gestartet.
Verunreinigter, beziehungsweise falscher Kraftstoff ist in das Kraftstoffsystem eingedrungen und hat die Hochdruckkomponenten erreicht.

⚠ Der Kraftstoffbehälter darf nicht vollständig über den Einfüllstutzen mit dem Kraftstoffabsauggerät »VAS 5190« entleert werden. Wird der Kraftstoffbehälter über den Einfüllstutzen mit dem Kraftstoffabsauggerät »VAS 5190« vollständig entleert, wird das Rückschlagventil (Pfeil) beschädigt.

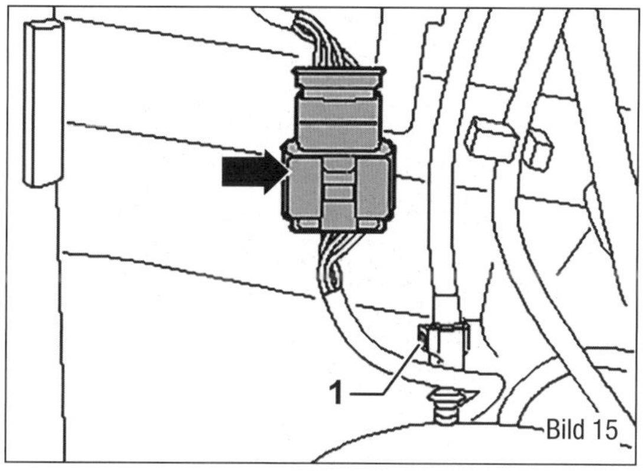

Bild 15
1 Kraftstoffleitung
Pfeil Steckverbindung

■ Zündung nicht einschalten.
■ Kraftstoffbehälter ausbauen.
■ Kraftstofffördereinheit ausbauen und gegen eine neue tauschen.
■ Kraftstoffbehälter mit dem Kraftstoffabsauggerät »VAS 5190« über die Öffnung der Kraftstofffördereinheit vollständig entleeren.

👁 Kraftstoffbehälter auf Verschmutzung und Späne kontrollieren.

■ Gegebenenfalls den Kraftstoffbehälter reinigen.

Keine Späne im Kraftstoffbehälter:
■ Den Kraftstoffbehälter mit 5 Liter Dieselkraftstoff befüllen.
■ Kraftstoffbehälter nochmals wie oben beschrieben vollständig entleeren.
■ Hochdruckpumpe ersetzen.
■ Schrauben (Pfeile im Bild 16) herausdrehen und Zumesseinheit (A) von der ALTEN Hochdruckpumpe abnehmen.

👁 Zumesseinheit und Hochdruckpumpe auf Späne kontrollieren. Falls Späne in der Hochdruckpumpe vorhanden, folgende Komponenten ersetzen:
a) Hochdruckleitungen,
b) Hochdruckspeicher (Kraftstoffverteiler) inklusive Regelventil für Kraftstoffdruck und Kraftstoffdruckgeber,
c) Einspritzeinheiten,
d) Kraftstoffrücklaufleitungen (Leckölleitungen),
e) Kraftstofffilter.

■ Fahrzeug volltanken.
■ Kraftstoffsystem entlüften.
■ Probefahrt durchführen.

Keine Späne in der Hochdruckpumpe:
■ Kraftstofffilter erneuern.

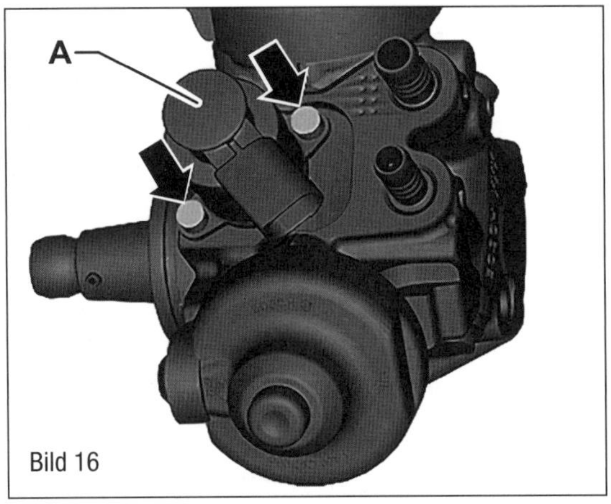

Bild 16
1 Kraftstoffleitung
Pfeil Steckverbindung

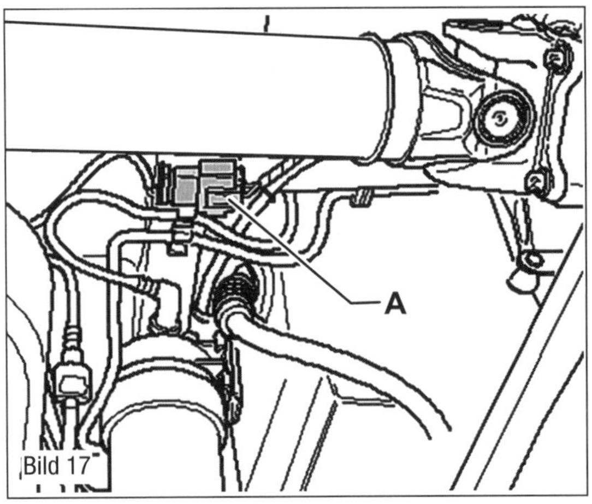

Bild 17
Steckverbindung (A) am Unterboden.

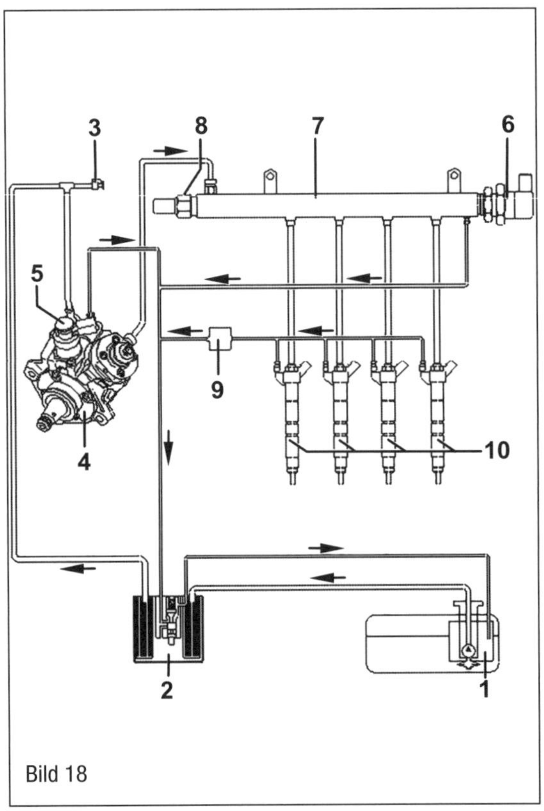

Bild 18
Bauteile der Common Rail am 4-Zylinder.
1 Kraftstoffbehälter
2 Kraftstofffilter
3 Kraftstofftemperaturgeber
4 Hochdruckpumpe
5 Ventil Kraftstoffdosierung
6 Regelventil Kraftstoffdruck
7 Hochdruckspeicher
8 Kraftstoffdruckgeber
9 Drossel
10 Einspritzeinheiten

- Kraftstoffsystem entlüften.
- Fahrzeug volltanken und Probefahrt durchführen.

Späne im Kraftstoffbehälter:

Kraftstoffbehälter auf Verschmutzung und Späne kontrollieren.

- Alle Hochdruckkomponenten ersetzen:

a) Hochdruckpumpe,
b) Hochdruckleitungen,
c) Hochdruckspeicher (Kraftstoffverteiler) inklusive Regelventil für Kraftstoffdruck und Kraftstoffdruckgeber,
d) Einspritzeinheiten,
e) Kraftstoffrücklaufleitungen (Leckölleitungen),
f) Einspritzeinheiten/Hochdruckspeicher (Rail).

- Kraftstofffördereinheit einbauen.
- Kraftstoffbehälter einbauen.
- Kraftstofffilter ersetzen.

⚠ Um einen Trockenlauf der Hochdruckpumpe zu vermeiden und einen raschen Motorstart nach Teiletausch zu erzielen, sind folgende Punkte unbedingt zu beachten:

- Kraftstoffbehälter mit 5 Liter Dieselkraftstoff befüllen.

⚠ Anschließend in den »Geführten Funktionen« die Funktion »Kraftstoffsystem entlüften« durchführen. Bei Austausch bzw. Ausbau von Bauteilen/Komponenten des Kraftstoffsystems zwischen Kraftstoffbehälter und Hochdruckpumpe muss dieses entlüftet werden. Dieser Vorgang dauert 130 Sekunden. Dabei werden die Kraftstoffpumpen insgesamt 3 Mal angesteuert. Der Vorgang darf nicht vorzeitig abgebrochen werden.

- Kraftstoffbehälter vollständig mit Dieselkraftstoff befüllen.
- Kraftstoffsystem entlüften.
- Probefahrt durchführen.

Falschbetankung wurde VOR dem Start des Motors bemerkt

Der Motor wurde NICHT gestartet.

- Zündung nicht einschalten.

Motorkennbuchstabe BJJ, BJK, BJL, BJM, CEBA, CEBB, CECA,CECB

- Steckverbindung Kraftstoffpumpe für Vorförderung und Geber für Kraftstoffvorratsanzeige im Bereich Unterboden Mitte links (A im Bild 17) entriegeln und abziehen.

- Kraftstoffbehälter ausbauen.
- Kraftstofffördereinheit ausbauen und entleeren.
- Sieb auf Verschmutzung prüfen und ggf. reinigen.
- Kraftstoffbehälter mit dem Kraftstoffabsauggerät »VAS 5190« über die Öffnung der Kraftstofffördereinheit vollständig entleeren.
- Ist der Kraftstoffbehälter vollständig entleert, den Kraftstoffbehälter mit einem fusselfreien Lappen innen reinigen.
- Kraftstofffördereinheit einbauen.
- Kraftstoffbehälter einbauen.

Motorkennbuchstabe BJJ, BJK, BJL, BJM, CEBA, CEBB, CECA,CECB

- Steckverbindung Kraftstoffpumpe für Vorförderung und Geber für Kraftstoffvorratsanzeige im Bereich Unterboden Mitte links (A im Bild 17) anschließen.

Bei Ausführungen, bei denen die Kraftstoffpumpe durch den Türöffner angesteuert wird, ist der Kraftstofffilter zu ersetzen!

Um einen Trockenlauf der Hochdruckpumpe zu vermeiden und einen raschen Motorstart nach Teiletausch zu erzielen, sind folgende Punkte unbedingt zu beachten:

a) Kraftstoffbehälter mit 5 Liter Dieselkraftstoff befüllen.

b) Kraftstoffsystem entlüften.

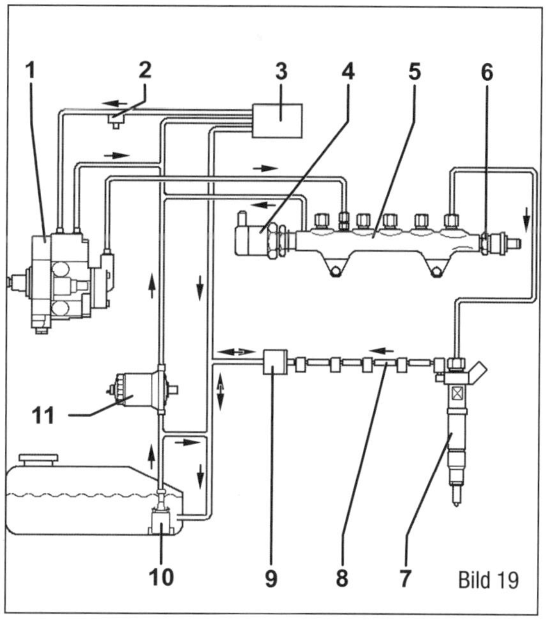

Bild 19
Bauteile der Common Rail am 5-Zylinder.

1 Hochdruckpumpe
2 Kraftstofftemperaturgeber
3 Kraftstoffspeicher
4 Regelventil Kraftstoffdruck
5 Hochdruckspeicher
6 Kraftstoffdruckgeber
7 Einspritzeinheiten
8 Leckagenleitungen
9 Druckhalteventil
10 Kraftstoffpumpe für Vorförderung
11 Kraftstofffilter

Werden Bauteile/Komponenten des Kraftstoffsystems zwischen Kraftstoffbehälter und Hochdruckpumpe abgebaut, ausgebaut oder ersetzt, muss zur Entlüftung des Kraftstoffsystems mit dem Fahrzeugdiagnosetester in den »Geführten Funktionen« die Funktion »Kraftstoffsystem Entlüften« durchgeführt werden. Dieser Vorgang dauert 130 Sekunden. Dabei werden die Kraftstoffpumpen insgesamt 3 Mal angesteuert. Der Vorgang darf nicht vorzeitig abgebrochen werden.

- Kraftstoffbehälter vollständig mit Dieselkraftstoff befüllen.
- Probefahrt durchführen.

8 Kraftstoffaufbereitung und Einspritzung

Bild 1
Bauteile der Common Rail am 4-Zylinder.
1 Abgastemperaturgeber
2 Kühlmitteltemperaturgeber
3 Saugrohrdruckgeber
4 Luftmassenmesser
5 Einspritzeinheiten
6 Glühkerzen
7 Motordrehzahlgeber
8 Regelventil für Kraftstoffdruck
9 Abgasrückführungsventil
10 Ansauglufttemperaturgeber
11 Drosselklappensteuer einheit
12 Motorsteuergerät
13 Ventil für Kraftstoffdosierung
14 Kraftstoffdruckgeber
15 Hallgeber
16 Potenziometer für Regelklappe
17 Abgastemperaturgeber
18 Lambdasonde
19 Magnetventil für Ladedruckbegrenzung
20 Umschaltventil für Kühler der Abgasrückführung

Gemischaufbereitung, Einspritzung und (Selbst-)Zündung werden durch elektronisch gesteuerte Einspritzsysteme realisiert. Die Aufladung über Abgasturbolader gehört zur Ausrüstung der Motoren, egal welche Motorleistung sie abgeben. Downsizing ist das Zauberwort was den Trend zum geringeren Hubraum kennzeichnet. Die Aufladesysteme können den Hubraumverlust vollständig auffangen. Zudem wird das abgasverhalten verbessert.

TDI-Motoren

Die TDI-Motoren haben direkte Kraftstoffeinspritzung über Hochdruckspeicher »Common Rail« (Bild 1) mit Aufladung über Abgasturbolader. Der Kraftstoff für die TDI, Diesel mit einer Cetanzahl (CZ) von mindestens 51, wird von der Fördereinheit im Tank über Vorlaufleitung und Kraftstofffilter zur Hochdruckpumpe geschafft. Diese drückt ihn ins »Common Rail«, das Kraftstoffsammler- und Verteilerrohr und von dort in die Piezo-Injektoren, die hier als Einspritzventil zum Einsatz kommen. Kraftstoffvor- und Rücklaufleitungen sind aus besonders druckfestem Material gefertigt.

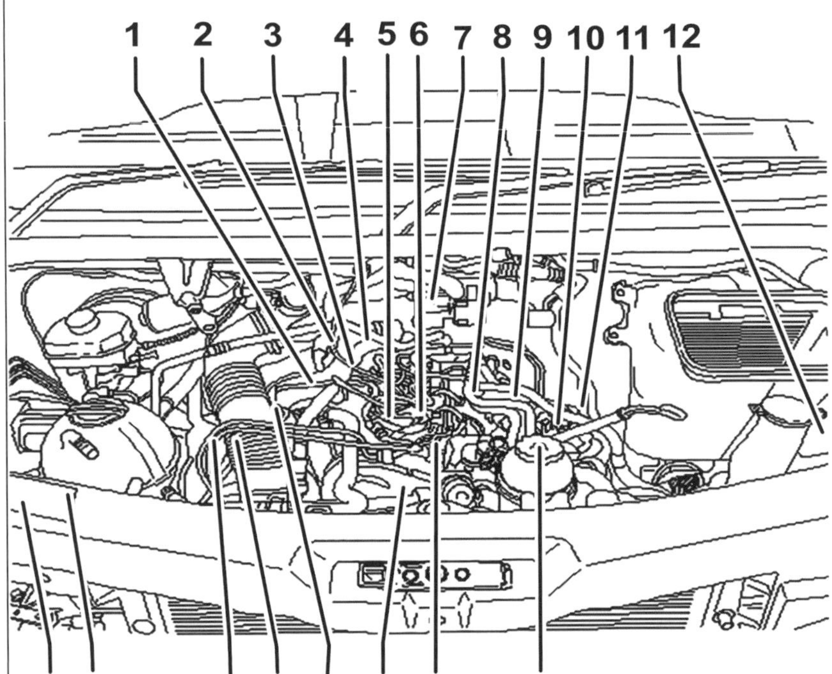

Bild 1

Hauptkomponenten der Anlage
Einige Anmerkungen zu einzelnen Komponenten der Einspritzanlage gemäß Bild 2. Das Schema zeigt die Anlage für die 2,0 l TDI. Das Ventil für Kraftstoffdosierung an der Hochdruckpumpe darf nicht geöffnet werden. Wenn die Kraftstoff-Hochdruckpumpe (10) erneuert wurde, muss eine Kraftstofferstbefüllung vorgenommen werden, auf jeden Fall muss Trockenlauf vermieden werden. Die Einspritzventile (20), bei den TDI von Anfang an Piezo-Injektoren, die Vorteile gegenüber magnetisch angesteuerten Dieselinjektoren haben, werden als Bauteil (»N«) durchnummeriert von 30 bis 33. Der Injektor für Zylinder 1 ist demnach »N30«, der Injektor für Zylinder 4 ist »N33«. Die Kraftstoffrücklaufleitungen (2) dürfen nicht zerlegt werden. Sie dürfen nur komplett mit Druckhalteventil erneuert werden.
Dieses Druckhalteventil hat die Aufgabe, in den Kraftstoffrücklaufleitungen immer einen Restdruck (Steuermenge) von ca. 1 bar zu halten. Die Piezo-Injektoren benötigen diese Steuermenge für ihre Funktion. Das Druckhalteventil ist innerhalb der Kraftstoffrücklaufleitungen kurz vor der (Metall-)Rücklaufleitung einzubauen.
Nach Austausch (Ventil plus Leitungen) muss der Motor für ca. 2 Minuten im Leerlauf laufen, um das Kraftstoffsystem zu entlüften. Anschließend müssen die Kraftstoffrücklaufleitungen auf Dichtigkeit geprüft werden. Der Kraftstoffkühler muss nicht zwingend eingebaut sein. Auch das separate Vorwärmventil muss nicht eingebaut sein.
Die Montage-Übersicht Bild 2 vermittelt einen Eindruck von der konkreten Umsetzung des Schemas in Funktionsgruppen und Bauteile. Wir geben hier einige der direkt aufs Bauteil bezogenen Arbeitshinweise von VW wieder, um auf die Sensibilität des Systems aufmerksam zu machen. Daran darf nur mit Kenntnis, Sachverstand und Fingerspitzengefühl gearbeitet werden.
Hochdruckleitung (21) verläuft zwischen Hochdruckpumpe und Rail-Element (Com-

mon Rail, Hochdruckspeicher). Sie muss spannungsfrei eingebaut werden. Die Hochdruckleitung kann wiederverwendet werden, wenn ihr Dichtkonus ohne Beanstandungen auf Verformungen und Risse geprüft wurde und wenn die Leitungsbohrung nicht verformt, verengt oder beschädigt ist. Korrodierte Leitungen dürfen nicht mehr verwendet werden. Die Hochdruckleitungen (21) verlaufen zwischen dem Rail-Element (Hochdruckspeicher (7 im Bild 2) und den Einspritzventilen (Piezo-Injektoren, Bild 20). Sie dürfen nicht vertauscht und müssen spannungsfrei eingebaut werden. Bei Wiederverwendung der Hochdruckleitungen nach den zu (21) genannten Überprüfungen muss ihre zylinderspezifische Kennzeichnung beachtet werden. Bei Beschädigung der Dichtungen an den Injektoren muss die Zylinderkopfhaube ersetzt werden.

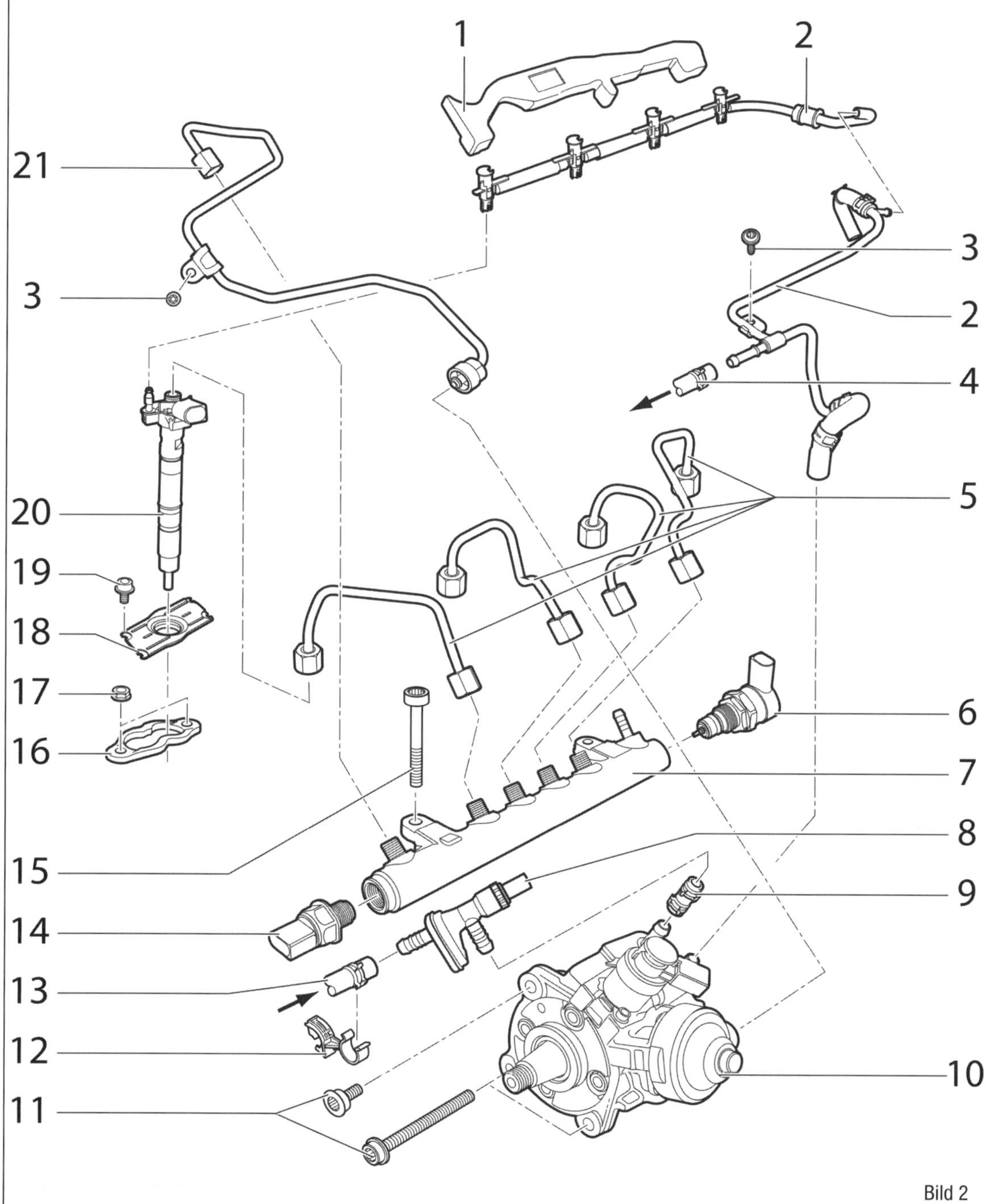

Bild 2

Bild 2
1 Schutzleiste
2 Kraftstoffrücklaufleitungen
3 Anbindung
4 Kraftstoffrücklaufleitung
5 Hochdruckleitungen
6 Regelventil für Kraftstoffdruck
7 Hochdruckspeicher (Rail)
8 Kraftstofftemperaturgeber
9 Kraftstoffvorlaufleitung
10 Hochdruckpumpe
11 Schraube
12 Halter
13 Kraftstoffvorlaufleitung
14 Kraftstoffdruckgeber
15 Schraube
16 Spannpratze
17 Mutter
18 Abdeckung für Einspritzeinheit
19 Schraube
20 Einspritzdüse (Piezo-Injektor)
21 Hochdruckleitung

Sichtprüfung

Messen

Einspritzdüsen (Injektor) wechseln

Injektor wechseln am 5-Zylinder-TDI-Motor

⚠ Kennzeichnen Sie die Zuordnung der Einspritzeinheiten zum Zylinder. Der Anpassungswert der Injektoren ist im Motorsteuergerät gespeichert. Sauberkeitsregeln bei Arbeiten an der Einspritzanlage beachten. Verschließen Sie sofort die offenen Anschlüsse mit einem Verschlussdeckel.

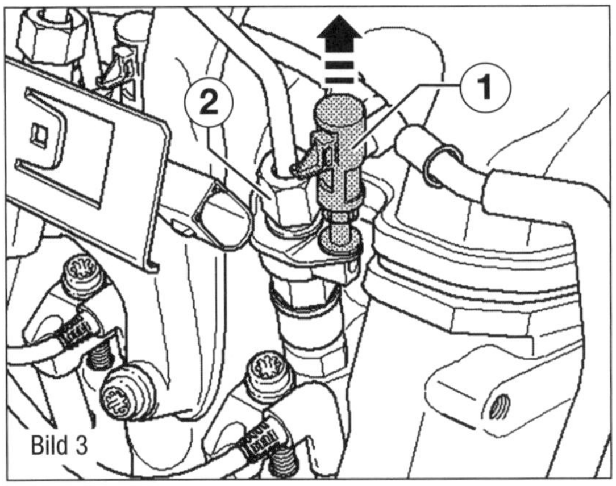

Bild 3
1 Entriegelungsbolzen
2 Überwurfmutter

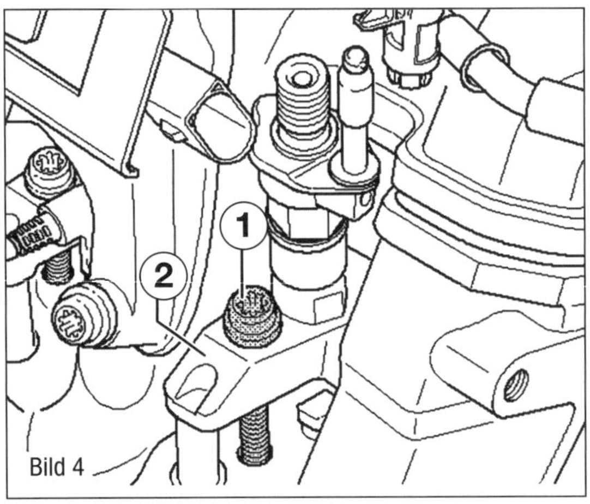

Bild 4
1 Befestigungsschraube
2 Spannbügel

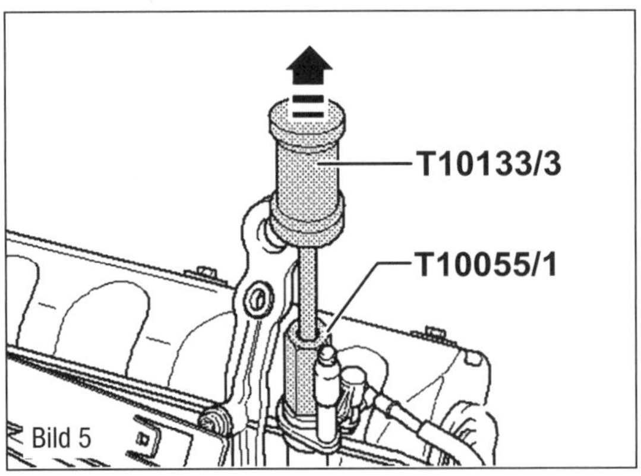

Bild 5
T10133/3 Abzieher
T10055/1 Adapter

- Ziehen Sie die Stecker an den auszubauenden Einspritzeinheiten ab.
- Ziehen Sie die Rücklaufleitungs-Anschlüsse an den Einspritzeinheiten ab, dazu die Entriegelungsbolzen (1 im Bild 3) nach oben ziehen (Pfeil).
- Lösen Sie die Überwurfmutter der Hochdruckleitung (2) mit dem Einsteckwerkzeug Schlüsselweite 17 »V.A.G 1331/6« an den Einspritzeinheiten.
- Bauen Sie den Hochdruckspeicher aus.
- Lösen Sie die Befestigungsschraube (1 im Bild 4) und nehmen Sie den Spannbügel (2) ab.
- Ziehen Sie die Einspritzeinheiten mit dem Werkzeugsatz für FSI-Motoren (T10133 im Bild 5) oder Abzieher (T10055) und dem Adapter (T10055/1) ab.
- Legen Sie die ausgebauten Einspritzeinheiten auf einem sauberen Lappen ab.

Einbau einer gebrauchten Einspritzeinheit:

- Sprühen Sie die Spitze der Einspritzeinheit mit einem Rostlösespray ein. Nach ca. 5 Minuten entfernen Sie mit einem Lappen die Ruß- bzw. Ölpartikel.
- Festsitzende Kupferdichtringe vorsichtig in einen Schraubstock spannen, bis der Kupferdichtring gerade am Durchdrehen zwischen den Spannbacken gehindert wird. Die Einspritzeinheit mit leicht drehenden und ziehenden Bewegungen von Hand aus dem Kupferdichtring ziehen.
- Dichtfläche unterhalb des Kupferdichtrings reinigen.
- Montieren Sie den neuen Kupferdichtring.
- Um eine Beschädigung des O-Rings zu vermeiden, den neuen O-Ring für den Kraftstoff-Rücklaufanschluss vorsichtig aufschieben.
- Zum Entfernen der Rußpartikel auf der Dichtfläche der Einspritzeinheit reinigen Sie im Zylinderkopf den Injektorschacht mit einem in Motoröl bzw. Rostlöser getränkten Lappen. Die Dichtfläche dabei nicht beschädigen.

Einbau der Einspritzeinheiten:

- Setzen Sie die Einspritzeinheiten in den Zylinderkopf ein.
- Bauen Sie die Spannbügel ein und ziehen Sie die Befestigungsschraube mit 22 Nm fest.
- Bauen Sie den Hochdruckspeicher mit Hochdruckleitungen ein.

■ Ziehen Sie die Überwurfmuttern der Hochdruckleitungen zunächst handfest an.
■ Achten Sie auf spannungsfreien Sitz der Hochdruckleitungen.
■ Ziehen Sie die Überwurfmuttern der Hochdruckleitungen an den Einspritzeinheiten mit Drehmomentschlüssel »V.A.G 1331« und Einsteckwerkzeug Schlüsselweite 17 »V.A.G 1331/6« fest.
■ Ziehen Sie die Überwurfmuttern der Hochdruckleitungen am Hochdruckspeicher fest.
■ Drücken Sie die Anschlüsse der Rücklaufleitungen vorsichtig über den O-Ring auf den Injektor (O-Ring vorher auf Beschädigung kontrollieren).
Der Verschluss muss hörbar einrasten, danach drücken Sie den Entriegelungsbolzen vorsichtig nach unten. Stecken Sie die Stecker an den Einspritzeinheiten auf.

(elektr. Messen) Nach dem Erneuern eines oder mehreren Injektoren muss der »Injektor-Mengen-Abgleich« und »Injektor-Spannungs-Abgleich« für die neuen Injektoren ins Motorsteuergerät eingegeben werden. Prüfen Sie zusätzlich alle anderen Injektoren auf »Injektor-Mengen-Abgleich« und »Injektor-Spannungs-Abgleich«, ob alle Abgleich-Werte richtig eingegeben sind. Wenn die richtigen Abgleich-Werte im Motorsteuergerät gespeichert sind, dürfen diese Abgleich-Werte auf keinen Fall neu eingegeben werden.

■ Kraftstoffsystem entlüften und Dichtigkeitsprüfung durchführen.
■ Lassen Sie den Motor einige Minuten im Leerlauf laufen und stellen Sie den Motor dann wieder ab.
■ Schalten Sie die Zündung aus.
■ Prüfen Sie das gesamte Kraftstoffsystem und die Anschlüsse der Rücklaufleitungen auf Dichtigkeit. Bei Undichtigkeit trotz korrekten Anzugsdrehmoments tauschen Sie das betroffene Bauteil.

(Tipp) Die Rücklaufleitungen dürfen nur komplett mit Druckhalteventil erneuert werden.

■ Führen Sie anschließend eine Probefahrt durch. Dabei muss der Motor seine Betriebstemperatur erreichen und mindestens einmal mit Volllast beschleunigt werden. Anschließend ist das Hochdrucksystem nochmals auf Dichtigkeit zu prüfen.

(Tipp) Wenn noch Luft im Kraftstoffsystem ist, kann der Motor während der Probefahrt in den Notlauf gehen. Stellen Sie dann den Motor ab und löschen Sie den Ereignisspeicher mit dem Fahrzeugdiagnosetester.

■ Setzen Sie anschließend die Probefahrt fort.

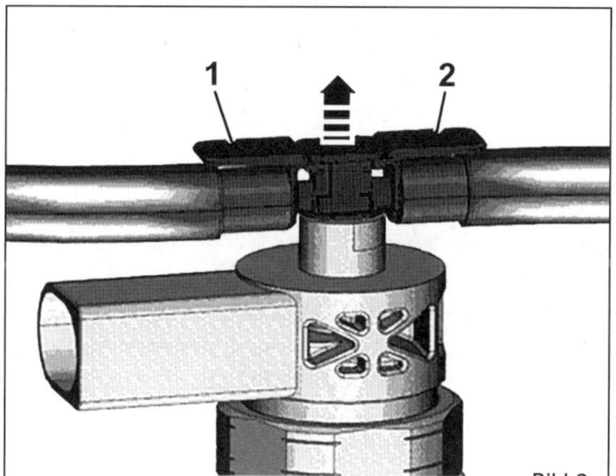

Bild 6

Bild 6
1 Bügel
2 Bügel
Pfeil Endsicherungsrichtung

Injektor wechseln am 4-Zylinder-TDI-Motor

■ Luftfiltergehäuse ausbauen.
■ Falls erforderlich, Öleinfüllschlauch bzw. Öleinfüllstutzen ausbauen.
■ Rücklaufleitungsanschlüsse an den Einspritzeinheiten abziehen, hierzu an den Bügeln (1 und 2 im Bild 6) etwas gegenhalten und Entriegelungsbolzen in Pfeilrichtung nach oben ziehen.
■ Steckverbindungen (Pfeile) an den Einspritzeinheiten trennen.

(Achtung) Halten Sie beim Lösen der Hochdruckleitung den Hochdruckstutzen mit einem Maulschlüssel gegen. Löst sich der Hochdruckstutzen, kommt es zu Undichtigkeiten.

■ Überwurfmuttern der jeweiligen Hochdruckleitung (1 bis 4 im Bild 7) abschrauben und die entsprechende Hochdruckleitung abnehmen.
■ Schraube (1 im Bild 8) der Spannpratze des auszubauenden Injektors herausdrehen.
■ Abzieher (T10055) mit dem Adapter (T10415) ansetzen.

(Tipp) Zum Herausziehen der Injektoren vom 3. und 4. Zylinder den Schlaghammer aus dem Werkzeugsatz für FSI-Motoren »T10133C« verwenden.

(Achtung) Kennzeichnen Sie die Zuordnung der Einspritzeinheiten zum Zylinder. Sie dürfen ausschließlich nur am gleichen Zy-

Bild 7

Bild 7
1 Überwurfmutter
2 Überwurfmutter
3 Überwurfmutter
4 Überwurfmutter
Pfeile Steckkontakte

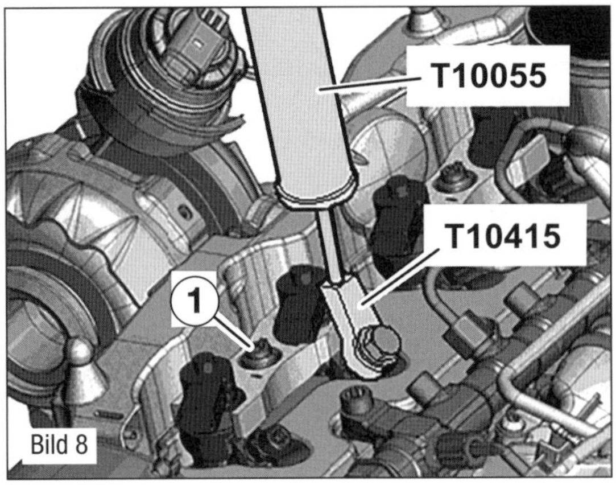

Bild 8

Bild 8
1 Schraube Spannpratzen
T10055 Abzieher
T10415 Adapter.

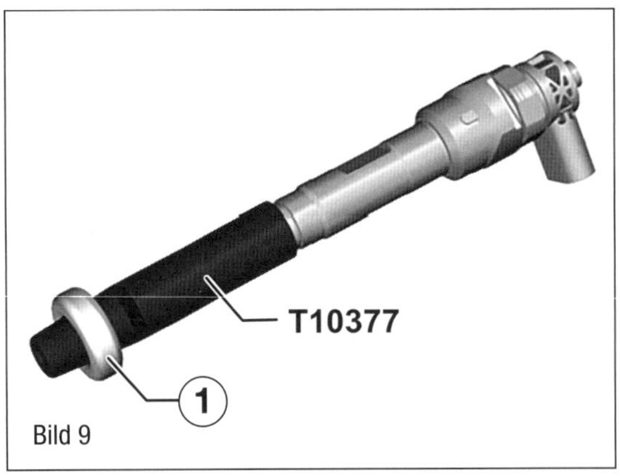

Bild 9

Bild 9
1 O-Ring
T10377 Montagehülse

linder wieder verwendet werden. Die Sauberkeitsregeln bei Arbeiten an der Einspritzanlage unbedingt beachten. Verschließen Sie sofort die offenen Anschlüsse mit einem geeigneten Verschlussdeckel.

- Injektor durch Klopfbewegungen nach oben herausziehen.

☞ Um die Dichtlippe nicht zu beschädigen, Injektor mit Drehbewegungen herausziehen.

- Die ausgebauten Einspritzeinheiten auf einem sauberen Lappen ablegen.

Der Einbau erfolgt sinngemäß in umgekehrter Reihenfolge.

Beim Einbau einer neuen Einspritzeinheit müssen ersetzt werden:

- Spannpratze
- Kupferdichtring
- O-Ring für den Schacht der Einspritzeinheit
- O-Ring für den Kraftstoffrücklaufanschluss

⚠ Bei Wiederverwendung der Hochdruckleitungen zylinderspezifische Kennzeichnung beachten.

Die Hochdruckleitungen können wieder verwendet werden nach folgenden Prüfungen:

- Dichtkonus der jeweiligen Hochdruckleitung auf Verformungen und Risse prüfen.
- Die Leitungsbohrung darf nicht verformt, verengt oder beschädigt sein.
- Korrodierte Leitungen dürfen nicht mehr verwendet werden.

Beim Wiedereinbau einer gelaufenen Einspritzeinheit müssen ersetzt werden:

- Spannpratze
- Kupferdichtring
- O-Ring für den Schacht der Einspritzeinheit
- O-Ring für den Kraftstoffrücklaufanschluss
- Spitze der Einspritzeinheit mit einem Rostlösespray einsprühen. Nach ca. 5 Minuten mit einem Lappen die Ruß- bzw. Ölpartikel entfernen.
- Bei starker Verunreinigung einer Einspritzeinheit zusätzlich mit einer weichen Messingbürste die Spitze der Einspritzeinheit reinigen, um den Kupferdichtring leichter entfernen zu können (Kontakt mit der Messingbürste an den Düsenbohrungen vermeiden).
- Zum Abbauen des alten Kupferdichtrings von der Einspritzeinheit den Dichtring vorsichtig in einen Schraubstock spannen, bis der Kupferdichtring gerade am Durchdrehen zwischen den Spannbacken gehindert wird. Einspritzeinheit mit leicht drehenden und ziehenden Bewegungen von Hand aus dem Kupferdichtring ziehen.
- Mit einem Schaber die Ablagerung unterhalb des Kupferdichtrings reinigen.

⚠ Dichtfläche vom Injektorschacht ausschließlich mit dem Reinigungs-Set »VAS 6811« reinigen. Die genaue Handhabung und Reihenfolge sind der Bedienungsanleitung im Reinigungs-Set »VAS 6811« zu entnehmen.

■ O-Ring (1 im Bild 9) für den Schacht der Einspritzeinheit ersetzen. Dazu die Montagehülse (T10377) nutzen.
■ Einspritzeinheit einbauen.

Tipp: Bei Beschädigung der Dichtringe für Einspritzeinheiten in der Zylinderkopfhaube den betroffenen Dichtring erneuern.

■ Die Überwurfmuttern der Hochdruckleitungen handfest anziehen. Auf spannungsfreien Sitz achten.
■ Die Anschlüsse der Rücklaufleitungen vorsichtig über den Dichtring auf den Injektor (Dichtring vorher auf Beschädigung kontrollieren) drücken.
Der Verschluss muss hörbar einrasten, danach den Entriegelungsbolzen vorsichtig nach unten drücken.

elektr. Messen: Nach dem Erneuern eines oder mehreren Einspritzeinheiten müssen die Korrekturwerte für die neuen Einspritzeinheiten mit dem Fahrzeugdiagnosetester ins Motorsteuergerät geschrieben werden. Zusätzlich für alle anderen Injektoren prüfen, ob die richtigen Korrekturwerte im Motorsteuergerät gespeichert sind. Wenn die richtigen Werte im Motorsteuergerät gespeichert sind, dürfen diese Werte auf keinen Fall neu eingegeben werden.

Tipp: Die Hochdruckanschlüsse dürfen zum Entlüften nicht geöffnet werden.

■ Motor einige Minuten im Leerlauf laufen lassen, dann wieder abstellen.
■ Zündung ausschalten.
■ Das gesamte Kraftstoffsystem und die Anschlüsse der Rücklaufleitung auf Dichtigkeit prüfen.
■ Bei Undichtigkeit trotz korrektem Anzugsdrehmoment das betroffene Bauteil tauschen.

Achtung: Die Rücklaufleitungen dürfen nur komplett mit Druckhalteventil erneuert werden.

■ Anschließend eine Probefahrt von größer 20 km mit mindestens einer Volllastbeschleunigung durchführen, anschließend ist das Hochdrucksystem nochmals auf Dichtigkeit zu prüfen.

Tipp: Wenn noch Luft im Kraftstoffsystem ist, kann der Motor während der Probefahrt in den Notlauf gehen.

■ Motor abstellen und Ereignisspeicher mit dem Fahrzeugdiagnosetester löschen.
■ Anschließend die Probefahrt fortführen.

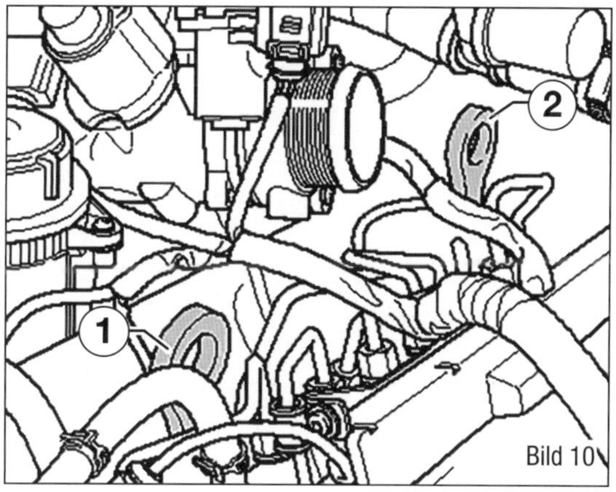

Bild 10
1 Aufhängeöse
2 Aufhängeöse

Glühkerzen wechseln

5-Zylinder-TDI-Motoren

■ Schalten Sie die Zündung aus.

Tipp: Beim Aus- und Einbau dürfen die Keramik-Glühkerzen nicht verkanten. Behindernde Bauteile sind bei der Montage zusätzlich auszubauen.

■ Bauen Sie den Luftfilter aus.
■ Bauen Sie die Aufhängeösen (1 und 2 im Bild 10) am Zylinderkopf aus.
■ Bauen Sie das Führungsrohr (1 im Bild 11) für den Ölmessstab aus.
■ Bauen Sie die Kraftstoffvorlaufleitung (2) und die Kraftstoffrücklaufleitung (3) an der Hochdruckpumpe (4) ab.

Tipp: Verschließen Sie die Leitungsöffnungen der Hochdruckpumpe mit fusselfreien Tüchern.

■ Bauen Sie den Luftführungsschlauch (1 im Bild 12) aus.
■ Bauen Sie nun die Keramik-Glühkerzen mit dem Gelenkschlüssel SW 10 »VAG 3220« aus.

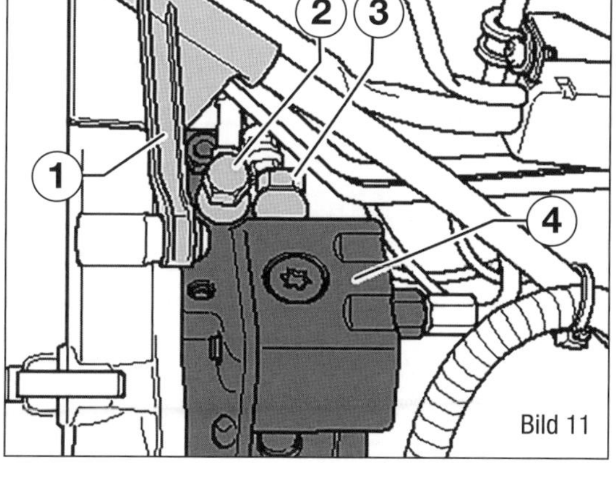

Bild 11
1 Führungsrohr
2 Kraftstoffvorlaufleitung
3 Kraftstoffrücklaufleitung
4 Hochdruckpumpe

Sichtprüfung Messen

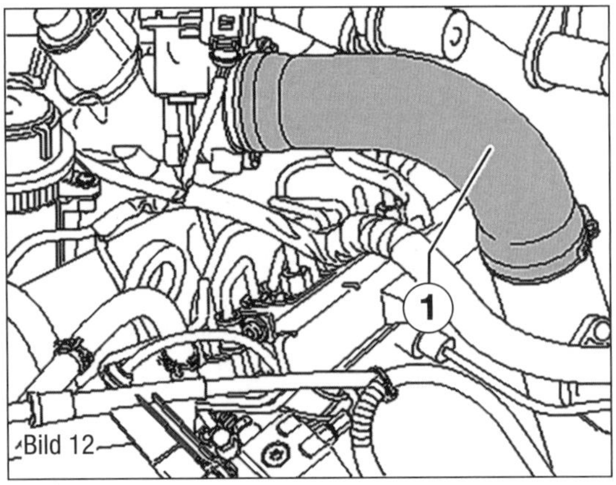

Bild 12
1 Luftführungsschlauch

⚠ Sollte eine Keramik-Glühkerze gebrochen sein, entfernen Sie alle Bruchstücke aus dem Motor, da es sonst zu Motorschäden kommen kann.

Der Einbau erfolgt sinngemäß in umgekehrter Reihenfolge.

⚠ Die Keramik-Glühkerzen sind wegen ihrer besonderen Materialeigenschaften sehr empfindlich und bedürfen einer besonderen Handhabung bei der Montage und Demontage. Halten Sie sich beim Aus- und Einbau unbedingt an die hier beschriebene Vorgehensweise. Der Transport und die Lagerung dürfen nur in Original-Transportbehältern oder einzeln verpackt in Luftpolsterfolien erfolgen. Die Keramik-Glühkerzen sind erst unmittelbar vor dem Einbau aus der Verpackung zu nehmen! Keramik-Glühkerzen sind gegen Stoß und Biegung empfindlich. Deshalb dürfen heruntergefallene Keramik-Glühkerzen (selbst aus geringer Höhe von ca. 2 cm) nicht mehr verwendet werden, auch wenn augenscheinlich keine Beschädigung (z. B. Haarriss) vorliegt. Bestehen Zweifel am einwandfreien Zustand der Keramik-Glühkerzen, so sind diese

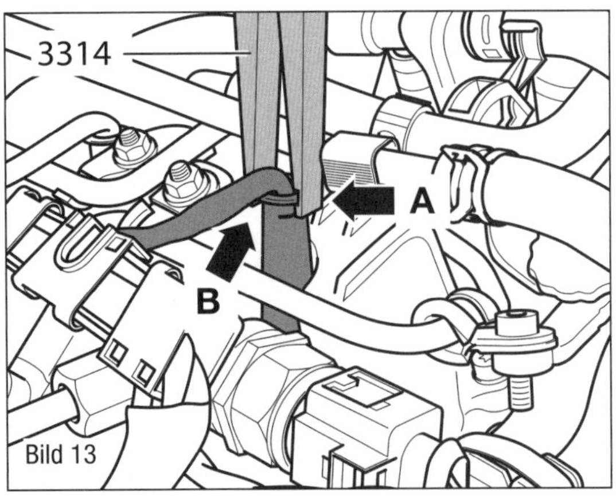

Bild 13
3314 Zange
A Nut in der Greiffläche der Zange
B Bund der Stützhülse

immer zu ersetzen. Beschädigungen oder Stiftbruch an einer Keramik-Glühkerze führen immer zu einem Motorschaden. Bei einem Stiftbruch müssen alle Bruchstücke vor dem nächsten Motorstart aus dem Verbrennungsraum entfernt werden, da es sonst immer zu einem Motorschaden (Kolbenfresser) kommt. Ein Mischverbau von Keramik- und Metall-Glühstiftkerzen gleichzeitig ist nicht zulässig.

■ Vor dem Einbau müssen die Zylinderkopfbohrung und das Gewinde der Keramik-Glühkerzen vollständig von Ablagerungen gesäubert werden.

☞ Das Gewinde der Bohrung im Zylinderkopf bzw. der Keramik-Glühkerzen ist grundsätzlich nicht einzuölen oder zu fetten.

Führen Sie nach dem Einbau und vor dem ersten Motorstart am kalten Motor grundsätzlich eine Widerstandsprüfung an allen Keramik-Glühkerzen durch. Der Messwert darf Max. 1,0 Ω erreichen. Wird der Sollwert überschritten, ersetzen Sie die defekte Keramik-Glühkerze.

■ Drehen Sie die Keramik-Glühkerzen von Hand mit dem Gelenkschlüssel SW 10 »3220« in den Zylinderkopf ein.
■ Ziehen Sie anschließend die Keramik-Glühkerzen fest.

4-Zylinder-TDI-Motoren

■ Luftfiltergehäuse ausbauen.
■ Zündung ausschalten.

⚠ Darauf achten, dass keine Kabelverbindung beim Abziehen der Steckverbindungen beschädigt wird. Ansonsten muss der gesamte elektrische Leitungsstrang erneuert werden. Zange »3314« zum Abziehen der Steckverbindungen nicht zu fest zusammendrücken, da sonst die Stützhülse beschädigt werden kann.

■ Zange »3314« mit der Zangennut (Pfeil A) am Bund der Stützhülse (Pfeil B) ansetzen (Bild 13).
■ Steckverbindung vorsichtig in Pfeilrichtung von der Glühstiftkerze abziehen.

☞ Alle notwendigen elektrischen Steckverbindungen abziehen, damit der elektrische Leitungsstrang nicht beschädigt wird.

■ Glühstiftkerzenkanal im Zylinderkopf reinigen. Dabei darf kein Schmutz in den Zylinder fallen.

Beispiel zum Reinigen:
- Groben Schmutz mit einem Staubsauger aussaugen.
- Bremsenreiniger oder einen geeigneten Reiniger in den Glühstiftkerzenkanal sprühen, kurz einwirken lassen und mit Pressluft ausblasen.
- Anschließend den Glühstiftkerzenkanal mit einem Öl benetzten Lappen reinigen.
- Zum Lösen der Glühkerzen den Gelenkschlüssel SW 10 »3220« verwenden.

Der Einbau erfolgt sinngemäß in umgekehrter Reihenfolge
- Zum Festziehen der Glühkerzen den Gelenkschlüssel SW 10 »3220« verwenden.
- Glühkerzenstecker wieder auf die jeweiligen Glühkerzen aufstecken und auf festen Sitz achten.
- Luftfiltergehäuse einbauen.
- Ereignisspeicher des Motorsteuergeräts löschen.

Kraftstofffilter wechseln

Für die Dieselmotoren werden zwei unterschiedliche Filtersysteme verbaut. Zum einen mit auswechselbarem Filtereinsatz oder auch mit Filterpatrone.

Kennzeichnungen der Kraftstoffleitungen auf dem Kraftstofffilter
- Rücklaufleitung zum Kraftstoffbehälter mit »RT« gekennzeichnet.
- Vorlaufleitung zum Filter mit »VF« gekennzeichnet.
- Rücklaufleitung zum Filter mit »RF« gekennzeichnet.
- Vorlaufleitung zum Motor mit »VM« gekennzeichnet.

⚠ Die Kraftstoffvorlaufleitung steht unter Umständen unter Druck! Schutzbrille und Schutzbekleidung tragen, um Verletzungen und Hautkontakt zu vermeiden. Vor dem Lösen von Schlauchverbindungen Putzlappen um die Verbindungsstelle legen. Dann durch vorsichtiges Abziehen des Schlauchs Druck abbauen.

Demontage bei Filtersystemen mit auswechselbarem Einsatz:

☞ Auch wenn es sich anbietet, sollten Sie darauf verzichten, den Filter im eingebauten Zustand zu demontieren. Die

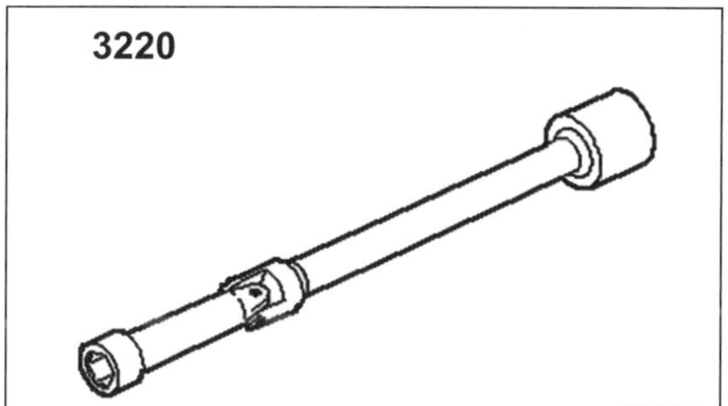

Bild 14

Bild 14
Gelenkschlüssel 3220.

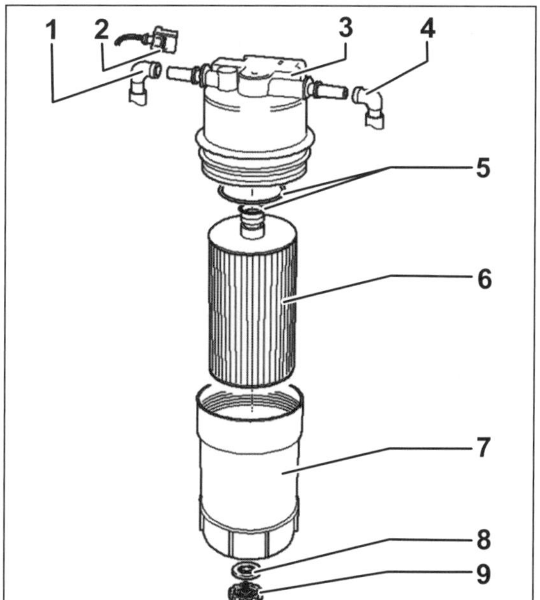

Bild 15

Bild 15
Kraftstofffilter mit wechselbarem Filtereinsatz.
1 Kraftstoffvorlaufleitung
2 Stecker
3 Kraftstofffilter-Oberteil
4 Kraftstoffvorlaufleitung
5 O-Ring
6 Wechselfilter
7 Kraftstofffilter-Unterteil
8 Dichtung
9 Entwässerungsschraube

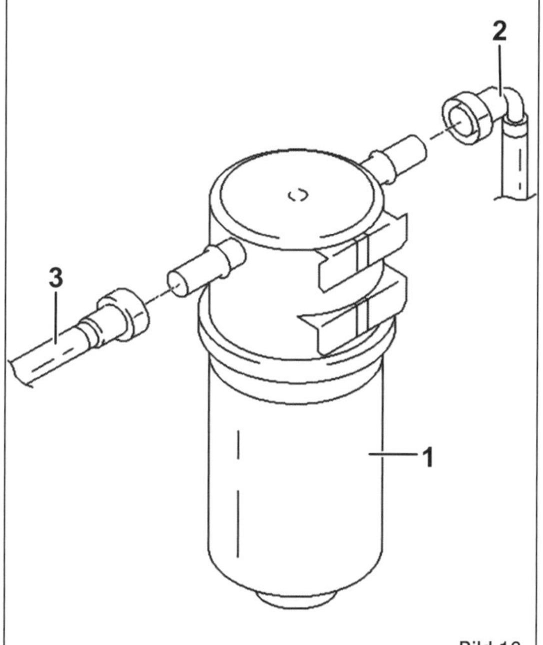

Bild 16

Bild 16
1 Kraftstofffilter
2 Kraftstoffvorlaufleitung (vom Tank)
3 Kraftstoffvorlaufleitung (zum Motor)

Sichtprüfung Messen

Bild 17
1 Kraftstofffilter
2 Halter
Pfeil Demontagerichtung

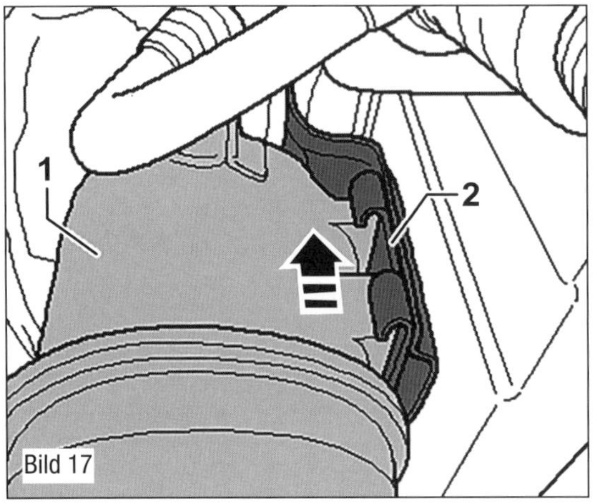

Gefahr, dass sich ablaufender Dieselkraftstoff unkontrolliert am Fahrzeug verteilt, ist zu groß.

- Auffangwanne für Werkstattkräne »VAS 6208« oder eine andere geeignete Wanne unter den Kraftstofffilter stellen.
- Steckkontakt (2 im Bild 15) abziehen.
- Kraftstoffleitungen (1 und 4) vom Kraftstofffilteroberteil (3) abziehen. Dazu die Schnellkupplungen der Anschlussschläuche drücken.
- Legen Sie einen Lappen unter die Filtereinheit, um abtropfenden Kraftstoff aufnehmen zu können.
- Kraftstofffilteroberteil (1 im Bild 17) nach oben in Pfeilrichtung aus der Halterung (2) schieben und nach unten herausnehmen.
- Drehen Sie das Kraftstofffilterunterteil (7 im Bild 15) gegen den Uhrzeigersinn ab.
- Setzen Sie einen neue Filtereinsatz (6) ein.

Der weitere Einbau erfolgt sinngemäß in umgekehrter Reihenfolge.

- Kraftstoffleitungen (2 und 3 im Bild 16) auf die Kraftstofffilter-Anschlussstutzen aufschieben. Hierbei auf festen Sitz und die Kennzeichnungen der Kraftstoffleitungen auf dem Kraftstofffilter achten.
- Steckkontakt (2, Bild 15) aufstecken.
- Um ein sofortiges Starten des Motors nach dem Kraftstofffilterwechsel zu gewährleisten, und einen Trockenlauf der Pumpen zu verhindern, muss das Kraftstoffsystem mit dem Fahrzeugdiagnosesystem, Mess- und Informationssystem entlüftet werden.
- Starten Sie den Motor und führen Sie eine Sichtprüfung des Kraftstoffsystems am Kraftstofffilter durch.

Demontage bei Filtersystemen mit Filterpatrone:

Auch wenn es sich anbietet, sollten Sie darauf verzichten, den Filter im eingebauten Zustand zu entnehmen. Die Gefahr, dass sich ablaufender Dieselkraftstoff unkontrolliert am Fahrzeug verteilt ist zu groß.

- Auffangwanne für Werkstattkräne »VAS 6208« oder eine andere geeignete Wanne unter den Kraftstofffilter stellen.
- Kraftstoffleitungen (2 und 3 im Bild 16) vom Kraftstofffilter (1) abziehen. Dazu die Schnellkupplungen der Anschlussschläuche drücken.
- Legen Sie einen Lappen unter die Filtereinheit um abtropfenden Kraftstoff aufnehmen zu können.
- Kraftstofffiltereinheit (1 im Bild 17) nach oben in Pfeilrichtung aus der Halterung (2) schieben und nach unten herausnehmen.
- Drehen Sie die Filterpatrone gegen den Uhrzeigersinn ab.
- Montieren Sie die neue Filterpatrone.

Der weitere Einbau erfolgt sinngemäß in umgekehrter Reihenfolge.

- Kraftstoffleitungen (2 und 3 im Bild 16) auf die Kraftstofffilter-Anschlussstutzen aufschieben. Hierbei auf festen Sitz und die Kennzeichnungen der Kraftstoffleitungen auf dem Kraftstofffilter achten.
- Um ein sofortiges Starten des Motors nach dem Kraftstofffilterwechsel zu gewährleisten, und einen Trockenlauf der Pumpen zu verhindern, muss das Kraftstoffsystem mit dem Fahrzeugdiagnosesystem, Mess- und Informationssystem entlüftet werden.
- Starten Sie den Motor und führen Sie eine Sichtprüfung des Kraftstoffsystems am Kraftstofffilter durch.

Luftfilter wechseln

Reinigung des Luftfilterkastens

Beim Ausblasen des Luftfiltergehäuses mit Pressluft ist Folgendes zu beachten: Zur Vermeidung von Funktionsstörungen bitte die kritischen Luft führenden Motorbauteile wie Luftmassenmesser, Lufteinlassrohre usw. mit einem sauberen Putzlappen abdecken. Schlauchstutzen und Schläuche für Ladeluftsystem müssen vor dem Montieren öl-

und fettfrei sein. Verwenden Sie keine silikonhaltigen Gleitmittel bei der Montage.

Luftfiltergehäuse aus- und einbauen

- Schelle (2 im Bild 18) lösen und Ansaugschlauch (1) vom Luftmassenmesser (4) abziehen.
- Steckverbindung vom Luftmassenmesser (4) trennen.
- Steckverbindung vom Saugrohrdruckgeber (7) trennen.
- Öleinfüllstutzen entriegeln und nach oben abziehen.
- Fremdstartpunkt (15) entriegeln und nach oben abziehen.
- Luftfilterkasten nach oben aus den Gummilagern (18) ziehen.
- Luftfilter hinten aus den Haltern ziehen und nach vorn wegnehmen.

Der Einbau erfolgt sinngemäß in umgekehrter Reihenfolge.

Wechsel des Luftfiltereinsatzes

Der Luftfilter hat sich über die Modellreihen kaum oder besser gar nicht verändert. Wir stellen Ihnen für die Montagearbeiten eine allgemeingültige Beschreibung zur Verfügung.

- Ziehen Sie den Stecker vom Luftmassenmesser (4 im Bild 18) ab.
- Lösen Sie die Klemmschelle vom Ansaugschlauch (2) und ziehen Sie den Ansaugschlauch ab.
- Drehen Sie die Schrauben (10) heraus.
- Heben Sie das Luftfilteroberteil (9) an und nehmen Sie Luftfilter (11) nach oben heraus.
- Reinigen Sie gegebenenfalls das Luftfiltergehäuse.

Montage

- Bauen Sie den neuen Luftfiltereinsatz ein. Beachten Sie beim Einbau den richtigen Sitz des Luftfiltereinsatzes im Gehäuse und kontrollieren Sie die korrekte Auflage der umlaufenden Dichtung!
- Achten Sie auf den richtigen Sitz des Luftfilteroberteils (9) auf dem Luftfilterunterteil (17).

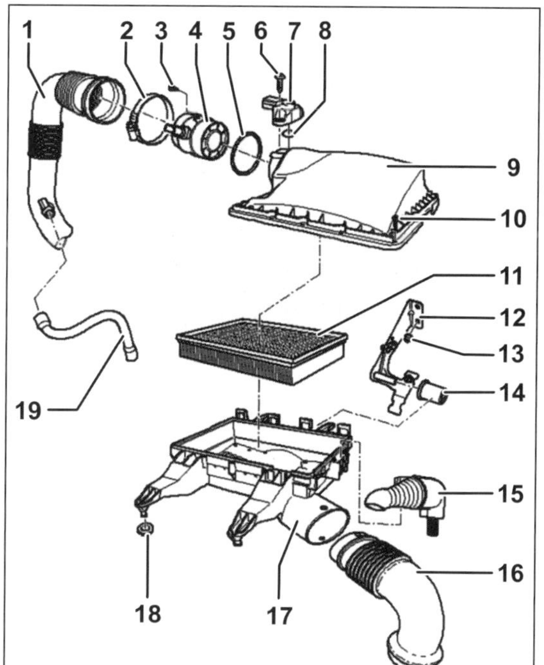

Bild 18

Bild 18
1 Ansaugschlauch
2 Schraubschelle
3 Schraube
4 Luftmassenmesser
5 O-Ring
6 Schraube
7 Saugrohrdruckgeber
8 O-Ring
9 Luftfilteroberteil
10 Schraube
11 Filtereinsatz
12 Halter
13 Mutter
14 Gummilager
15 Fremdstartpunkt
16 Luftführung
17 Luftfilterunterteil
18 Gummilager
19 Schlauch

Fahrzeugdiagnosetester einsetzen

Es gibt eine Reihe von Arbeiten im Bereich der Einspritz- und Zündanlage, die man ohne Tester mit Übung und Erfahrung, unter Einsatz bestimmter Spezialwerkzeuge und am besten auch mit fachkundiger Beratung in einer Mietwerkstatt ausführen kann. Darauf gehen wir mit den folgenden Arbeitsbeschreibungen ein. Vielfach aber kann man an den elektronisch gesteuerten Einspritzsystemen nur selbst Hand anlegen, wenn man über einen Diagnosetester verfügt. Das Steuergerät kann zwar viele Fehler an elektrischen Teilen der Einspritz- und Zündanlage per Selbstdiagnose erkennen und sie in einem Fehlerspeicher ablegen. Dabei wird auch eine Entscheidung getroffen, ob es sich um permanente Fehler oder um sporadische Mängel handelt.

Diagnosegeräte

Volkswagen-Werkstätten verwenden das schon mehrmals erwähnte VAS 505x, aber mit geeigneter Software und gewisser Kenntnis der Funktions- und Vorgehensweise sind auch andere Werkstattsysteme zu verwenden, wie sie in vielen Mietwerkstätten vorhanden sind. Wir haben schon

Bild 19
Duonix-Tester für Auto und Motorräder.

Bild 19

Bild 20
VAG-Tester in Werkstattstation.

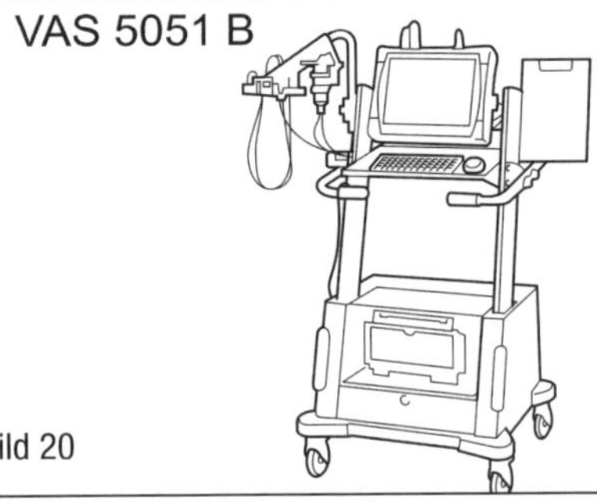

Bild 20

Bild 21
1 VAG-Tester als Tabletgerät
2 Anschlussstecker an die E-OBD-Dose im Fußraum

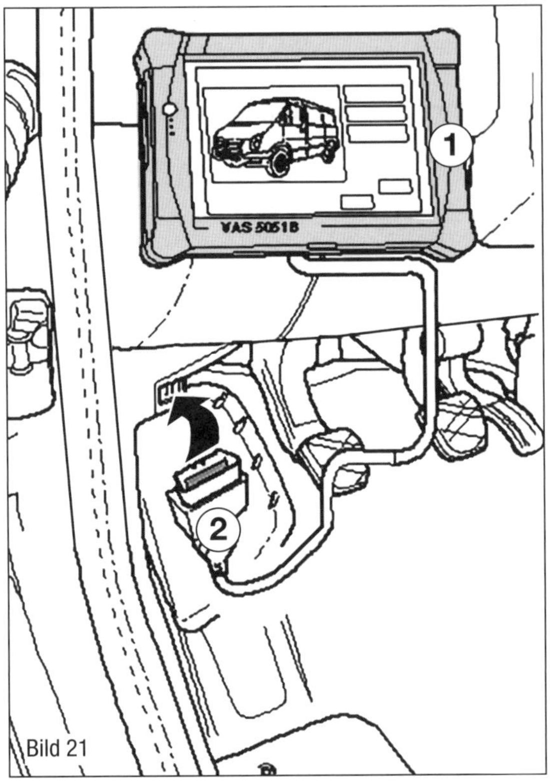

Bild 21

auf das System »VCDS« hingewiesen. Es ist absehbar, dass sich dieser hochwertige Tester in freien Werkstätten verbreitet.
Die Firma PCI Tuning bietet auf Internetseiten Fehlerbeschreibungen und das Vorgehen mit dem VCDS an.

Anschluss am Fahrzeug

- Schließen Sie ein Erhaltungsladegerät an die Batterie an.
- Stecken Sie den Stecker der Diagnoseleitung auf den Diagnoseanschluss (Bild 24).

Bild 22
Anwahl der Motorelektronik.

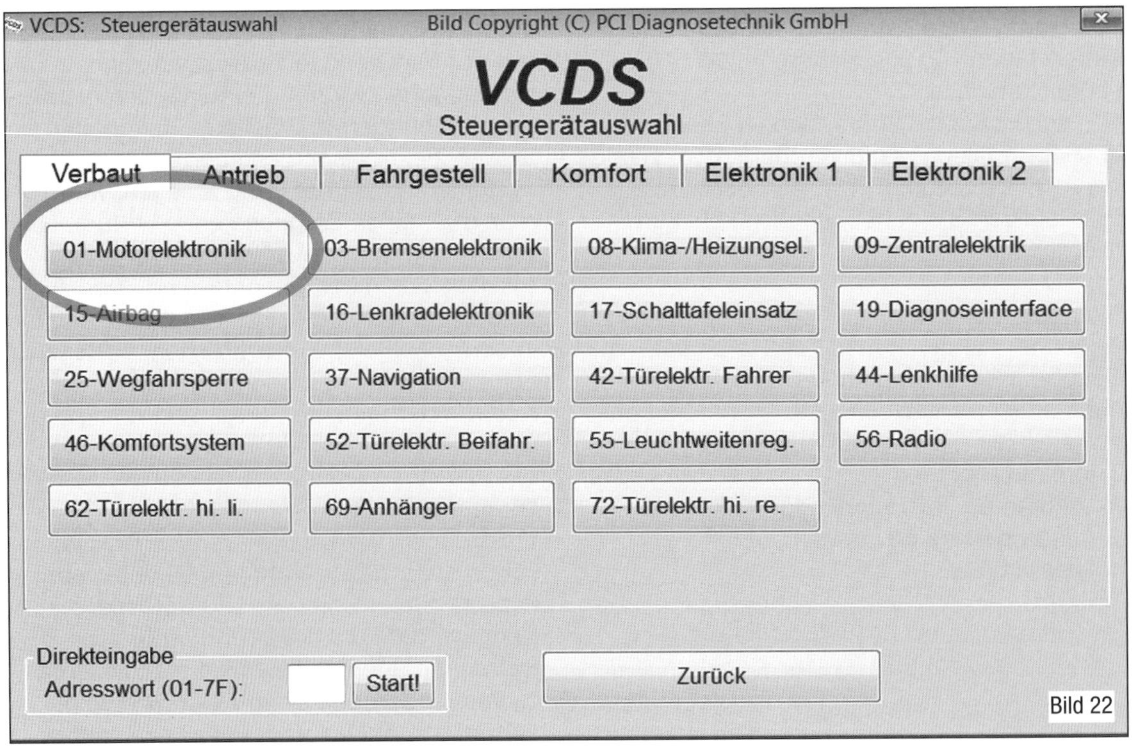

Bild 22

■ Schalten Sie den Fahrzeugdiagnosetester und die Zündung ein.
■ Folgen Sie den Anzeigen auf dem Bildschirm, um die gewünschten Funktionen zu starten.

Fehlerspeicher auslesen (am Beispiel »Motor«)
Die meisten Fahrzeugtester arbeiten »menügeführt«. Sie werden mit der Displayanzeige oder der Bildschirmanzeige durch einzelne Menüpunkte geführt, wo Sie diese mit Cursor oder Maustaste anwählen. Die Menüpunkte hängen wesentlich von den freigegebenen Funktionen des Steuergerätes ab. Für die VW/Audi-Szene hat sich der VAG-COM als verbreiteter Standardtester durchgesetzt. Wir zeigen Ihnen am Beispiel der Fehlerspeicherauslese für das Motorsteuergerät die wirklich einfache Vorgehensweise. Sie verändert sich für andere Steuergeräte und auch Funktionen so unwesentlich, dass wir auf weitere Beschreibungen verzichten und den Schwerpunkt auf die praktische Arbeit mit Ihrem Tester legen wollen.

■ Schließen Sie ein Erhaltungsladegerät an die Batterie an.
■ Stecken Sie den Stecker der Diagnoseleitung auf den Diagnoseanschluss (Bild 24).
■ Klicken Sie auf die Taste »Verbaut«.
■ Klicken Sie auf die Taste »01 Motorelektronik« (Bild 26).

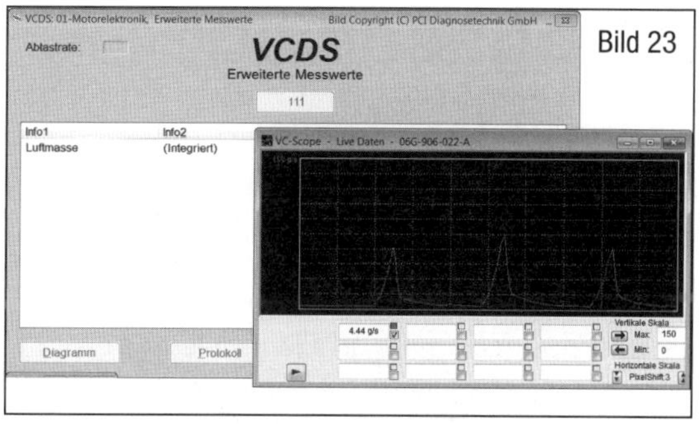

Bild 23

Grafische Auswertung zur Bauteilprüfung: Hier wird anhand des Spannungsverlaufs und der Spannungshöhe der Zustand des Luftmassenmessers bewertet.

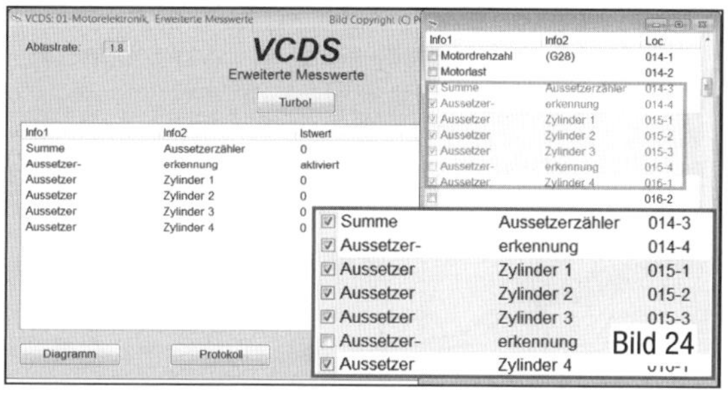

Bild 24

Sonderfunktion »Aussetzererkennung« zur Fehlersuche.

■ Klicken Sie auf die Taste »Fehlerspeicher 02«. Nun werden Ihnen die Fehler, soweit vorhanden, als Text angezeigt.
■ Sie können die Fehleranzeige speichern, drucken oder kopieren. Sie sollten in jedem Fall den Fehler vermerken, um diesem vielleicht einmal nachgehen zu können.
■ Anschließend können Sie den einzelnen oder alle Fehler mit einem Klick löschen.
■ Schalten Sie die Zündung aus.
■ Ziehen Sie den Tester aus der OBD-Dose.

9 Abgasanlage

Die Abgas- oder Auspuffanlage am Unterboden des Crafters reinigt mit Partikelfilter plus Oxidationskatalysator und Abgasvorrohr oder mit Katalysator und Abgasvorrohr die Verbrennungsabgase und leitet sie mit geringem Gegendruck ins Abgasrohr mit Schalldämpfer und Endrohr am Fahrzeugheck (Bilder 1 bis 6). Der Schalldämpfer reduziert die Verbrennungsgeräusche auf ein Minimum.

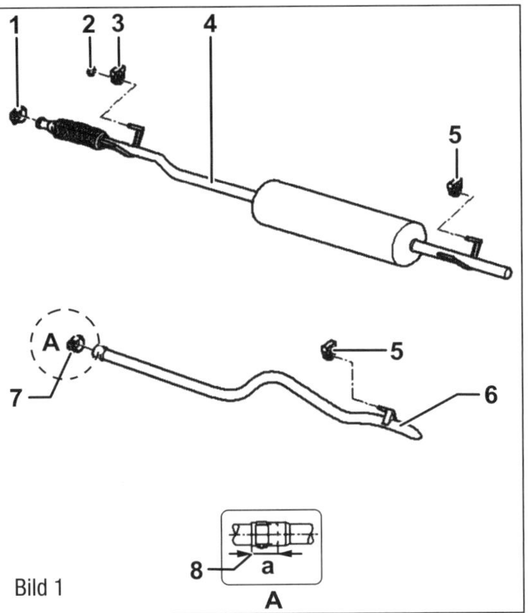

Bild 1

Bild 1
Motorkennbuchstaben
BJJ, BJK, BJL, BJM.
1 Schelle
2 Federmutter
3 Haltering
4 Schalldämpfer
5 Haltering
6 Abgasendrohr
7 Schelle, 8 Maß a = 50 mm
A Muffe

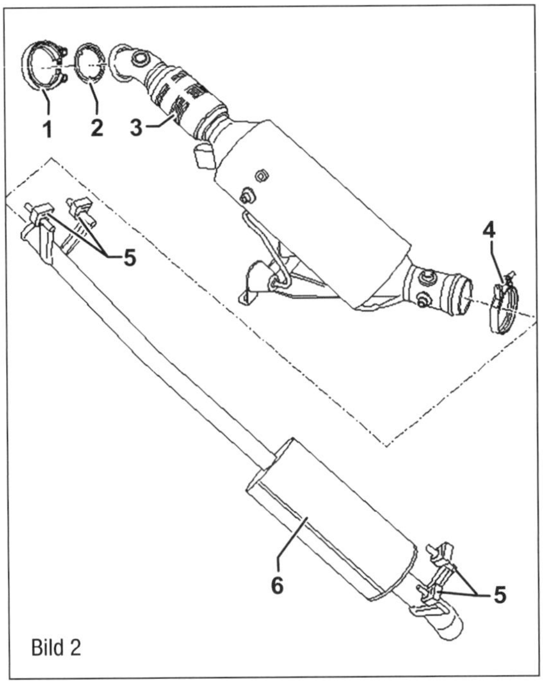

Bild 2

Bild 2
1 Schelle
2 Dichtung
3 Partikelfilter
4 Schelle
5 Haltegummis
6 Nachschalldämpfer

Der Differenzdruckgeber und der Abgastemperaturgeber mit Regelsystem tragen dazu bei, die Motorleistung zu optimieren. Der Auspuff moderner Pkw ist für mehr als 60.2 Aufhängeöse000 Kilometer gut, wobei die Lebensdauer natürlich auch von den Einsatzbedingungen des Fahrzeugs abhängt. Ist man überwiegend auf kurzen Strecken unterwegs, fallen mehr Kondensat, Ruß und aggressive Säuren im Innern der Anlage an, als beim Langstreckenbetrieb mit voll durchgewärmtem Motor. Das Abgasvorrohr ist seltener als die anderen Teile vom Rost bedroht, weil dort die Verbrennungsgase noch mit Temperaturen zwischen 800 und 1000 °C einströmen. Danach verlieren die Abgase an Temperatur und sind am Endrohr nur noch 150 bis 300 °C heiß. Dort tritt das meiste Kondenswasser aus. Es mischt sich mit Verbrennungsrückständen zu aggressiven Säuren und lässt das Auspuffblech von innen nach außen durchrosten. Falls das Endrohr nicht aus besonders korrosionsbeständigem Material hergestellt wurde, ist Arbeit angesagt: Ausbau des alten und Einbau eines neuen Abgasrohrs mit Schalldämpfer.

Hinweise und Regeln für Arbeiten an der Auspuffanlage

Reparaturen an durchgerosteten Auspuffanlagen, z. B. mit Auspuffkitt und Bandagen, haben nur kurzzeitig Erfolg. Das Blech bricht bald neben der Reparaturstelle. Werkstätten wechseln Auspuffanlagen meist komplett aus. Vor weiteren Arbeiten daher Zustand der Anlage genau prüfen und dann entscheiden, ob einzelne Teile oder das ganze System erneuert werden sollen. Die Abgasanlage hinten kann, bei der Demontage abgestützt, komplett mit Schalldämpfer ausgebaut werden.

Wird nach gründlicher Prüfung an der Abgasanlage gearbeitet, sollten folgende Grundregeln beachtet werden:

- Bei einer Demontage darf die Abgasanlage keinesfalls herunterfallen. Dabei könnten wichtige Teile beschädigt werden.
- Dichtungen und selbstsichernde Muttern immer ersetzen.
- Verschraubungen der Auspuffanlage lassen sich beim nächsten Mal leichter

lösen, wenn die Gewinde beim Einbau mit hochhitzefestem Kupferfett bestrichen werden.

Werden Partikelfilter oder Differenzdruckgeber gewechselt, muss der Differenzdruckgeber zwingend über den Fahrzeugdiagnosetester angepasst werden (Tester erforderlich).

■ Werden Partikelfilter ausgebaut und ersetzt, müssen die Altteile vorschriftsmäßig entsorgt werden. Sie dürfen nicht wie Schrott behandelt werden, weil sie wertvolles Edelmetall enthalten, das wieder in den Produktionsprozess eingebracht werden kann.

Für Arbeiten an Lambdasonden gilt: Nur das Gewinde mit Heißschraubenpaste »G 052 112 A3« fetten. An die Schlitze des Sondenkörpers darf kein Fett kommen. Aus- und Einbau am besten mit Ringschlüsselsatz für Lambdasonde (3337). Dichtring bei Undichtigkeit aufkneifen und ersetzen. Festziehen mit 50 bzw. 55 Nm.

■ Alle Schlauchverbindungen mit Schlauchschellen sichern, die dem Serienstand entsprechen.

■ Alle Kabelbinder, die beim Ausbau gelöst werden, sind beim Einbau an der gleichen Stelle wieder anzubringen.

■ Nach Montagearbeiten an der Abgasanlage darauf achten, dass die Anlage nicht verspannt wird und ausreichend Abstand zum Aufbau hat. Gegebenenfalls Doppelschelle lösen und Schalldämpfer und Abgasrohr so ausrichten, dass überall ausreichend Abstand zum Aufbau vorhanden ist und die Aufhängungen gleichmäßig belastet werden.

■ Nach getaner Arbeit immer Motorprobelauf durchführen und »Auspuffanlage auf Dichtheit prüfen«. Ansonsten gelten für Arbeiten an Abgasanlage und Abgasrückführung hinsichtlich Sauberkeit und Sicherheit die Vorschriften, die auch für Arbeiten an Motor, Kraftstoff- oder Einspritzsystem üblich sind.

Zustand der Auspuffanlage kontrollieren

■ Fahrzeug auf einer Hebebühne anheben oder absolut rüttelsicher aufbocken. Es darf

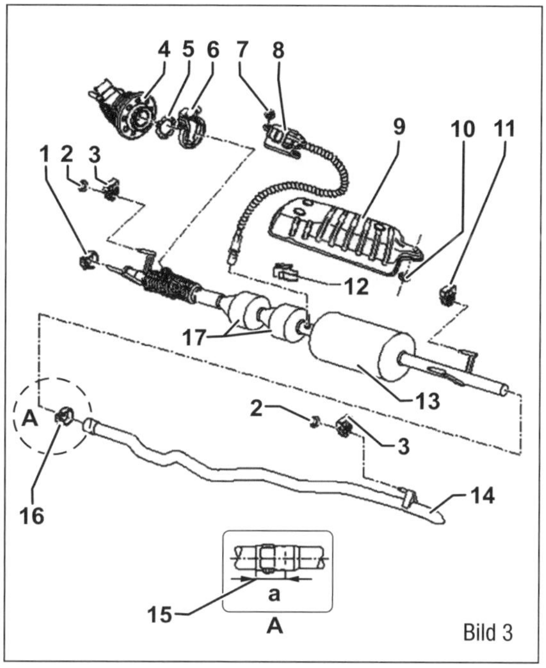

Bild 3
Motorkennbuchstaben CEBA, CEBB, CECA, CECB.
1 Schelle
2 Federmutter
3 Haltering
4 Einspritzventil für Reduktionsmittel
5 Dichtung
6 Schelle
7 Mutter
8 NOx-Geber
9 Wärmeschutzblech
10 Federmutter
11 Haltering
12 Halteklammer
13 Schalldämpfer
14 Abgasendrohr
15 Montageabmessung, a = 50 mm
16 Schelle
17 Reduktionskatalysatoren
A Montagestelle der Schelle

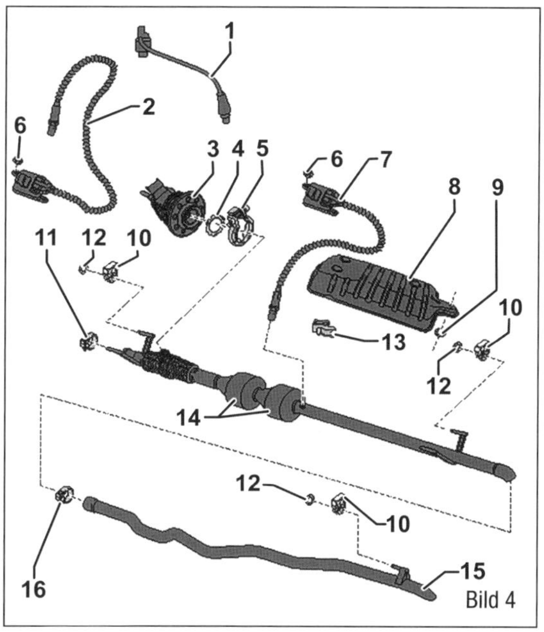

Bild 4
Fahrzeuge mit EU-6-Norm.
1 Abgastemperaturgeber
2 NOx-Geber
3 Einspritzventil für Reduktionsmittel
4 Dichtung
5 Schelle
6 Mutter
7 NOx-Geber 2
8 Wärmeschutzblech
9 Federmutter
10 Haltering
11 Schelle
12 Federmutter
13 Halteklammer
14 Reduktionskatalysatoren
15 Abgasendrohr
16 Schelle

nicht kippeln, wenn heftig an den Rohren der Auspuffanlage gedreht oder gezerrt wird. Die Aufhängungen und Gummiösen dürfen keine Schäden aufweisen.

■ Zur Kontrolle die Abgasanlage an den Schraubbefestigungen rütteln. Komponenten auf Brüchigkeit, Einrisse oder sonstige Schäden überprüfen, bei Bedarf ersetzen.

■ Wenn sich beim Demontieren eine Verschraubung nicht lösen lässt, mit rostlösendem Mittel behandeln oder durch Überdrehen abreißen. Beim Festziehen von

Bild 5
Zuhalten des Abgasrohres zur Dichtheitsprüfung.

Bild 5

Bild 6
1 Gummihalter
2 Abgasrohr
3 Schelle
4 Abgasvorrohr
5 Sechskantmutter
6 Scheibe
7 Schraube
8 Nachschalldämpfer

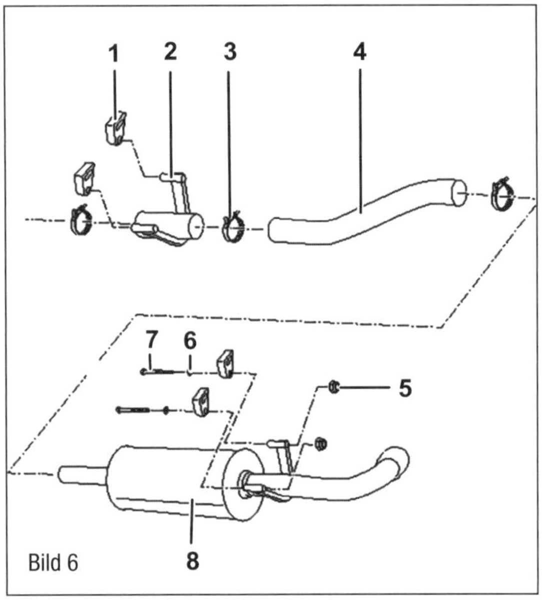

Bild 6

Verschraubungen z. B. am Abgaskrümmer die Reihenfolge von innen nach außen und über Kreuz einhalten.

■ Wenn Teile der Anlage schon einmal ersetzt wurden, trennt man die Steckverbindung der Rohrenden am besten in erwärmtem Zustand. Schweißbrenner oder Propangasbrenner verwenden und Feuerlöscher bereithalten.

■ Schalldämpfer mit einem Hammer rundum gründlich abklopfen, auch an den Stirnseiten (Übergang von den Töpfen zu den Rohren). Nicht zu zaghaft hämmern. Klingt es bei jedem Schlag hell, ist das Blech noch gesund. Wird das Klopfgeräusch an manchen Stellen dumpfer, ist die Außenhaut bereits geschwächt und wird bald durchbrechen.

Ein sehr dumpfer Auspuffton und Knallen im Schiebebetrieb können auf einen durchgerosteten Auspuff hinweisen.

■ Dichtheit der Auspuffanlage prüfen (nachfolgende Anleitung).

Abgasanlage auf Dichtheit prüfen

■ Motor anlassen und im Leerlauf drehen lassen.

■ Auspuffendrohr für die Dauer der Dichtheitsprüfung verschließen (Lappen, Stöpsel im Bild 5). Der Motor kann ausgehen. Grundsätzlich sollten Sie keine lauten Zischgeräusche wahrnehmen können.

■ Verbindungsstellen Zylinderkopf/Abgaskrümmer, Abgasturbolader/ Abgasvorrohr usw. durch Abhören auf Dichtheit prüfen. Gibt es zischelnde Geräusche an Verbindungsstellen, ist die Anlage an der Geräuschstelle undicht.

■ Festgestellte Undichtigkeiten beseitigen.

Teile der Abgasanlage aus- und einbauen

⚠ Es besteht Gefahr durch Verbrennung. Teile der Abgasanlage können heiß sein. Vor dem Ausbau Abgasanlage abkühlen lassen. Bei allen Montagearbeiten, insbesondere im Motorraum aufgrund der engen Bauverhältnisse, ist Folgendes zu beachten:

■ Leitungen aller Art (z. B. für Kraftstoff, Hydraulik, Aktivkohlebehälteranlage, Kühl- und Kältemittel, Bremsflüssigkeit, Unterdruck) und elektrische Leitungen sind so zu verlegen, dass die ursprüngliche Leitungsführung wieder hergestellt wird.

■ Um Beschädigungen an den Leitungen zu vermeiden, ist auf ausreichenden Freigang zu allen beweglichen oder heißen Bauteilen zu achten.

■ Kabelbinder vorsichtig durchtrennen und beim Einbau wieder an gleicher Stelle anbauen.

Nachschalldämpfer aus- und einbauen

■ Motor und Auspuffanlage abkühlen lassen.

■ Schraube lösen und die Schelle etwas zurück auf das Abgasrohr schieben.

■ Nachschalldämpfer nach hinten aus den Halterungen vorn und hinten ziehen.

Der Einbau erfolgt in umgekehrter Reihenfolge.

■ Achten Sie auf den richtigen Sitz (Einbauposition) der Schelle.
■ Richten Sie die Abgasanlage Spannungsfrei aus.
■ Prüfen Sie die Dichtheit der Auspuffanlage.

Reduktionskatalysatoren aus- und einbauen, (Fahrzeuge mit EU-6-Norm)
■ Motor und Auspuffanlage abkühlen lassen.
■ NOx-Geber 2 mit Steuergerät für NOx-Geber 2 am Stecker abziehen und damit von der Leitung lösen.
■ Anschluss der Förderleitung (1 im Bild 8) bis zum Anschlag auf das Einspritzventil für Reduktionsmittel (4) drücken, anschließend die Sicherungsklammern (Pfeil) drücken und den Anschluss abziehen.
Offene Anschlüsse gegen Schmutzeintrag sichern.
■ Elektrische Steckverbindung (2) entriegeln und trennen.
■ Federmutter (1 im Bild 9) von der hinteren Aufhängung der Reduktionskatalysatoren abziehen.

Nur Fahrzeuge mit langer Abgasanlage:
■ Federmutter (1 im Bild 9) von der Aufhängung des Abgasendrohres abziehen.

Fortsetzung alle Fahrzeuge:
■ Schelle am Schalldämpfer vorne öffnen und abnehmen.
■ Abgasanlage mit Reduktionskatalysatoren nach hinten aus den Aufhängungen herausziehen und abnehmen.

Der Einbau erfolgt in umgekehrter Reihenfolge.
■ Achten Sie auf den richtigen Sitz (Einbauposition) der Schelle.
■ Richten Sie die Abgasanlage spannungsfrei aus.
■ Prüfen Sie die Dichtheit der Auspuffanlage.

Abgasanlage spannungsfrei einrichten

■ Der Motor muss kalt sein.
■ Verschraubungen der vorderen Klemmschelle lösen.

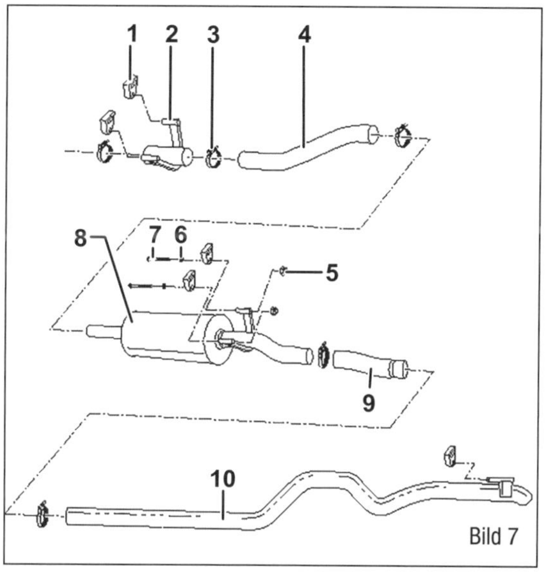

Bild 7
1 Gummihalter
2 Abgasrohr,
3 Schelle
4 Abgasvorrohr
5 Mutter
6 Scheibe
7 Schraube
8 Schalldämpfer
9 Abgasrohr
10 Abgasendrohr

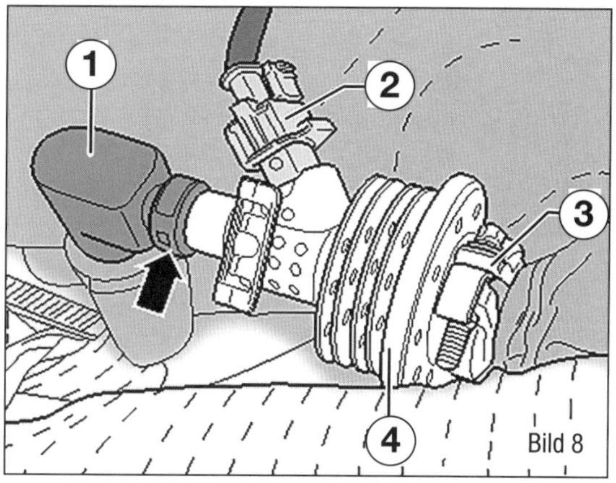

Bild 8
1 Anschluss Förderleitung
2 Steckverbindung
3 Schelle
4 Einspritzventil für das Reduktionsmittel

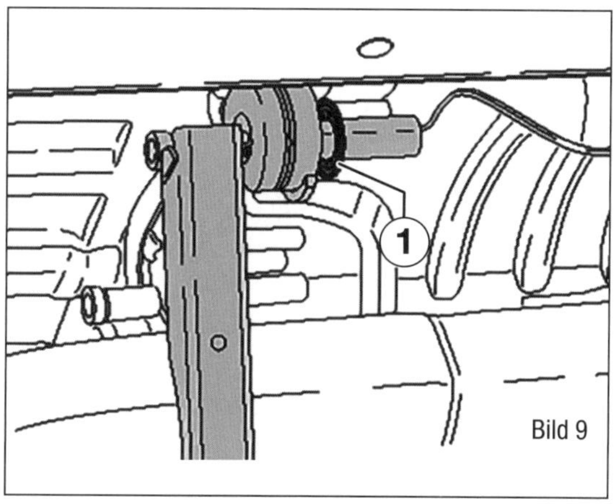

Bild 9
1 Federmutter (Spannscheibe)

Fahrzeuge mit Heckantrieb:
■ Die vordere Schraube handfest anziehen.
■ Die Abgasanlage so ausmitteln, dass diese nirgends gegenstößt und spannungsfrei sitzt.
■ Die Verschraubungen dieser »Klemmhülse vorn« müssen wie im Bild 10 gezeigt ausgerichtet werden.

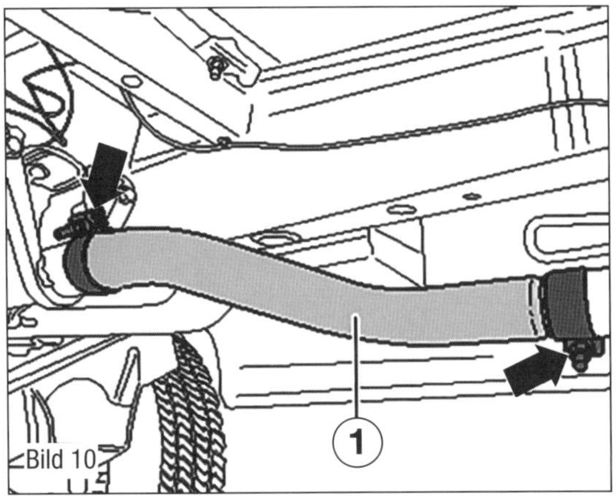

Bild 10
Heckantrieb.
1 Abgasrohr
Pfeile Schellen

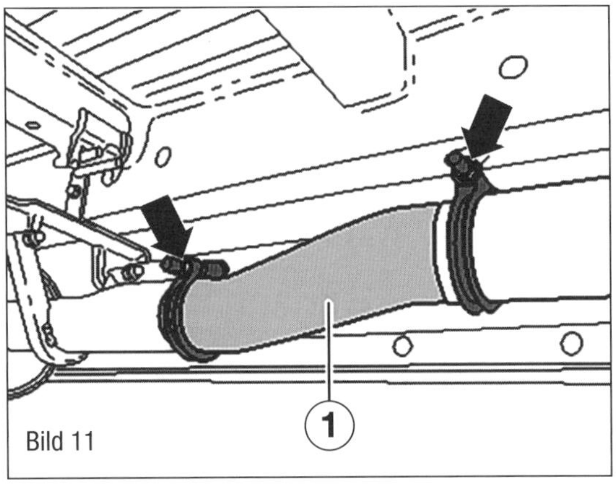

Bild 11
4Motion.
1 Abgasrohr
Pfeile Schellen

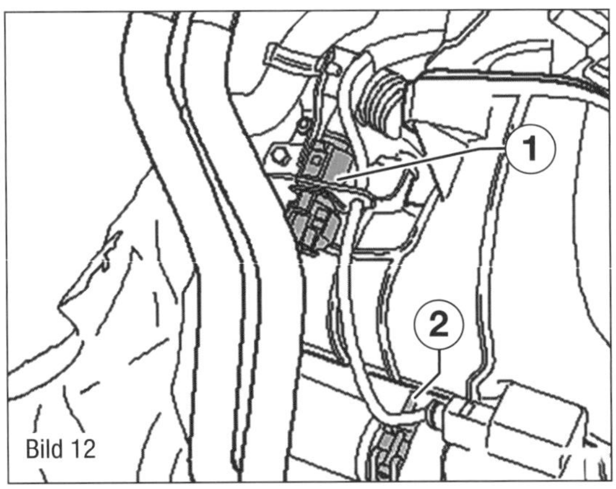

Bild 12
1 Steckverbindung
2 Schelle

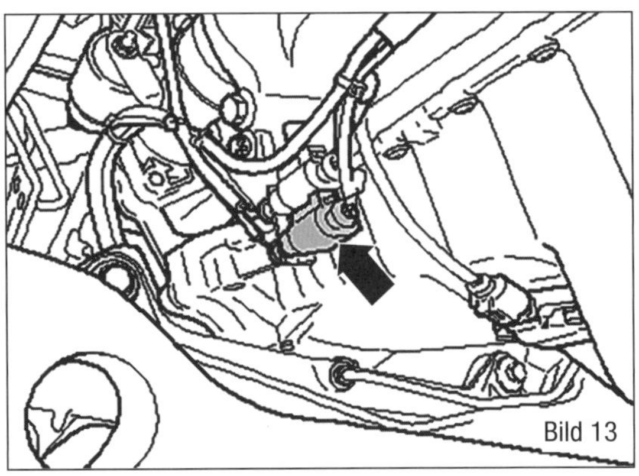

Bild 13
Steckverbindung für den Abgastemperaturfühler »3« (Pfeil)

Crafter 4MOTION mit Achleitner-Allradantrieb:

- Verschraubungen der vorderen Schellen (Pfeile im Bild 10) lösen.
- Anschließend die Abgasanlage so ausmitteln, dass diese nirgends gegenstößt und spannungsfrei sitzt.

Fahrzeuge mit langer Abgasanlage:

- Zusätzlich das hintere Abgasrohr ausmitteln, hierzu Schellen (Pfeile im Bild 11) lösen und Abgasanlage anschließend ausrichten.

Alle Fahrzeuge:

- Nach dem Anziehen der Klemmhülse die Freigängigkeit der Auspuffanlage prüfen und gegebenenfalls korrigieren.

Partikelfilter aus- und einbauen

Wird ein neuer Partikelfilter eingebaut, schließen Sie nach dem Einbau den Fahrzeugdiagnosetester an und führen die Funktion »Dieselpartikelfiltertausch« durch.

5-Zylinder-Motoren mit Motorkennbuchstaben CEBA, CEBB, CECA, CECB:

- Masseband an der Batterie bei ausgeschalteter Zündung abklemmen.
- Luftführung für Heizung ausbauen.
- Steckverbindung für Lambdasonde (1 im Bild 12) am Saugrohr trennen.
- Schelle (2) ausbauen.
- Steckverbindung für Abgastemperaturgeber »3« (Pfeil, Bild 13) trennen.
- Schalldämpfer mit Reduktionskatalysatoren ausbauen.
- Steckverbindung für Abgastemperaturgeber »4« trennen.
- Steuerleitungen (1) am Partikelfilter abschrauben.
- Halter für die Steuerleitungen (1 im Bild 14) abschrauben.
- Steuerleitungen aus dem Partikelfilter ziehen und seitlich ablegen.
- Aufhängung des Partikelfilters (1 im Bild 15) am Aggregateträger abschrauben (Pfeile). Partikelfilter, wie gezeigt drehen und nach hinten herausnehmen.

Das Entkopplungselement des Partikelfilters darf nicht mehr als 10° geknickt werden, sonst kann es beschädigt werden.

Der Einbau erfolgt sinngemäß in umgekehrter Reihenfolge.

5-Zylinder-Motoren mit Motorkennbuchstaben BJJ, BJK, BJL, BJM:

■ Klemmen Sie das Masseband an der Batterie bei ausgeschalteter Zündung ab.
■ Bauen Sie die Luftführung für Heizung aus.
■ Trennen Sie die Steckverbindungen für Lambdasonde und Temperaturgeber vor Partikelfilter.
■ Trennen Sie vorhandene Kabelbinder.
■ Schrauben Sie den Halter für Steuerleitungen am Abgasturbolader ab.
■ Schrauben Sie die obere Steuerleitung am Partikelfilter ab.
■ Bauen Sie den Schalldämpfer und das Abgasendrohr aus.
■ Lösen Sie die Schelle.
■ Schrauben Sie die untere Steuerleitung am Partikelfilter ab und ziehen anschließend Steuerleitung vom Partikelfilter ab.
■ Trennen Sie die Steckverbindung für Temperaturgeber nach Partikelfilter.
■ Trennen Sie vorhandene Kabelbinder.
■ Schrauben Sie die Stützen (1 und 2 im Bild 16) vom Partikelfilter ab.

Tipp: Wird der Partikelfilter wieder verwendet, müssen die Stützen (1 und 2) am Motorlager bzw. Zylinderblock gelöst werden, damit eine Beschädigung des Balgelements vermieden wird.

■ Bauen Sie den Halter vom Partikelfilter und Getriebe ab und nehmen Sie den Partikelfilter nach unten heraus.

Der Einbau erfolgt sinngemäß in umgekehrter Reihenfolge.

■ Lösen Sie die Befestigungsmutter der Stütze am Motorhalter.
■ Lösen Sie die Befestigungsschrauben der Stütze am Zylinderblock.
■ Stecken Sie die neue Dichtung auf den Partikelfilter.
■ Setzen Sie den Partikelfilter ein.
■ Schrauben Sie den Halter am Getriebe fest.
■ Setzen Sie den Partikelfilter am Abgasturbolader an.
■ Setzen Sie die Befestigungsschrauben des Partikelfilters am Halter an.

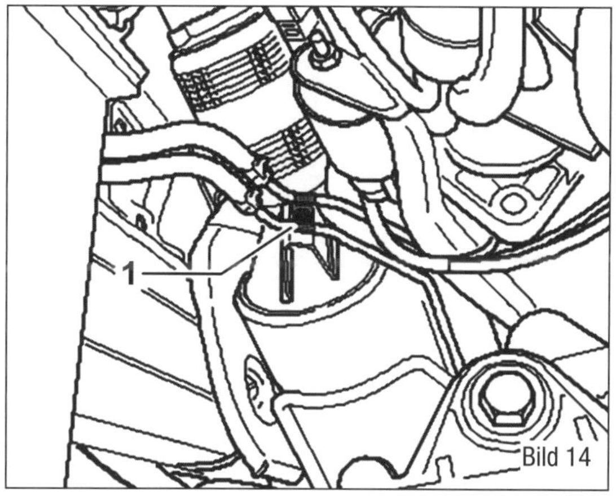

Bild 14
1 Halter Steuerleitung.

Bild 15
1 Aufhängung Partikelfilter
Pfeile Verschraubungen am Aggregateträger

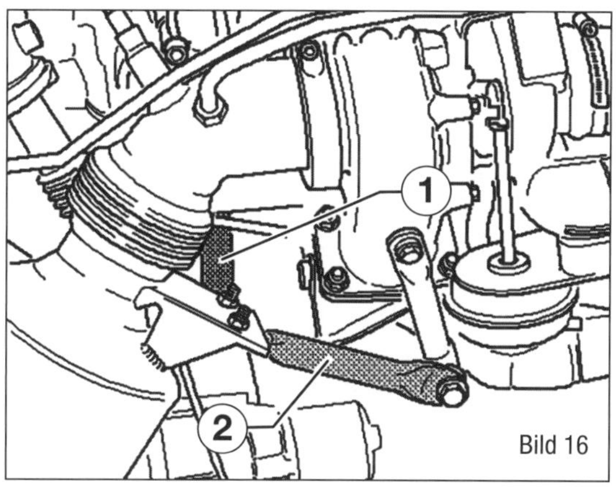

Bild 16
1 Stütze
2 Stütze

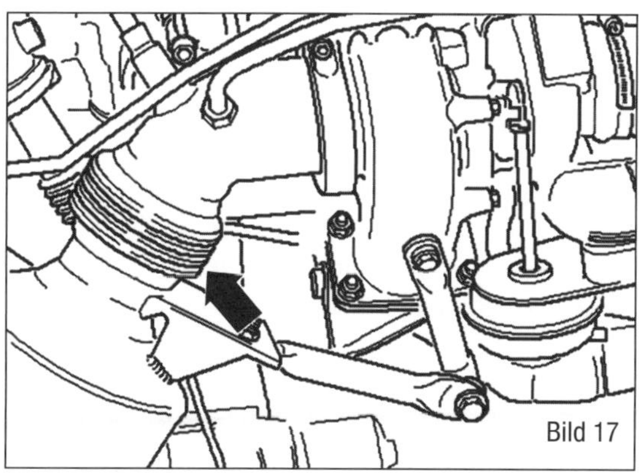

Bild 17
Pfeil Ausgleichselement

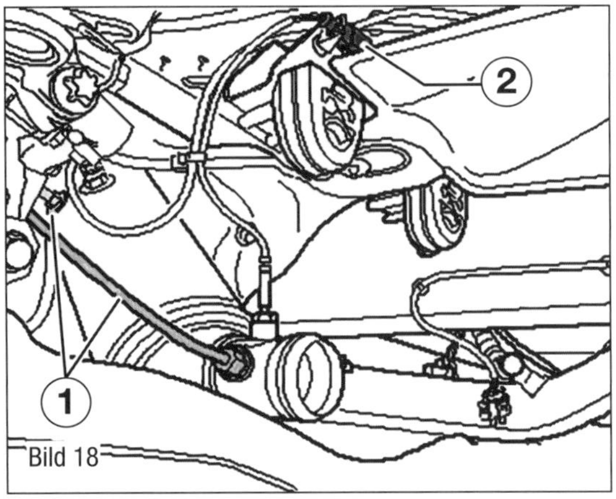

Bild 18
1 Steuerleitung
2 Steckverbindung

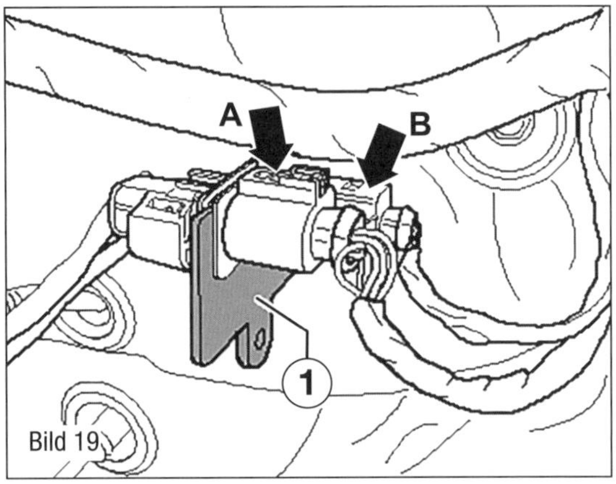

Bild 19
A Steckverbindung
B Raste

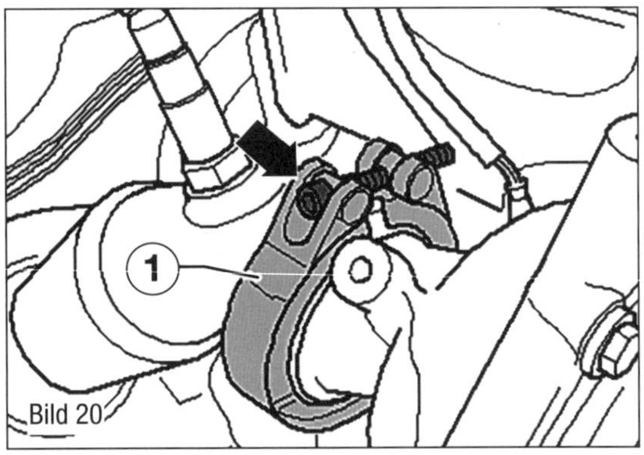

Bild 20
1 Schelle
Pfeil Schraube

- Setzen Sie die neue Schelle an.
- Setzen Sie die Befestigungsschrauben des Partikelfilters an der Stütze (1 und 2) an.
- Ziehen Sie die Schraube der Schelle fest.
- Ziehen Sie die Befestigungsmutter der Stütze am Motorhalter an.
- Ziehen Sie die Befestigungsschrauben der Stütze am Zylinderblock an.
- Ziehen Sie die Befestigungsschrauben des Partikelfilters an den Stützen an.
- Ziehen Sie die Befestigungsschrauben des Partikelfilters an dem Halter an.
- Schrauben Sie die untere Steuerleitung am Partikelfilter fest.
- Bauen Sie den Schalldämpfer und das Abgasendrohr ein.
- Stecken Sie die Steckverbindung für Temperaturgeber nach Partikelfilter zusammen und fixieren Sie die Leitung wieder mit einem Kabelbinder.
- Schrauben Sie die obere Steuerleitung am Partikelfilter fest.
- Stecken Sie die Steckverbindungen für Lambdasonde und Temperaturgeber vor Partikelfilter zusammen und fixieren Sie die Leitungen wieder mit einem Kabelbinder.
- Schrauben Sie den Halter für Steuerleitungen am Abgasturbolader fest.
- Bauen Sie Luftführung Heizung ein.
- Klemmen Sie das Masseband an der Batterie an.

4-Zylinder-Motoren mit Heckantrieb

- Luftfiltergehäuse und Ansaugschlauch zum Abgasturbolader ausbauen.

Nur Fahrzeuge mit EU-6-Motoren:
Bei Fahrzeugen mit EU-6-Motoren und SCR-System sind in den Partikelfilter zwei weitere Geber eingebaut. Wird der Partikelfilter aus- und wieder eingebaut, sind die Geber gemäß Beschreibung nur so weit auszubauen, bis sie zusammen mit dem Partikelfilter ausgebaut werden können. Wird der Partikelfilter ersetzt, sind die Geber vollständig aus dem Partikelfilter auszubauen.

- Abgastemperaturgeber 2 ausbauen.
- NOx-Geber mit Steuergerät für NOx-Geberausbauen.

Fortsetzung alle Fahrzeuge:

- Schraube von der Schelle zum Partikelfilter lösen und Nachschalldämpfer vom Partikelfilter trennen.
- Steckverbindung (2 im Bild 18) vom »Abgastemperaturgeber 3« und »Abgastemperaturgeber 4« trennen und elektrische Leitungsstränge frei legen.
- Steuerleitungen (1 im Bild 18) vom Partikelfilter abschrauben.
- Halter Steuerleitungen (1 im Bild 14) abschrauben und Steuerleitungen beiseite hängen.
- Schrauben (Pfeile im Bild 15) von der Aufhängung des Partikelfilters (1) herausdrehen.
- Steckverbindung (Pfeil A im Bild 19) von der Lambdasonde trennen und elektrischen Leitungsstrang frei legen.

■ Schraube (Pfeil im Bild 20) lösen und Schelle (1) abnehmen.
■ Partikelfilter nach oben herausnehmen.

Der Einbau erfolgt sinngemäß in umgekehrter Reihenfolge.

Nur Fahrzeuge mit EU-6-Motoren:
■ Abgastemperaturgeber 2 einbauen.
■ NOx-Geber mit Steuergerät für NOx-Geber einbauen.

Crafter 4MOTION mit Achleitner-Allradantrieb:
■ Schraube von der Schelle zum Partikelfilter lösen und Nachschalldämpfer vom Partikelfilter trennen.
■ Steckverbindung (2 im Bild 18) vom Abgastemperaturgeber »3« und Abgastemperaturgeber »4« trennen und elektrische Leitungsstränge frei legen.
■ Steuerleitungen (1) vom Partikelfilter abschrauben.
■ Halter Steuerleitungen (1 im Bild 14) abschrauben und Steuerleitungen beiseite hängen.
■ Schrauben (Pfeile im Bild 15) von der Aufhängung des Partikelfilters (1) herausdrehen.
■ Steckverbindung (Pfeil A im Bild 19) von der Lambdasonde trennen und elektrischen Leitungsstrang frei legen.
■ Schraube (Pfeil im Bild 20) lösen und Schelle (1) abnehmen.
⚠ Das Entkopplungselement des Partikelfilters darf nicht mehr als 10° geknickt werden.
■ Partikelfilter nach oben herausnehmen.

Der Einbau erfolgt sinngemäß in umgekehrter Reihenfolge.
■ Auf korrekten Sitz der Schelle und des Partikelfilters achten.
■ Nach Montagearbeiten an der Abgasanlage darauf achten, dass die Abgasanlage nicht verspannt wird und ausreichend Abstand zum Aufbau hat. Gegebenenfalls Klemmschellen lösen und Schalldämpfer und Abgasvorrohr so ausrichten, dass überall ausreichend Abstand zum Aufbau vorhanden ist und die Aufhängungen gleichmäßig belastet werden.
■ Selbstsichernde Muttern sind zu ersetzen.
■ Abgasanlage spannungsfrei ausrichten.

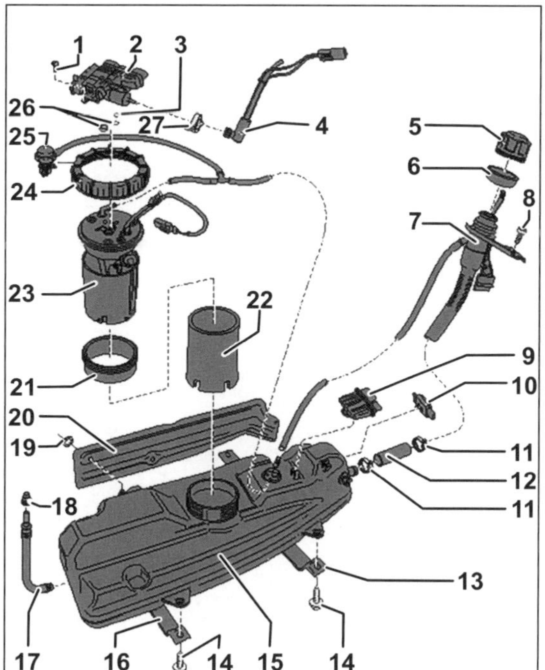

Bild 21

Bild 21
SRC bei Kombi und Kasten.
1 Schraube
2 Fördermodul
3 Distanzring
4 Förderleitung
5 Verschlussdeckel
6 Überlauf
7 Einfüllstutzen
8 Schraube
9 Steuergerät für Reduktionsmittelheizung
10 Auswerteeinheit für Reduktionsmittelvorrat
11 Schraubschelle
12 Verbindungsschlauch
13 Spannband
14 Schraube
15 Reduktionsmitteltank
16 Spannband
17 Ablassschlauch
18 Verschlussdeckel
19 Federmutter
20 Wärmeschutzblech
21 Dichtung
22 Gummitopf
23 Heizelement
24 Verschlussring
25 Entlüftung
26 Dichtring
27 Clip

■ Luftfilter und Ansaugschlauch zum Abgasturbolader ausbauen.
■ Druckluftkompressor und Druckspeicher ausbauen

SCR-System (AdBlue®)

Der Umgang mit dem Reduktionsmittel und den Bauteilen, die mit ihm in Berührung kommen, ist nicht ungefährlich für die Gesundheit und auch für lackierte oder anderweitig beschichtete Oberflächen.

⚠ Das Reduktionsmittel kann Haut, Augen und Atmungsorgane reizen. Bei Hautkontakt mit dieser Flüssigkeit, sofort mit viel Wasser abwaschen. Suchen Sie gegebenenfalls einen Arzt auf.

⚠ Achten Sie zu jedem Zeitpunkt darauf, dass kein Reduktionsmittel auf Verkleidungs- oder Karosserieteile gelangt. Sollte dies geschehen sein, waschen Sie das Reduktionsmittel mit klarem Wasser und einem fusselfreien Baumwolltuch wieder heraus. Falls sich das Reduktionsmittel bereits kristallisiert haben sollte, benutzen Sie warmes Wasser und einen Schwamm. Nicht entfernte Reduktionsmittelreste kristallisieren nach einiger Zeit und können die betroffene Oberfläche beschädigen. Infor-

Bild 22
SRC bei Pritsche und Fahrgestell-Fahrzeugen.
1 Abdeckung
2 Schraube
3 Fördermodul
4 Dichtring
5 Distanzring
6 Gummitopf
7 Auswerteeinheit für Reduktionsmittelvorrat
8 Reduktionsmitteltank
9 Spannband
10 Mutter
11 Verschlussdeckel
12 Steuergerät für Reduktionsmittelheizung
13 Dichtung
14 Heizelement
15 Verschlussring
16 Förderleitung
17 Clip

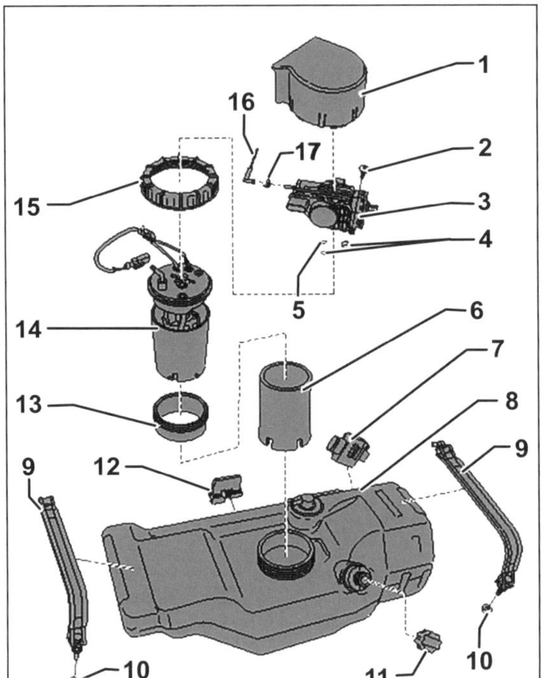

Bild 22

Bild 23
VAS 6557 Vakuumbox.
A Absperrhahn
B Absperrhahn
C Absperrhahn
D Kupplung
E Saugschlauch.

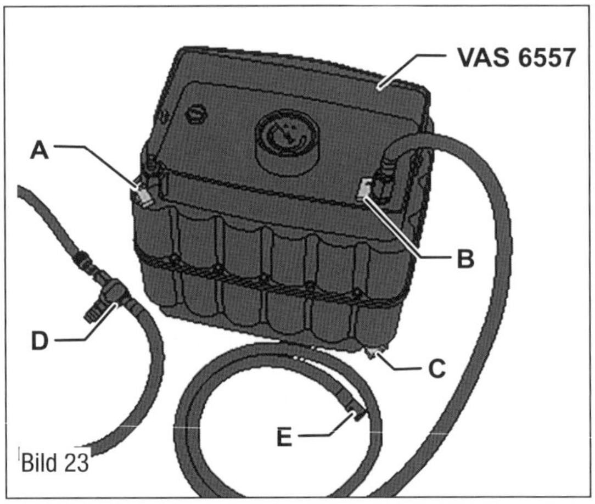

Bild 23

Bild 24
VAS 6557 Vakuumbox.
A Absperrhahn
D Kupplung

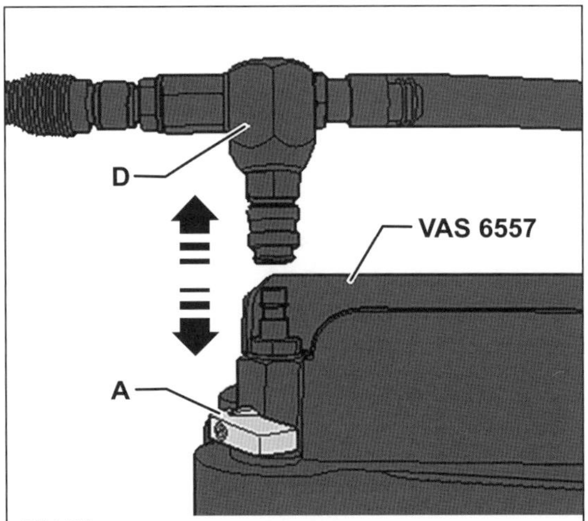

Bild 24

mationen über Lagerung und Entsorgung erfragen Sie bei Ihrem Händler.

Reduktionsmitteltank entleeren (Kastenwagen und Kombi)

- Verschlussdeckel (5 im Bild 21) am Reduktionsmitteltank öffnen.
- Ablassschlauch (17) am Reduktionsmitteltank abziehen.
- Ablassschlauch (17) über eine geeignete Auffangwanne halten.
- Sicherungsklammer zusammendrücken und Verschlussstopfen (18) abziehen.

Reduktionsmitteltank entleeren (Pritschenwagen und Fahrgestell)

- Aufsatz des Verschlussdeckels (1) leicht anheben und gegen den Uhrzeigersinn drehen, sodass die Ausbuchtungen freiliegen.
- Schlüssel aus dem Bordwerkzeug in die Ausbuchtungen setzen und Verschlussdeckel abdrehen.

Vakuum-Box »VAS 6557« wie folgt vorbereiten:

- Absperrhähne (A, B und C im Bild 23) schließen.
- Kupplung (D) mit dem Anschluss am Absperrhahn (A) verbinden und Druckluftschlauch mit Druckluft beaufschlagen.
- Absperrhahn (A) öffnen. In Vakuum-Box wird ein Vakuum erzeugt.
- Absperrhahn (A) schließen, sobald das Druckmanometer einen Unterdruck von 0,8 bar anzeigt.
- Kupplung (D) vom Anschluss am Absperrhahn (A) trennen und Druckluftzufuhr am Druckluftschlauch unterbrechen.
- Das Schlauchende (E) in den Einfüllstutzen bis zum Boden des Reduktionsmitteltanks führen und Absperrhahn (B) öffnen.

☞ Das Reduktionsmittel wird nun über den Unterdruck in der Vakuum-Box aus dem Reduktionsmitteltank gesaugt. Das Fassungsvermögen der Vakuum-Box beträgt 11 Liter. Die abgesaugte Menge ist ausreichend zum Ausbau des Reduktionsmitteltanks. Beinhaltet der Reduktionsmitteltank eine größere Menge Reduktionsmittel und soll vollständig entleert werden, muss dieser Vorgang ggf. wiederholt werden.

■ Zur Entleerung der Vakuum-Box den Anschluss am Absperrhahn (C) über ein geeignetes Gefäß halten und die Absperrhähne (A) und (C) öffnen.
■ Nach Beenden des Arbeitsablaufs die Vakuum-Box sorgfältig mit Wasser spülen.

Abgesaugtes Reduktionsmittel darf keinesfalls wieder verwendet werden. Informationen über Lagerung und Entsorgung erfragen Sie bei Ihrem Händler.

Arbeiten am Abgasrückführungssystem

Auch die Abgasrückführungssysteme sind in unterschiedlichen Ausführungen verbaut worden. Wir stellen Ihnen die Varianten an Beispielen für den Fünfzylinder- und für den Vierzylindermotor getrennt vor.

Ausbau des AGR-Ventils beim 5-Zylinder-TDI-Motor
■ Motor für die Saugrohrklappe ausbauen.
■ Verbindungsrohr (19 im Bild 25) ausbauen.
■ AGR-Ventil abschrauben und abnehmen.

Der Einbau erfolgt sinngemäß in umgekehrter Reihenfolge.
■ Ersetzen Sie die Dichtungen und O-Ringe bei der Montage.
■ Prüfen Sie die Dichtheit der Anlage nach der Montage.

Wird das AGR-Ventil ersetzt, muss mit dem Fahrzeugdiagnosetester das Motorsteuergerät an das Potenziometer für Abgasrückführung angepasst werden.

Ausbau des AGR-Ventils beim 4-Zylinder-TDI-Motor
■ Drosselklappensteuereinheit ausbauen.
■ Obere und untere Befestigung am Ölmessstab lösen. Je nach Ausführung Spreizclip ggf. mit Abdrückhebel abdrücken.
■ Befestigungsschrauben (3 im Bild 26) herausschrauben und Verbindungsrohr (5) abnehmen.
■ Befestigungsschrauben (3) herausschrauben und Abgasrückführungsventil (6) vom Saugrohr abnehmen.

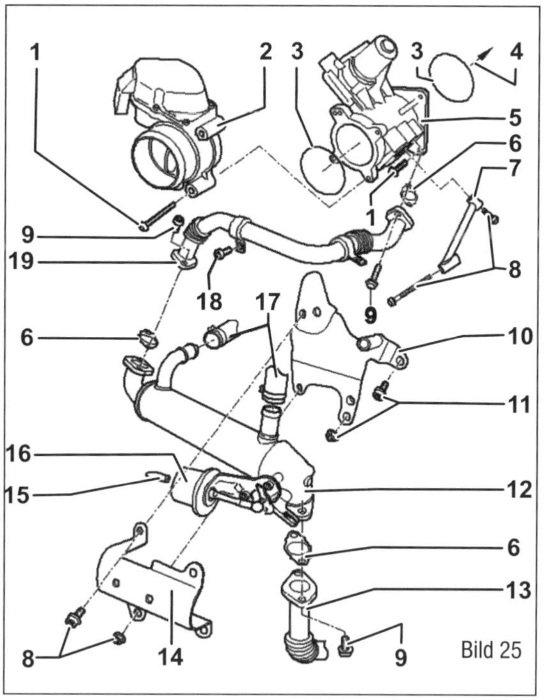

Bild 25

Bild 25
AGR am 5.Zylinder.
1 Schraube
2 Motor für Saugrohrklappe
3 O-Ring
4 zum Saugrohr
5 Abgasrückführungsventil
6 Dichtung
7 Stütze
8 Schraube
9 Schraube
10 Halter
11 Schraube
12 Kühler für Abgasrückführung
13 Verbindungsrohr
14 Halter
15 Unterdruckschlauch
16 Unterdruck-Stellelement
17 Kühlmittelschlauch
18 Schraube
19 Verbindungsrohr

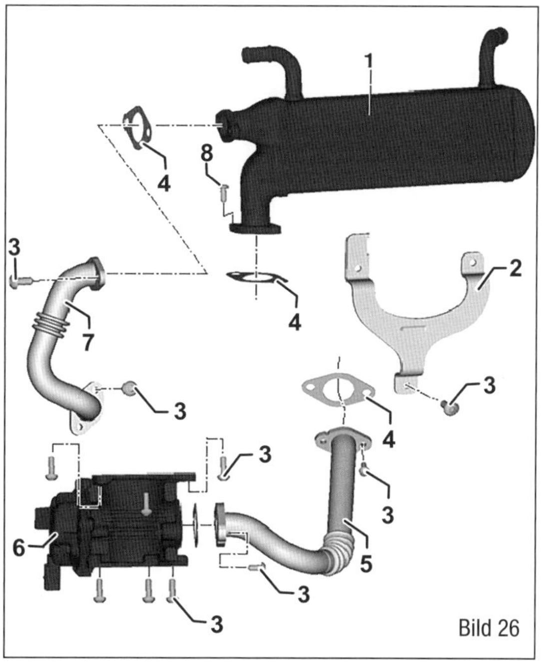

Bild 26

Bild 26
AGR am 4-Zylinder.
1 Kühler für Abgasrückführung
2 Halter
3 Schraube
4 Dichtung
5 Verbindungsrohr
6 Abgasrückführungsventil
7 Verbindungsrohr
8 Schraube

Der Einbau erfolgt sinngemäß in umgekehrter Reihenfolge.
■ Ersetzen Sie die Dichtungen und O-Ringe bei der Montage.
■ Prüfen Sie die Dichtheit der Anlage nach der Montage.

Wird das AGR-Ventil ersetzt, muss mit dem Fahrzeugdiagnosetester das Motorsteuergerät an das Potenziometer für Abgasrückführung angepasst werden.

Sichtprüfung Messen

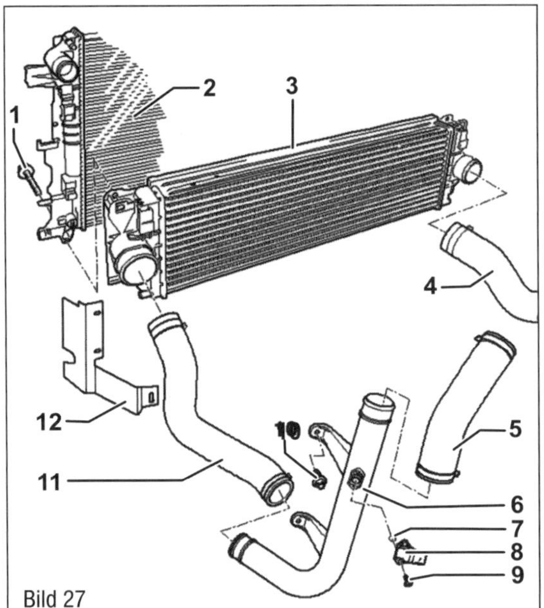

Bild 27

Bild 27
Ladeluftsystem am 5-Zylinder-Motor.
1 Schraube
2 Kühler (Wasser)
3 Ladeluftkühler
4 Luftführungsschlauch
5 Luftführungsschlauch
6 Luftführungsrohr
7 O-Ring
8 Ladedruckgeber
9 Schraube
10 Schraube
11 Luftführungsschlauch
12 Luftführung

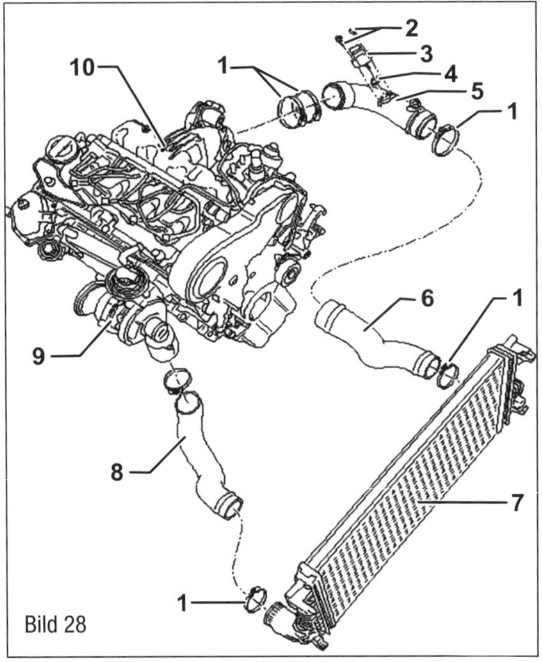

Bild 28

Bild 28
Ladeluftsystem am 4-Zylinder-Motor.
1 Schnellverschluss für Druckschläuche
2 Schraube
3 Ansauglufttemperaturgeber
4 O-Ring
5 Ladeluftrohr
6 Verbindungsschlauch
7 Ladeluftkühler
8 Verbindungsschlauch
9 Abgasturbolader
10 Saugrohr

Arbeiten am Aufladesystem

Alle Modelle der VW-Crafter-Busse sind mit Aufladesystemen wie dem Turbolader oder sogar zwei Ladern als Bi-Turbo ausgerüstet. Die sich ergebende Mehrleistung und das steigende Drehmoment erlauben den Einsatz von Motoren mit kleinerem Hubraum bei erstaunlichen Fahrleistungswerten. Im Laufe der Betriebszeit kann ein Schaden oder einfach normaler Verschleiß am Turbolader den Ausbau und oder Ersatz erforderlich machen. Auch wenn extrem günstige Preise mancher Händler im Netz locken, sollten Sie immer genau nachsehen und sich informieren, wie die Qualität der oftmals aufbereiteten Lader ist. Schließlich kann ein Schaden am Lader auch einen kapitalen Motorschaden zur Folge haben. Wenn es in einem solchen Fall um die Beweislasten geht, werden Sie als privater Schrauber kaum die Möglichkeit haben nachzuweisen, dass die Reparatur sachgemäß war und die Schadensursache im Bauteil zu finden ist.
Fragen Sie deshalb auch in einer Fachwerkstatt nach, was eine Reparatur mit Garantie kosten würde. Das kann durchaus auch eine freie Werkstatt oder oft auch der Lieferant des Turboladers sein.

☞ Sämtliche Schlauchverbindungen sind durch Schellen gesichert. Sichern Sie alle Schlauchverbindungen mit Schlauchschellen, die dem Serienstand entsprechen. Ladeluftsystem muss dicht sein. Selbstsichernde Muttern sind zu ersetzen.
Motor nach dem Einbau des Turboladers ca. 1 Minute im Leerlauf laufen lassen und nicht gleich hochdrehen, damit die Ölversorgung des Abgasturboladers sichergestellt ist.

Arbeiten am Ladeluftsystem

⚠ Wird am Abgasturbolader ein mechanischer Schaden festgestellt, z. B. ein zerstörtes Verdichterrad, genügt es nicht nur den Turbolader zu ersetzen. Um Folgeschäden zu vermeiden müssen:
a) Luftfiltergehäuse, der Luftfiltereinsatz und die Ansaugschläuche auf Verunreinigungen geprüft werden.
b) Die gesamte Ladeluftstrecke und der Ladeluftkühler auf Fremdkörper überprüft werden. Werden Fremdkörper im Ladeluftsystem festgestellt, muss die Ladeluftstrecke gereinigt und der Ladeluftkühler ggf. ersetzt werden.

☞ Verschließen Sie die Zugänge zum Ladeluftsystem sowohl beim verbleibenden Restsystem am Fahrzeug als auch bei den ausgebauten Teilen, um versehentliches Hineinfallen von Kleinteilen und Verschmutzungen zu verhindern.

Ausbau des Turboladers beim 5-Zylinder-Motor

Motorkennbuchstaben BJJ, BJK, BJL, BJM:

■ Klemmen Sie das Masseband an der Batterie bei ausgeschalteter Zündung ab.
■ Bauen Sie die Luftführung für die Heizung aus.
■ Ziehen Sie den Unterdruckschlauch am Abgasturbolader ab.
■ Bauen Sie den Ansaugschlauch (16 im Bild 29) aus.
■ Schraube (22) vom Halter (23) lösen.
■ Steuerleitungen zum Turbolader gegebenenfalls lösen und zur Seite legen.
■ Bauen Sie den Luftführungsschlauch (17) aus.
■ Bauen Sie die Stütze zum Partikelfilter (23) aus.
■ Schrauben Sie die Stütze (23) am Abgasturbolader ab. Die Befestigungsschraube am Motorhalter nur lösen.
■ Bauen Sie die Schelle zum Partikelfilter aus.
■ Bauen Sie die Ölrücklaufleitung (14) am Zylinderblock ab.
■ Bauen Sie die Ölvorlaufleitung (10) am Abgasturbolader ab.
■ Schrauben Sie den Abgasturbolader am Abgaskrümmer ab.

Der Einbau erfolgt sinngemäß in umgekehrter Reihenfolge.
■ Selbstsichernde Muttern sind zu ersetzen.
■ Die Dichtringe für Ölvorlaufleitung ersetzen.
■ Die Dichtung für Ölrücklaufleitung ersetzen.
■ Die Batterie anklemmen.

Motorkennbuchstaben CEBA, CEBB, CECA, CECB:

■ Klemmen Sie das Masseband an der Batterie bei ausgeschalteter Zündung ab.
■ Bauen Sie die Luftführung für Heizung aus.
■ Bauen Sie den Ansaugschlauch zum Luftfilter aus.
■ Ziehen Sie den Unterdruckschlauch und den Stecker am Abgasturbolader ab.
■ Bauen Sie den Luftführungsschlauch (17 im Bild 30) aus.
■ Schrauben Sie die Stütze (21) am Abgasturbolader ab. Die Befestigungsschraube am Motorhalter nur lösen.

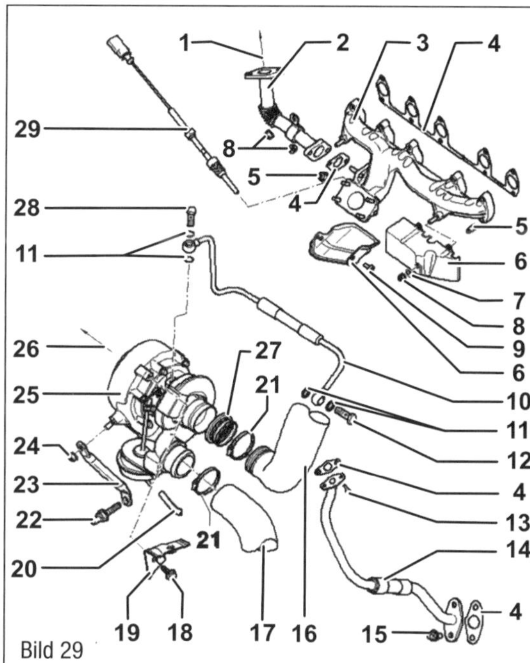

Bild 29

Bild 29
Abgasturbolader bei BJJ, BJK, BJL, BJM.
1 zum Kühler AGR
2 Verbindungsrohr
3 Abgaskrümmer
4 Dichtung
5 Mutter
6 Wärmeschutzblech
7 Unterlegscheibe
8 Mutter
9 Schraube
10 Ölvorlaufleitung
11 Dichtring
12 Hohlschraube
13 Schraube
14 Ölrücklaufleitung
15 Schraube
16 Ansaugschlauch
17 Luftführungsschlauch
18 Schraube
19 Halter
20 Unterdruckschlauch
21 Schraubschelle
22 Schraube
23 Stütze
24 Mutter
25 Abgasturbolader
26 zum Partikelfilter
27 Gummidichtung
28 Hohlschraube
29 Abgastemperaturgeber »1«

■ Bauen Sie die Schelle zum Partikelfilter aus.
■ Bauen Sie die Ölrücklaufleitung (14) am Zylinderblock ab.
■ Bauen Sie die Ölvorlaufleitung (10) am Ölfilterhalter ab.
■ Schrauben Sie den Abgasturbolader (23) am Abgaskrümmer (3) ab.

Der Einbau erfolgt sinngemäß in umgekehrter Reihenfolge.

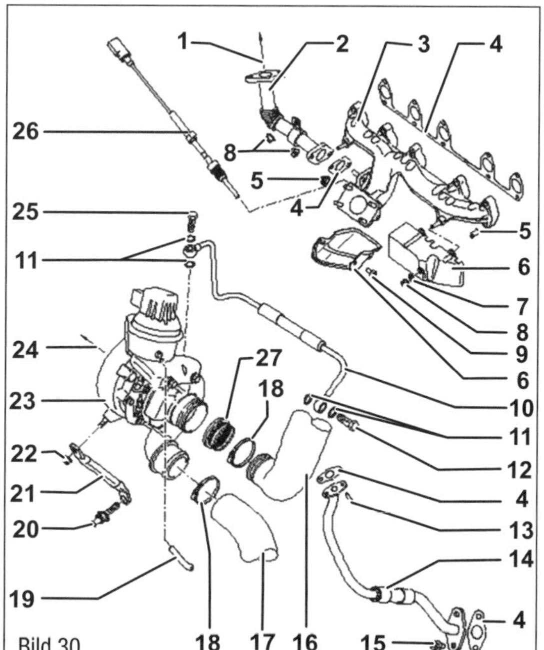

Bild 30

Bild 30
Abgasturbolader, CEBA, CEBB, CECA, CECB.
1 zum AGR-Kühler
2 Verbindungsrohr
3 Abgaskrümmer
4 Dichtung
5 Mutter
6 Wärmeschutzblech
7 Unterlegscheibe
8 Mutter
9 Schraube
10 Ölvorlaufleitung
11 Dichtring
12 Hohlschraube
13 Schraube
14 Ölrücklaufleitung
15 Schraube
16 Ansaugschlauch
17 Luftführungsschlauch
18 Schraubschelle
19 Unterdruckschlauch
20 Schraube
21 Stütze
22 Mutter
23 Abgasturbolader
24 zum Partikelfilter
25 Hohlschraube
26 Abgastemperaturgeber »1«
27 Gummidichtung

Sichtprüfung Messen

Bild 31
Monoturbo am 4-Zylinder Motor.

1 Abgasturbolader
2 Schraube
3 Potenziometer für Regelklappe
4 Abgastemperaturgeber 1
5 Sechskantbundschraube
6 Zylinderbundschraube
7 Stütze
8 Sechskantmutter
9 Sechskantbundschraube
10 Sechskantmutter
11 Abgaskrümmer mit Abgasturbolader
12 Dichtung
13 Dichtung
14 Öldruckleitung
15 Sechskantschraube
16 Dichtring
17 Hohlschraube
18 Dichtring
19 O-Ring
20 Hohlschraube
21 Zylinderschraube
22 Schraube
23 Stutzen
24 Dichtung

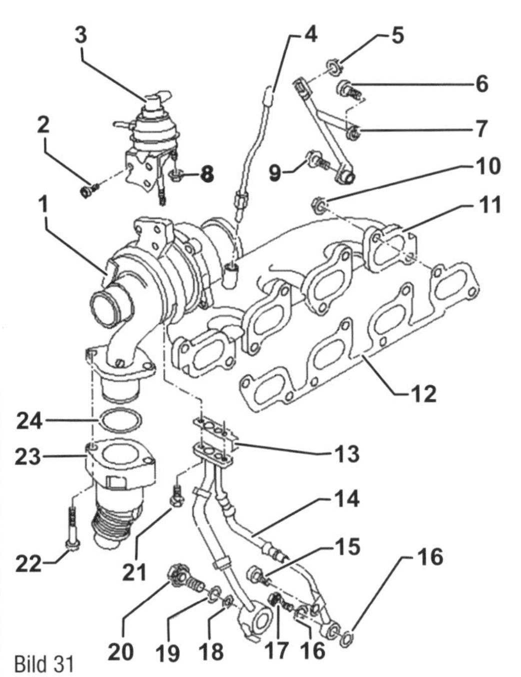
Bild 31

■ Selbstsichernde Muttern sind zu ersetzen.
■ Dichtringe (11) für Ölvorlaufleitung ersetzen.
■ Dichtung (4) für Ölrücklaufleitung ersetzen.
■ Batterie anklemmen.

Bild 32
Biturbo am 4-Zylinder Motor.

1 Abgaskrümmer mit Abgasturbolader
2 Abgastemperaturgeber »1«
3 Mutter
4 Dichtung
5 Halter
6 Hohlschraube
7 Doppeldichtring
8 Hohlschraube
9 Ölvorlaufleitung
10 Hohlschraube
11 Dichtring
12 Schraube
13 Schraube
14 Schraube
15 Hohlschraube
16 Ölrücklaufleitung
17 Schraube
18 Dichtung
19 Klemmschelle
20 Ölrücklaufleitung
21 Schraube
22 Hohlschraube
23 Leitung zum Ladedruckgeber »2«
24 Halteschelle
25 Schraube
26 Schraube
27 Ladedruckgeber »2«

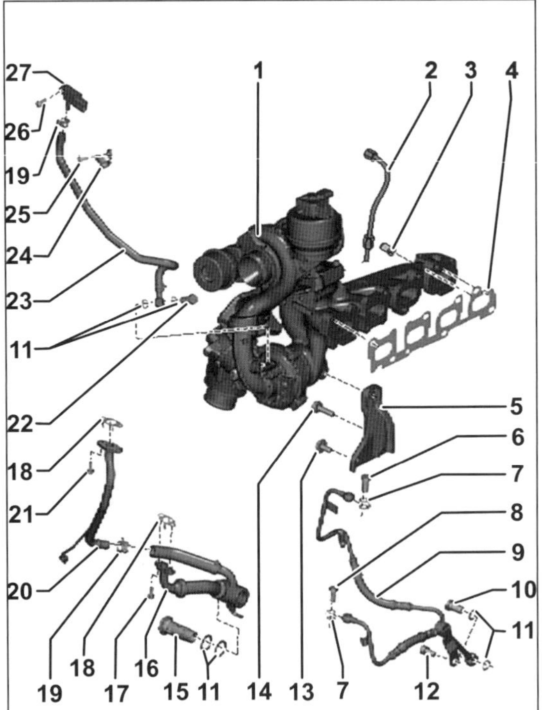
Bild 32

Ausbau des Turboladers bei den 4-Zylinder-TDI-Motoren
In den unterschiedlichen Leistungsklassen der TDI-Motoren sind unterschiedliche Turbosysteme verbaut. In der herkömmlichen Version kommt ein VTG-Lader zum Einsatz. Der große Diesel verfügt über zwei Turbolader. Die Biturbo-Einheit des 2,0-l-TDI mit 132 kW sorgt mit einer Kombination aus Niederdruck- und Hochdruck-Abgasturbolader für einen Ladedruck, der allen Leistungsanforderungen gerecht wird. Die Ladedruckregelung erfolgt über eine Regelklappe, ein Wastegate und einen Verdichter-Bypass.

Ausbau des »Mono-Laders«:

■ Luftfiltergehäuse ausbauen.
■ Unterdruckleitungen aus der Halterung am Ansaugschlauch ausclipsen.
■ Schlauch für Kurbelgehäuseentlüftung abziehen.
■ Schelle lösen und Ansaugschlauch ausbauen.
■ Steckverbindung (Pfeil B im Bild 19) vom Abgastemperaturgeber »1« trennen und elektrischen Leitungsstrang freilegen.
■ Steckverbindung vom Potenziometer für Regelklappe (3 im Bild 31) trennen.
■ Unterdruckschlauch vom Potenziometer für Regelklappe abziehen.
■ Schraube (Pfeil im Bild 20) von der Schelle (1) lösen und Schelle auf den Partikelfilter schieben.
■ Schrauben (3 im Bild 26) vom Verbindungsrohr herausdrehen und das Verbindungsrohr (7) abnehmen.
■ Schrauben (8) herausdrehen.
■ Schrauben (3) vom Halter (2) herausdrehen und Halter abnehmen.
■ Kühler für Abgasrückführung (1) auf dem Motor ablegen.

Die Kühlmittelschläuche können angeschlossen bleiben.

■ Schelle lösen und Verbindungsschlauch am Pulsationsdämpfer abbauen.

Öffnung am Abgasturbolader mit sauberen Lappen oder Ähnlichem verschließen.

■ Mutter für die Stütze des Abgasturboladers losschrauben.
■ Befestigungsschrauben für die Stütze am Motorblock herausschrauben.
■ Schrauben (21 im Bild 32) von der Öldruckleitung herausdrehen.

Schellen der Öldruckleitung nicht trennen! Wird die Öldruckleitung an den Schellen getrennt, muss diese ersetzt werden.

- Muttern (1 bis 8 im Bild 33) für den Abgaskrümmer mit Abgasturbolader herausdrehen und Abgaskrümmer mit Abgasturbolader nach oben herausnehmen.

Der Einbau erfolgt sinngemäß in umgekehrter Reihenfolge.

Baustand der Öldruckleitung prüfen und ggf. ersetzen. Öldruckleitung mit Lasche (Pfeil im Bild 34) ist neuer Baustand (muss nicht ersetzt werden). Die Öldruckleitung ohne Lasche ist alter Baustand (muss ersetzt werden).

- Öldruckleitung nach dem Einbau des Abgasturboladers auf Beschädigungen (Knicke in der Schlauchleitung) prüfen.
- Verbindungsrohre nach Demontage ersetzen.
- Sämtliche Dichtungen, O-Ringe und selbstsichernde Muttern ersetzen.
- Anzugsreihenfolge und Vorgehensweise beachten.

Biturbolader aus- und einbauen:

- Steckverbindung (Pfeil B im Bild 35) vom Ladedruckgeber »2« (1) trennen.
- Schraube (Pfeil A) herausdrehen und Ladedruckgeber »2« (1) mit Halter vom Luftfilter abnehmen und zur Seite legen.
- Luftfiltergehäuse ausbauen.
- Unterdruckleitungen aus der Halterung am Ansaugschlauch ausclipsen.
- Schlauch für Kurbelgehäuseentlüftung abziehen.
- Schelle lösen und Ansaugschlauch ausbauen.
- Steckverbindung (Pfeil A im Bild 36) vom Potenziometer für Regelklappe (1) trennen.
- Unterdruckschlauch (Pfeil B) vom Potenziometer für Regelklappe (1) abziehen und beiseite legen.
- Unterdruckschlauch (Pfeil im Bild 37) von der Unterdruckdose (1) abziehen und beiseite legen.
- Schraube (Pfeil im Bild 20) von der Schelle (1) lösen und Schelle auf den Partikelfilter schieben.
- Steckverbindung (Pfeil B im Bild 19) vom Abgastemperaturgeber »1« trennen und elektrischen Leitungsstrang freilegen.

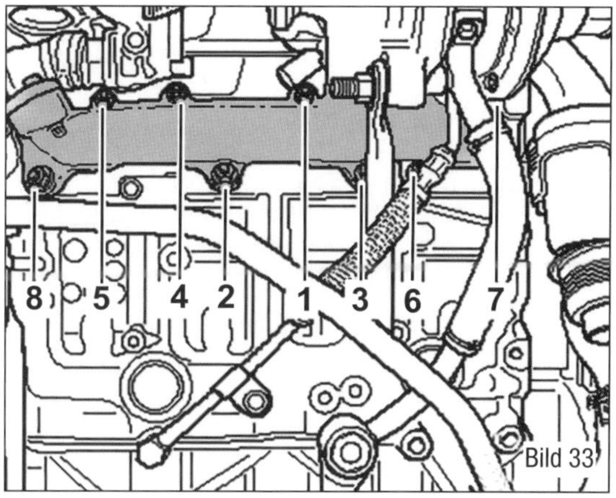

Bild 33
Monoturbo am 4-Zylinder-Motor: 1-8 Anzugsfolge, 8–1 Lösefolge.

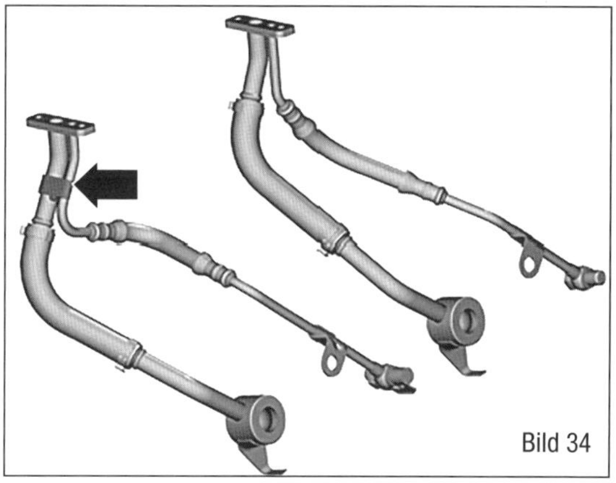

Bild 34
Geänderte Öldruckleitung: Die Öldruckleitung mit Lasche kann bleiben. Eine alte Variante muss ersetzt werden.

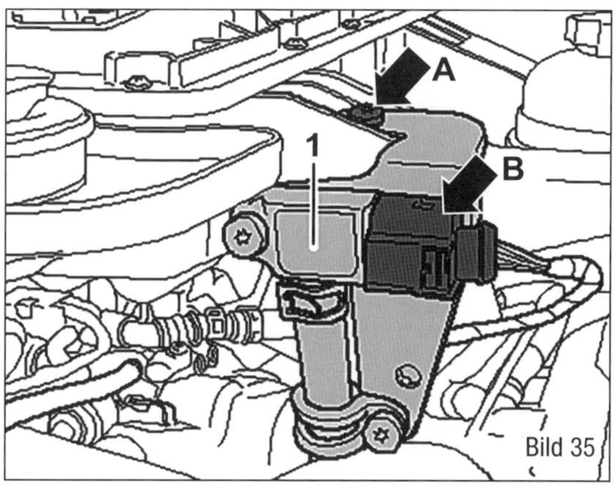

Bild 35
1 Ladedruckgeber
Pfeil A Schraube
Pfeil B Steckverbindung

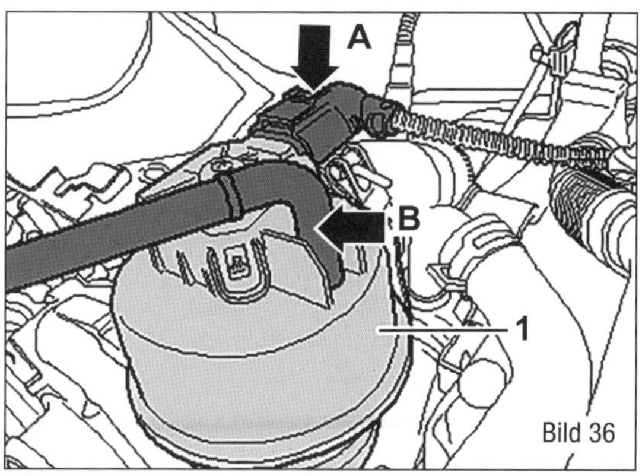

Bild 36
1 Unterdruckdose Turbolader
Pfeil A Steckverbindung
Pfeil B Unterdruckschlauch

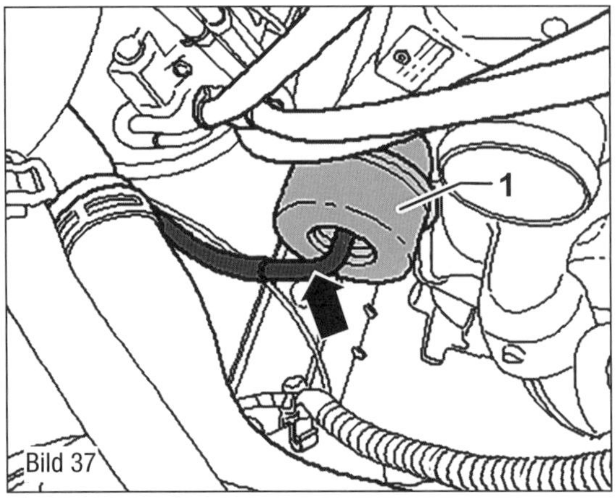

Bild 37
1 Unterdruckdose
Pfeil Anschlussschlauch

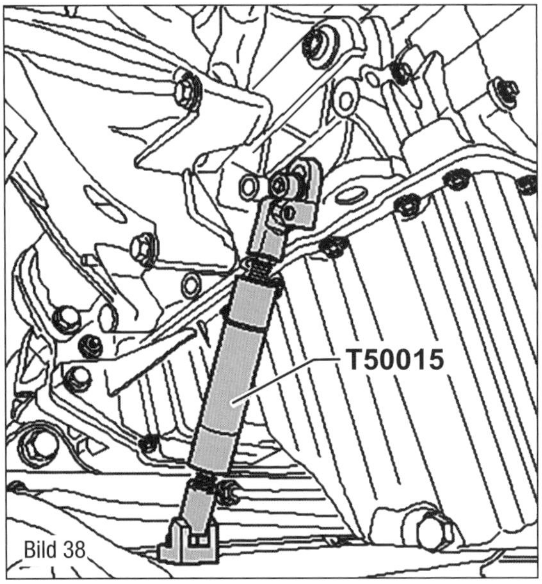

Bild 38
Motorstütze T50015.

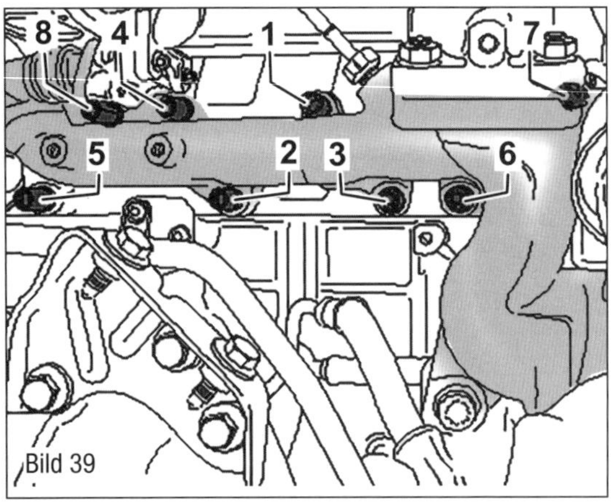

Bild 39
Reihenfolge (1–8) zum Lösen der Schrauben.

■ Schrauben (3 im Bild 26) vom Verbindungsrohr (7) herausdrehen.
■ Schrauben (8) herausdrehen.
■ Schrauben (3) vom Halter (2) herausdrehen und Halter abnehmen.
■ Kühler für Abgasrückführung (1) auf dem Motor ablegen.

☞ Die Kühlmittelschläuche können angeschlossen bleiben.

■ Schelle am Verbindungsschlauch lösen und Verbindungsschlauch am Pulsationsdämpfer abbauen.
■ Motorstütze (T50015 im Bild 38) wie gezeigt einsetzen und Motor abfangen.
■ Schraube der Motorstütze rechts auf dem Motorlager herausdrehen.
■ Schrauben der Motorstütze rechts am Motorblock herausdrehen und Motorstütze herausnehmen.
■ Hohlschraube (15 im Bild 32) lösen.

☞ Wird die Ölrücklaufleitung an der Klemmschelle (19) getrennt oder ist sie beschädigt, ist die Ölrücklaufleitung zu ersetzen.

☞ Der Turbolader wird mit neuer Ölrücklaufleitung geliefert. Wird der Turbolader ersetzt, ist die neue Ölrücklaufleitung am Turbolader zu verwenden.

■ Befestigungsschraube für Abgasturbolader am Halter unten (5) herausdrehen.
■ Hohlschraube (6) von der Ölvorlaufleitung oben herausdrehen.
■ Hohlschraube (8) von der Ölvorlaufleitung unten herausdrehen.
■ Halter der Ölvorlaufleitung am Abgasturbolader abschrauben.
■ Schrauben (1 bis 8 im Bild 39) für den Abgaskrümmer mit Abgasturbolader herausschrauben.
■ Abgasturbolader mit Abgaskrümmer vorsichtig nach oben herausnehmen.

Der Einbau erfolgt in umgekehrter Reihenfolge.
■ Verbindungsrohre (5 und 7 im Bild 26) nach Demontage ersetzen.
■ Sämtliche Dichtungen, O-Ringe und selbstsichernden Muttern ersetzen.
■ Neuen Doppeldichtring auf den jeweiligen Leitungsanschluss zur Schmierölversorgung der Turbolader aufstecken und mit der entsprechenden Hohlschraube verschrauben.
■ Ölvorlaufleitungen nach dem Einbau auf Beschädigung prüfen.

Abgasturbolader aus- und einbauen (Crafter 4MOTION mit Achleitner-Allradantrieb):
■ Luftversorgungsaggregat an der Stirnwand lösen, und etwas zur Seite legen.
■ Steckverbindung (Pfeil B im Bild 35) vom Ladedruckgeber »2« (1) trennen.

■ Schraube (Pfeil A) herausdrehen und Ladedruckgeber »2« (1) mit Halter vom Luftfilter abnehmen und zur Seite legen.
■ Luftfilter ausbauen.
■ Unterdruckleitungen aus der Halterung am Ansaugschlauch ausclipsen.
■ Schlauch für Kurbelgehäuseentlüftung abziehen.
■ Schelle lösen und Ansaugschlauch ausbauen.
■ Steckverbindung (Pfeil A im Bild 36) vom Potenziometer für Regelklappe (1) trennen.
■ Unterdruckschlauch (Pfeil B) vom Potenziometer für Regelklappe (1) abziehen und beiseite legen.
■ Unterdruckschlauch (Pfeil im Bild 37) von der Unterdruckdose (1) abziehen und beiseite legen.
■ Schraube (Pfeil im Bild 20) von der Schelle (1) lösen und Schelle auf den Partikelfilter schieben.
■ Steckverbindung (Pfeil B im Bild 19) vom Abgastemperaturgeber »1« trennen und den elektrischen Leitungsstrang frei legen.
■ Schrauben (3 im Bild 26) vom Verbindungsrohr (7) herausdrehen.
■ Schrauben (8) herausdrehen.
■ Schrauben (3) vom Halter (2) herausdrehen und Halter abnehmen.
■ Kühler für Abgasrückführung (1) auf dem Motor ablegen.

Tipp: Die Kühlmittelschläuche können angeschlossen bleiben.

■ Schelle für den Verbindungsschlauch lösen und am Pulsationsdämpfer abbauen. Öffnung am Abgasturbolader mit sauberen Lappen oder Ähnlichem verschließen.
■ Motorstütze (T50015 im Bild 38) wie gezeigt einsetzen und Motor abfangen.
■ Schraube von der Motorstütze rechts zum Gummilager herausdrehen.
■ Schrauben der Motorstütze rechts am Motorblock herausdrehen und Motorstütze herausnehmen.
■ Hohlschraube (10 im Bild 32 lösen.
■ Befestigungsschraube für Abgasturbolader am Halter unten (5) herausdrehen.
■ Hohlschraube (6) von der Ölvorlaufleitung oben herausdrehen.
■ Hohlschraube (8) von der Ölvorlaufleitung unten herausdrehen.
■ Halter der Ölvorlaufleitung am Abgasturbolader abschrauben.
■ Schrauben (1 bis 8 im Bild 39) für den Abgaskrümmer mit Abgasturbolader herausschrauben.
■ Abgasturbolader mit Abgaskrümmer vorsichtig nach oben herausnehmen.

Der Einbau erfolgt in umgekehrter Reihenfolge.
■ Verbindungsrohre (5 und 7 im Bild 26) nach Demontage ersetzen.
■ Sämtliche Dichtungen, O-Ringe und selbstsichernde Muttern ersetzen.
■ Neuen Doppeldichtring auf den jeweiligen Leitungsanschluss zur Schmierölversorgung der Turbolader aufstecken und mit der entsprechenden Hohlschraube verschrauben.
■ Ölvorlaufleitungen nach dem Einbau auf Beschädigung prüfen.

Ausbau des Ladeluftkühler
(Bilder 27 und Bild 28)
Die Montagearbeiten unterscheiden sich für die beiden Motorbauweisen kaum.

■ Kühlergrill ausbauen.
■ Stoßfängerabdeckung vorn ausbauen.

Bei Fahrzeugen mit Klimaanlage:
■ Kondensator ausclipsen und Kühlergebläsegehäuse ausbauen.

Tipp: Bei Fahrzeugen mit Klimaanlage muss der Kondensator links entriegelt und ein wenig nach oben gezogen werden.

Weiter für alle Fahrzeuge:
■ Schellen links und rechts am Ladeluftkühler lösen und die Luftführungsschläuche links und rechts vom Ladeluftkühler abziehen.
■ Schraube (1 im Bild 27) links und rechts herausdrehen und Ladeluftkühler (3) abnehmen.
■ Ladeluftkühler nach unten herausnehmen.

Der Einbau erfolgt sinngemäß in umgekehrter Reihenfolge.

10 Kraftübertragung

Getriebetypen beim Crafter

Zum System der Kraftübertragung bei Fahrzeugen mit Schaltgetriebe gehören Getriebe, Kupplung und Achsantrieb. Damit alle Akteure perfekt zusammenarbeiten und die vom Motor produzierte Leistung an die Antriebsräder übertragen, sind sie durch Gelenke, Wellen und Zahnräder miteinander verbunden. Welche Kraft tatsächlich an den Rädern benötigt wird, hängt davon ab, was dem Fahrzeug während der Fahrt abverlangt wird. Der Motor bietet jedoch nur in einem begrenzten Drehzahlbereich eine verwertbare Leistung an. Damit der Wagen beim Beschleunigen und bei Bergfahrten trotzdem genügend Zugkraft entwickelt, ist das Getriebe nötig.
Mit seinen verschiedenen Gängen gewährleistet es eine jeweils passende Übersetzung. Je nach Motor werden vier verschiedene Getriebe verbaut. Gerade beim Ersetzen des Getriebes aus dem Gebrauchtmarkt ist es wichtig, die Getriebe unterscheiden zu können.

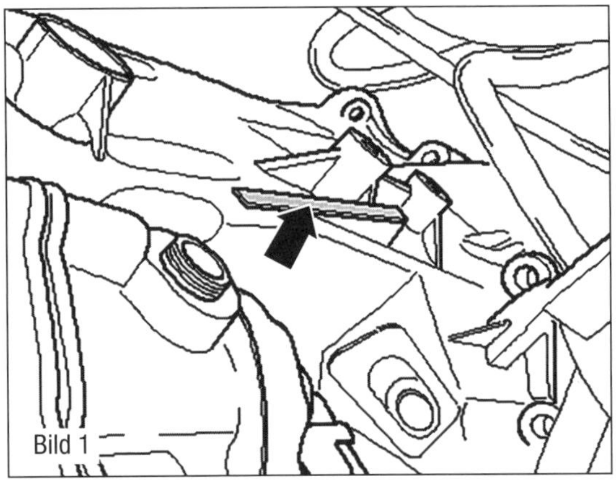

Bild 1
OCB-Getriebe: Pfeil Position der Getriebekennung.

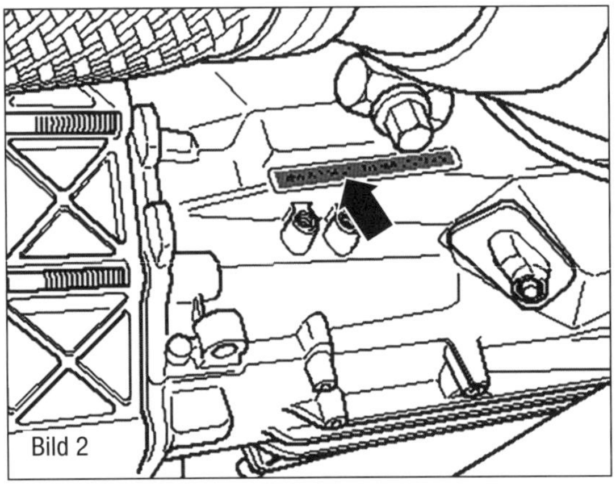

Bild 2
OB7- und OB8-Getriebe: Pfeil Position der Getriebekennung.

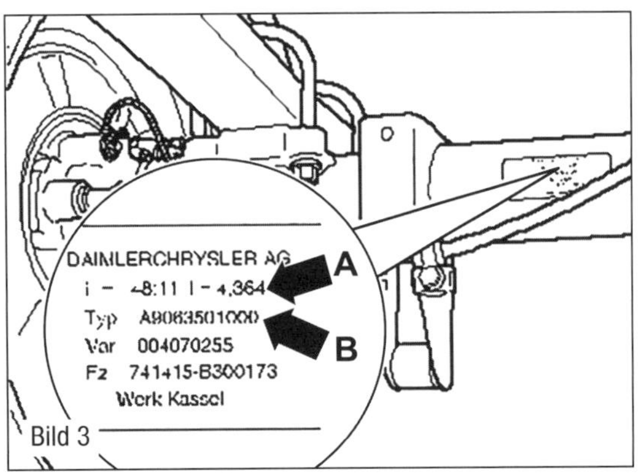

Bild 3
Typenschild auf der Hinterachse.
Pfeil A Übersetzungsverhältnis »i«
Pfeil B Herstellerteilenummer

Position der Getriebekennung

Im Bereich des Pfeils im Bild 2 ist die Kennnummer eingeschlagen. Diese Kennnummer finden Sie auch auf dem Fahrzeugdatenträger im Fahrzeug oder im Serviceplan.

Getriebe und Motorisierung

Die Crafter sind grundsätzlich mit 6-Gang-Schaltgetrieben ausgerüstet. Das automatisierte Schaltgetriebe basiert auf dem Schaltgetriebe »0B7« und wird dann mit »0B8« bezeichnet. Die Bezeichnung ist auf dem Getriebeblock von oben sichtbar.
Beide Getriebe wurden ausschließlich bei Fahrzeugen mit dem 2,5-l-TDI-Motor verbaut. Die 2-l-Motoren wurden nur noch mit dem Schaltgetriebe ausgerüstet. Die Bezeichnung dieses Getriebes lautet 0BC.
Die Zuordnung der Motorisierungen und der Leistungen werden wir im Folgenden aufführen.

Zuordnung Motoren und Getriebe

Bei gleicher Bezeichnung kann sich das Übersetzungsverhältnis für ein Getriebe in Abhängigkeit zur Motorvariante unterscheiden. Hieraus ergeben sich dann die Getriebekennbuchstaben. Wird ein Getriebe gebraucht verbaut, sollte die Verwendung nach Motortyp geprüft werden. Die Untergruppierungen der Getriebe lässt sich bestimmten Fahrzeugen und Bauzeiträumen zuordnen.
Die Aufschlüsselung sollten Sie Aufgrund von Aktualität über einen VW-Händler durchführen oder Ihr Getriebelieferant kann Ihnen hierbei unter die Arme greifen.

Getriebetypen, Kennbuchstaben und Motorisierung
In den nachstehenden Tabellen finden Sie die Getriebekennzahlen zu den Motorisierungen zugeordnet. So können Sie sich leicht eine Übersicht verschaffen.

Fahrzeuge mit 5-Zylinder-TDI-Motoren:

Getriebetyp	6- Gang handgeschaltetes Schaltgetriebe 0B7		6-Gang automatisiertes Schaltgetriebe 0B8
Kennbuchstaben	HQT, HQU, HQX, HQY, HQZ, HRA	HQV, HQW, HRB, HRC, HRD, HRE	HRF
Fertigung	ab 03/06	ab 03/06	ab 04/09
Verbaut im:	Crafter 2006 folgende	Crafter 2006 folgende	Crafter 2006 folgende
Motordaten	2,5 Liter – 65 kW 2,5 Liter – 80 kW 2,5 Liter – 100 kW	2,5 Liter – 120 kW	MKB BJK: 2,5 Liter – 80 kW MKB BJL: 2,5 Liter – 100 kW
Füllmenge ohne Nebenantrieb	1,5 Liter	2,0 Liter	1,5 Liter
Füllmenge mit Nebenantrieb	1,75 Liter	2,5 Liter	–
Hydraulikeinheit	–	–	0,5 Liter

Fahrzeuge mit 5-Zylinder-TDI-Motoren und Fahrzeuge mit 4-Zylinder-TDI-Motoren:

Getriebetyp	6-Gang handgeschaltetes Schaltgetriebe 0CB		
Kennbuchstaben	LCF, LCG, LCH, LCJ, LCK, LCL	MWA, MWB, MWC, MWD, MWE, MWF	MWG, MWH, MWJ, MWK, MWL, MWM
Fertigung	ab 04/09	ab 04/09	ab 04/09
Verbaut im:	Crafter 2006 folgende	Crafter 2012 folgende	Crafter 2012 folgende
Motordaten	2,5 Liter – 65 kW 2,5 Liter – 80 kW 2,5 Liter – 100 kW 2,5 Liter – 120 kW	2,0 Liter – 80 kW 2,0 Liter – 100 kW	2,0 Liter – 120 kW
Füllmenge ohne Nebenantrieb	2,6 Liter	2,6 Liter	2,6 Liter
Füllmenge mit Nebenantrieb	3,25 Liter	3,25 Liter	3,25 Liter

Montagearbeiten am Getriebe

Die Arbeiten zur Demontage des Getriebes erfordern einige spezielle Werkzeuge und auch Erfahrung in der Montage. Das wirkt sich auch auf die Preise der frei erhältlichen Austauschgetriebe aus. Der werkseitig aufgerufene Teilepreis ist oftmals nicht mit dem Fahrzeugwert zu vereinbaren. Speziell auf das Thema ausgerichtete Anbieter können oftmals die Getriebe schon um 1000 Euro liefern. Da die Einzelteile, sobald die Reparatur über die Lager hinausgeht, in der Regel recht teuer sind, wird eine Reparatur in eigener Regie schnell unwirtschaftlich.
Im Rahmen dieses Buches gehen wir nur auf Arbeiten ein, die üblicherweise in privater Hand von Schraubern angegangen werden.
Hinzu kommt, dass der Umfang der Arbeitsbeschreibungen für die Demontage den Rahmen dieses Buches sprengen würde.
Wir stellen Ihnen trotzdem einige Montageübersichten mit einigen Anzugsdrehmomenten vor.
Sicherlich ersetzen diese nicht die Handbücher, die für eine sachgerechte Montage erforderlich sind, verschaffen Ihnen aber eine Übersicht über die Bauteile.

Bild 4
OB7- und OB8 Getriebe.
1 Kupplungsgehäuse
2 Passhülse
3 Lagerschild
4 Antriebswelle
5 Kupplungskörper 5. Gang
6 Synchronring 5. Gang
7 Rollenlager
8 Schraube
9 Verschlussdeckel
10 Dichtring

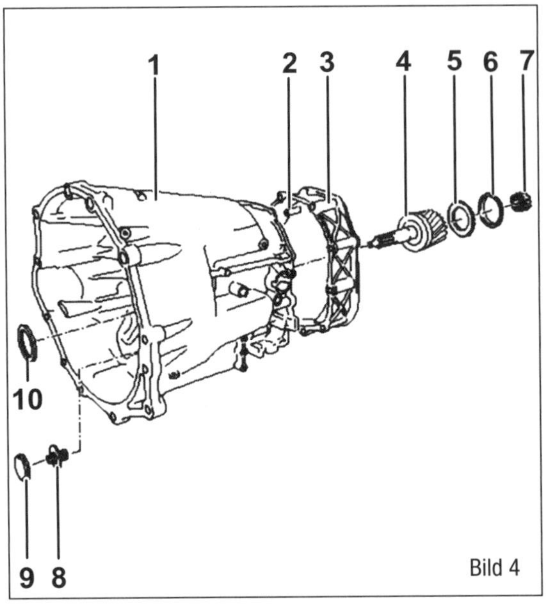

Bild 4

Bild 5
OB7- und OB8-Getriebe.
1 Schraube
2 Schalteinheit
3 Passhülse
4 Lagerbolzen
5 O-Ring
6 Schraube
7 Neutralschalter
8 Schraube
9 Kerbstift
10 Schalthebel
11 Dichtring
12 Kardanwellenflansch
13 Schraube
14 Schraube
15 Getriebegehäuse
16 Ölablassschraube
17 Rücklaufrad
18 Zwischenplatte
19 Zentrierhülse
20 Schraube
21 Vorgelegewelle
22 Abtriebswelle
23 Zwischenplatte
24 Zentrierhülse
25 Schraube
26 Öleinfüllschraube
27 Schraube

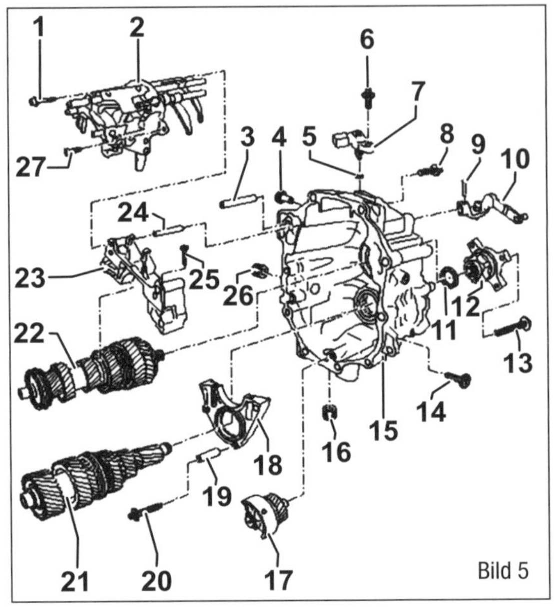

Bild 5

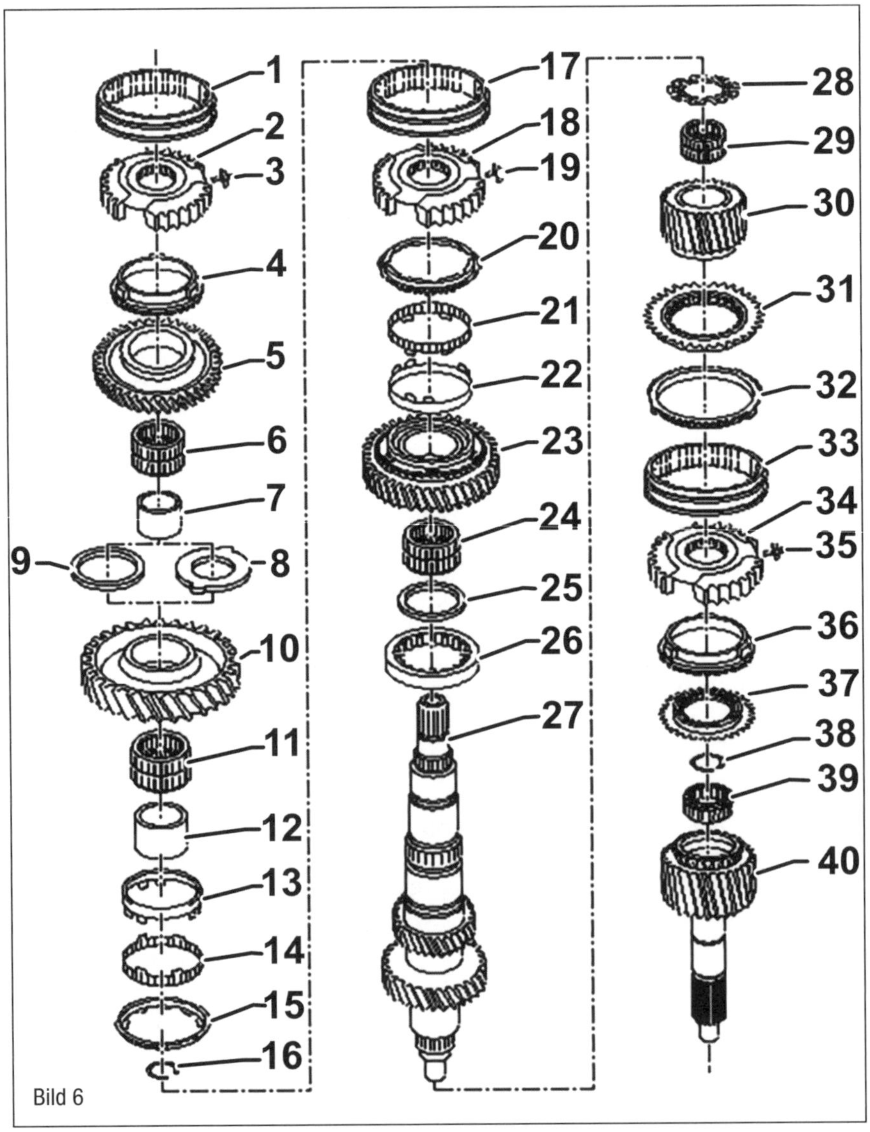

Bild 6

Bild 6
OB7- und OB8-Getriebe.
1 Schiebemuffe Rückwärtsgang
2 Synchronkörper Rückwärtsgang
3 Druckstück
4 Synchronring Schaltrad Rückwärtsgang
5 Schaltrad Rückwärtsgang
6 Nadellager
7 Innenring/Nadellager
8 Anlaufscheibe
9 Anlaufscheibe
10 Schaltrad 1. Gang
11 Nadellager
12 Innenring/Nadellager
13 Innenring für 1. Gang
14 Zwischenring für 1. Gang
15 Synchronring für 1. Gang
16 Sicherungsring
17 Schiebemuffe für 1. und 2. Gang
18 Synchronkörper für 1. und 2. Gang
19 Druckstück
20 Synchronring für 2. Gang
21 Zwischenring für 2. Gang
22 Innenring für 2. Gang
23 Schaltrad 2. Gang
24 Nadellager
25 Anlaufscheibe
26 Rollenlager
27 Abtriebswelle
28 Ölscheibe
29 Nadellager
30 Schaltrad 6. Gang
31 Kupplungskörper 6. Gang
32 Synchronring 6. Gang
33 Schiebemuffe 5. und 6. Gang
34 Synchronkörper 5. und 6. Gang
35 Druckstück
36 Synchronring 5. Gang
37 Kupplungskörper 5. Gang
38 Sicherungsring
39 Rollenlager
40 Antriebswelle

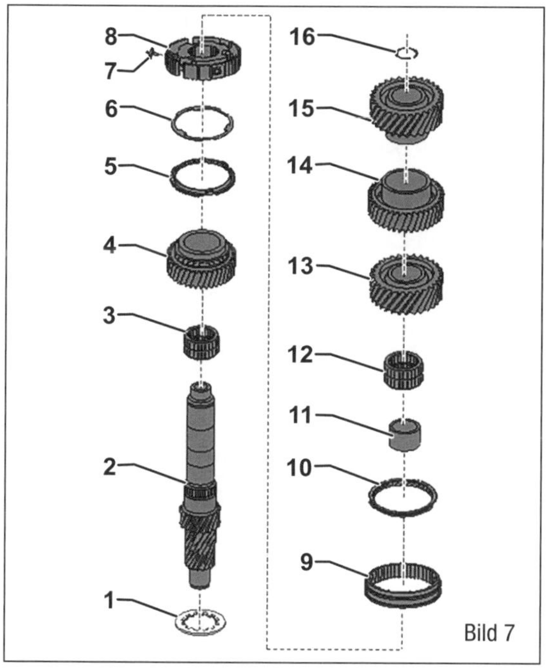

Bild 7

OCB-Getriebe Vorgelegewelle.

1 Muffe Rückwärtsgang
2 Synchronkörper
3 Druckstück
4 Synchronring
5 Schaltrad Rückwärtsgang
6 Nadellager
7 Innenring/Nadellager
8 Anlaufscheibe
9 Schaltrad 1. Gang
10 Nadellager
11 Innenring/Nadellager
12 Innenring für 1. Gang
13 Zwischenring 1. Gang
14 Synchronring
15 Schiebemuffe
16 Synchronkörper

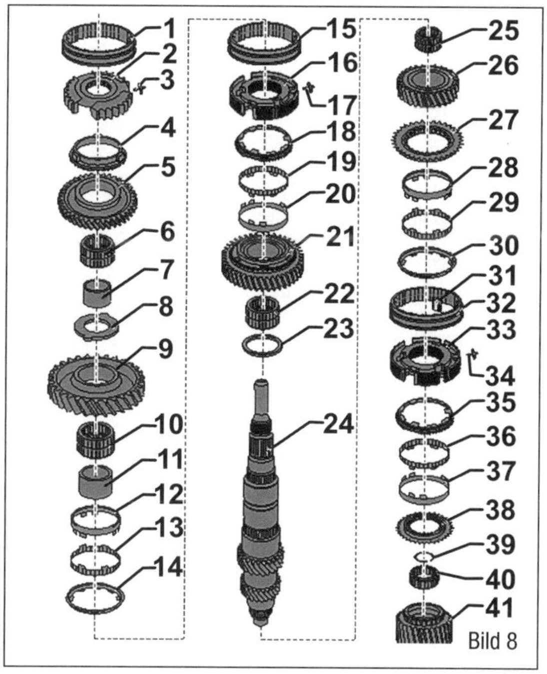

Bild 8

OCB-Getriebe Antriebs- und Abtriebswelle.

1 Schiebemuffe
2 Synchronkörper
3 Druckstück
4 Synchronring
5 Schaltrad Rückwärtsgang
6 Nadellager
7 Innenring/Nadellager
8 Anlaufscheibe
9 Schaltrad 1. Gang
10 Nadellager
11 Innenring/Nadellager
12 Innenring für 1. Gang
13 Zwischenring 1. Gang
14 Synchronring 1. Gang
15 Schiebemuffe
16 Synchronkörper
17 Druckstück
18 Synchronring 2. Gang
19 Zwischenring 2. Gang
20 Innenring für 2. Gang
21 Schaltrad 2. Gang
22 Nadellager
23 Abstandscheibe
24 Abtriebswelle
25 Nadellager
26 Schaltrad 3. Gang
27 Kupplungskörper
28 Innenring für 3. Gang
29 Zwischenring 3. Gang
30 Synchronring 3. Gang
31 Sperrstücke
32 Schiebemuffe
33 Synchronkörper
34 Druckstück
35 Synchronring 4. Gang
36 Zwischenring 4. Gang
37 Innenring für 4. Gang
38 Kupplungskörper
39 Sicherungsring
40 Rollenlager
41 Antriebswelle

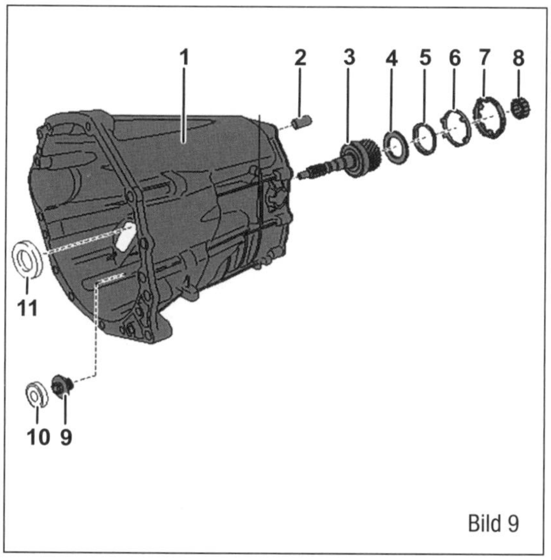

Bild 9

OCB-Getriebe Antriebswelle.

1 Kupplungsgehäuse
2 Passhülse
3 Antriebswelle
4 Kupplungskörper 4.Gang
5 Innenring 4. Gang
6 Zwischenring 4. Gang
7 Synchronring 4. Gang
8 Rollenlager
9 Schraube
10 Verschlussdeckel
11 Dichtring

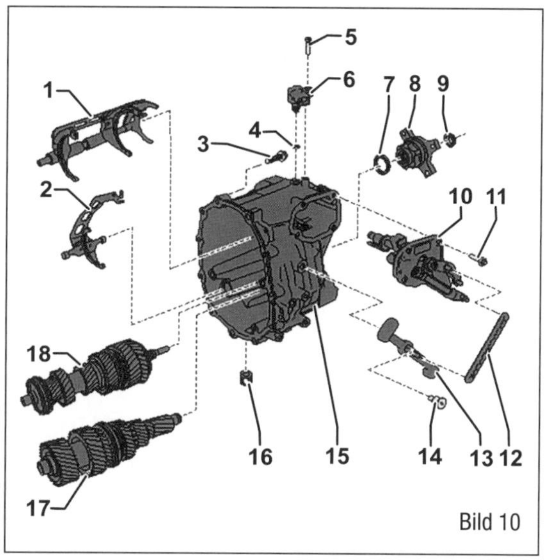

Bild 10

OCB-Getriebe.

1 Schaltgabelgruppe
2 Schaltgabel 5./6. Gang
3 Schraube
4 O-Ring
5 Schraube
6 Schalter für Getriebe-Neutralstellung
7 Dichtring
8 Kardanwellenflansch
9 Mutter
10 Schalteinheit
11 Schraube
12 Verbindungsstange
13 Tilgergewicht
14 Schraube
15 Getriebegehäuse
16 Ölablassschraube
17 Vorgelegewelle
18 Abtriebswelle

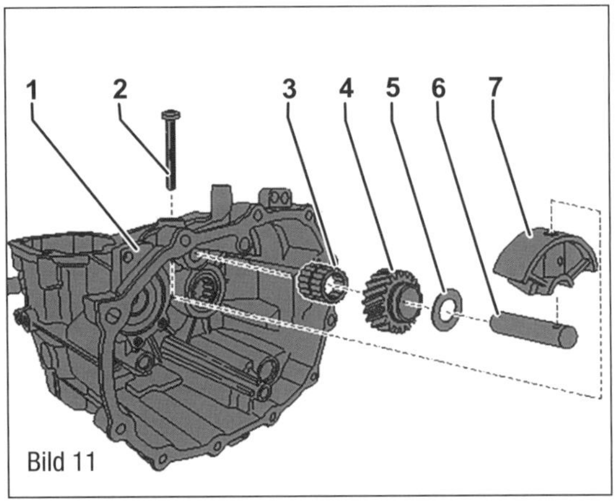

Bild 11
OCB-Getriebe Rückwärtsgang.
1 Getriebegehäuse
2 Schraube
3 Nadellager
4 Rücklaufrad
5 Anlaufscheibe
6 Rücklaufradachse
7 Stütze

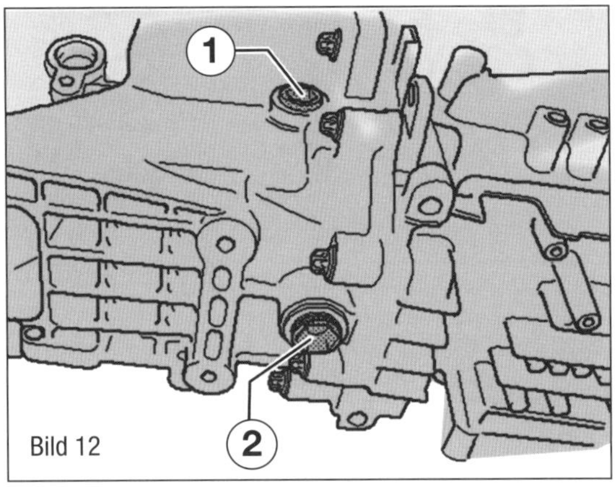

Bild 12
0B7-Getriebe.
1 Öleinfüllschraube
2 Ölablassschraube

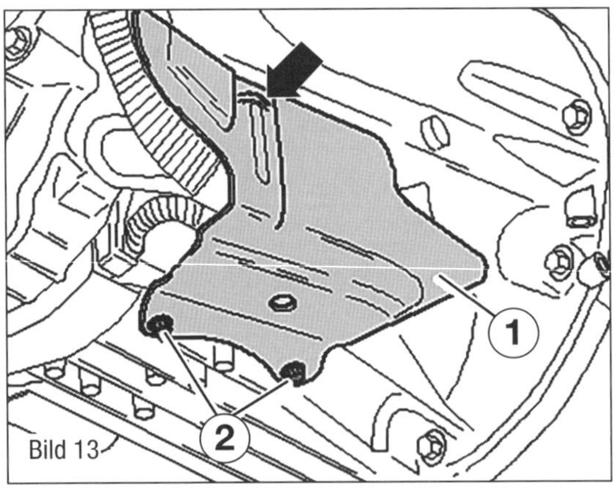

Bild 13
0B8-Getriebe.
1 Verkleidung
2 Befestigungsschrauben
Pfeil Führung

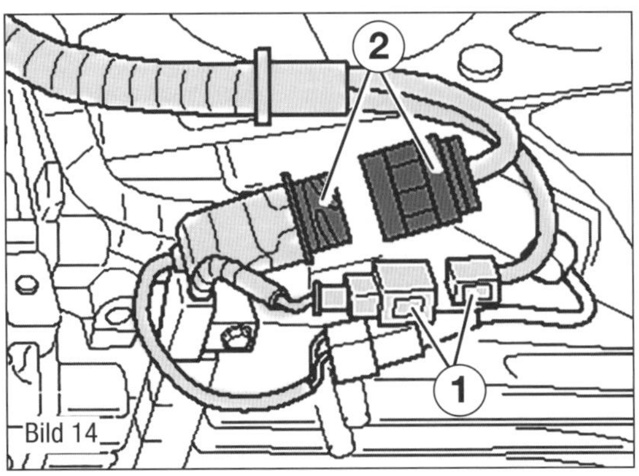

Bild 14
0B8-Getriebe.
1 Steckverbindung
2 Steckverbindung

Ölwechsel am Getriebe

Ölwechsel am 0B7-Getriebe

■ Geräuschdämpfung abbauen (soweit verbaut).

■ Fahrzeug anheben.

■ Öleinfüllschraube (1 im Bild 12) und Ölablassschraube (2) herausschrauben.

■ Nachdem das Getriebeöl ausgelaufen ist, Ölablassschraube (2) wieder hereinschrauben und mit 60 Nm anziehen.

■ Getriebeöl auffüllen; die Füllmenge entnehmen Sie der Tabelle am Anfang dieses Kapitels. Der Ölstand ist korrekt, wenn das Getriebe bis Unterkante Öleinfüllbohrung (1) befüllt ist.

■ Öleinfüllschraube (1) einschrauben und mit 50 Nm anziehen.

■ Falls vorhanden, Geräuschdämpfung an das Getriebe und unterhalb Motor/Getriebe anbauen.

Ölwechsel am 0B8-Getriebe (Shiftmatic)

■ Geräuschdämpfung (soweit verbaut) abbauen.

■ Drehen Sie die Befestigungsschrauben (2 im Bild 13) heraus und ziehen Sie die Verkleidung (1) nach unten aus der Führung (Pfeil) heraus.

■ Trennen Sie die Steckverbindung (1 im Bild 14).

☞ Durch das Trennen der Steckverbindung (1) wird ein unbeabsichtigtes Anlaufen der Hydraulikpumpe für Getriebe verhindert. Die Steckverbindung (2) wird nicht getrennt.

■ Schrauben Sie die Befestigungsschrauben (Pfeile im Bild 15) ab und legen Sie den Druckspeicher zur Seite.

■ Schrauben Sie die Öleinfüllschraube (4 im Bild 16) und die Ölablassschraube (5) heraus.

■ Auslaufendes Getriebeöl auffangen.

■ Nachdem das Getriebeöl ausgelaufen ist, schrauben Sie die Ölablassschraube (5) wieder ein.

■ Füllen Sie Getriebeöl auf. Der Ölstand ist korrekt, wenn das Getriebe 10 mm bis Unterkante Öleinfüllbohrung (4) befüllt ist.

☞ Zum Messen des Ölstands nehmen Sie z. B. einen abgewinkelten Innensechskantschlüssel.

■ Drehen Sie die Getriebeeinfüllschraube (4) hinein.

Ölwechsel am 0CB-Getriebe

- Geräuschdämpfung abbauen (soweit verbaut).
- Fahrzeug anheben.
- Öleinfüllschraube (1 im Bild 17) und Ölablassschraube (2) herausschrauben.
- Nachdem das Getriebeöl ausgelaufen ist, Ölablassschraube (2) wieder hereinschrauben und mit 30 Nm anziehen.
- Getriebeöl auffüllen. Die Füllmenge entnehmen Sie der Tabelle am Anfang dieses Kapitels. Der Ölstand ist korrekt, wenn das Getriebe bis Unterkante Öleinfüllbohrung (1) befüllt ist.
- Öleinfüllschraube (1) hineinschrauben und mit 34 Nm anziehen.
- Falls vorhanden, Geräuschdämpfung an das Getriebe und unterhalb Motor/Getriebe anbauen.

Hinterachsöl wechseln beim heckangetriebenen Fahrzeug:

- Umgebung der Öleinfüllkappe (1 im Bild 18) zum Beispiel mit einem handelsüblichen Handfeger oder einem fusselfreien Tuch von Verschmutzungen befreien.
- Öleinfüllkappe (1) mit einem Schraubendreher heraushebeln.
- Ablassschraube (2) herausdrehen.
- Öl mit einer Auffangwanne auffangen.
- Ölablassschraube (2) handfest einschrauben und anschließend mit dem vorgeschriebenen Anzugsdrehmoment vom 90 Nm festziehen.
- Getriebeöl bis zur Unterkante der Einfüllbohrung (1) füllen.

Öleinfüllkappe wieder eindrücken.

⚠ Überfüllen des Getriebes unbedingt vermeiden, da es sonst zu Undichtigkeiten kommen kann.

Hinterachsöl wechseln beim Allrad-Fahrzeug:

- Umgebung der Öleinfüllschraube am Hinterachsdifferentialgetriebe zum Beispiel mit einem handelsüblichen Handfeger oder einem fusselfreien Tuch von Verschmutzungen befreien.
- Verschlussschraube (1 im Bild 19) herausdrehen.
- Ablassschraube (2) herausdrehen und Öl mit einer Auffangwanne auffangen.
- Magnet der Ölablassschraube (2) reinigen.
- Ölablassschraube handfest einschrauben und anschließend mit vorgeschriebe-

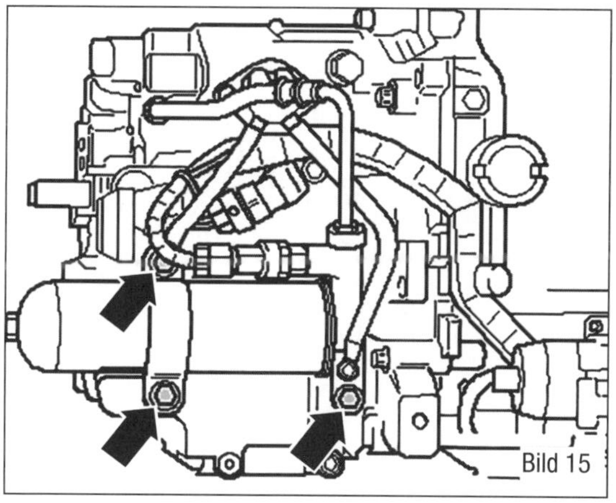

Bild 15
0B8-Getriebe. Befestigungsschrauben Druckspeicher (Pfeile).

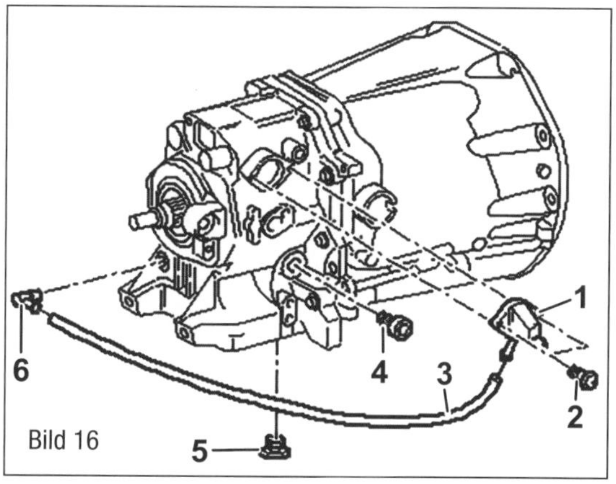

Bild 16
0B8-Getriebe.
1 Entlüftungsgehäuse mit Dichtring
2 Schrauben
3 Entlüfterschlauch
4 Öleinfüllschraube
5 Ölablassschraube
6 Entlüftungsanschluss

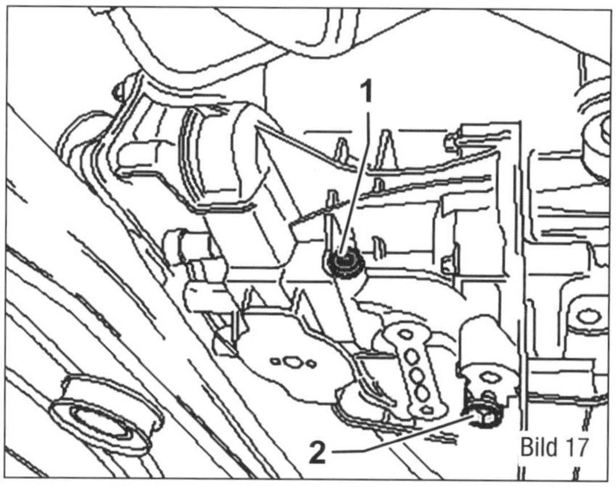

Bild 17
0CB-Getriebe.
1 Einfüllschraube
2 Ablassschraube

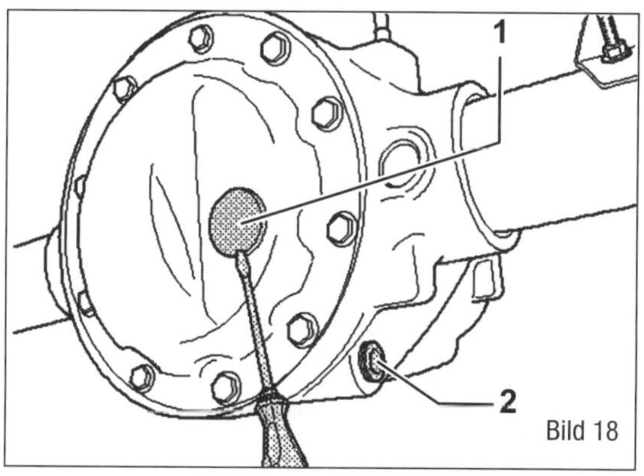

Bild 18
Achsgetriebe hinten beim Heckantrieb.
1 Füllstopfen
2 Ablassschraube

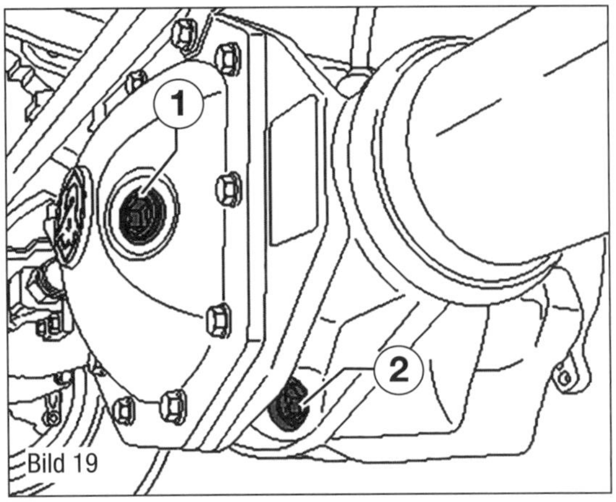

Bild 19
Achsgetriebe hinten beim Allradantrieb.
1 Einfüllschraube
2 Ablassschraube

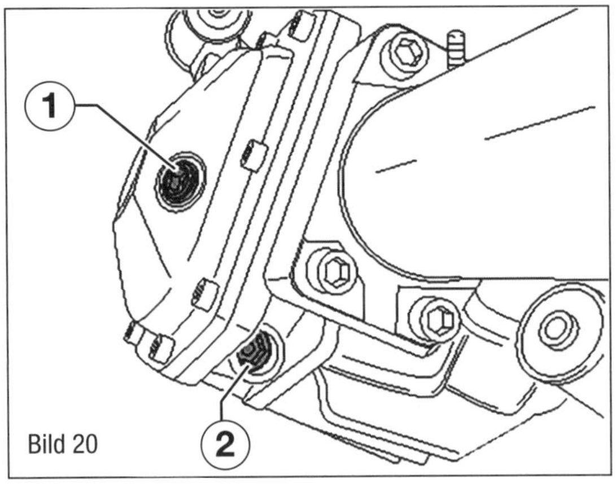

Bild 20
Achsgetriebe vorn beim Allradantrieb.
1 Einfüllschraube
2 Ablassschraube

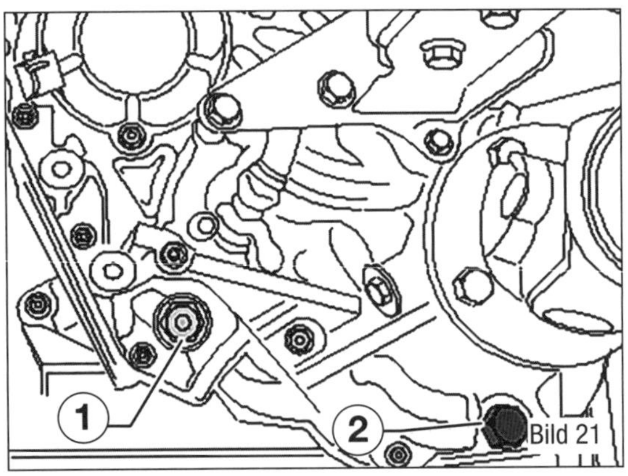

Bild 21
Verteilergetriebe beim Allradantrieb.
1 Einfüllschraube
2 Ablassschraube

nem Anzugsdrehmoment festziehen (60 Nm + 90°).

- Getriebeöl bis zur Unterkante der Einfüllöffnung einfüllen.
- Verschlussschraube (1) handfest einschrauben und anschließend mit vorgeschriebenem Anzugsdrehmoment von 37 Nm festziehen.

Vorderachsöl wechseln beim Allrad-Fahrzeug:

- Umgebung der Öleinfüllschraube (1 im Bild 20) zum Beispiel mit einem handelsüblichen Handfeger oder einem fusselfreien Tuch von Verschmutzungen befreien.
- Falls vorhanden, Geräuschdämpfung ausbauen.
- Öleinfüllschraube (1) herausdrehen.
- Ablassschraube (2) herausdrehen und Öl mit einer Auffangwanne auffangen.
- Ölablassschraube handfest einschrauben und anschließend mit vorgeschriebenem Anzugsdrehmoment festziehen (60 Nm + 90°).
- Getriebeöl bis zur Unterkante der Einfüllöffnung einfüllen.
- Verschlussschraube (1) handfest einschrauben und anschließend mit vorgeschriebenem Anzugsdrehmoment von 35 Nm festziehen.
- Soweit vorhanden, Geräuschdämpfung wieder einbauen.

Achsöl im Verteilergetriebe wechseln beim Allrad-Fahrzeug:

- Umgebung der Öleinfüllschraube (1 im Bild 21) zum Beispiel mit einem handelsüblichen Handfeger oder einem fusselfreien Tuch von Verschmutzungen befreien.
- Falls vorhanden, Geräuschdämpfung ausbauen.
- Öleinfüllschraube (1) herausdrehen.
- Ablassschraube (2) herausdrehen und Öl mit einer Auffangwanne auffangen.
- Ölablassschraube handfest einschrauben und anschließend mit vorgeschriebenem Anzugsdrehmoment festziehen (60 Nm + 90°).
- Getriebeöl bis zur Unterkante der Einfüllöffnung einfüllen.
- Verschlussschraube (1) handfest einschrauben und anschließend mit vorgeschriebenem Anzugsdrehmoment von 37 Nm festziehen.
- Soweit vorhanden, Geräuschdämpfung wieder einbauen.

Ölkontrolle bei allen Getrieben:

Ob es sich nun um ein Getriebe im Allradsystem oder um ein Achsgetriebe handelt, ist für die Kontrolle fast gleichgültig. Die Kontrollschrauben haben wir bereits beim Ölwechsel dargestellt. Die Vorgehensweise unterscheidet sich unmerklich.

- Umgebung der Öleinfüllschraube (1 im Bild 21) zum Beispiel mit einem handelsüblichen Handfeger oder einem fusselfreien Tuch von Verschmutzungen befreien.

- Falls vorhanden, Geräuschdämpfung ausbauen.
- Öleinfüllschraube (1) herausdrehen.
- Ölstand kontrollieren. Das Getriebe muss sich in Einbauposition befinden, das Fahrzeug muss gerade stehen und das Getriebe sollte maximal handwarm sein. Das Getriebeöl muss an der Unterkante der Verschraubung stehen.
- Eventuell das Getriebeöl bis zur Unterkante der Einfüllöffnung einfüllen.
- Verschlussschraube handfest einschrauben und anschließend mit vorgeschriebenem Anzugsdrehmoment festziehen.
- Soweit vorhanden, Geräuschdämpfung wieder einbauen.

Die Kupplung

Der Kraftfluss vom Motor zum Achsantrieb muss nach Wunsch hergestellt und unterbrochen werden können. Das ist erforderlich, wenn Sie das Fahrzeug starten, mit laufendem Motor fahrbereit stehen oder die Gänge wechseln wollen. Dieses Ankoppeln und Trennen übernimmt bei Fahrzeugen mit Schaltgetriebe die Kupplung. Sie ermöglicht auch ruckfreies Anfahren, indem sie die unterschiedlichen Drehzahlen von Kurbelwelle und Antriebswelle des Getriebes ausgleicht. Kernstück des hydraulischen Systems Kupplung ist die Mitnehmerscheibe. Transporter mit Schaltgetriebe haben eine hydraulisch betätigte Einscheiben-Trockenkupplung mit asbestfreien Belägen und Zweimassen-Schwungrad. Fahrzeuge mit Automatik-Getriebe arbeiten mit der gleichen Kupplung, die aber automatisch betätigt wird. Kupplungen sind komplizierte Konstruktionen. Ihr Verschleißteil Mitnehmerscheibe ist nicht ohne weiteres zugänglich. Dazu muss das Getriebe vom Motor getrennt und nach unten ausgebaut werden. Diese Arbeit erfordert Know-how und Spezialwerkzeuge. Nun ist aber auch jede Kupplung so gut wie wartungsfrei, weil das System den Verschleiß selbsttätig ausgleicht. Die Mitnehmerscheibe ist gewöhnlich erst nach mehr als 200.000 bis 300.000 Kilometern zu erneuern. Allerdings hängt ihr Verschleiß von Belastung (zum Beispiel Anhängerbetrieb) und sehr wesentlich von der Fahrweise ab.

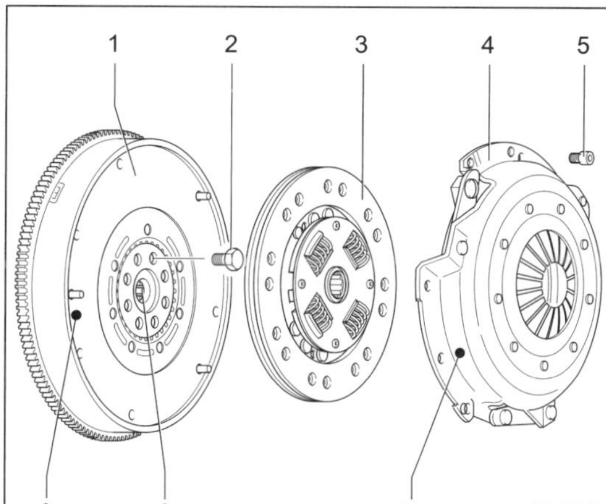

Bild 22
Kupplung.
1 Zweimassenschwungrad
2 Schraube
3 Kupplungsscheibe
4 Druckplatte
5 Schraube
A Passstift
B Bohrung

Die wichtigsten Teile der Kupplung

Je nach Getriebebauweise und Motorisierung weichen die Kupplungen in konstruktiven Details voneinander ab. Im Wesentlichen aber arbeitet jede Kupplung mit den gleichen Komponenten:

- Das Schwungrad (Motorschwungscheibe) ist fest mit der Kurbelwelle verbunden. Das Zweimassenschwungrad reduziert mit seinem Feder- und Dämpfersystem die Weitergabe von Motorschwingungen an das Getriebe.
- Die Kupplungsscheibe (Mitnehmerscheibe) sitzt auf der Getriebeeingangswelle. Auf beiden Seiten sind Beläge aufgenietet.
- Die Druckplatte ist mit dem Schwungrad fest verschraubt. Beim Tritt aufs Kupplungspedal löst sich über Kupplungshydraulik und Ausrückplatte die Kupplungsscheibe gegen die Kraft der Tellerfeder (Membranfeder) von der Schwungscheibe. Druckplatten sind korrosionsgeschützt und gefettet. Sie dürfen nur an der Anlauffläche gereinigt werden, sonst wird die Lebensdauer der Kupplung verringert.

Das hydraulische System

Geberzylinder am Kupplungspedal und Nehmerzylinder am Getriebe sind über eine hydraulische Leitung verbunden. In ihr fließt Bremsflüssigkeit. Ein Defekt in der Kupplungsbetätigung kann daher einen sinkenden Pegel im Bremsflüssigkeitsbehälter verursachen. Ein ausreichender Flüssigkeitsrest für die Bremse ist allerdings immer garantiert. Beim Einkuppeln drückt die Tellerfeder der Druckplatte die Mitnehmerscheibe langsam gegen das Motorschwungrad, bis sie sich mit der gleichen Drehzahl dreht. So werden die Kräfte sanft übertragen. Dabei schleifen die Anlageflächen kurze Zeit aufeinander, ehe die Reibung wieder so groß ist, dass die Motorleistung vollständig auf das Getriebe übertragen wird. Wenn Sie das Kupplungspedal treten, überwindet das Ausrücklager die Kraft der Tellerfeder. Die Druckplatte wird entlastet und bei völlig durchgetretenem Pedal zurückgezogen. Die Mitnehmerscheibe kann nun im Raum dazwischen frei umlaufen. Das Kupplungsspiel sorgt dafür, dass das Ausrücklager nicht ständig unter Druck steht. Es verringert sich mit der Abnutzung der Beläge. Die Druckplatte nähert sich dem Ausrücklager. Liegt das Lager ohne Spiel am Ausrückhebel an, stützt sich die Tellerfeder der Druckplatte gegen das Ausrücklager ab. Die Feder wird entlastet und die Kupplung rutscht durch.

Kupplung prüfen

■ Schleift nach Ihrem Eindruck die Kupplung, wenn Sie Ihr Fahrzeug im höchsten Gang beschleunigen, dreht der Motor also hoch, ohne dass die Fahrgeschwindigkeit zunimmt, sollten Sie einmal kurz die Funktion der Kupplung prüfen. Unternehmen Sie diese Probe allerdings wirklich nur gelegentlich!

■ Ziehen Sie die Handbremse an, die natürlich in Ordnung sein muss.

■ Starten Sie den Motor.

■ Legen Sie den 3. Gang ein, dann langsam einkuppeln und Gas geben.

■ Bei einwandfreier Kupplung wird der Motor dadurch abgewürgt.

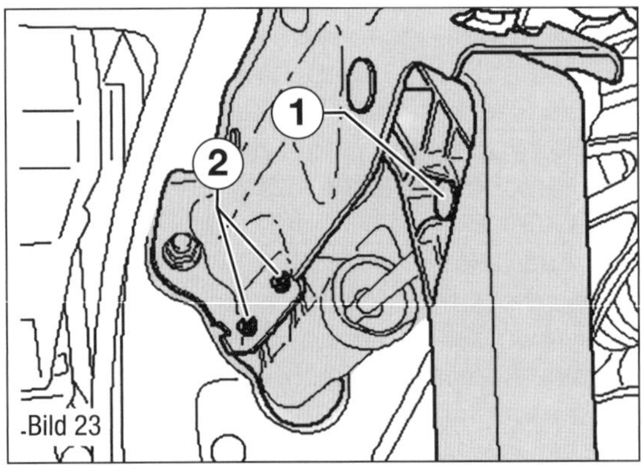

Bild 23
1 Lagerbolzen
2 Schrauben

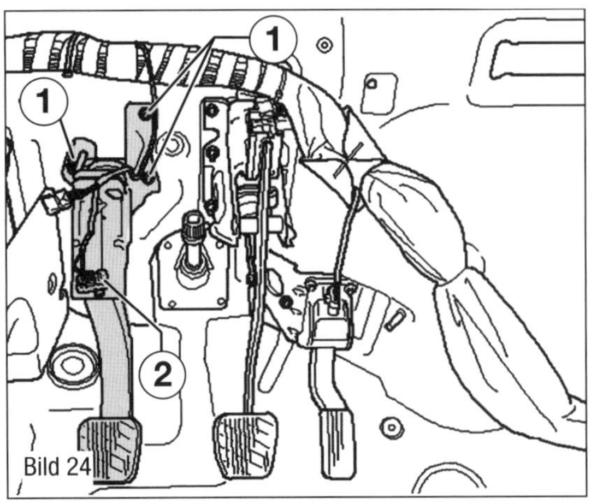

Bild 24
1 Schrauben
2 Kupplungsschalter

Trennen der Kupplung prüfen

■ Treten kratzende oder krachende Geräusche beim Schalten auf, trennt meistens die Kupplung nicht mehr richtig. Machen Sie deshalb eine Probe, und zwar mit dem nicht synchronisierten Rückwärtsgang, damit Sie die mögliche Ursache der Geräusche durch ein defektes Getriebe ausschließen.

■ Lassen Sie den Motor im Leerlauf drehen.

■ Kupplungspedal voll durchtreten, etwa drei Sekunden warten, dann Rückwärtsgang einlegen. Wenn Sie jetzt das kratzende Geräusch hören, läuft die Mitnehmerscheibe nicht ganz frei. Dann trennt die Kupplung nicht sauber.

■ Kontrollieren Sie die Funktion der hydraulischen Übertragungselemente. Eventuell muss die Kupplungsbetätigung entlüftet werden.

■ Teile der Kupplungsbetätigung auf Undichtigkeiten untersuchen.

Kupplungspedal aus-/einbauen

Der Lagerbock des Kupplungspedals und das Kupplungspedal bilden eine Einheit und können nicht getrennt werden. Der Kupplungsgeberzylinder bleibt weiterhin eingebaut.

■ Verkleidung Lenksäule ausbauen.

■ Lagerbolzen (1 im Bild 23) austreiben.

■ Schrauben (2) herausdrehen.

■ Kupplungspedalschalter (2 im Bild 24) entriegeln und durch eine halbe Rechtsdrehung herausdrehen.

■ Muttern (1) herausdrehen.

■ Lagerbock mit Kupplungspedal herausnehmen.

Der Einbau erfolgt sinngemäß in umgekehrter Reihenfolge. Der Lagerbolzen (1 im Bild

23) kann nur in einer Richtung eingesetzt werden.

Zylinder der Kupplungshydraulik aus-/einbauen

Die hydraulische Anlage zur Kupplungsbetätigung besteht aus einem Geber- und einem Nehmerzylinder und den dazugehörigen Leitungen und Schläuchen. Wir beschreiben das prinzipielle Vorgehen beim Aus- und Einbau der Zylinder.

Kupplungsgeberzylinder beim Schaltgetriebe aus- und einbauen

- Nachlaufschlauch (1) am Bremsflüssigkeitsbehälter abziehen und Öffnung gegen Auslaufen von Bremsflüssigkeit verschließen (Bild 25).
- Sicherungsklammer in Pfeilrichtung ziehen.
- Druckleitung (2) herausziehen.
- Verkleidung Lenksäule ausbauen.
- Kupplungspedalschalter (2) entriegeln und durch eine halbe Rechtsdrehung herausdrehen (Bild 24).
- Muttern (1) herausdrehen.
- Lagerbock mit Geberzylinder herausnehmen.
- Lagerbolzen (2) austreiben (Bild 32).
- Schrauben (4) herausdrehen.
- Geberzylinder (3) herausnehmen.

Der Einbau erfolgt sinngemäß in umgekehrter Reihenfolge.

- Der Lagerbolzen kann nur in einer Richtung eingesetzt werden.
- Entlüften Sie die Kupplungsbetätigung.

Kupplungsnehmerzylinder beim Schaltgetriebe aus- und einbauen

Die Vorgehensweise unterscheidet sich den beiden Schaltgetriebetypen hinsichtlich des Arbeitsablaufes nicht.

- Einen nicht fasernden Lappen unter den Nehmerzylinder legen, um damit die austropfende Bremsflüssigkeit aufzufangen.
- Sicherungsclip (1 im Bild 27) mit einem Schraubendreher aus der Hydraulikleitung für das hydraulische Ausrücklager clipsen.
- Hydraulikleitung abziehen.
- Getriebe ausbauen.

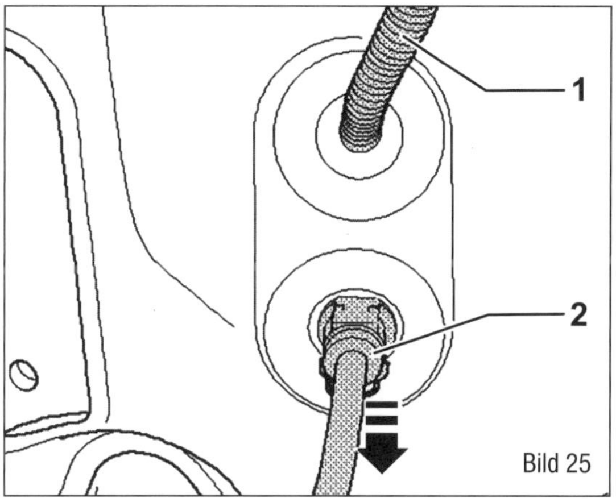

Bild 25
1 Nachlaufschlauch
2 Druckleitung

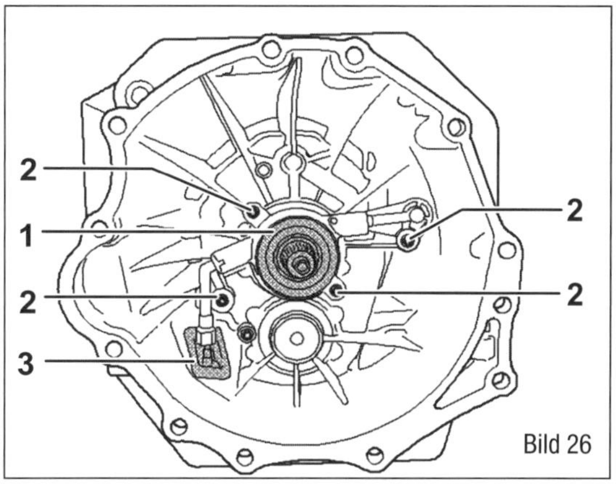

Bild 26
1 Nehmerzylinder mit Ausrücklager
2 Schraube
3 Entlüftungsventil

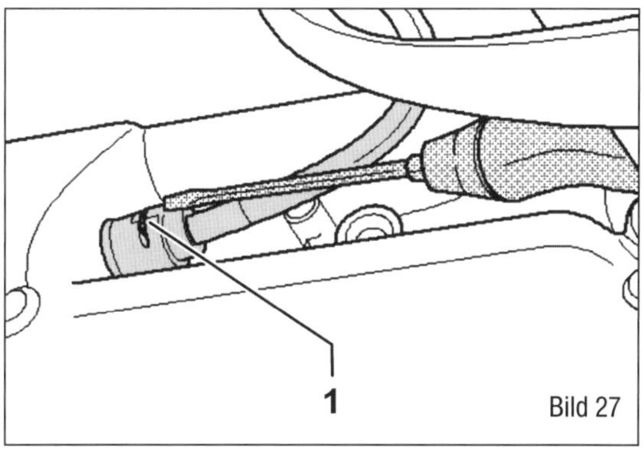

Bild 27
Sicherungsclip (1) der Hydraulikleitung.

- Abdeckung des Entlüftungsnippels entfernen.
- Schrauben (2 im Bild 26) herausdrehen.

Tipp: Um das Auslaufen von Bremsflüssigkeit zu verhindern, verschließen Sie die abgezogene Hydraulikleitung mit der Verschlusskappe des Bremsentlüftungsventils.

- Nehmerzylinder mit Ausrücklager abnehmen.

Der Einbau erfolgt sinngemäß in umgekehrter Reihenfolge.

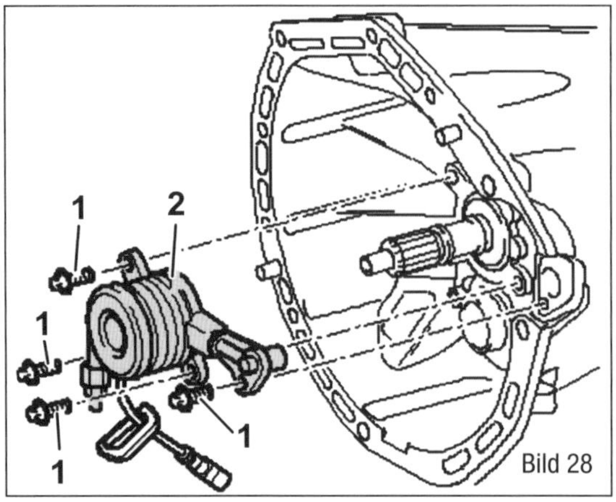

Bild 28
1 Schrauben
2 Nehmerzylinder mit Ausrücklager

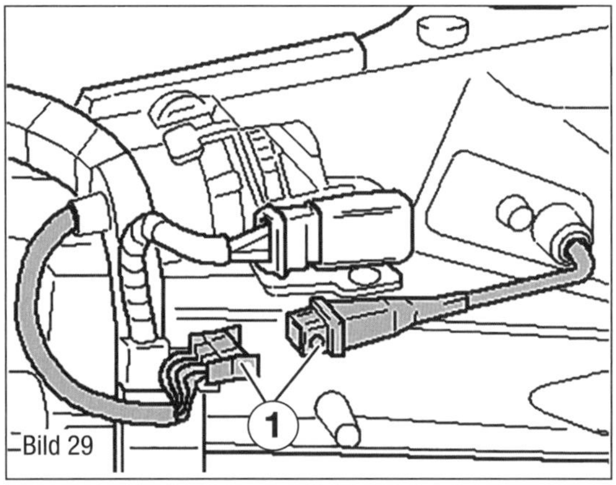

Bild 29
Anschlusskabel (1) für den Kupplungsweggeber.

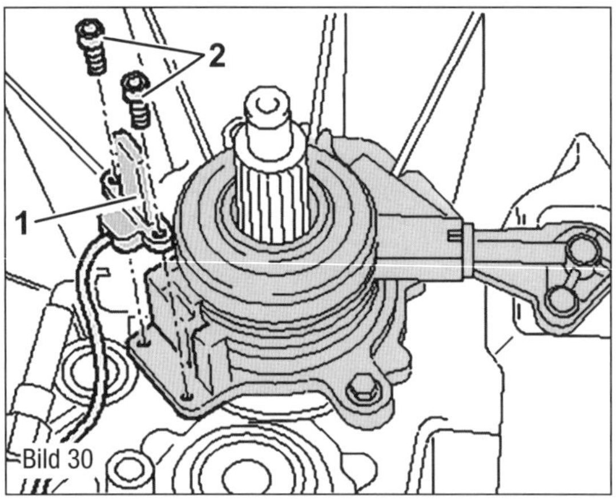

Bild 30
1 Kupplungsweggeber
2 Schrauben

- Die Führungshülse wird im Bereich des Ausrücklagers, der Ausrückhebel im Bereich der Anlagestelle am Kugelzapfen und das Lager im Bereich der Anlagestellen an den Ausrückhebel mit Molybdänsulfid-Schmierfett gefettet.
- Bauen Sie das Getriebe ein.
- Entlüften Sie die Kupplungsbetätigung.

Kupplungsnehmerzylinder beim automatisierten Schaltgetriebe aus- und einbauen

Die Vorgehensweise unterscheidet sich den beiden Schaltgetriebetypen nur geringfügig.

- Einen nicht fasernden Lappen unter den Nehmerzylinder legen, um damit die austropfende Bremsflüssigkeit aufzufangen.
- Sicherungsclip (1 im Bild 27) mit einem Schraubendreher aus der Hydraulikleitung für das hydraulische Ausrücklager clipsen.
- Hydraulikleitung abziehen.
- Getriebe ausbauen.
- Anschlusskabel für den Weggeber (1 im Bild 29) abziehen.
- Abdeckung des Entlüftungsnippels entfernen.
- Schrauben (1 im Bild 28) herausdrehen.

☞ Um das Auslaufen von Bremsflüssigkeit zu verhindern, verschließen Sie die abgezogene Hydraulikleitung mit der Verschlusskappe des Bremsentlüftungsventils.

- Nehmerzylinder mit Ausrücklager (2) abnehmen.

Der Einbau erfolgt sinngemäß in umgekehrter Reihenfolge.

- Die Führungshülse wird im Bereich des Ausrücklagers mit Molybdänsulfid-Schmierfett gefettet.
- Bauen Sie das Getriebe ein.
- Entlüften Sie die Kupplungsbetätigung.

Kupplungsweggeber beim automatisierten Schaltgetriebe aus- und einbauen

- Bauen Sie das Getriebe aus. Drehen Sie die beiden Schrauben (2 im Bild 30) heraus.
- Nehmen Sie die Kupplungsweggeber (1) vom Ausrücklager ab.
- Abdeckung des Entlüftungsnippels entfernen.
- Kabel des Kupplungsweggebers (1 im Bild 29) herausführen und abziehen.

Der Einbau erfolgt sinngemäß in umgekehrter Reihenfolge.

Kupplungshydraulik entlüften

☞ Ausgetretene Bremsflüssigkeit sofort aufnehmen und mit Bremsenreiniger abspülen.

⚠ Vermeiden Sie Augen- und Hautkontakt. Tragen Sie Schutzhandschuhe und geeigneten Augenschutz.

Das Entlüften der Anlage ohne ein Entlüftungsgerät ist nicht zu empfehlen. Die Leitungsführung und das geringe Fördervolumen der Zylinder machen eine Druckentlüftung erforderlich.

- Geeignetes Bremsenfüll- und Entlüftungsgerät anschließen. Zum Entlüften ist ein Entlüfterschlauch (670 mm lang) zu verwenden.
- Entlüfterschlauch mit der Auffangflasche des Bremsenentlüftungsgeräts verbinden.
- Abdeckung des Entlüftungsnippels (Pfeil im Bild 31) entfernen.
- Entlüfterschlauch auf den Entlüfter des Entlüfteranschlusses oder den Nehmerzylinder stecken.
- System mit dem Entlüftungsgerät am Vorratsbehälter mit einem Druck von 2 bar beaufschlagen.
- Entlüftungsventil ca. 1/4 Umdrehung öffnen.
- Ca. 100 cm³ Bremsflüssigkeit ausströmen lassen.
- Entlüftungsventil schließen.
- Kupplungspedal 15 bis 20 Mal sehr schnell von Anschlag zu Anschlag bewegen.
- Entlüftungsventil ca. 1/4 Umdrehung öffnen.
- Ca. 50 cm³ Bremsflüssigkeit ausströmen lassen.
- Entlüftungsventil schließen.
- Nach Beendigung des Entlüftungsvorgangs, wenn der Druck von 2 bar abgebaut ist, das Kupplungspedal bitte noch 10 Mal mit dem Fuß durchtreten.
- Prüfen Sie die Funktion der Kupplung.

Übertotpunktfeder aus- und einbauen

Diese Feder ist für die Rückstellung des Pedals zuständig.

- Lagerbock mit Kupplungspedal ausbauen.
- Kupplungspedal im ausgebauten Lagerbock herunterdrücken.
- Übertotpunktfeder (A im Bild 33) in Pfeilrichtung aus der Kupplungslagerung (B) herausdrücken.
- Übertotpunktfeder (A) herausnehmen.

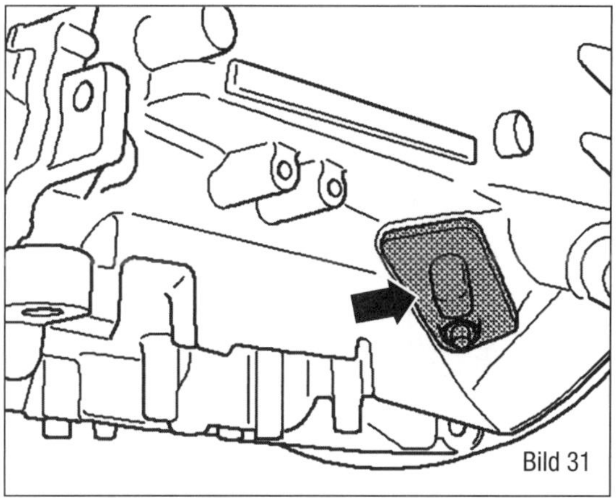

Bild 31
Abdeckung Entlüftungsnippel (Pfeil).

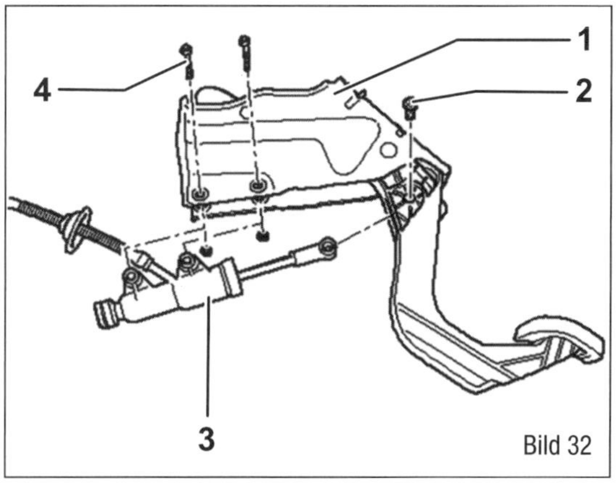

Bild 32
Pedalerie und Geberzylinder.
1 Lagerbock
2 Lagerbolzen
3 Geberzylinder
4 Schrauben

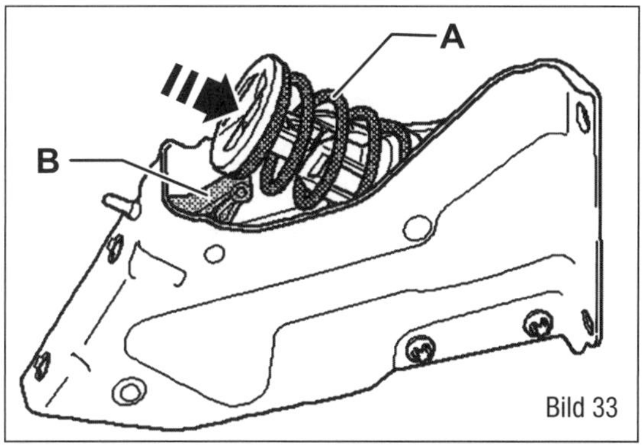

Bild 33
A Übertotpunktfeder
B Kupplungslagerung

Der Einbau erfolgt sinngemäß in umgekehrter Reihenfolge.

- Lagerbock mit Kupplungspedal einbauen.
- Entlüften Sie die Kupplungsbetätigung.
- Prüfen Sie die Funktion der Kupplung.

Schaltzüge und Betätigung

Die gewünschten Gänge des Schaltgetriebes werden über die Schaltbetätigung gewählt und eingelegt. Mit dem Schalthebel wählen Sie bei den verschiedenen Getrie-

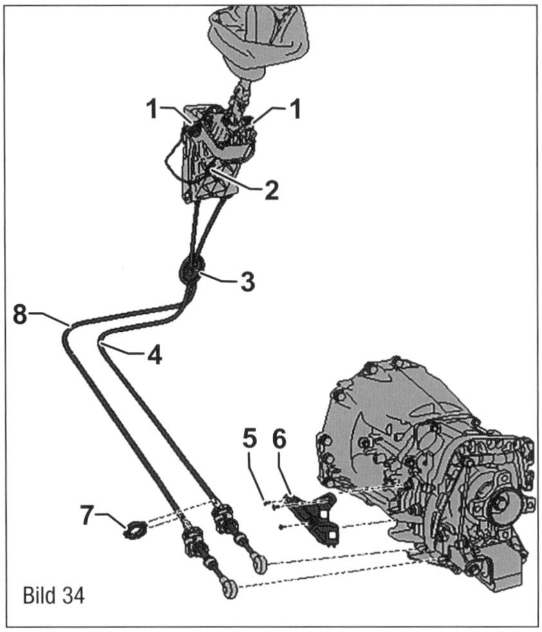

Bild 34
1 Schrauben
2 Elektrische Steckverbindung
3 Manschette
4 Wählhebelseilzug (weiße Hülle)
5 Schrauben
6 Schaltbock
7 Halter für Seilzug
8 Schaltseilzug (schwarze Hülle)

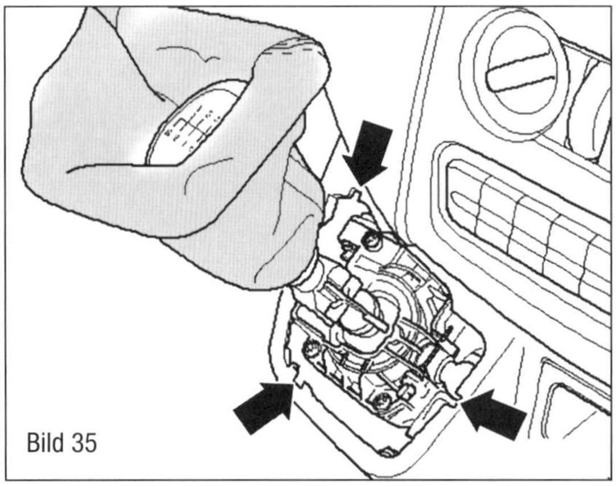

Bild 35
Halteclip der Schalthebelabdeckung (Pfeile).

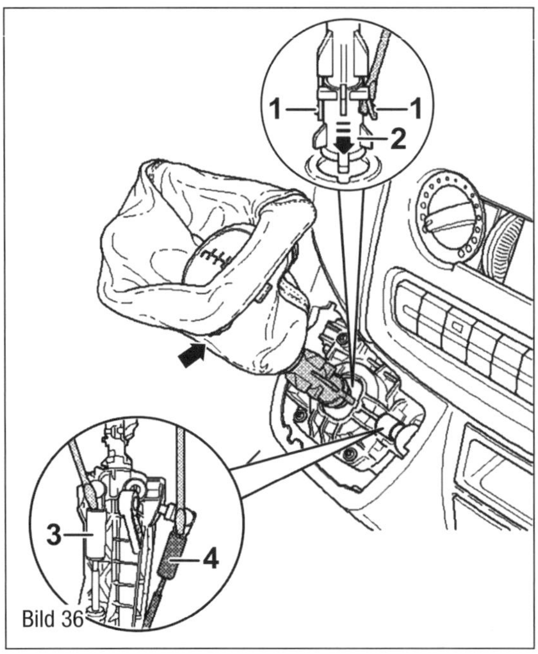

Bild 36
Pfeil (schwarz) = Abdeckung des Schalthebels, Richtungspfeil nach unten ist die Bewegungsrichtung für die Leerlaufarretierung.
1 Sicherungslaschen
2 Leerlaufarretierung
3 Einstellhülse des Wählhebelseilzugs
4 Einstellhülse des Schaltseilzug

ben den gewünschten Gang. Knopf und Manschette des Schalthebels sollten nicht voneinander getrennt und im Reparaturfall immer gemeinsam ersetzt werden. Zwei Gestängeteile, die Schaltstange und die Schubstange, übertragen die Bewegung des Schalthebels über Seilzüge auf Getriebeschalthebel und Umlenkhebel am Getriebe. Die am Schalthebel eingeleitete Wählbewegung (rechts-links) wird über den Wählhebel auf das Gestänge in Vor- und Rückbewegung übertragen. Diese Bewegung wiederum wird durch die äußere Mechanik in eine Auf-/Ab-Bewegung der Schaltwelle umgesetzt.

■ Alle Betätigungs- und Übertragungselemente sowie Getriebe, Kupplung und Kupplungsbetätigung müssen einwandfrei, die Schaltbetätigung leichtgängig sein.

Manuelles Schaltgetriebe Schaltbetätigung einstellen

■ Bringen Sie das Getriebe in Leerlaufstellung.

■ Nun die Abdeckung des Schalthebels (Pfeile im Bild 35) ausclipsen.

☞ Um Beschädigungen zu vermeiden, die Abdeckung des Schalthebels zuerst oben links ausclipsen.

■ Abdeckung des Schalthebels (schwarzer Pfeil im Bild 36) hochziehen.

■ Sicherungslaschen (1) der Leerlaufarretierung (2) mit einem Schraubendreher entsichern.

■ Leerlaufarretierung in Pfeilrichtung nach unten in den Arretierungsring schieben.

☞ Die Leerlaufarretierung befindet sich in der richtigen Position, wenn sich der Schalthebel in der Leerlaufposition nicht mehr schalten lässt.

■ Einstellhülsen des Schalt- und Wählhebelseilzugs (3 und 4) nacheinander mit einem Schraubendreher nach unten drücken und dann wieder zurückfedern lassen.

■ Leerlaufarretierung (2) so weit nach oben schieben, bis die Sicherungslaschen (1) eingerastet sind.

☞ Sicherungslaschen müssen einwandfrei eingerastet sein.

■ Schaltung auf einwandfreie Funktion prüfen, wenn erforderlich die Einstellung erneut durchführen.

■ Die Abdeckung für den Schalthebel wieder einclipsen.

Schaltbetätigung automatisches Schaltgetriebe

Die Ansteuerung erfolgt nicht über Seilzüge. Die Ansteuerung erfolgt elektronisch, die Schaltvorgänge elektrohydraulisch.

■ Zuerst mit dem Fahrzeugdiagnosetester die Funktion »Druckabbau, Getriebehydraulik« durchführen.

■ Drehen Sie die Befestigungsschrauben heraus und ziehen Sie die Verkleidung unter dem Getriebe nach unten aus der Halterung heraus.

■ Trennen Sie die Steckverbindung (Pfeil im Bild 38). Durch das Trennen der Steckverbindung (Pfeil) wird ein unbeabsichtigtes Anlaufen der Hydraulikpumpe für Getriebe verhindert.

■ Drehen Sie die Öleinfüllschraube (2) und die Ölablassschraube (1) heraus. Auslaufendes Hydrauliköl fangen Sie in einem handelsüblichen Behälter auf.

■ Drehen Sie die Öleinfüllschraube (2) und die Ölablassschraube (1) mit neuen Dichtringen (4 und 5) wieder hinein.

■ Drehen Sie die Schraube (2 im Bild 39) von der Befestigungsschelle heraus.

■ Ziehen Sie den Rücklaufschlauch (A) von dem Anschlussstutzen (1) ab.

Tipp: Beim Abziehen des Rücklaufschlauchs (A) kann die Dichtmanschette in diesem stecken bleiben. Ziehen Sie dann die Dichtmanschette aus dem Rücklaufschlauch (A) heraus und stecken Sie diese auf den Anschlussstutzen (1).

■ Mit einem handelsüblichen Einfülltrichter, den Sie in den abgezogenen Rücklaufschlauch (A) stecken, füllen Sie die vorgegebene Menge Hydrauliköl (Pfeil) auf.

Tipp: Hydraulikölstand genau einhalten. Die Ölfüllmenge beträgt 0,5 l.

■ Stecken Sie den Rücklaufschlauch (A) auf den Anschlussstutzen (1).

■ Stecken Sie die getrennte Steckverbindung (Pfeil im Bild 38) für die Hydraulikpumpe für Getriebe wieder zusammen.

■ Funktion »Getriebe Schaltstellung lernen« mit dem Fahrzeugdiagnosetester durchführen.

■ Trennen Sie nochmals die Steckverbindung (Pfeil).

■ Schrauben Sie die Ölkontrollschraube (3) heraus.

■ Ziehen Sie den Rücklaufschlauch (A) vom Anschlussstutzen (1) ab.

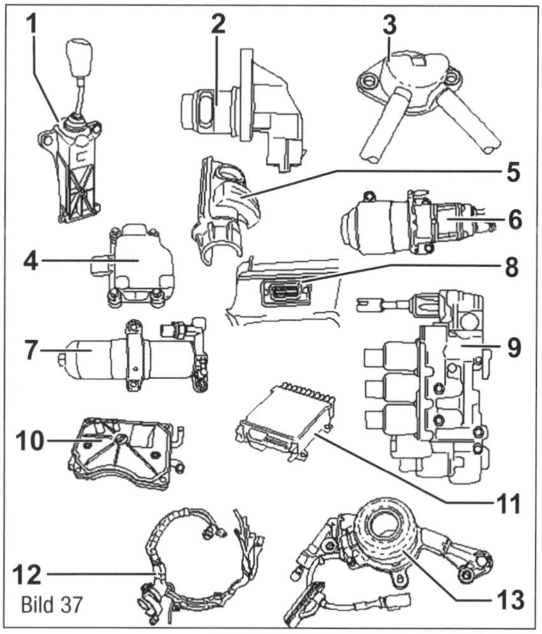

Bild 37

Bild 37
1 Wählhebel
2 Getriebedrehzahlgeber
3 Getriebeentlüftung
4 Sensor für Gangerkennung
5 Magnetwinkel
6 Hydraulikpumpe für Getriebe
7 Druckspeicher
8 Diagnoseanschluss
9 Hydraulik-Steuereinheit
10 Ölwanne für Hydrauliköl
11 Steuergerät
12 Leitungsstrang
13 Nehmerzylinder mit Ausrücklager

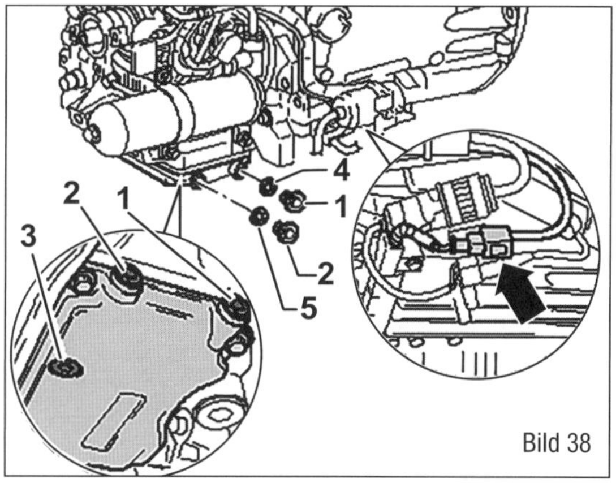

Bild 38

Bild 38
1 Ölablassschraube
2 Öleinfüllschraube
3 Ölkontrollschraube
4 Dichtring
5 Dichtring
Pfeil Steckverbindung

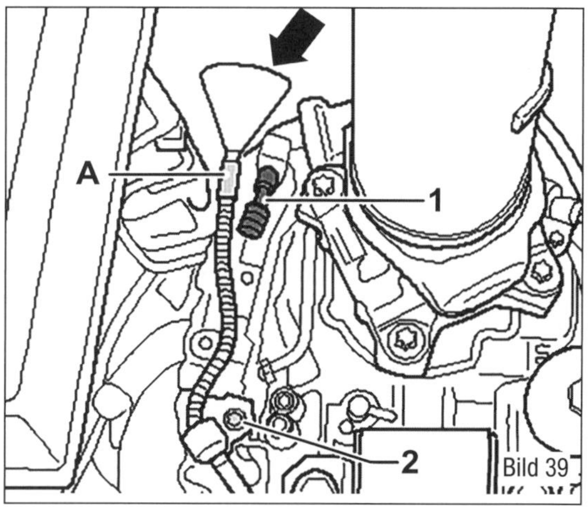

Bild 39

Bild 39
1 Anschlussstutzen
2 Schraube
A Rücklaufschlauch

Tipp: Beim Abziehen des Rücklaufschlauchs (A) kann die Dichtmanschette in diesem stecken bleiben. Ziehen Sie dann die Dichtmanschette aus dem Rücklaufschlauch (A im Bild 39) heraus und stecken Sie diese auf den Anschlussstutzen (1).

■ Drehen Sie die Ölkontrollschraube (3 im Bild 38) heraus.
■ Füllen Sie jetzt so lange Hydrauliköl nach, bis dieses aus der Ölkontrollschraube (3) herausläuft.
■ Schrauben Sie die Ölkontrollschraube (3) mit neuem Dichtring wieder ein.
■ Stecken Sie den Rücklaufschlauch (A) auf den Anschlussstutzen (1).
■ Schrauben Sie die Schraube (2) von der Befestigungsschelle hinein.
■ Stecken Sie nun die getrennte Steckverbindung (Pfeil) für die Hydraulikpumpe für Getriebe wieder zusammen.
■ Anschließend Ereignisspeichereinträge mit dem Fahrzeugdiagnosetester löschen.

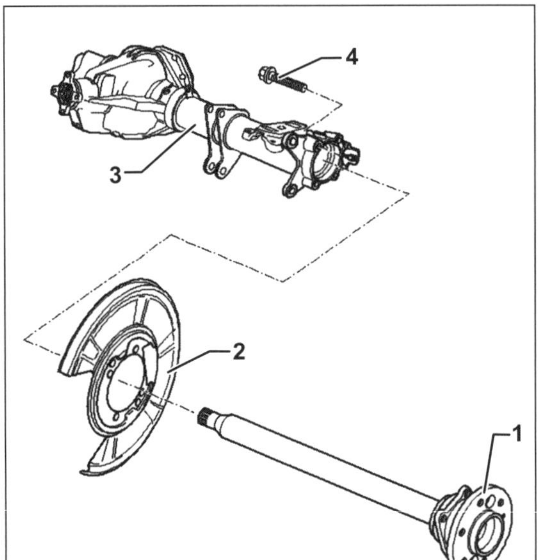

Bild 40

Bild 40
Normalrad.
1 Hinterachswelle
2 Bremsabschirmblech
3 Hinterachse
4 Schraube

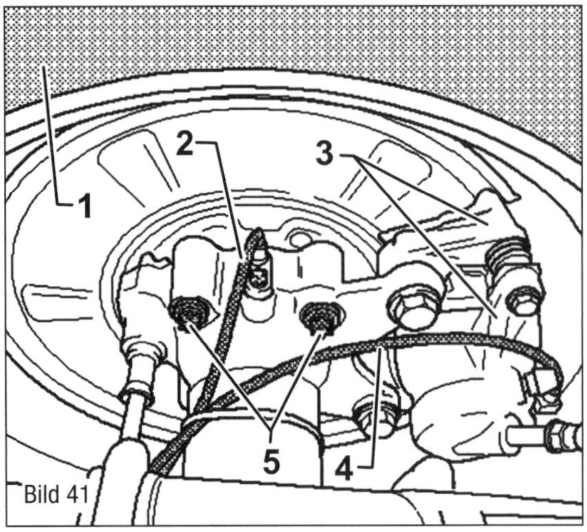

Bild 41

Bild 41
Normalrad.
1 Rad
2 Drehzahlfühlerleitung
3 Bremsträger
4 Verschleißanzeige
5 Schrauben

Achs- und Achsgelenkwellen

Achs- oder Antriebswellen finden sich beim Crafter in unterschiedlichsten Bauweisen. Schon der Heckgetriebe-Bus ist mit der Kardanwelle unter dem Fahrzeug und zwei Antriebswellen im hinteren Achskörper ausgerüstet. Die Allradvarianten sind zusätzlich noch mit einer Zwischenwelle und zwei Antriebswellen für die Vorderräder ausgerüstet. Wir werden im Folgenden die einzelnen Wellen demontieren und für die Achsgelenkwellen auch die Instandsetzung genauer betrachten.

De- und Montage der Achswelle der Hinterachse (Normalausführung)
Die Montagearbeiten für die heckangetriebenen Varianten und die Allrad-Fahrzeuge unterscheiden sich nur unwesentlich.
■ Fahrzeug anheben und verzurren.

⚠ Wenn das Fahrzeug nicht verzurrt wird, besteht die Gefahr, dass es von der Hebebühne abrutscht.

■ Bauen Sie das Rad (1 im Bild 41) an der entsprechenden Seite aus.
■ Lösen Sie die Drehzahlfühlerleitung (2) vom Achskörper.
■ Bauen Sie den Bremssattel komplett mit Bremsträger (3) ab und befestigen Sie diesen am Aufbau.

☞ Beachten Sie dabei, dass die elektrische Leitung der Bremsbelagverschleißanzeige (4) nicht beschädigt wird.

■ Bauen Sie die Bremsscheibe und die Bremsbacken für Handbremse aus.
■ Drehen Sie die Schrauben (5 im Bild 41) heraus.
■ Drehen Sie die Schrauben unten (Pfeile im Bild 42) heraus.
■ Stellen Sie eine Auffangwanne unter den Bereich der Hinterachswelle und ziehen Sie die Hinterachswelle (1 im Bild 40) aus dem Achskörper heraus.
■ Nehmen Sie das Abdeckblech der Bremsscheibe (2) vom Achskörper ab.

☞ Reinigen Sie die Ölablaufrinne (B im Bild 42) vor der Montage.

Der Einbau erfolgt sinngemäß in umgekehrter Reihenfolge.
■ Setzen Sie das Abdeckblech der Bremsscheibe (2 im Bild 40) auf den Achskörper auf.

■ Bauen Sie die Hinterachswelle (1) in den Achskörper ein.
■ Ziehen Sie die neuen Schrauben (Pfeile im Bild 42 und 5 im Bild 41) über Kreuz fest.
Beim Einbau der Hinterachswelle muss die Ölablaufrinne (B im Bild 42) durch das Abdeckblech der Bremsscheibe geführt werden. Die Ölablaufrinne zeigt dabei nach unten.
■ Prüfen bzw. ergänzen Sie nach dem Einbau der Hinterachswelle den Getriebeölstand im Achsantrieb.

De- und Montage der Achswelle der Hinterachse (Zwillingsrad)
Die Montagearbeiten für die heckangetriebenen Varianten und die Allrad-Fahrzeuge unterscheiden sich auch hier nur unwesentlich.
■ Fahrzeug anheben und verzurren.
Wenn das Fahrzeug nicht verzurrt wird, besteht die Gefahr, dass es von der Hebebühne abrutscht.
■ Bauen Sie das Rad an der entsprechenden Seite aus.
■ Schrauben Sie die Muttern (20 im Bild 43) ab.
■ Stellen Sie einen Ölauffangbehälter unter den Bereich der Hinterachswelle und ziehen Sie die Hinterachswelle (19) aus dem Achskörper (1) heraus.

Der Einbau erfolgt sinngemäß in umgekehrter Reihenfolge.
Selbstsichernde Schrauben und Muttern sind immer zu ersetzen.
■ Dichtfläche der Hinterachswelle mit Dichtmittel einstreichen.
■ Hinterachswelle (19) einbauen und neue Muttern (20) über Kreuz festziehen.
■ Prüfen bzw. Ergänzen Sie nach dem Einbau der Hinterachswelle den Getriebeölstand im Achsantrieb.

De- und Montage der Achsgelenkwellen der Vorderachse (Crafter 4MOTION Achleitner-Allrad)
Die Montagearbeiten unterscheiden sich nur unwesentlich. Die beschriebenen Montagearbeiten sind sowohl für die rechte als auch für die linke Seite anwendbar.
■ Fahrzeug anheben und verzurren.
Wenn das Fahrzeug nicht verzurrt wird, besteht die Gefahr, dass es von der Hebebühne abrutscht.

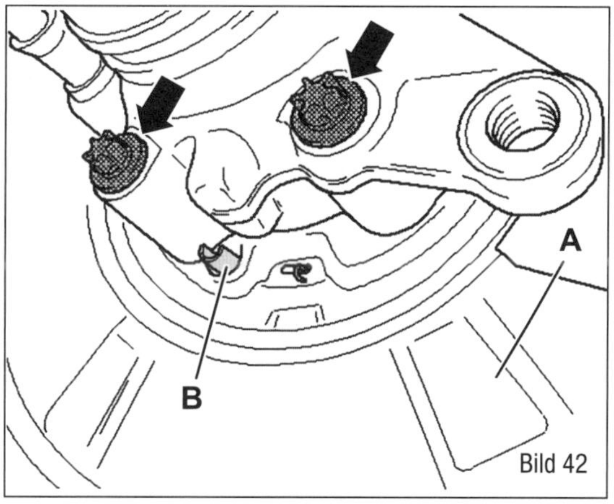

Bild 42

Bild 42
Normalrad.
A Abdeckblech
B Ölablaufrinne
Pfeile Schrauben

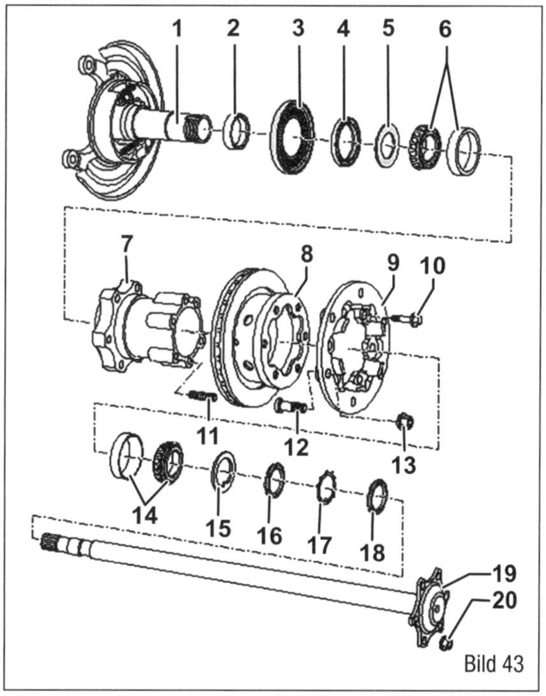

Bild 43

Bild 43
Zwillingsrad.
1 Hinterachse
2 Schrumpfring
3 Rotor für Drehzahlfühler
4 Dichtring
5 Abschirmring
6 Radlager innen
7 Radnabe
8 Bremsscheibe
9 Flansch
10 Schraube
11 Stiftschraube
12 Radbolzen
13 Radmutter
14 Radlager außen
15 Druckscheibe
16 Nutmutter innen
17 Sicherungsblech
18 Nutmutter außen
19 Hinterachswelle
20 Mutter

Das Radlagergehäuse besitzt zwei Löcher zur Befestigung der Drehzahlfühler vorn rechts. Ein Verdrehen beim Einbau der Drehzahlfühler vorn führt zu Fehlfunktionen. Vor der Demontage bitte die Einbaulage markieren.

■ Das entsprechende Vorderrad abbauen.
■ Drehzahlfühler vorn ausbauen.
■ Bremssattel mit Bremsträger abbauen und so mit Draht befestigen, dass das Gewicht des Bremssattels den Bremsschlauch nicht belastet bzw. beschädigt.
■ Spurstangenkopf (3 im Bild 48) lösen.
■ Eventuelle Verschmutzung am Nabendeckel entfernen.
■ Nabendeckel mit einem handelsüblichen Meißel von der Radnabe hebeln.

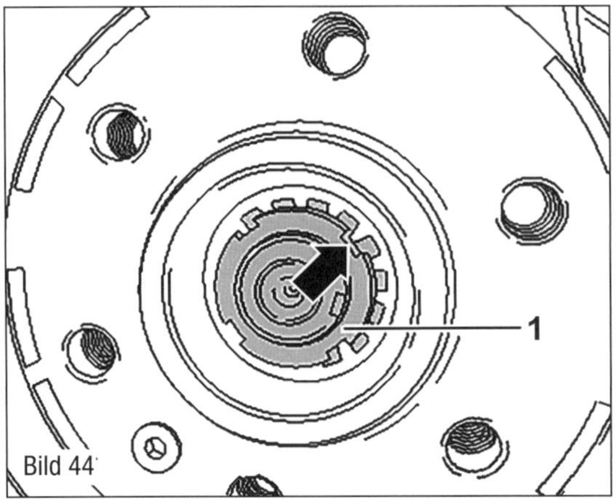

Bild 44
1 Äußere Nutmutter
Pfeil Sicherungsblech

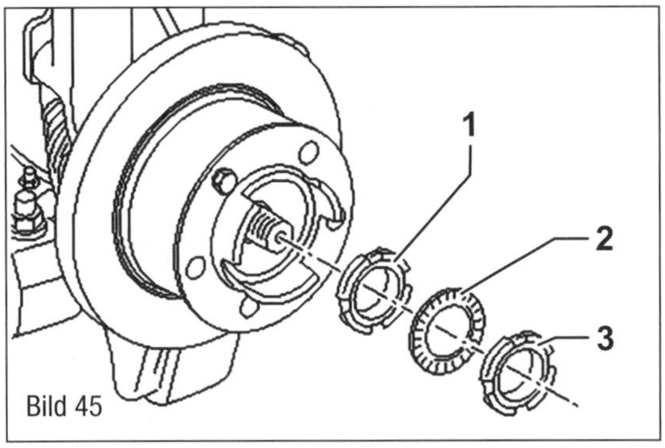

Bild 45
1 Nutmutter
2 Sicherungsblech
3 Äußere Nutmutter

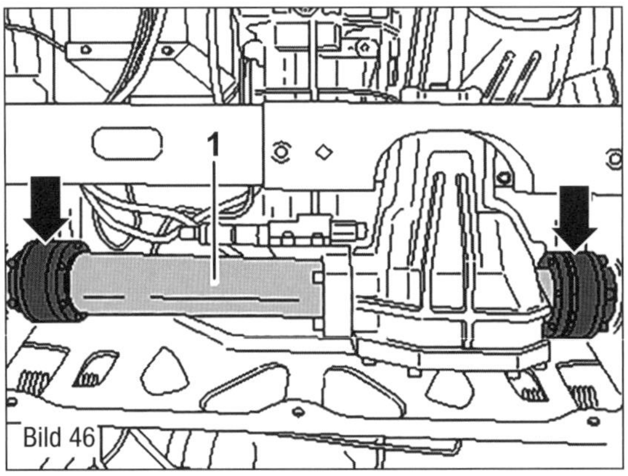

Bild 46
1 Achsantrieb,
Pfeile Innenvielzahnschrauben in den Flanschen

Der Nabendeckel wird beim Ausbau zerstört und muss ersetzt werden. Der Nabendeckel ist eingeklebt, was eine etwas erschwerte Demontage zur Folge hat.

- Äußere Nutmutter (1 im Bild 44) durch Zurückbiegen des Sicherungsblechs (Pfeil) entsichern.
- Äußere Nutmutter (3 im Bild 45) entfernen und Sicherungsblech (2) entnehmen.
- Nutmutter (1) abschrauben.
- Schrauben (Pfeile im Bild 47) vom oberen Achsgelenk (1) abschrauben.
- Innenvielzahnschrauben (Pfeile im Bild 46) am Achsantrieb (1) für die erforderliche Seite lösen.
- Lenkung nach rechts bzw. nach links drehen, um mehr Bewegungsfreiheit zu erlangen.
- Gelenkwelle aus dem Radlagergehäuse ziehen und Gelenkwelle entnehmen.

Gegebenenfalls Nutmutter wieder anschrauben und mit einem handelsüblichen Kunststoffhammer das Gleichlaufgelenk außen mit leichten Schlägen austreiben.

Bei loser radseitiger Gelenkwellenverschraubung dürfen die Radlager nicht belastet werden. Werden die Radlager durch das Eigengewicht des Fahrzeugs belastet, wird das Radlager vorgeschädigt. Die Radlagerlebensdauer ist dadurch geringer.

Fahrzeuge ohne Gelenkwelle dürfen nicht bewegt werden, da sonst das Radlager beschädigt wird. Soll ein Fahrzeug trotzdem bewegt werden, bitte Folgendes beachten:

- Anstatt der Gelenkwelle ein Außengelenk einbauen.

Die Montage erfolgt sinngemäß in umgekehrter Reihenfolge.

Beim Ablegen oder beim Einsetzen darauf achten, dass sich kein Schmutz an den Teilen befindet. Bei eventuellen Verschmutzungen oder Beschädigungen am Radlagergehäuse (1 im Bild 48), Radial-Wellendichtring (4) oder an der Radnabe (8), Teile reinigen bzw. erneuern.

- Gelenkwelle einfügen und Gleichlaufgelenk außen in das Radlagergehäuse einführen.
- Schrauben (Pfeile im Bild 47) vom oberen Achsgelenk (1) handfest anziehen und anschließend mit Drehmoment festziehen.

Staubkappen auf Beschädigung und richtigen Sitz prüfen.

- Innenvielzahnschrauben handfest anschrauben, anschließend mit vorgeschriebenem Anzugsdrehmoment festziehen.
- Spurstangenkopf befestigen.
- Drehzahlfühler vorn einbauen.
- Radlagerspiel prüfen und einstellen.
- Neuen Nabendeckel einbauen.
- Bremssattel mit Bremsträger anbauen.
- Das entsprechende Vorderrad anbauen.

De- und Montage der Gleichlaufgelenkwellen für die Vorderachse (Crafter 4MOTION Achleitner-Allrad)

Vor dem Ausbauen die Position aller Teile zueinander kennzeichnen. Alle Teile in gleicher Stellung zusammenbauen, andernfalls können Unwuchten entstehen, die Schäden an der Lagerung und Brummgeräusche verursachen.

Bei Fahrzeugen mit Nebenantrieb ist die Gleichlaufgelenkwelle direkt am Nebenantrieb befestigt. Hier entfällt der Flansch.

- Die Stellung der Gleichlaufgelenkwelle (1 im Bild 50) zum Flansch (2) kennzeichnen.
- Schrauben für die Gleichlaufgelenkwelle (1) herausdrehen.
- Welle nach unten herausnehmen.

Der Einbau erfolgt in umgekehrter Reihenfolge

- Alle zueinander gekennzeichneten Teile in der ursprünglichen Position einbauen.

De- und Montage der 2-teiligen und 3-teiligen Kardanwelle

Kardanwelle mit einem zweiten Monteur aus- und einbauen. Vor dem Ausbauen die Position aller Teile zueinander kennzeichnen. Alle Teile in gleicher Stellung zusammenbauen. Andernfalls können Unwuchten entstehen, die Schäden an der Lagerung und Brummgeräusche verursachen.

Kardanwelle nicht knicken, sondern nur gestreckt lagern und transportieren.

Je nach Ausstattung ist eine Gelenkscheibe an der Kardanwelle verbaut, die beim Ausbau an der Kardanwelle verbleibt.

- Schrauben (7 im Bild 51) für den Sicherheitsbügel (8) herausdrehen.
- Stellung der Kardanwelle zum Kardanwellenflansch (Getriebe) kennzeichnen.
- Kardanwelle bzw. die Gelenkscheibe am Kardanwellenflansch des Getriebes bzw. der Kardanwelle vorn abschrauben.

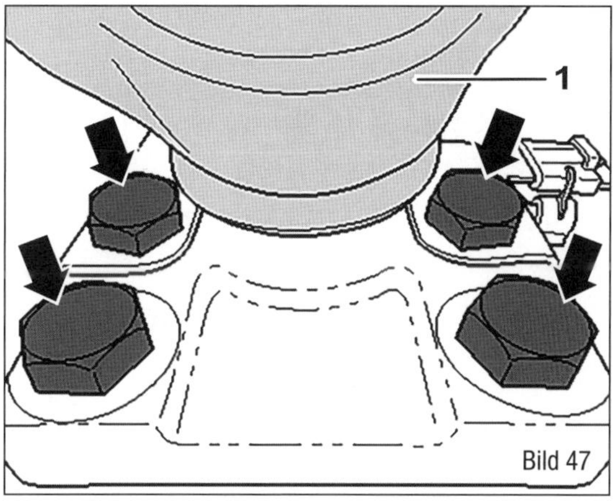

Bild 47

Bild 47
1 Achsgelenk
Pfeile Schrauben

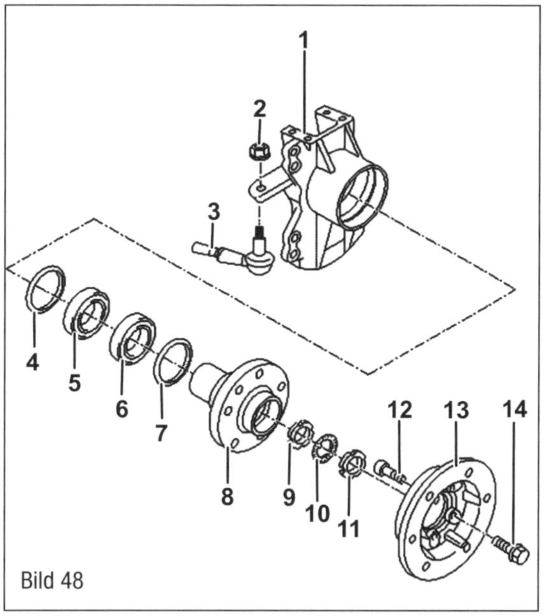

Bild 48

Bild 48
Radnabe beim Allrad.
1 Radlagergehäuse
2 Mutter
3 Spurstangenkopf
4 Radial-Wellendichtring
5 Kegelrollenlager innen
6 Kegelrollenlager außen
7 Radial-Wellendichtring
8 Radnabe
9 Nutmutter
10 Sicherungsblech
11 Nutmutter
12 Radbefestigungsbolzen
13 Radflansch
14 Schraube

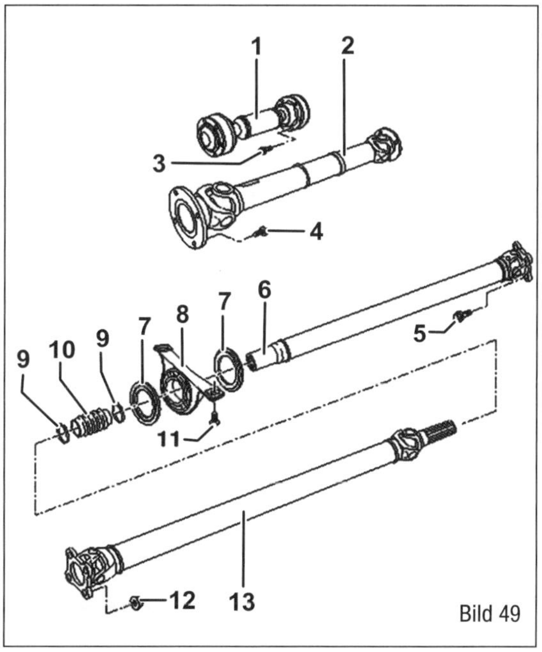

Bild 49

Bild 49
Übersicht Antriebs- und Kardanwellen beim Allrad.
1 Gleichlaufgelenkwelle
2 Kardanwelle vorn
3 Schrauben
4 Schrauben
5 Schrauben
6 2-teilige Kardanwelle
7 Schutzkappen
8 Zwischenlager
9 Klemmschellen
10 Schutzhülle
11 Schrauben
12 Muttern
13 2-teilige Kardanwelle

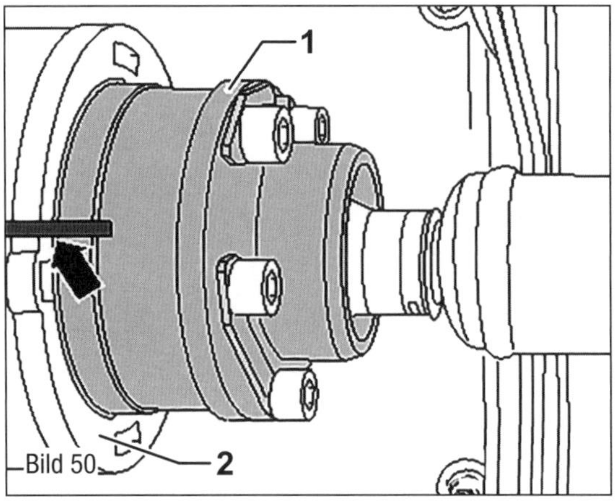

Bild 50
1 Achsgelenk
2 Flansch
Pfeil Markierung

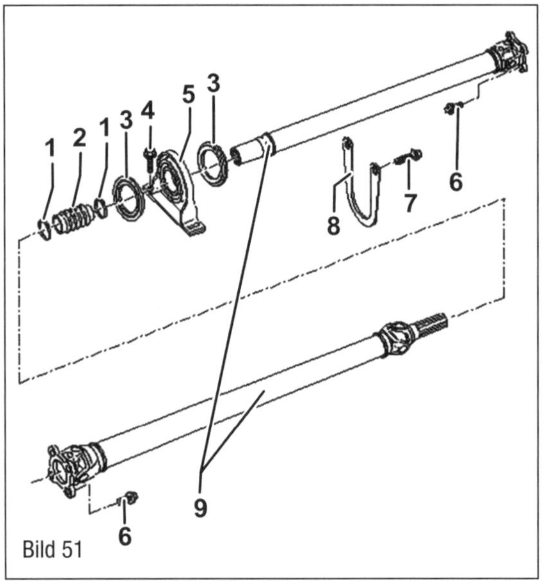

Bild 51
Zweiteilige Kardanwelle.
1 Klemmschellen
2 Schutzhülle
3 Schutzkappen
4 Schrauben
5 Zwischenlager
6 Schrauben
7 Schrauben
8 Sicherheitsbügel
9 2-teilige Kardanwelle

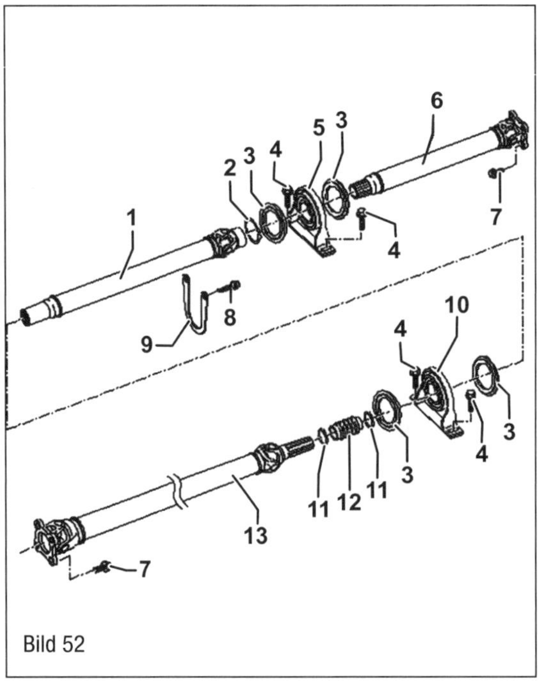

Bild 52
Dreiteilige Kardanwelle.
1 Kardanwellenrohr Mitte
2 Sicherungsring
3 Schutzkappen
4 Schrauben
5 Zwischenlager vorn
6 Kardanwellenrohr vorn
7 Schrauben
8 Schrauben
9 Sicherheitsbügel
10 Zwischenlager hinten
11 Klemmschellen
12 Schutzhülle
13 Kardanwellenrohr hinten

Fahrzeuge mit Tilgergewicht und Gelenkscheibe:

- Schrauben des Tilgergewichtes am Getriebeflansch lösen.

Fortsetzung alle Fahrzeuge:

- Stellung der Kardanwelle zum Kardanwellenflansch (Hinterachse) kennzeichnen.
- Kardanwelle (9) an der Hinterachse abschrauben.
- Schrauben (4) des Zwischenlagers beziehungsweise der Zwischenlager (5 und 10 in Bild 52) herausdrehen.
- Kardanwelle abnehmen.

Der Einbau erfolgt sinngemäß in umgekehrter Reihenfolge.

- Zwischenlager spannungsfrei ausrichten.

De- und Montage der Kardanwelle vorne Crafter 4Motion (Achleitner-Allrad)

Kardanwelle mit einem zweiten Monteur aus- und einbauen. Vor dem Ausbauen die Position aller Teile zueinander kennzeichnen. Alle Teile in gleicher Stellung zusammenbauen. Andernfalls können Unwuchten entstehen, die Schäden an der Lagerung und Brummgeräusche verursachen.

Kardanwelle nicht knicken, sondern nur gestreckt lagern und transportieren.

Je nach Ausstattung ist eine Gelenkscheibe an der Kardanwelle verbaut, die beim Ausbau an der Kardanwelle verbleibt.

- Schrauben (7 im Bild 51) für den Sicherheitsbügel (8) herausdrehen.
- Stellung der Kardanwelle zum Kardanwellenflansch (Getriebe) kennzeichnen.
- Muttern (Pfeile im Bild 54) für Kardanwelle vorn (1) am Flansch Verteilergetriebe lösen.
- Muttern (Pfeile im Bild 55) für Kardanwelle vorn (1) am Achsantrieb vorn lösen.
- Kardanwelle (1 im Bild 56) über den Getriebeträger nach unten herausnehmen.

Der Einbau erfolgt sinngemäß in umgekehrter Reihenfolge.

- Alle zueinander gekennzeichneten Teile in der ursprünglichen Position einbauen.

De- und Montage der Kardanwelle hinten Crafter 4Motion (Achleitner-Allrad)

Kardanwelle mit einem zweiten Monteur aus- und einbauen. Vor dem Ausbauen die Position aller Teile zueinander kennzeichnen. Alle Teile in gleicher Stellung zusammenbauen. Andernfalls können Unwuchten entstehen, die Schäden an der Lagerung und Brummgeräusche verursachen.

Je nach Ausstattung ist eine Gelenkscheibe an der Kardanwelle verbaut, die beim Ausbau an der Kardanwelle verbleibt.

■ Schrauben (Pfeile im Bild 57) herausdrehen.
■ Unterfahrschutz (1) des Zwischenlagers der Kardanwelle hinten abnehmen.
■ Falls keine Markierung vorhanden ist, Stellung der Kardanwelle wie im Bild 58 gezeigt zum Kardanwellenflansch an beiden Seiten kennzeichnen.

Eine Mutter bleibt aufgedreht, sodass die Kardanwelle vorn bei den weiteren Montagearbeiten nicht vom Flansch rutscht.

■ Für die weitere Montage ist ein zweiter Monteur erforderlich.
■ Muttern (Pfeil im Bild 59) für Kardanwelle am Verteilergetriebe abschrauben.
■ Schrauben für Kardanwelle (Pfeile im Bild 60) an der Hinterachse herausdrehen.
■ Schrauben (Pfeile im Bild 61) des Zwischenlagers (1) herausdrehen.
■ Jetzt die letzte Mutter vorn am Flansch abschrauben.
■ Kardanwelle mit einem zweiten Monteur nach hinten über den Flansch ziehen und in ihrer gestreckten Länge abnehmen.

Damit die Schutzmanschette im Zwischenlager nicht beschädigt wird, Kardanwelle in der gestreckten Länge aus- und einbauen bzw. lagern.

Der Einbau erfolgt sinngemäß in umgekehrter Reihenfolge.

■ Alle zueinander gekennzeichneten Teile in der ursprünglichen Position einbauen.
■ Zwischenlager spannungsfrei einbauen.
■ Alle Schrauben der Kardanwelle festziehen.
■ Kardanwelle abschließend ausrichten.

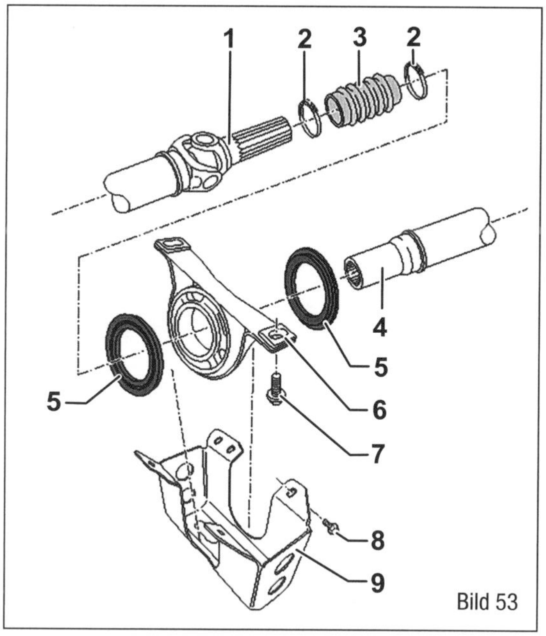

Bild 53

Bild 53
Zweiteilige Kardanwelle beim 4Motion.
1 Kardanwelle vorne
2 Schellen
3 Gummitülle
4 Kardanwelle hinten
5 Schutzkappen
6 Zwischenlager
7 Schrauben
8 Schrauben
9 Unterfahrschutz

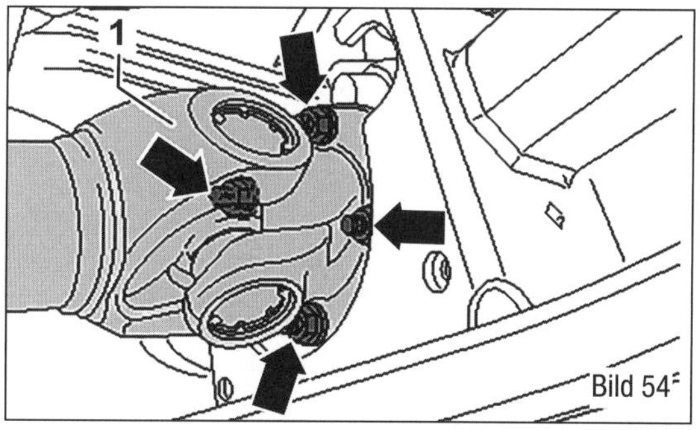

Bild 54

Bild 54
Dreiteilige Kardanwelle.
1 Kardanwelle vorne
Pfeile = Muttern Kardanflansch vorne (am Verteilergetriebe)

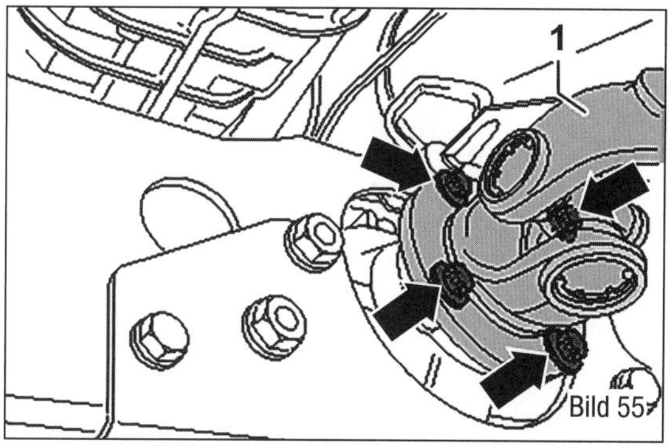

Bild 55

Bild 55
Dreiteilige Kardanwelle.
1 Kardanwelle vorne
Pfeile = Muttern Kardanflansch vorne (am Achsgetriebe).

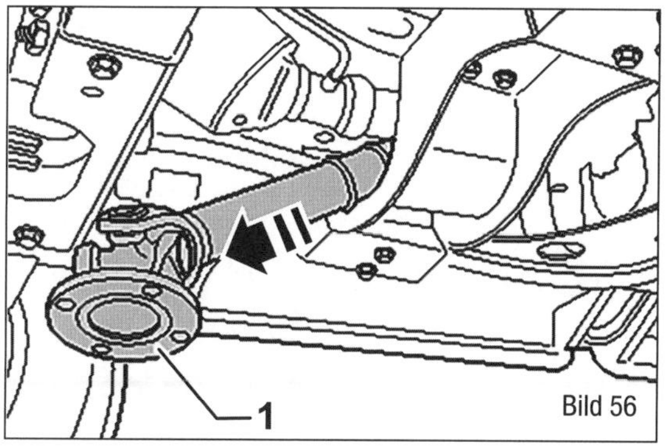

Bild 56

Bild 56
Dreiteilige Kardanwelle.
1 Kardanwelle
Pfeil Demontagerichtung

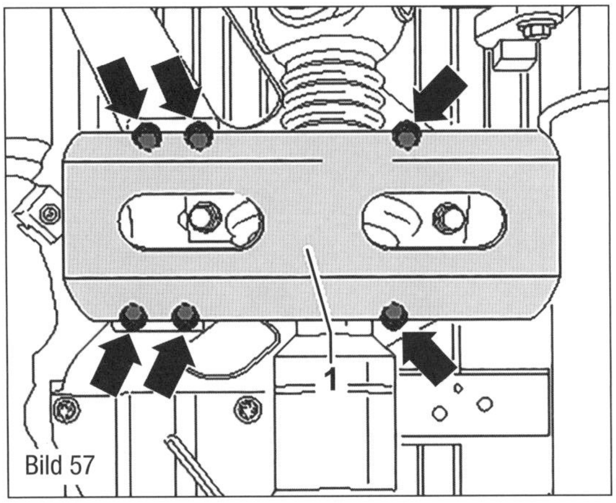

Bild 57
1 Unterfahrschutz
Pfeile Schrauben

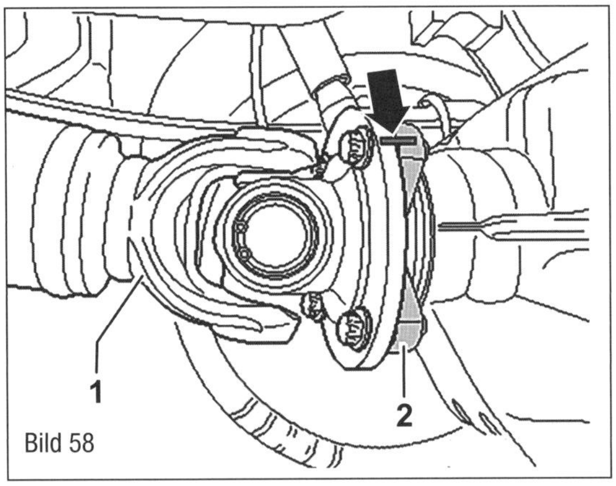

Bild 58
Kardanwelle der Hinterachse.
1 Kardanwelle
2 Flansch
Pfeil Markierung

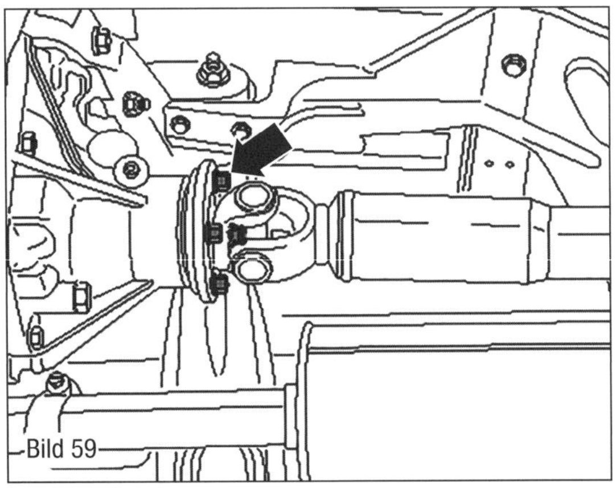

Bild 59
Muttern (Pfeil) der Kardanwelle zum Getriebe.

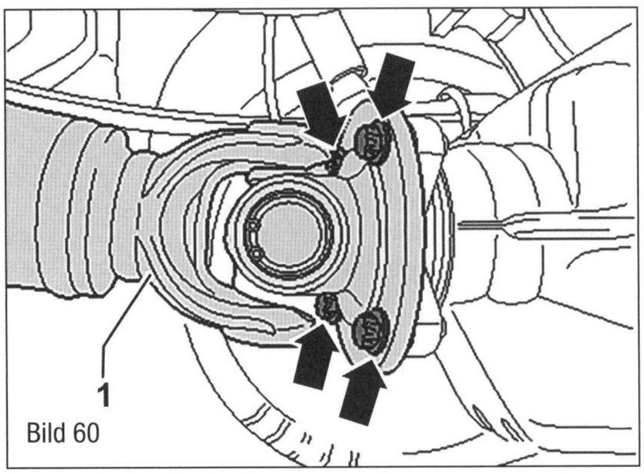

Bild 60
Muttern (Pfeile) der Kurbelwelle am Achsgetriebe.

Kardanwelle ausrichten (Crafter 4MOTION mit Achleitner-Allradantrieb)
Bei diesem Arbeitsschritt geht es darum, dass die Neigung der Kardanwelle zum Verteilergetriebe maximal 1° betragen darf. Da die unterschiedlichen Ausrüstungen, Bereifungen und natürlich auch die Beladung eine einheitliche Messhöhe nicht erlauben, erfasst der Hersteller das Winkelmaß durch zwei Messungen gegen Anzeige einer Waagerechten mit einer Libelle (Bild 62).

- Winkelmesser auf der Kardanwelle anlegen.
- Die Winkelanzeige nach der Libelle ausrichten.
- Den Neigungsgrad der Kardanwelle ablesen.
- Den Winkelmesser an den Flansch des Ausgleichsgetriebes (Kardanflansch) anlegen.
- Erneut die Winkelanzeige nach der Libelle ausrichten.
- Den Neigungsgrad des Flansches des Ausgleichsgetriebes ablesen. Die Messwerte dürfen maximal 1° von einander abweichen. Ist der Neigungswinkel größer als 1°, muss die Kardanwelle eingestellt werden. Distanzstücke und Schrauben sind über den Servicehändler bestellbar.

Gleichlaufgelenkwellen prüfen
Es gibt eigentlich nur drei Gründe eine Achsgelenkwelle zu zerlegen. Zuerst einmal möchten wir den Hintergrund für diese Arbeiten genauer beleuchten:

Spiel an den Gelenken (Bild 63):
Halten Sie den Lageraußenring mit der Hand fest und verdrehen Sie die Achswelle. Sie sollte möglichst kurze, schnelle Bewegungen machen (einfach schnell hin- und herdrehen). So bemerken Sie ein mögliches Lagerspiel in den Achswellen sehr schnell. Spiel an den Gelenken sollte immer nachgegangen werden.

Denken Sie daran, dass Ihr Fahrzeug beim Anheben einen anderen Winkel der Achswelle bewirkt. Die Prüfungen sollten immer am Boden stattfinden. Zumindest sollte das Fahrzeug auf dem Boden stehen. Eine Grube in der Garage oder eine Mutterbühne ist hier sehr hilfreich. Stellen Sie übermäßiges Spiel fest, sollte die Gelenkwelle erneuert oder zerlegt und repariert werden. Zumeist zeigen sich bei der Demontage erhebliche Schäden an Lagerflächen oder Kugeln. Wird das Spiel zu groß (mehr als 2 mm Spiel in der Verdrehung), kann die Antriebswelle »auseinanderfliegen« und sorgt dann im günstigsten Fall für eine Panne. Im schlimmsten Fall kann die Achswelle weitere Schäden verursachen, wenn sie aus den Führungen herausrutscht.

Geräusche:
Die Prüfung der Achsgelenkwellen auf diese Schäden, erfolgt in der Regel bei einer Probefahrt. Es sollten hier enge Radien gefahren werden können (Supermarktparkplatz!!!) und auch der Lastwechsel vom Beschleunigen zum Schiebebetrieb (Gefahren vermeiden, auf den Verkehr achten!) simuliert werden. Geräusche an den Achswellen lassen sich leider nur für das radseitige Gelenk sicher orten. Die Getriebeseite wird oftmals als »Getriebeschaden« wahrgenommen. Sollten also Geräusche beim Lastwechsel entstehen, nehmen Sie auch die Antriebswellen einmal genauer unter die Lupe. Ein deutliches »Klackern« oder durchaus schon »Schläge« gerade beim Kurvenfahren in engen Radien weisen auf einen Achswellenschaden hin. Je lauter diese Geräusche werden, umso dringender besteht Handlungsbedarf. Auch hier sind oft an den zerlegten Wellen sehr gut sichtbare Schäden vorhanden.

Manschette beschädigt:
Das Ende der Lagerungen einer Achswelle wird natürlich schneller erreicht, wenn Schmutz, Wasser und Straßendreck durch eine defekte Manschette eindringen können. Kontrollieren Sie die Lenkmanschetten und die Gelenkmanschette regelmäßig. Bei Schäden führt an einer Reinigung des Gelenkes und dem Ersatz der Manschette kein Weg vorbei. Achten Sie auch auf kleine Fettspritzer im Radlaufbereich oder an den Bremsteilen. Oftmals zeichnen schon kleinste Schäden an der Manschette deutliche Spuren. Durch die hohe Drehzahl wird das Fett im Gelenk sehr schnell in der Landschaft verteilt. Daraufhin läuft das Gelenk trocken und wird mit der Unterstützung des eindringenden Schmutzes ein erhebliches Verschleißverhalten entwickeln.

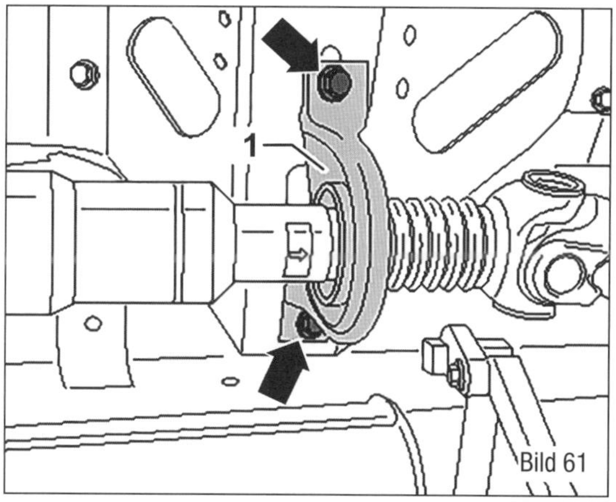

Bild 61
1 Zwischenlager
Pfeile Schrauben des Zwischenlagers

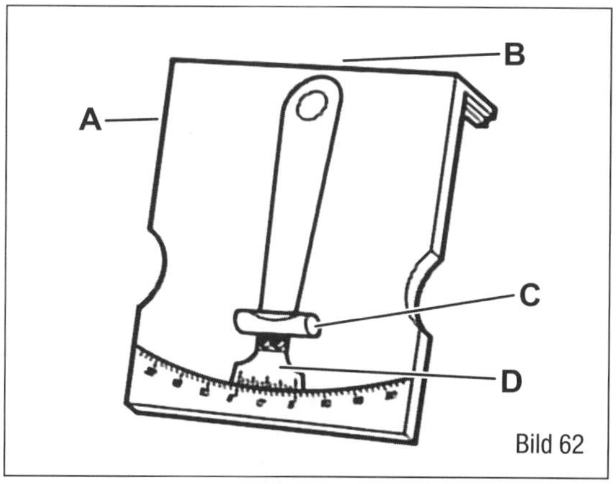

Bild 62
A Anlagekante für den Abtriebsflansch des Verteilergetriebes
B Anlagekante für die Kardanwelle
C Libelle
D Ableseskala für Winkelgrade

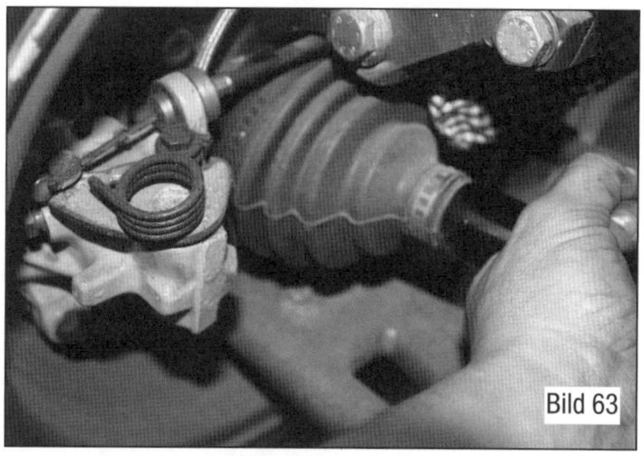

Bild 63
Spiel an den Gelenken der Achswellen prüfen.

Gelenkwelle instand setzen
Die Arbeiten für die Radantriebsgelenkwellen und die Ausgleichswelle zum Verteilergetriebe unterscheiden sich nur geringfügig.

Außengleichlaufgelenk der Gelenkwellen ausbauen:
- Bauen Sie die Gelenkwelle aus.
- Lösen Sie die Klemmschellen der Gelenkschutzhülle (4 im Bild 64) und ziehen Sie die Gelenkschutzhülle auf der Gelenkwelle (7) zurück.
- Entfernen Sie die Fettreste mit einem sauberen Tuch.

Bild 64
1 Mutter
2 Gleichlaufgelenk außen
3 Sicherungsring
4 Klemmschelle
5 Gelenkschutzhülle
6 Klemmschelle
7 Gelenkwelle
8 Innenvielzahnschraube
9 Unterlegplatte
10 Klemmschelle
11 Gelenkschutzhülle
12 Klemmschelle
13 Gleichlaufgelenk innen
14 Sicherungsring
15 Deckel

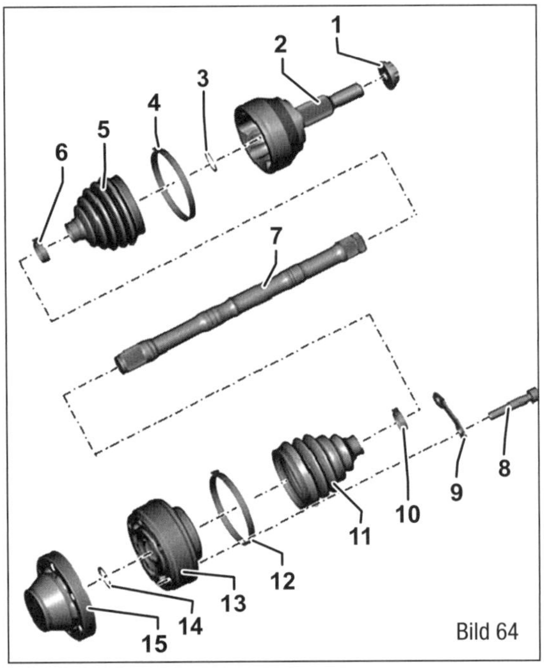

Bild 64

Bild 65
1 Abziehplatte T10382/1
2 Spindeln T10382/2

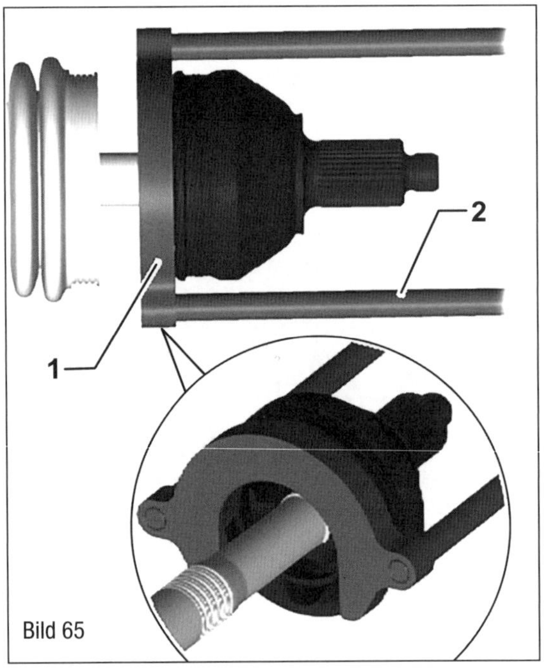

Bild 65

■ Abziehvorrichtung (T10382 im Bild 65) so einrichten, dass die glatte Seite der Abziehplatte (T10382/1) zu den Spindeln (T10382/2) zeigt.
■ Abziehvorrichtung (T10382) mit einem Zughammer ausrüsten.
■ Gleichlaufgelenk mit der Abziehvorrichtung (T10382) und dem Zughammer von der Gelenkwelle abziehen.

☞ Das Außengleichlaufgelenk wird mit einem Sicherungsring (3 im Bild 64) auf der Gelenkwelle gesichert. Ersetzen Sie den Sicherungsring nach jeder Demontage.

Außengleichlaufgelenk der Gelenkwellen einbauen:
■ Schieben Sie die Gelenkschutzhülle (5) auf die Gelenkwelle (7) auf.
■ Ersetzen Sie den Sicherungsring (3).
■ Treiben Sie das gereinigte Außengleichlaufgelenk (2) mit einem Kunststoffhammer auf die Gelenkwelle (1) auf, bis der Sicherungsring (2) einrastet.
■ 70 g Schmierfett durch die Kugelbahnen in das Außengleichlaufgelenk einbringen.
■ Gelenkschutzhülle mit 70 g Schmierfett füllen.
■ Montieren Sie die Gelenkschutzhülle fachgerecht.

Große Klemmschelle (Bild 70) am Außengleichlaufgelenk spannen:
■ Setzen Sie die Spannzange (V.A.G 1682 im Bild 70) wie in der Abbildung gezeigt an. Dabei ist zu beachten, dass die Schneiden der Zange in den Ecken (B) der Klemmschelle anliegen.
■ Spannen Sie die Klemmschelle durch Drehen der Spindel (A) mit einem Drehmomentschlüssel »V.A.G 1331« (Bild 70).

Kleine Klemmschelle (Bild 71) am Außengleichlaufgelenk spannen:
■ Setzen Sie die Spannzange (V.A.G 1682), wie in der Abbildung für die kleine Klemmschelle (Bild 71) gezeigt, an.
Dabei ist zu beachten, dass die Schneiden der Zange in den Ecken der Klemmschelle anliegen.
■ Spannen Sie die Klemmschelle durch Drehen der Spindel mit einem Drehmomentschlüssel.

☞ Aufgrund des harten Werkstoffs der Gelenkschutzhüllen und der dadurch erforderlichen Edelstahl-Klemmschellen können die Schellen nur mit der Spannzange »V.A.G 1682« gespannt werden. Die Spannzange »V.A.G 1682« darf beim Spannen nicht verdreht oder verkantet werden.

Innengleichlaufgelenk der Gelenkwelle links ausbauen:
■ Bauen Sie die Gelenkwelle aus.
■ Spannen Sie die Gelenkwelle in einen Schraubstock mit Schutzbacken ein.

■ Treiben Sie, z. B. mit einem Messing- oder Kupferdorn, wie im Bild 66 gezeigt, die äußere Schutzkappe herunter.

Tipp: Die äußere Schutzkappe für das Innengleichlaufgelenk ist nach jeder Demontage zu ersetzen.

■ Bauen Sie den Sicherungsring (14 im Bild 64) aus.

■ Lösen Sie die Klemmschellen der Gelenkschutzhülle und schieben Sie die Gelenkschutzhülle auf der Gelenkwelle zurück.

■ Entfernen Sie das Fett mit einem sauberen Tuch.

■ Bauen Sie die Werkzeuge, wie in der Abbildung (Bild 67) gezeigt, auf.

■ Pressen Sie das Innengleichlaufgelenk von der Gelenkwelle herunter und fangen Sie dabei die Gelenkwelle nach unten ab.

Innengleichlaufgelenk der Gelenkwelle links einbauen:

■ Schieben Sie die Gelenkschutzhülle auf die Gelenkwelle auf.

■ Positionieren Sie die Werkzeuge wie in der Abbildung (Bild 68) gezeigt.

■ Pressen Sie das Innengleichlaufgelenk bis zum Anschlag auf die Gelenkwelle.

■ Montieren Sie einen »neuen« Sicherungsring.

■ Kontrollieren Sie den korrekten Sitz des Sicherungsrings.

■ Gelenkschutzhülle mit 60 g Schmierfett auffüllen.

■ Montieren Sie die Gelenkschutzhülle fachgerecht.

Klemmschellen am Innengleichlaufgelenk spannen:

■ Setzen Sie die Spannzange (V.A.G 1682, wie in der Abbildung (Bild 70) gezeigt, an. Dabei ist zu beachten, dass die Schneiden der Zange in den Ecken (B) der Klemmschelle anliegen.

■ Spannen Sie die Klemmschelle durch Drehen der Spindel (A) mit einem Drehmomentschlüssel (V.A.G 1331). Das Anzugsdrehmoment beträgt 25 Nm.

Tipp: Aufgrund des harten Werkstoffs der Gelenkschutzhüllen und der dadurch erforderlichen Edelstahl-Klemmschellen, können die Schellen ausschließlich mit der Spannzange V.A.G 1682 gespannt werden. Die Spannzange V.A.G 1682 darf beim Spannen nicht verdreht oder verkantet werden.

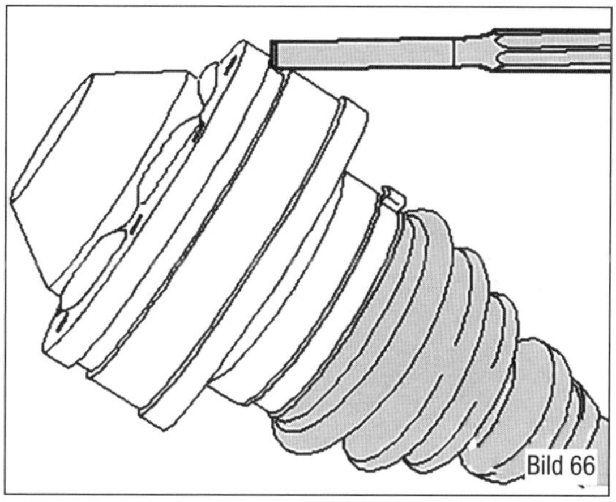

Bild 66
Deckel für inneres Gelenk abtreiben.

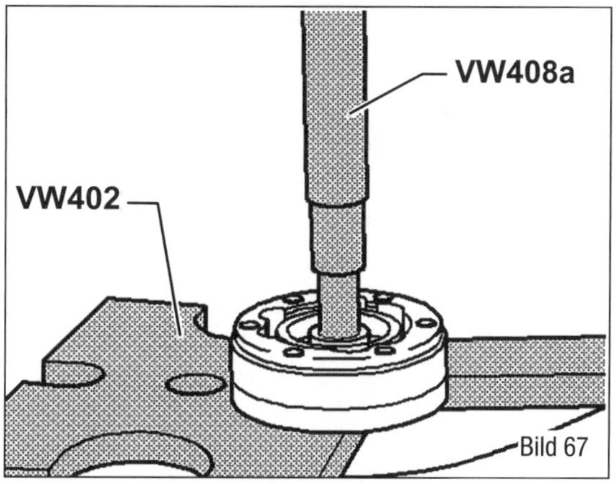

Bild 67
VW 402 Druckplatte
VW 408 A Druckstempel

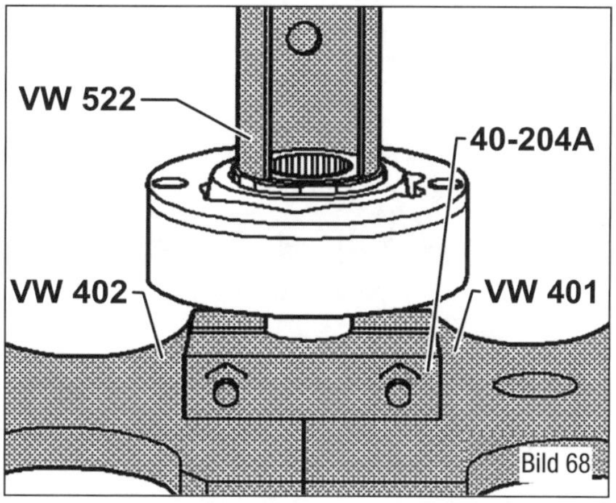

Bild 68
VW 401 Druckplatte
VW 402 Druckplatte
VW 522 Abstützhülse
40-204A Spanner

■ Bringen Sie 60 g Schmierfett durch die Kugelbahn in das Innengleichlaufgelenk ein.

■ Reinigen Sie die Anlageflächen des Innengleichlaufgelenks für die Montage der Schutzkappe.

■ Tragen Sie das Dichtmittel wie durch Pfeil im Bild 69 gezeigt auf die Anlagefläche (schraffierte Fläche) der neuen Schutzkappe.

Tipp: Tragen Sie die Dichtmittelraupe ununterbrochen mit einem Durchmesser von 2 – 3 mm auf. Das Ausrichten der Kappe muss sehr genau erfolgen.

Sichtprüfung Messen

Bild 69
Lage der Dichtmasse.

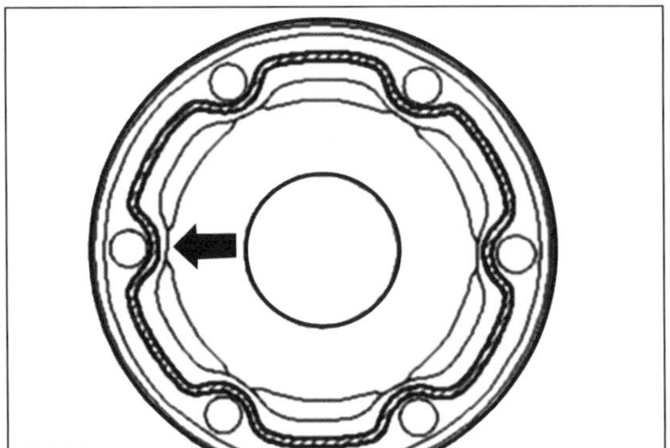

Bild 69

Bild 70
Außengleichlaufgelenk.
A Spindel
B Ecken Klemmschelle
VAG1682 Spannzange

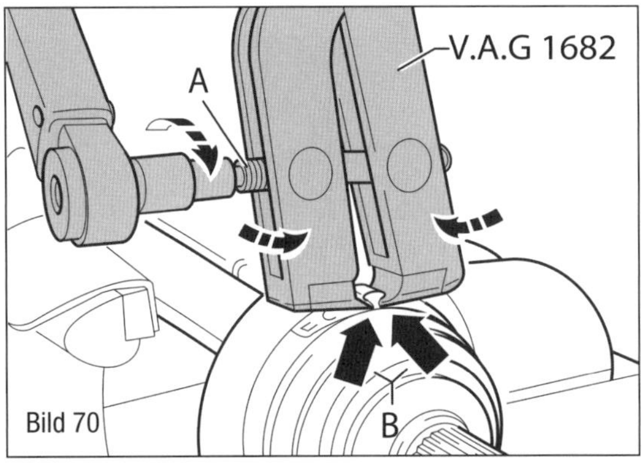

Bild 70

Bild 71
Innengelenk.
A Spindel
B Ecken Klemmschelle
C Drehmomentschlüssel
VAG1682 Spannzange

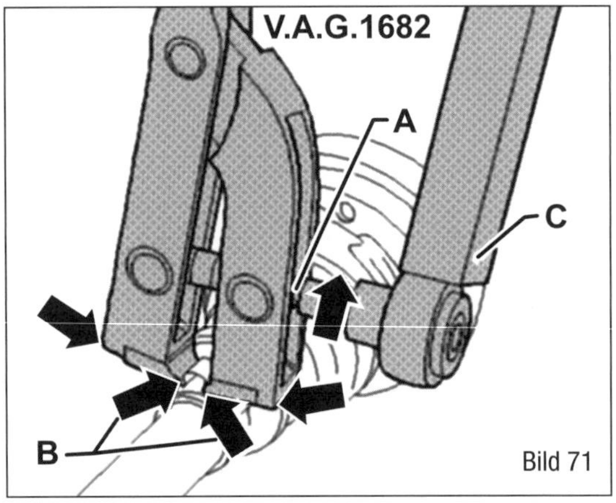

Bild 71

■ Richten Sie die Schutzkappe vor dem Aufsetzen genau zu den Schraubenlöchern aus, weil ein Verdrehen nach dem Auftreiben nicht mehr möglich ist.
■ Treiben Sie die Schutzkappe mit einem Kunststoffhammer auf die Gelenkwelle auf, ohne diese zu beschädigen.
■ Entfernen Sie eventuell herausdrückendes Dichtmittel.
■ Bauen Sie die Gelenkwelle ein.

Gleichlaufgelenke prüfen:
Das Gelenk ist zum Austausch des Fetts bei starker Verschmutzung zu zerlegen oder wenn die Laufflächen der Kugeln auf Verschleiß und Beschädigung geprüft werden sollen.

■ Lage der Kugelnabe zum Kugelkäfig und zum Gehäuse vor dem Zerlegen mit Elektroschreiber oder Abziehstein kennzeichnen.
■ Kugelnabe und Kugelkäfig schwenken.
■ Kugeln nacheinander herausnehmen.
■ Käfig drehen, bis die 2 rechteckigen Fenster (Pfeil in Bild 74) am Gelenkkörper anliegen.
■ Käfig mit Nabe herausheben.
■ Segment der Nabe in das rechteckige Fenster des Käfigs schwenken.
■ Nabe aus Käfig herauskippen.

(Sichtprüfung) Die 6 Kugeln für jedes Gelenk gehören einer Toleranzgruppe an. Achszapfen, Nabe, Käfig und Kugeln auf kleine Vertiefungen (Pittingbildung) und Fressspuren prüfen. Zu großes Verdrehspiel im Gelenk macht sich durch Lastwechselschlagen bemerkbar, in solchen Fällen ist das Gelenk zu ersetzen. Glättungen und Laufspuren der Kugeln sind kein Grund, das Gelenk zu wechseln.

Der Einbau erfolgt sinngemäß in umgekehrter Reihenfolge.
■ Hälfte der Gesamtfettmenge in den Gelenkkörper eindrücken.
■ Käfig mit Nabe in den Gelenkkörper einsetzen.
■ Gegenüberliegende Kugeln nacheinander eindrücken, dabei muss die alte Lage der Kugelnabe zum Kugelkäfig und zum Gelenkkörper wieder hergestellt werden.
■ Neuen Sicherungsring in die Nabe einsetzen.
■ Restfettmenge in der Stulpe (Manschette) verteilen.

Getriebe aus- und einbauen

Die Getriebe werden prinzipiell nach unten ausgebaut. Benötigt werden Abfangvorrichtung, Motor- und Getriebeheber, Getriebeaufnahme und Sicherungsaufnahme, diverse Adapter und Zusatzhaken für die Anhängevorrichtung.
Reparaturen an ausgebauten Getrieben gehören allerdings in die darauf spezialisierte Fachwerkstatt.

Getriebeausbau bei heckgetriebenen Fahrzeugen
Die Montagearbeiten an manuell geschalteten Getrieben und den automatisch geschalteten Getrieben unterscheiden sich nur geringfügig. Wir werden die Besonderheiten, auch für die Nebenantriebe, gesondert in dieser Beschreibung hervorheben.

■ Falls im Fahrzeug ein Radiogerät mit Sicherungscode eingebaut ist, muss die Antidiebstahlcodierung abgefragt und notiert werden.
■ Zündung ausschalten, Masseband der Batterie abklemmen.
■ Luftfilter ausbauen.
■ Fahrzeug anheben.
■ Falls vorhanden, die Geräuschdämpfungen vorn, Mitte und hinten ausbauen.
■ Stellung der Kardanwelle zum Kardanwellenflansch kennzeichnen.
■ Kardanwelle am Kardanwellenflansch abschrauben und die Kardanwelle beispielsweise mit »Bindedraht« an der Karosserie befestigen.
■ Befestigungsschelle am Abgasrohr lösen.
■ Abgasanlage herausnehmen.

Fahrzeuge mit Nebenantrieb:
■ Hydraulikpumpe bzw. die Gelenkwelle für den Nebenantrieb am Getriebe abbauen.
■ Stecker (Pfeil im Bild 76) vom Schaltzylinder abziehen.
■ Hydraulikschlauch (2 im Bild 77) von der Hydraulikleitung (1) abschrauben.

Fortsetzung für alle Fahrzeuge:
■ Kardanwelle lösen und abstützen.
■ Betätigungsseilzüge (1 im Bild 78) von den Kugelköpfen der Schaltung abziehen (Pfeile).
■ Schaltseilbefestigung (2) nach unten schieben und Betätigungsseilzüge vom Getriebe abziehen.

Ab KW 35/2010 wurde die Befestigung der Schaltseile geändert. Die Schaltseile sind dann mit einem Arretierungsbügel am Getriebe befestigt.

Fahrzeuge ab KW 35/2010:
■ Arretierungsbügel ausbauen, hierzu die Befestigungsschraube lösen.
■ Betätigungsseilzüge (1 und 2 im Bild 78)

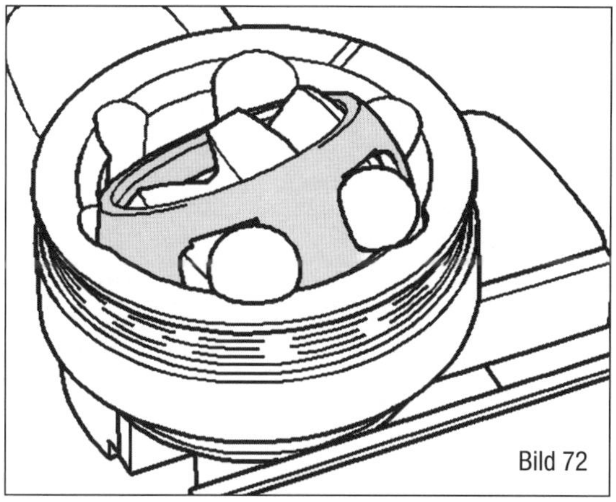
Bild 72

Bild 72
Kugelnabe innen mit dem Kugelkäfig schwenken.

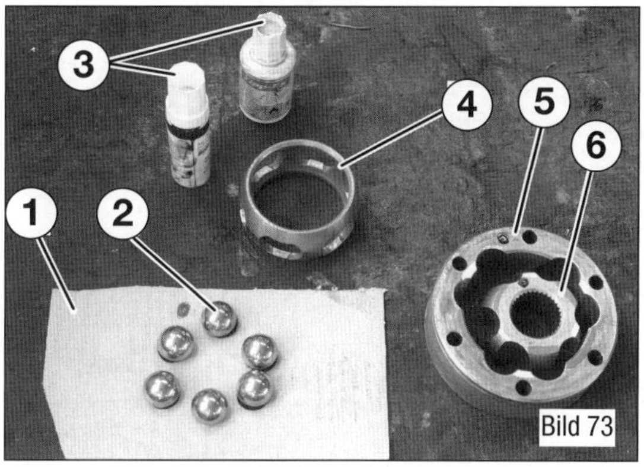

Bild 73

Bild 73
1 Ablagepappe mit Löchern
2 Kugeln
3 Lackstift zum Markieren
4 Kugelkäfig
5 Gehäuse
6 Kugelnabe

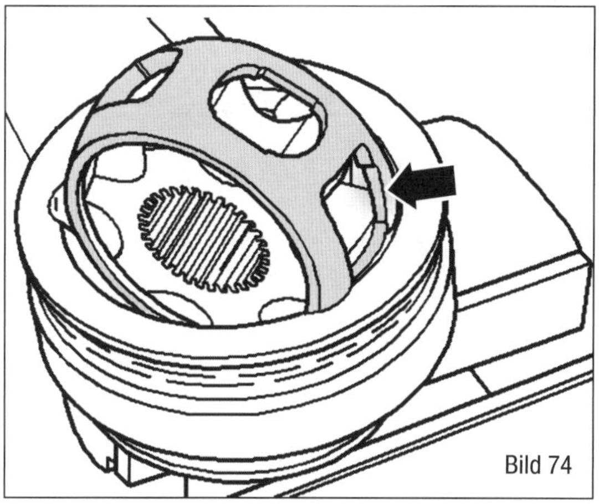
Bild 74

Bild 74
Rechteckiges Fenster im Kugelkäfig (Pfeil).

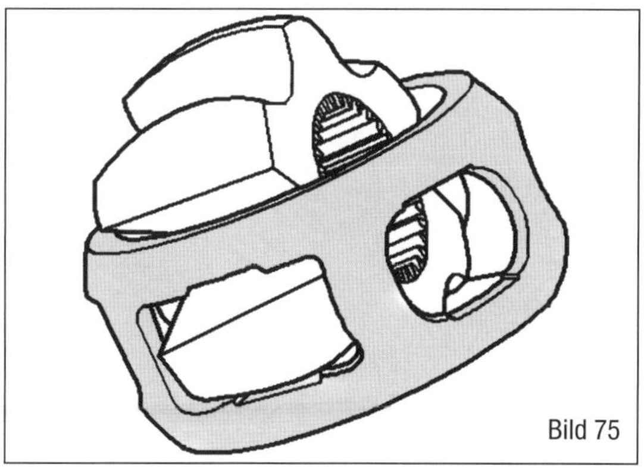
Bild 75

Bild 75
Einschieben der Kugelnabe in das rechteckige Fenster des Kugelkäfigs.

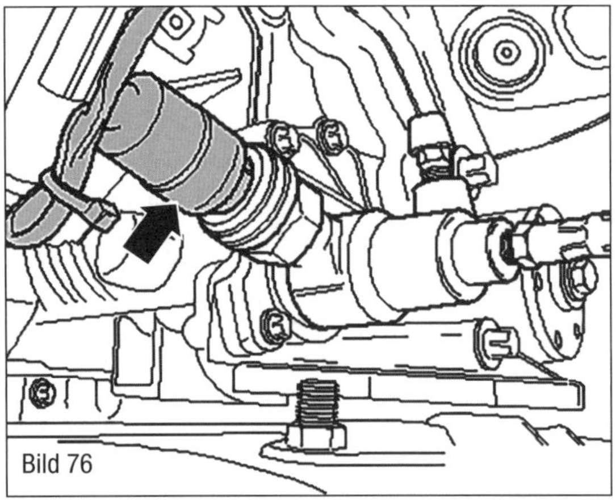

Bild 76
Stecker am Schaltzylinder beim Nebenabtrieb.

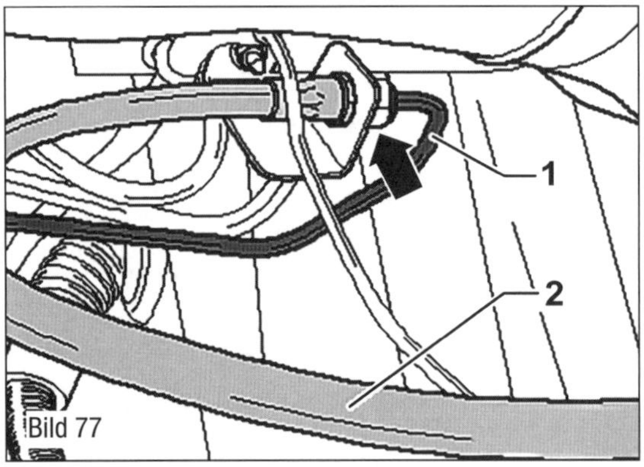

Bild 77
1 Hydraulikleitung
2 Hydraulikschlauch

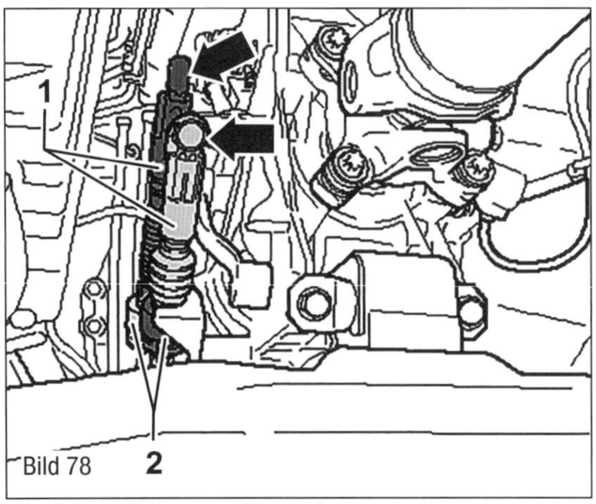

Bild 78
1 Betätigungsseilzüge
2 Schaltseilbefestigungen
Pfeile Kugelköpfe

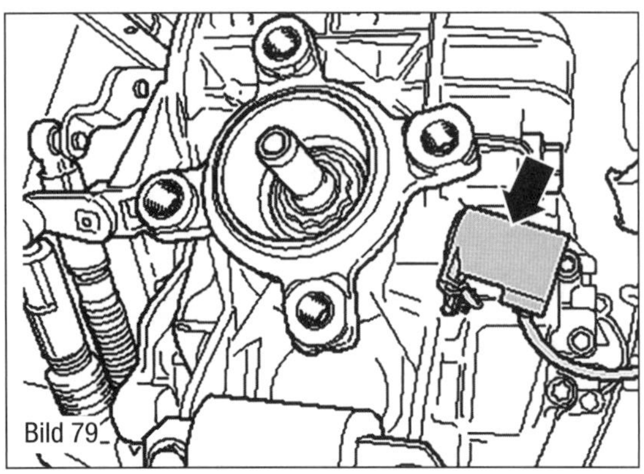

Bild 79
Geber für Fahrtenschreiber (Pfeil).

von den Kugelköpfen der Schaltung abziehen (Pfeile).

- Schaltseile am Getriebe aushängen.

Fortsetzung für alle Fahrzeuge:

- Falls vorhanden, den Geber für Fahrtenschreiber (Pfeil im Bild 79) ausbauen.

Die Plombierung des Gebers für Fahrtenschreiber darf nur von autorisierten Fachwerkstätten durchgeführt werden.

- Falls vorhanden, den Stecker vom Schalter für Getriebe-Neutralstellung abziehen.
- Sicherungsklammer mit einem Schraubendreher aus der Hydraulikleitung für den Kupplungsnehmerzylinder mit Ausrücklager drücken.
- Hydraulikleitung abziehen.

Abgezogene Hydraulikleitung z. B. mit der Staubkappe des Bremssattels hinten verschließen.

- Motorstütze (T50015 im Bild 80) anbauen.

Durch Mehrausstattungen können an den Befestigungspunkten der Motorstütze zusätzliche Teile angebaut sein.

- So lange an Spindel der Motorstütze (T50015) drehen, bis der Motor fixiert ist.

⚠ Das Abstützen des Motors zwischen Ölwanne und Lenkgetriebe ist untersagt.
Diese Art der Abstützung kann zur Beschädigung des Lenkgetriebes führen. In Folge kann es zu Öllecks am Lenkgetriebe kommen, was zum Ausfall der Servolenkung führen kann. Um dieses zu vermeiden, verwenden Sie zum Abstützen des Motors unbedingt die Motorstütze (T50015) oder ein anderes dafür geeignetes Werkzeug beim Ausbau des Getriebes.

- Motor- und Getriebeheber (V.A.G 1383 A im Bild 81) unter den Getriebequerträger setzen.
- Einbaulage des Getriebequerträgers kennzeichnen (beschriften).
- Befestigungsschrauben des Getriebequerträgers herausschrauben.

⚠ Um Schäden am Partikelfilter zu vermeiden, darf sich das Getriebe nur um ca. 10 mm absenken, ggf. mit der Motorstütze (T50015) das Getriebe anheben.

■ Motor- und Getriebeheber (V.A.G 1383 A im Bild 81) absenken.
■ Befestigungsschrauben der Getriebelagerung herausdrehen.

Bei Fahrzeugen mit Nebenantrieb die beiden Befestigungsschrauben Getriebequerträger/Getriebelagerung herausdrehen

■ Befestigungsschrauben des Anlassers (6 im Bild 82) (motorseitig) und (7) (getriebeseitig) herausdrehen. Der Anlasser verbleibt am Motor.
■ Verbindungsschrauben für Motor/Getriebe (1 bis 4) herausdrehen. Die letzte Verbindungsschraube (5) noch nicht ausbauen.

Unter den Verbindungsschrauben (1) und (3) befinden sich Halter für Leitungen. Diese Halter zur Seite binden, damit diese beim Aus- und Einbau des Getriebes nicht stören.

■ Motor- und Getriebeheber (V.A.G 1383 A im Bild 81) mit einer Holzunterlage (1) unter das Getriebe setzen.
■ Getriebe auf dem Motor- und Getriebeheber (V.A.G 1383 A mit dem Spanngurt T10038) sichern.
■ Letzte Verbindungsschraube (5) für Motor/Getriebe von der Motorseite aus herausschrauben.
■ Getriebe vorsichtig vom Motor abdrücken.
■ Getriebe absenken.

Beim Einbau eines Austauschgetriebes muss gegebenenfalls das Seilzugwiderlager umgebaut werden.

Getriebe einbauen bei heckgetriebenen Fahrzeugen
Der Einbau erfolgt sinngemäß in umgekehrter Reihenfolge.
■ Alle Kabelbinder, die beim Ausbau gelöst oder aufgeschnitten werden, sind beim Einbau an der gleichen Stelle wieder anzubauen.
■ Verzahnung der Antriebswelle und bei einer gebrauchten Kupplungsscheibe Verzahnung der Nabe reinigen. Korrosion entfernen und nur eine hauchdünne Schicht des Schmierfetts für Kupplungsscheibensteckverzahnung auf die Verzahnung auftragen. Danach Kupplungsscheibe auf der Antriebswelle hin- und her bewegen, bis die Nabe auf der Welle leichtgängig ist. Überschüssiges Schmierfett unbedingt entfernen.
■ Selbstsichernde Schrauben und Muttern immer ersetzen.
■ Alle Gewindebohrungen, in denen selbstsichernde Schrauben eingedreht werden, sind vorsichtig mit einem Gewindeschneider von den Rückständen des Sicherungsmittels zu reinigen.
■ Ausrücklager auf Verschleiß prüfen,

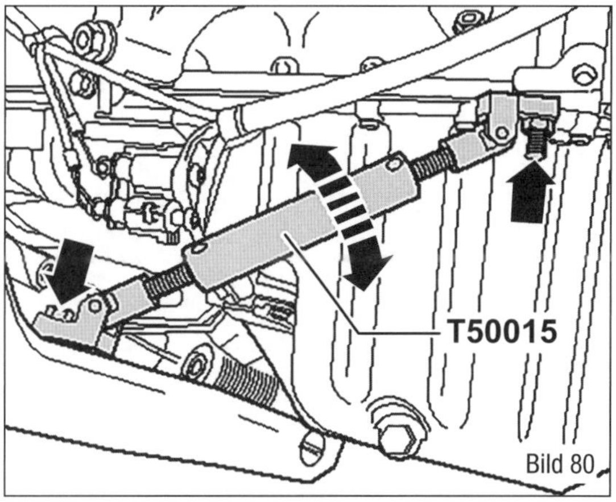

Bild 80
T50015 Motorstütze, Pfeile Befestigungsschrauben, Bewegungspfeil zum Lösen oder Spannen der Motorstütze.

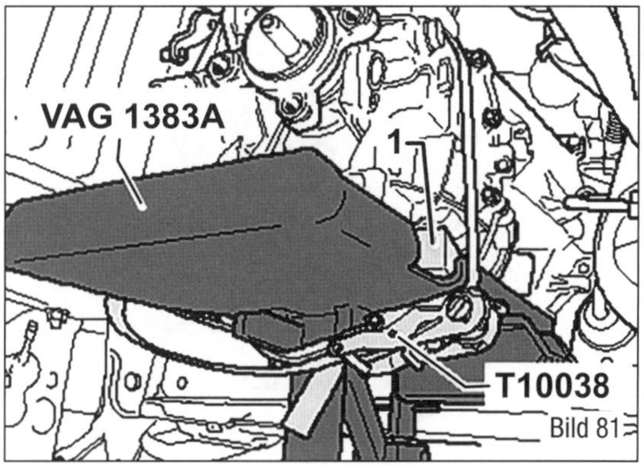

Bild 81
VAG 1383A Motor- und Getriebeheber
T10038 Spanngurt.

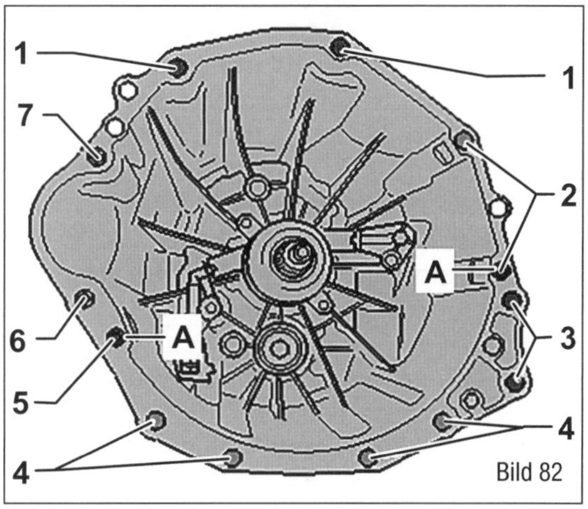

Bild 82
1 Schraube
2 Schraube
3 Schraube
4 Schraube
5 Schraube
6 Befestigungsschraube Anlasser
7 Befestigungsschraube Anlasser
A Passhülsen

Sichtprüfung Messen

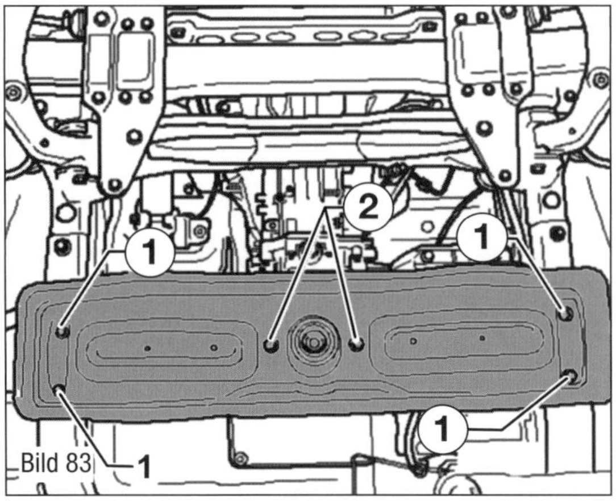

Bild 83
Getriebequerträger.
1 Schrauben im Rahmen
2 Schrauben Getriebelager unten

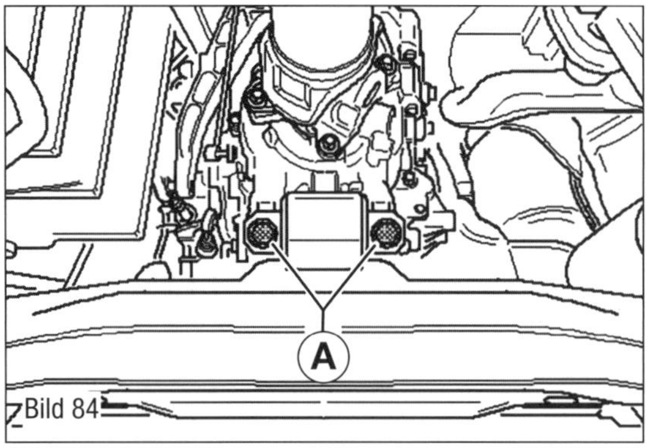

Bild 84
Verschraubungen (A) Getriebelager im Getriebe

wenn erforderlich den Kupplungsnehmerzylinder mit Ausrücklager ersetzen.

- Passhülsen zur Zentrierung Motor/Getriebe müssen im Zylinderblock vorhanden sein (A im Bild 82); wenn nicht, bitte einsetzen.

Bei nicht vorhandenen Passhülsen treten Schaltschwierigkeiten, Kupplungsprobleme und ggf. Geräusche vom Getriebe (Losräderrasseln) auf.

- Getriebequerträger wieder in die vorher markierte Position einsetzen (Bild 83).
- Kupplungsbetätigung entlüften.
- Betätigungsseilzüge am Getriebe anbauen.
- Schaltung einstellen.
- Kardanwelle befestigen.
- Falls vorhanden, Geber für Fahrtenschreiber einbauen und verplomben (lassen).
- Getriebeölstand prüfen, wenn erforderlich Getriebeöl auffüllen.
- Falls vorhanden, die Geräuschdämpfungen einbauen.
- Batterie anklemmen.
- Fahrzeug Probe fahren und den Ereignisspeicher mit dem Diagnosetester auslesen.

Getriebeausbau bei Allrad-Fahrzeugen (Crafter 4MOTION mit Achleitner-Allradantrieb)

- Die Batterie abklemmen.
- Das Luftfiltergehäuse ausbauen.
- Fahrzeug anheben.
- Falls vorhanden, die Geräuschdämpfungen vorn, Mitte und hinten ausbauen.
- Fahrzeug auf beiden Fahrzeugseiten mit Spanngurten an der Hebebühne verzurren.
- Dazu die Spanngurte durch die Öffnung in der Karosserie und um den Tragarm der Hebebühne führen. Danach die Spanngurte spannen.
- Getriebeträger ausbauen.

Beim Ausbau des Getriebeträgers wird das Verteilergetriebe mit dem Motor- und Getriebeheber (V.A.G 1383 A im Bild 81) und das Schaltgetriebe mit der Haltevorrichtung »VW 785/1 B« abgesichert. Soll das Getriebe ausgebaut werden, muss nach erfolgtem Ausbau des Trägers die Haltevorrichtung »VW 785/1 B« abgebaut werden. Hierfür muss der Motor- und Getriebeheber (V.A.G 1383 A) unter das Schaltgetriebe gestellt werden, da dieser zum Ausbau verwendet wird.

- Motor- und Getriebeheber (V.A.G 1383 A) mit einer Holzunterlage (1) unter das Getriebe setzen.
- Arretierungsbügel (3) ausbauen, hierzu Befestigungsschraube (4) lösen (Bild 86).
- Betätigungsseilzüge (1 und 2) von den Kugelköpfen der Schaltung abziehen (Pfeile).
- Schaltseile am Getriebe aushängen.
- Falls vorhanden, den Geber für Fahrtenschreiber (Pfeil im Bild 79) ausbauen.

Die Plombierung des Gebers für Fahrtenschreiber darf nur von autorisierten Fachwerkstätten durchgeführt werden.

- Falls vorhanden, den Stecker vom Schalter für Getriebe-Neutralstellung abziehen.
- Sicherungsklammer mit einem Schraubendreher aus der Hydraulikleitung für den Kupplungsnehmerzylinder mit Ausrücklager drücken.
- Hydraulikleitung abziehen.

Die abgezogene Hydraulikleitung z. B. mit der Staubkappe des Bremssattels hinten verschließen.

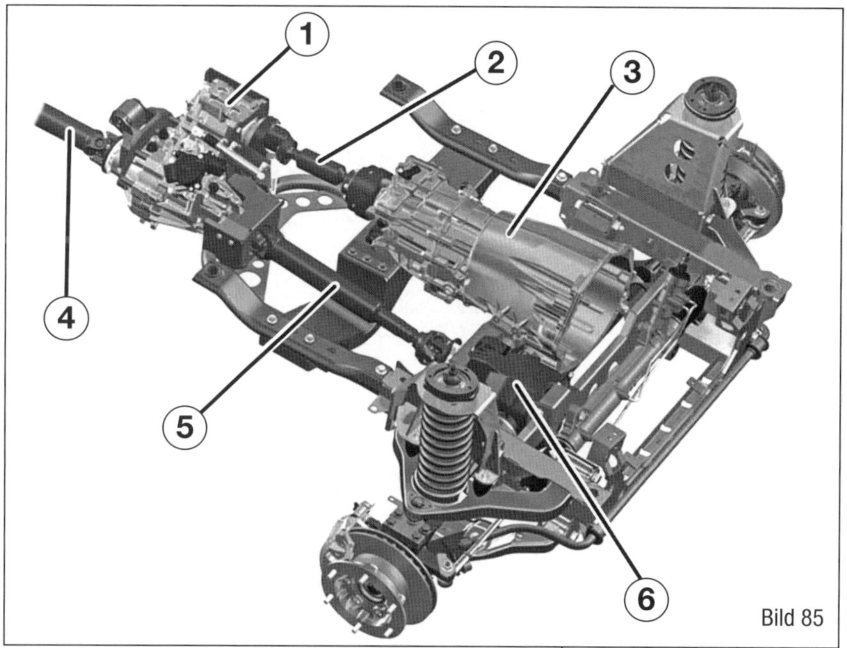

Bild 85
1 Verteilergetriebe
2 Gleichlaufgelenkwelle
3 Schaltgetriebe
4 Kardan hinten
5 Kardan vorne
6 Ausgleichsgetriebe vorne

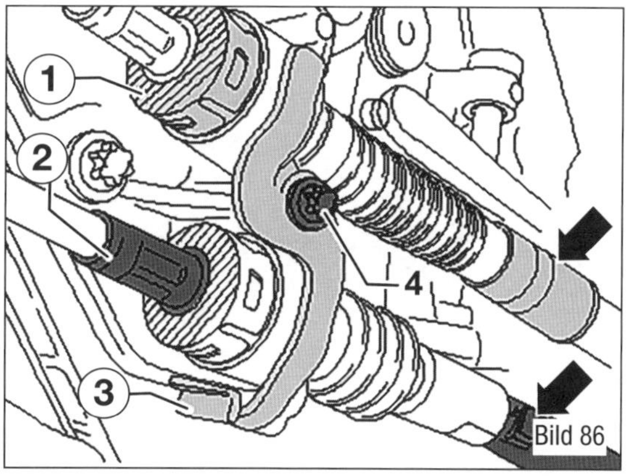

Bild 86
1 Betätigungszug
2 Betätigungszug
3 Arretierungsbügel
4 Befestigungsschraube
Pfeile Kugelköpfe

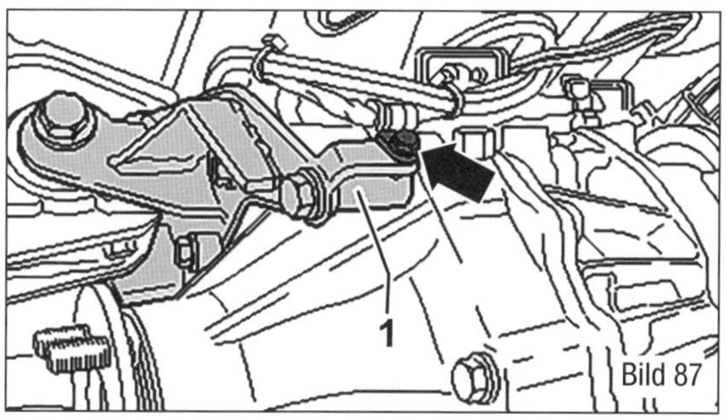

Bild 87
1 Halter Verteilergetriebe
Pfeil Schraube Kabelhalter

⚠ Das Abstützen des Motors zwischen Ölwanne und Lenkgetriebe ist untersagt. Diese Art der Abstützung kann zur Beschädigung des Lenkgetriebes führen. In Folge kann es zu Öllecks am Lenkgetriebe kommen, was zum Ausfall der Servolenkung führen kann.

■ Motor- und Getriebeheber (V.A.G 1383 A) absenken.
■ Befestigungsschrauben des Anlassers 6 (motorseitig) und 7 (getriebeseitig) (Bild 82) herausdrehen. Der Anlasser verbleibt am Motor.
■ Verbindungsschrauben für Motor/Getriebe (1 bis 4) herausdrehen. Die letzte Verbindungsschraube (5) noch nicht ausbauen.

☞ Unter den Verbindungsschrauben (1 und 3) befinden sich Halter für Leitungen. Diese Halter zur Seite binden, damit diese beim Aus- und Einbau des Getriebes nicht stören.

■ Getriebe auf dem Motor- und Getriebeheber (V.A.G 1383 A im Bild 81) mit dem Spanngurt sichern.
■ Letzte Verbindungsschraube (5) für Motor/Getriebe von der Motorseite aus herausschrauben.
■ Getriebe vorsichtig vom Motor abdrücken.
■ Getriebe absenken.

☞ Beim Einbau eines Austauschgetriebes muss gegebenenfalls das Seilzugwiderlager umgebaut werden.

Getriebe einbauen (Crafter 4MOTION mit Achleitner-Allradantrieb)
Der Einbau erfolgt sinngemäß in umgekehrter Reihenfolge.

⚠ Selbstsichernde Schrauben und Muttern sind immer zu ersetzen. Auch korrodierte Schrauben/Muttern müssen immer ersetzt werden.
Bei allen Montagearbeiten, insbesondere im Motorraum aufgrund der engen Bauverhältnisse, beachten Sie bitte Folgendes:
■ Leitungen aller Art (z. B. für Kraftstoff, Hydraulik, Aktivkohlebehälteranlage, Kühl- und Kältemittel, Bremsflüssigkeit, Unterdruck) und elektrische Leitungen so verlegen, dass die ursprüngliche Leitungsführung wieder hergestellt wird.
■ Um Beschädigungen an den Leitungen zu vermeiden, auf ausreichenden Freigang zu allen beweglichen oder heißen Bauteilen achten.

☞ Alle Kabelbinder, die beim Ausbau gelöst oder aufgeschnitten werden, sind beim Einbau an der gleichen Stelle wieder anzubauen.

■ Verzahnung der Antriebswelle und bei einer gebrauchten Kupplungsscheibe Verzahnung der Nabe reinigen. Korrosion ent-

Sichtprüfung Messen

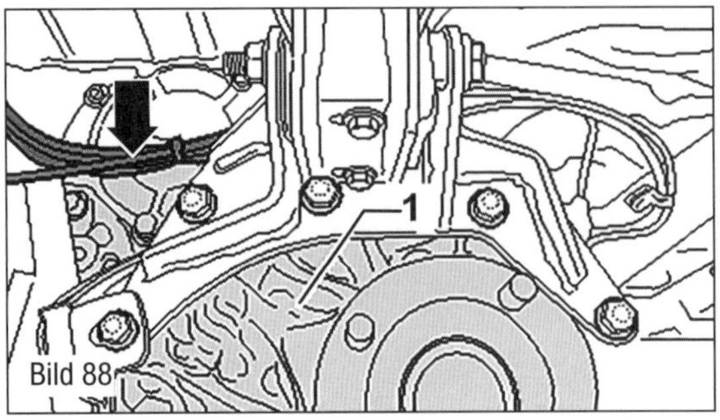

Bild 88
1 Verteilergetriebe
Pfeil elektrischer Leitungsstrang

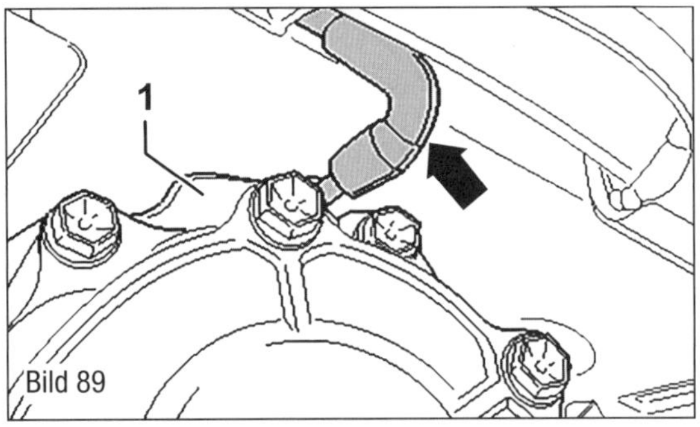

Bild 89
1 Verteilergetriebe
Pfeil Entlüftungsleitung

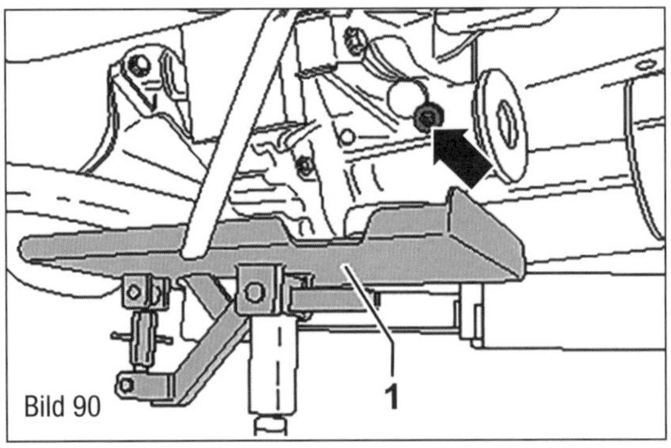

Bild 90
1 Motor- und Getriebeheber (VAS 6931)
Pfeil Verteilergetriebe

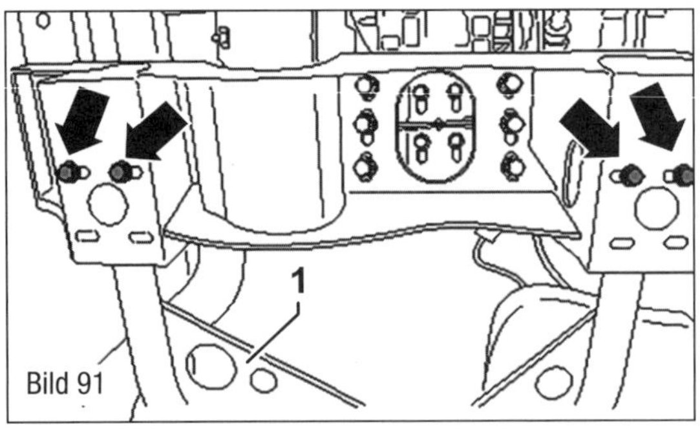

Bild 91
1 Halterung vorne
Pfeile Schrauben

fernen und nur eine hauchdünne Schicht des Schmierfetts für Kupplungsscheibensteckverzahnung auf die Verzahnung auftragen. Danach Kupplungsscheibe auf der Antriebswelle hin- und herbewegen, bis die Nabe auf der Welle leichtgängig ist. Überschüssiges Schmierfett unbedingt entfernen.

- Ausrücklager auf Verschleiß prüfen ggf. Kupplungsnehmerzylinder mit Ausrücklager ersetzen.
- Passhülsen zur Zentrierung Motor/Getriebe müssen im Zylinderblock vorhanden sein, ggf. einsetzen.

☞ Bei nicht vorhandenen Passhülsen treten Schaltschwierigkeiten, Kupplungsprobleme und ggf. Geräusche vom Getriebe (Losräderrasseln) auf.

- Kupplungsbetätigung entlüften.
- Betätigungsseilzüge am Getriebe anbauen.
- Schaltung einstellen.
- Falls vorhanden, Geber für Fahrtenschreiber einbauen.
- Getriebeölstand prüfen, wenn erforderlich Getriebeöl auffüllen.
- Getriebeträger einbauen.
- Falls vorhanden, die Geräuschdämpfungen einbauen.
- Batterie anklemmen.

Verteilergetriebe aus- und einbauen

- Kardanwelle hinten (4 im Bild 85) ausbauen.
- Kardanwelle vorn (5) ausbauen.
- Gleichlaufgelenkwelle (2) ausbauen.
- Elektrische Steckverbindungen trennen.
- Druckabbau des Luftsystems durchführen.
- Druckleitungen am Stellzylinder lösen.
- Schraube (Pfeil im Bild 87) herausdrehen und den elektrischen Leitungsstrang am Halter für Verteilergetriebe lösen.
- Elektrischen Leitungsstrang (Pfeil im Bild 88) aus den Halterungen lösen, vom Verteilergetriebe abnehmen.
- Entlüftungsleitung (Pfeil im Bild 89) vom Verteilergetriebe (1) abziehen.
- Motor- und Getriebeheber (1 im Bild 90) unter das Verteilergetriebe (Pfeil) stellen und mit einem Spanngurt sicher verzurren.
- Schrauben (Pfeile im Bild 91) der Halterung (1) vorn vom Verteilergetriebe herausdrehen.
- Schraube vom Lager hinten herausdrehen.
- Halterung vorn mit dem Verteilergetriebe (Pfeil im Bild 90) und Motor- und Getriebeheber (VAS 6931) (1) langsam nach unten absenken.

Der Einbau erfolgt sinngemäß in umgekehrter Reihenfolge.

- Probefahrt durchführen und den Fehlerspeicher mit dem Diagnosegerät auslesen.

11 Fahrwerk

Arbeiten am Fahrwerk

Bei der Instandsetzung von tragenden und Rad führenden Bauteilen zum Beispiel an Unfallfahrzeugen können Schäden am Fahrwerk unentdeckt bleiben. Diese unentdeckten Schäden führen unter Umständen im späteren Fahrbetrieb zu schweren Folgeschäden. Bei Unfallfahrzeugen müssen auf jeden Fall deshalb die im Folgenden aufgeführten Bauteile in der beschriebenen Weise und Reihenfolge kontrolliert werden. Wichtig ist immer auch eine Vermessung des Fahrwerks. Werden dabei keine Abweichungen von den Sollwerten festgestellt, liegen auch keine Verformungen am Fahrwerk vor.

Sicht und Funktionsprüfung für das Lenksystem

- Sichtprüfung auf Verformung und Risse.
- Spielprüfung der Spurstangengelenke und des Lenkgetriebes.
- Sichtprüfung auf defekte Falten- und Fettbälge.
- Elektrische und hydraulische Leitungen, Schläuche auf Scheuer-, Schnitt- und Knickstellen untersuchen.
- Hydraulische Leitungen, Verschraubungen und Lenkgetriebe auf Dichtheit kontrollieren.
- Lenkgetriebe und Leitungen auf Festsitz überprüfen.
- Einwandfreie Funktion über den gesamten Lenkeinschlag prüfen, indem die Lenkung von Anschlag zu Anschlag betätigt wird. Dabei muss das Lenkrad mit gleich bleibender Betätigungskraft ohne zu haken drehbar sein.

Sicht- und Funktionsprüfung für das Fahrwerk

- Alle in den Montageübersichten dargestellten Bauteile auf Verformung, Risse und sonstige Beschädigungen überprüfen.
- Beschädigte Teile ersetzen.
- Fahrzeug auf einem von der Volkswagen AG freigegebenen Achsmessstand vermessen lassen.
- Räder und Reifen auf Rundlauf und Unwucht untersuchen.
- Reifen auf Einschnitte und Stoßverletzungen im Profil und an den Flanken überprüfen.
- Bereifung auf Fülldruck (Angaben in der Tankklappe), Zustand, Reifenlaufbild und Profiltiefe prüfen.
- Bei Beschädigungen am Scheibenrad und/oder am Reifen ist der Reifen zu ersetzen. Dies gilt auch, wenn ein Unfallhergang und Schäden am Fahrzeug auf eine mögliche, wenngleich nicht sichtbare Beschädigung schließen lassen.
- Reifen sollten nicht älter als 6 Jahre sein.

Elektronische Fahrzeugsysteme

Sicherheitsrelevante Systeme wie zum Beispiel: ABS/ESP, Airbag, elektromechanische Lenk- und sonstige Fahrerassistenzsysteme müssen mit einem Fahrzeugdiagnose-, Mess- und Informationssystem (VAS 505x, VCDS) auf eventuell gespeicherte Fehlermeldungen abgefragt werden. Wurden in den Fehlerspeichern der genannten Systeme Fehler gespeichert, sind diese entsprechend den Vorgaben von VW (Reparaturleitfäden »Erwin«, elektronisches Service-Informationssystem ELSA) instand zu setzen. Nach erfolgter Reparatur sind die jeweils betroffenen Systeme nochmals auf Fehlerspeichereinträge zu prüfen, um sicher zu sein, dass die Funktion wieder gewährleistet ist.

Die Regelsysteme ESP und ABS

Alle Crafter erhalten ab der ersten Stunde serienmäßig die neueste ESP-Generation. Dass die Bremse nicht nur zum Anhalten gedacht ist, wird in den heutigen Systemen eigentlich schon erwartet. Als Überblick möchten wir Ihnen die Nebenfunktionen vorstellen, die in dieses Thema »Fahrwerk« eingreifen. Die Details zu diesen Systemen werden wir im Kapitel 13 genauer betrachten.

ARP (Active Rollover Protection)

Das ARP vermindert die Gefahr des Umkippens bei Kurvenfahrten. Nachdem bei Kurvenfahrten der fahrzeugindividuelle Schwellwert der Querbeschleunigung überschritten worden ist, wird das Motormoment reduziert und das kurvenäußere Vorderrad abgebremst. Damit wird das Kippmoment vermindert. Aufgrund der großen Nutzlast des Crafters wird die Fahrzeugbeladung in die

Regelung der ARP mit einbezogen. Das Steuergerät registriert über den Längsbeschleunigungssensor die aktuelle Beschleunigung und ermittelt über das Verhältnis zum Motormoment unter Einbezug der Gesamtübersetzung drei unterschiedliche Lastzustände (leer, halb beladen und voll beladen). Das ESP-Steuergerät regelt dann, je nach Beladungszustand, den optimalen Einsatzpunkt des ESP.

Gespannstabilisierung
Bei Fahrten mit Anhänger hält die Gespannstabilisierung das Fahrzeug und den Anhänger in der Spur. Es werden (je nach Bedarf) einzelne Räder des Zugfahrzeugs abgebremst oder eine Verzögerung über Motormomentreduzierung eingeleitet. Somit wird das Gespann bei einem drohenden »Aufschaukeln« des Anhängers stabilisiert. Diese Funktion ist zurzeit nur bei einer ab Werk bestellten Anhängevorrichtung möglich.

Reifendruckkontrollanzeige RDK
In das ESP-Steuergerät ist ein indirekt messendes Reifendruckkontrollsystem zur Erkennung des Reifenfülldruckverlustes durch Auswertung der Abrollumfänge der Räder integriert. Ein auftretender Druckverlust in einem Reifen wird durch gezielte Auswertung der Radgeschwindigkeiten nach wenigen Minuten Fahrtzeit erkannt.

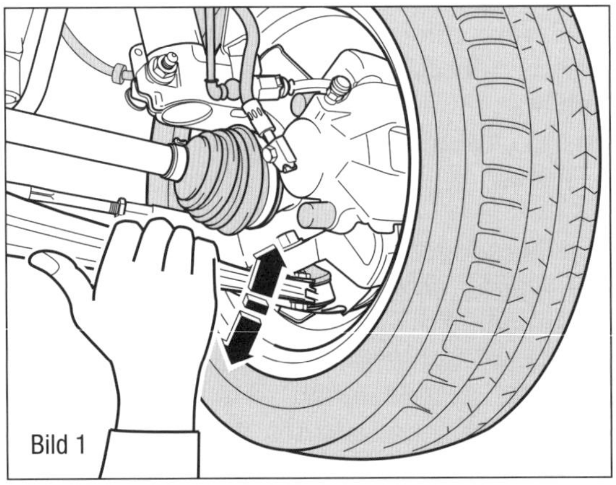

Bild 1
Axialspiel prüfen.

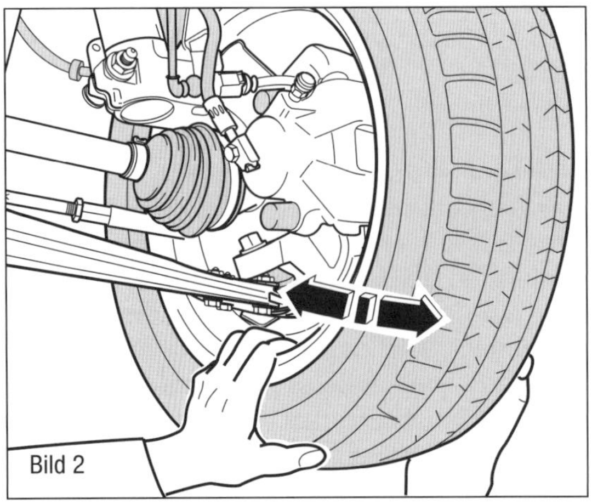

Bild 2
Radialspiel des Traggelenkbolzens prüfen.

Hinweise und Vorschriften
- Schweiß- und Richtarbeiten an tragenden und Rad führenden Bauteilen der Radaufhängung sind nicht zulässig.
- Selbstsichernde Muttern sowie korrodierte Schrauben und Muttern müssen immer ersetzt werden.
- Gummimetalllager haben einen begrenzten Verdrehbereich. Ziehen Sie deshalb die Schraubverbindungen an den Bauteilen mit Gummimetalllagern erst dann fest, wenn das Radlagergehäuse angehoben ist (siehe »Radlagerung in Leergewichtslage heben«).

Prüfungen an der Achslagerung

Achsgelenke und Achslager: Sichtprüfung
- Bitte prüfen Sie die Dichtungsbälge der Achsgelenke auf Undichtigkeiten und Beschädigungen.
- Weiterhin prüfen Sie die Achslager: Es darf kein Spiel vorhanden sein, das vulkanisierte Gummilager darf keine Risse und poröse Stellen aufweisen.

Achsgelenk prüfen
Es darf bei beiden Prüfungen kein fühl- oder sichtbares »Spiel« vorhanden sein. Während der Prüfungen Achsgelenk beobachten. Eventuell vorhandenes Radlagerspiel oder »Spiel« im Federbeinlager oben berücksichtigen. Gummibalg auf Beschädigung prüfen, ggf. Achsgelenk ersetzen.

Axialspiel prüfen
- Achslenker kräftig in Pfeilrichtung (Bild 1) nach unten ziehen und wieder hochdrücken.

Radialspiel prüfen
- Rad unten kräftig in (Pfeilrichtung) nach innen und außen drücken (Bild 2).

Radlagerung in Leergewichtslage heben
Alle Schrauben an Fahrwerksteilen mit

Gummimetalllagern müssen grundsätzlich in Leergewichtslage (unbeladener Zustand) festgezogen werden. Gummimetalllager haben einen begrenzten Verdrehbereich. Achsbauteile mit Gummimetalllagern müssen deshalb vor dem Festziehen in eine Position gebracht werden, die der Position im Fahrbetrieb entspricht (Leergewichtslage). Anderenfalls wird das Gummimetalllager verspannt, eine geringere Lebensdauer wäre dann die Folge.
Durch Anheben der entsprechenden Radaufhängung mit dem Motor- und Getriebeheber (V.A.G 1383 A) und der Aufnahme (T10149) kann diese Position auf der Hebebühne simuliert werden. Bevor die entsprechende Radaufhängung angehoben wird, muss das Fahrzeug auf beiden Fahrzeugseiten an den Tragarmen der Hebebühne mit den Spanngurten (T10038) verzurrt werden.

⚠ Wird das Fahrzeug nicht verzurrt, besteht die Gefahr, dass das Fahrzeug von der Hebebühne abrutschen kann!

- Radnabe soweit drehen, bis eine der Bohrungen für Radschrauben oben steht.
- Aufnahme (T10149) mit Radschraube an die Radnabe anbauen.
- Das Festziehen der betroffenen Schrauben/Muttern darf nur dann erfolgen, wenn das Maß (a) zwischen der Radnabenmitte und der Unterkante Radhaus erreicht ist (Bild 3).
- Das Maß (a) ist abhängig von der Standhöhe des eingebauten Fahrwerks. Aufgrund der Vielfältigkeit von Nutzung und Ausrüstung gibt es kein sinnvoll vorgegebenes Maß.
- Messen Sie vor Beginn der Arbeiten, wenn das Fahrzeug noch auf den Rädern steht, das Maß (a) von Radmitte bis Unterkante am Radhaus. Das Messen muss in Leergewichtslage (unbeladener Zustand) erfolgen.
- Notieren Sie sich den gemessenen Wert. Dieser wird zum Festziehen der Schrauben/Muttern benötigt.
- Radlagergehäuse mit Motor -und Getriebeheber (V.A.G 1383 A) oder einem anderen geeigneten Heber so weit anheben, bis das eben gemessene Maß erreicht ist.

⚠ Fahrzeug nicht anheben oder ablassen, wenn der Motor/Getriebeheber unter dem Fahrzeug steht. Motor- und Getriebeheber (V.A.G 1383 A) nicht länger als erforderlich unter dem Fahrzeug stehen lassen.

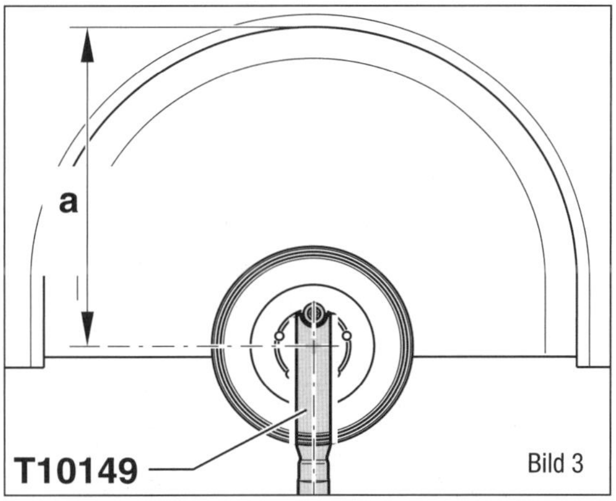

Bild 3

Bild 3
Abstand (a) von Radmitte zum Radlauf als Ruhemaß.

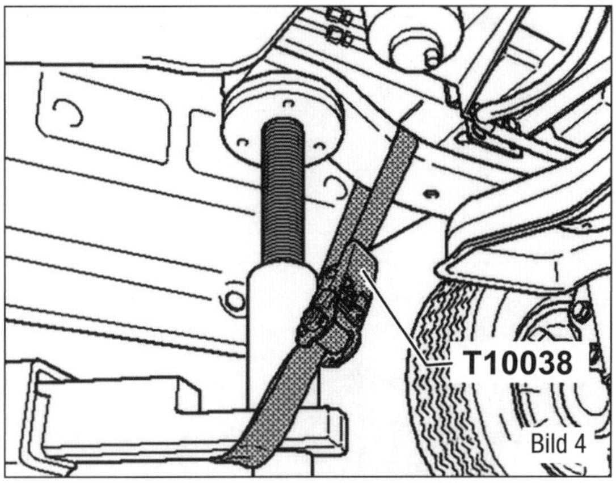

Bild 4

Bild 4
Spanngurt zum Sichern an der Vorderachse.

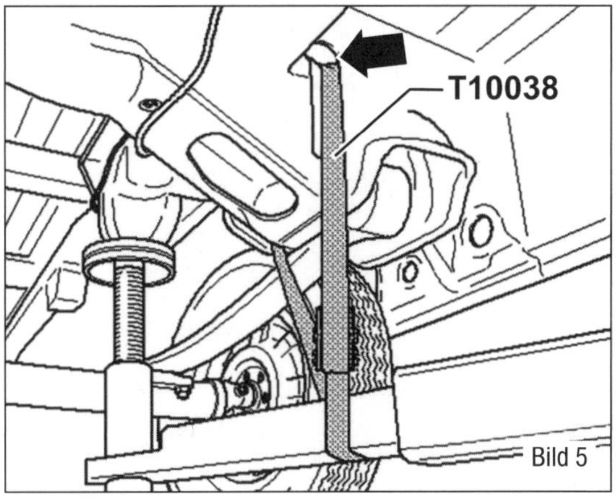

Bild 5

Bild 5
Spanngurt zum Sichern an der Hinterachse.

- Betroffene Schrauben/Muttern festziehen.
- Radlagergehäuse ablassen.
- Motor- und Getriebeheber (V.A.G 1383 A) unter dem Fahrzeug wegziehen.
- Aufnahme (T10149) abbauen.

Die weitere Montage erfolgt sinngemäß in umgekehrter Reihenfolge zur Demontage.

Sichtprüfung Messen

Bild 6
Traggelenk beim Hecktriebler.
1 Aggregateträger
2 Mutter
3 Schraube
4 Schraube
5 Schraube
6 Federanschlagplatte,
7 Gummimetalllager
8 Achslenker
9 Mutter
10 Anschlagpuffer
11 Radlagergehäuse
12 Mutter
13 Federlager oben
14 Blattfeder
15 Federlager außen
16 Federlager unten
17 Federspannplatte
18 Schraube M12
19 Schraube M8
20 Schelle
21 Stabilisatorlager
22 Schraube
23 Mutter
24 Koppelstange
25 Mutter
26 Stabilisator

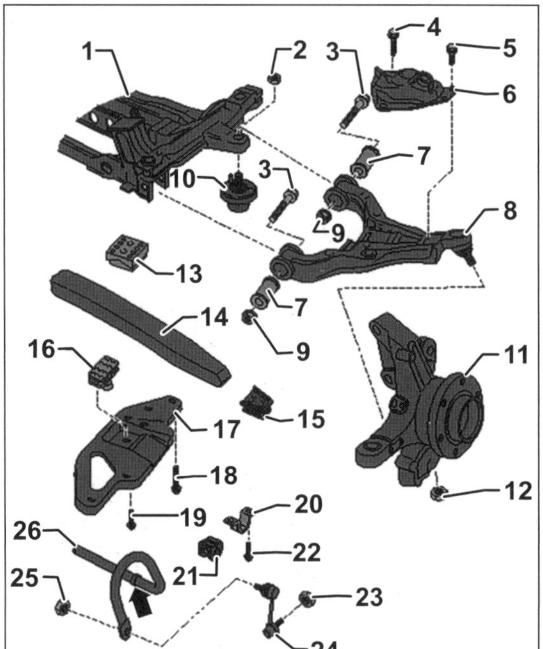

Bild 6

Bild 7
Traggelenk beim Allrad-Fahrzeug.
1 Aggregateträger,
2 Achslenker oben
3 Mutter
4 Schraube
5 Mutter
6 Achsgelenk
7 Clip
8 Halter
9 Halter
10 Schraube
11 Adapter
12 Mutter
13 Radlagergehäuse
14 Mutter
15 Schraube
16 Mutter
17 Halter
18 Koppelstange
19 Gummilager
20 Schraube
21 Stabilisator
22 Gummilager
23 Schelle
24 Schraube
25 Schraube
26 Achslenker unten
27 Gummimetalllager
28 Mutter

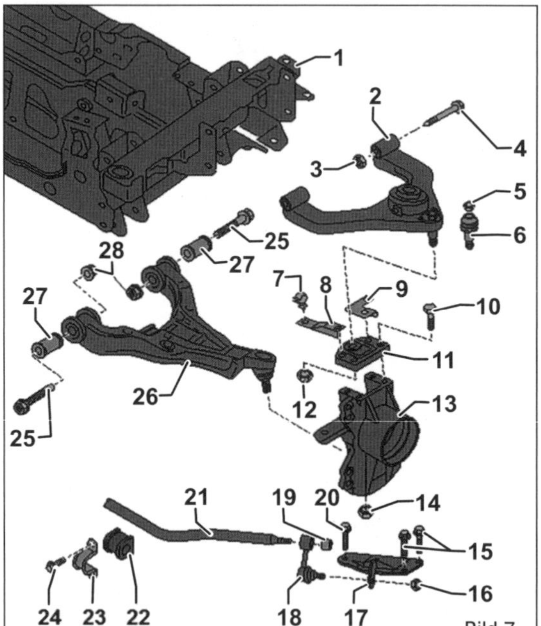

Bild 7

Achsgelenk aus- und einbauen

Das Achsgelenk kann zwar einzeln ersetzt werden. Hierfür ist aber ein Pressensatz erforderlich. Der Preis im Zubehörhandel liegt bei unter 100 Euro.
Es sollte der komplette Achslenker ersetzt werden. Aufgrund der unterschiedlichen Gummihärten zwischen altem und neuen Achslenker sogar besser auf beiden Seiten.

Wir beschreiben Ihnen im Folgenden den Austausch der Achslenker.

Gummimetalllager (7 im Bild 6) oder (27 im Bild 7) haben einen begrenzten Verdrehbereich. Deshalb die Schraubverbindungen an den Bauteilen mit Gummimetalllagern erst dann festziehen, wenn das Radlagergehäuse angehoben ist.

Aus- und Einbau des Achslenkers bei den heckangetrieben Modellen (Bild 6):
- Fahrzeug anheben und verzurren.
- Das entsprechende Rad abbauen.
- Geräuschdämpfung ausbauen.
- Die Schraubverbindungen (Pfeile 2 im Bild 8) Achslenker (B) an Aggregateträger nur lösen, um die Vorspannung aus den Gummilagern des Achslenkers zu nehmen.
- Das Radlagergehäuse ausbauen.
- Die Mutter (Pfeil im Bild 9) für Koppelstange/Stabilisator (1) von der Federanschlagplatte (3) abschrauben.
- Die Schrauben (2) der Federanschlagplatte vom Achslenker abschrauben.
- Die Federanschlagplatte (3) herausnehmen.
- Die Schrauben (Pfeile 2 im Bild 8) herausziehen und den Achslenker (B) vom Aggregateträger abnehmen.

Die Federspannplatte (A) bleibt für den Aus- und Einbau des Achslenkers eingebaut.

Der Einbau erfolgt sinngemäß in umgekehrter Reihenfolge.
- Radlagergehäuse einbauen.
- Geräuschdämpfung einbauen.

⚠ Auf beschädigungsfreien und nicht verdrillten Dichtbalg achten.
- Rad anbauen und festziehen.

Aus- und Einbau des Achslenkers bei den allradgetriebene Modellen (Bild 7):
- Fahrzeug anheben und verzurren.
- Das entsprechende Rad abbauen.
- Geräuschdämpfung ausbauen.
- Die Schraubverbindungen (Pfeile 2 im Bild 8) Achslenker (B) an Aggregateträger nur lösen, um die Vorspannung aus den Gummilagern des Achslenkers herauszunehmen.

Das Radlagergehäuse besitzt zwei Löcher zur Befestigung der

Drehzahlfühler. Ein Verdrehen beim Einbau der Drehzahlfühler führt zu Fehlfunktionen. Vor der Demontage bitte die Einbaulage markieren.

- Drehzahlfühler vorn rechts beziehungsweise vorn links ausbauen.
- Schrauben (15 und 20 im Bild 7) herausdrehen und Halter für Koppelstange (17) abbauen.
- Spurstangenkopf lösen.
- Eventuelle Verschmutzung am Nabendeckel entfernen.
- Nabendeckel entfernen. Der Nabendeckel ist eingeklebt, was die Demontage erschwert.
- Äußere Nutmutter (1 im Bild 10) durch Zurückbiegen des Sicherungsblechs (Pfeil) entsichern.
- Äußere Nutmutter (3 im Bild 11) abschrauben, Sicherungsblech (2) entfernen und innere Nutmutter (1) abschrauben.
- Beide Muttern (28 im Bild 7) von Schrauben (25) lösen (hintere und vordere), beide Schrauben (25) herausziehen und Achslenker unten (26) aus dem Aggregateträger ziehen.
- Radlagergehäuse nach außen ziehen und das Gleichlaufgelenk außen aus dem Radlager ziehen.
- Gleichlaufgelenk zur Seite hochbinden.
- Mutter (24) des Achsgelenks nur etwas lösen.
- Kugelgelenkabzieher ansetzen und Achsgelenk aus dem Radlagergehäuse drücken.
- Achslenker unten herausnehmen.

Der Einbau erfolgt in umgekehrter Reihenfolge. Dabei ist Folgendes zu beachten:

- Federgummis des Achslenkers mit Montageöl einstreichen.
- Achslenker unten anhalten, Achsgelenk in das Radlagergehäuse drücken und Mutter mit Hand ansetzen.
- Gleichlaufgelenk außen in das Radlager einführen.
- Achslenker unten (26 im Bild 7) in ihre Aufnahme drücken und Schraube (25) einführen.
- Mutter (28) erst handfest an- und anschließend mit Drehmoment festziehen.
- Mutter Achsgelenk festziehen.
- Halter Koppelstange an den Achslenker und anbauen.

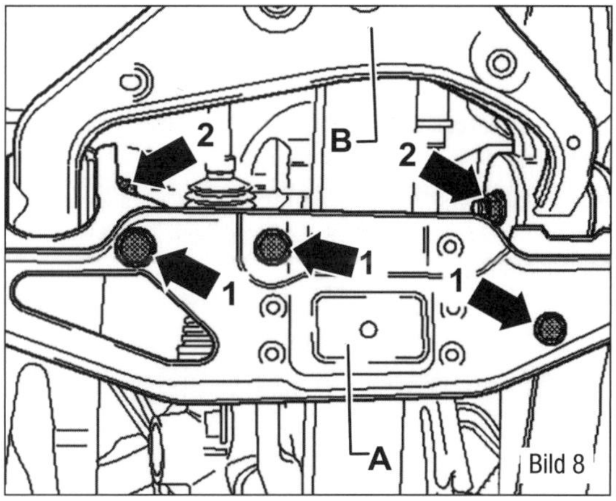

Bild 8

Bild 8
Pfeile 1 Schrauben Achsträger
Pfeile 2 Schrauben Achslenker
A Achsträger
B Achslenker

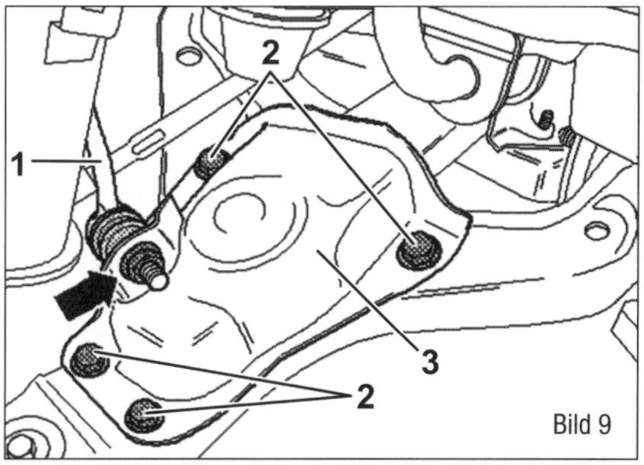

Bild 9

Bild 9
1 Koppelstange
2 Schrauben
3 Federanschlagplatte

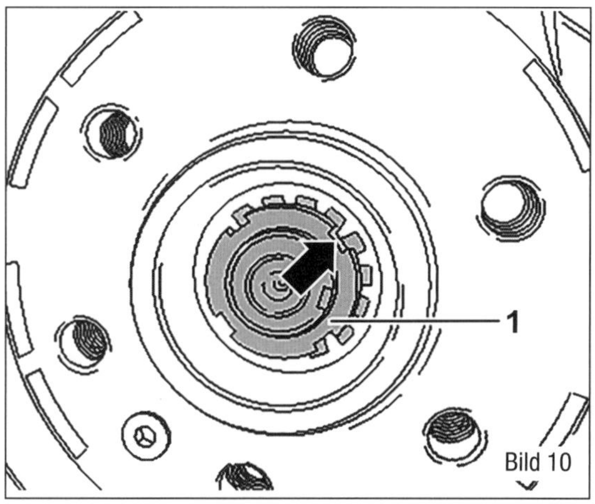

Bild 10

Bild 10
1 Äußere Nutmutter
Pfeil Sicherungsblech

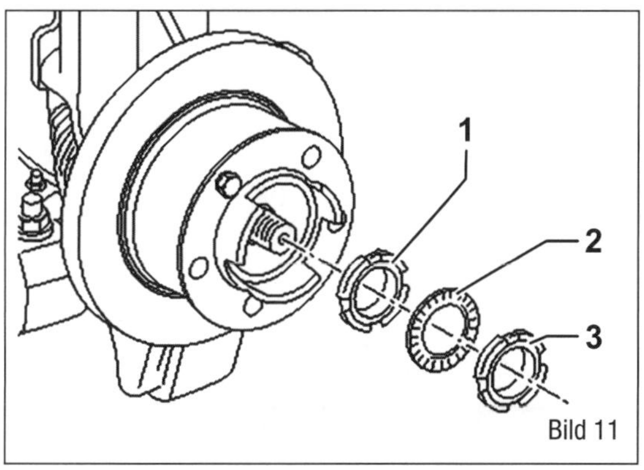

Bild 11

Bild 11
1 Nutmutter
2 Sicherungsblech
3 äußere Nutmutter

- Spurstangenkopf einbauen.
- Drehzahlfühler vorn rechts oder links einbauen.
- Nutmuttern und Sicherungsblech einbauen.
- Radlagerspiel einstellen.
- Einen neuen Nabendeckel einbauen.
- Vorderrad anbauen.

Radlagereinheit aus- und einbauen

Radlagereinheit Vorderachse am heckgetriebenen Crafter
Die Radlagereinheiten können mit Spezialwerkzeug aus dem Radlagergehäuse herausgepresst werden. Hierzu ist es zwingend erforderlich den Sicherungsring genau zu positionieren. Es gibt für den Schrauber zwei sinnvolle Vorgehensweisen.

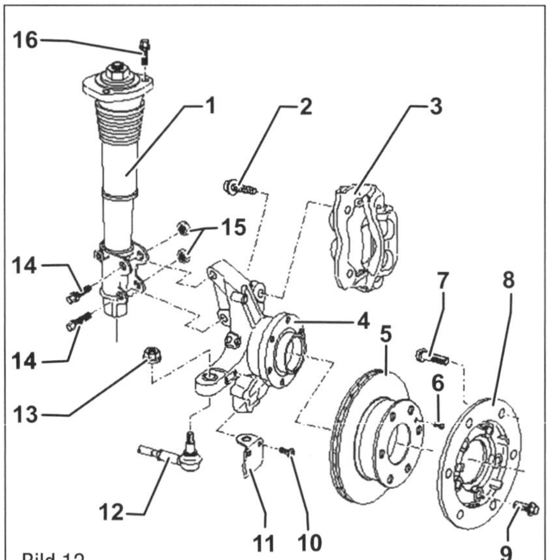

Bild 12

Bild 12
Radnabe beim Hecktriebler.
1 Dämpfer
2 Schraube
3 Bremssattel
4 Radlagergehäuse
5 Bremsscheibe
6 Schraube
7 Radbefestigungsbolzen
8 Radflansch
9 Schraube
10 Schraube
11 Wärmeschutzblech
12 Spurstangenkopf
13 Mutter
14 Schraube
15 Mutter
16 Schraube

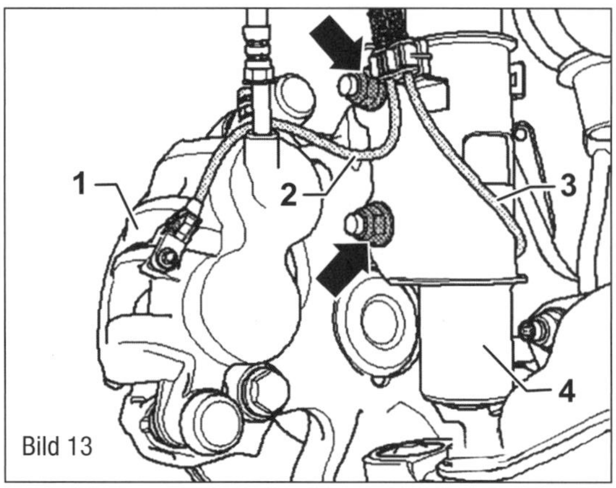

Bild 13

Bild 13
1 Bremssattel
2 Leitung Belagverschleißanzeige
3 Leitung Drehzahlsensor
4 Stoßdämpfer

Zum einen kann das komplette Radlagergehäuse ausgebaut und zum Einbau der Lager in eine Werkstatt gebracht werden. Eine weitere ist es, das gesamte Radlagergehäuse zu ersetzen. Das ist im Zubehör für etwa 150 Euro erhältlich. Wir beschreiben im Folgenden den Aus- und Einbau des Radlagergehäuses.

- Fahrzeug anheben und verzurren.
- Das entsprechende Rad abbauen.
- Geräuschdämpfung ausbauen.
- Mutter (13 im Bild 12) vom Spurstangenkopf lösen, aber noch nicht abschrauben. Die Mutter zum Schutz des Gewindes einige Umdrehungen auf dem Zapfen lassen.
- Spurstangenkopf von Radlagergehäuse mit Kugelgelenkabzieher abdrücken und Mutter (13) jetzt abschrauben.

i Beim Abdrücken die Gummitülle und das Wärmeschutzblech (11) nicht beschädigen. Wird das Radlagergehäuse ersetzt, muss das Wärmeschutzblech (11) an das neue Radlagergehäuse angebaut werden.

- Lösen Sie die Befestigungsmutter für Achslenker an Radlagergehäuse so weit, bis sie bündig mit dem Gewinde des Achsgelenkes ist.
- Leitung (2 im Bild 13) für Bremsbelagverschleißanzeige und Drehzahlfühlerleitung (3) vom Radlagergehäuse und Dämpfer (4) abbauen.
- Bremssattel (1) abbauen und mit Draht am Aufbau aufhängen.

Radlagergehäuse wird ersetzt:

- Bremsscheibe vom Radlagergehäuse abbauen.

Fortsetzung alle:

- Den Motor- und Getriebeheber »V.A.G 1383 A« unter den Achslenker/Radlagergehäuse stellen und leicht gegendrücken.
- Muttern (15 im Bild 12) abschrauben und Schrauben (14) herausziehen.
- Drücken Sie das Radlagergehäuse (4) vom Achsgelenk des Achslenkers ab.
- Motor- und Getriebeheber »V.A.G 1383 A« absenken und vom Achslenker wegnehmen.
- Die Mutter vollständig vom Achsgelenk abschrauben und das Radlagergehäuse abnehmen.

Der Einbau erfolgt sinngemäß in umgekehrter Reihenfolge.

Gummimetalllager (7 im Bild 6) oder (27 im Bild 7) haben einen begrenzten Verdrehbereich. Deshalb die Schraubverbindungen an den Bauteilen mit Gummimetalllagern erst dann festziehen, wenn das Radlagergehäuse angehoben ist.

- Bremssattel und Bremsscheibe an das Radlagergehäuse anbauen.
- Geräuschdämpfung einbauen.
- Rad vorn anbauen.
- Fahrzeug vermessen.

Radlagereinheit Vorderachse am Allrad-Fahrzeug (Achleitner)
Die Radlager sind in der altbewährten Kegelrollenlagertechnik ausgeführt und können so leicht in Eigenregie ersetzt werden. Dazu sollte zuerst das Lagergehäuse demontiert werden.

Radlagergehäuse demontieren:

- Fahrzeug anheben und verzurren.

Wird das Fahrzeug nicht verzurrt, besteht die Gefahr, dass das Fahrzeug von der Hebebühne abrutschen kann!

- Das entsprechende Rad abbauen.
- Drehzahlfühler vorn rechts beziehungsweise vorn links ausbauen.

Das Radlagergehäuse besitzt zwei Löcher zur Befestigung der Drehzahlfühler. Ein Verdrehen beim Einbau der Drehzahlfühler führt zu Fehlfunktionen. Vor der Demontage bitte die Einbaulage markieren.

- Falls vorhanden, Radflansch ausbauen.
- Bremssattel mit Bremsträger abbauen und so mit Draht befestigen, dass das Gewicht des Bremssattels den Bremsschlauch nicht belastet bzw. beschädigt.
- Bremsscheibe ausbauen.
- Spurstangenkopf lösen.
- Achslenker unten ausbauen.
- Radlagergehäuse mit Motor- und Getriebeheber »V.A.G 1383 A« und Aufnahme » T10149« leicht anheben.
- Schrauben (Pfeile im Bild 15) vom oberen Achsgelenk (1) lösen.
- Radlagergehäuse nach vorn entnehmen.

Der Einbau erfolgt sinngemäß in umgekehrter Reihenfolge.

- Vorderrad anbauen.
- Radlagerspiel prüfen.

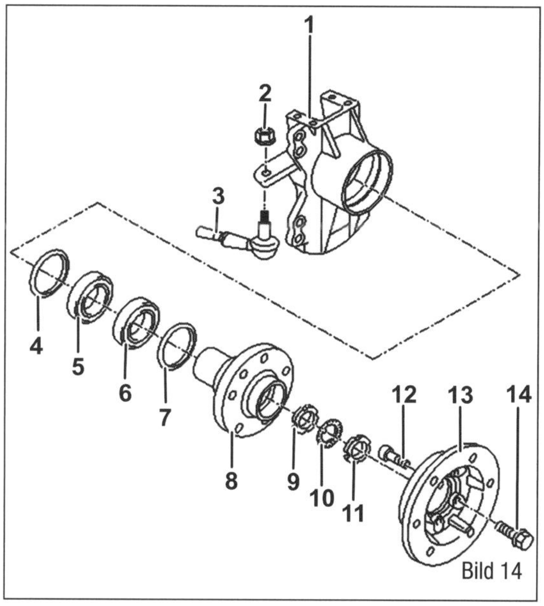

Bild 14
Radnabe beim Allrad.
1 Radlagergehäuse
2 Mutter
3 Spurstangenkopf
4 Radial-Wellendichtring
5 Kegelrollenlager innen
6 Kegelrollenlager außen
7 Radial-Wellendichtring
8 Radnabe
9 Nutmutter
10 Sicherungsblech
11 Nutmutter
12 Radbefestigungsbolzen
13 Radflansch
14 Schraube

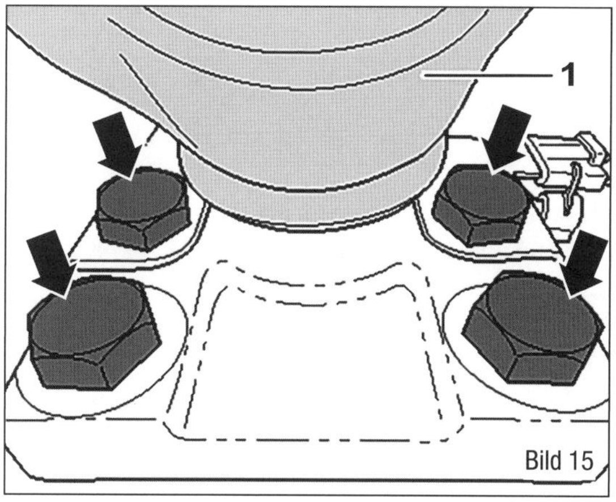

Bild 15
1 Achsgelenk oben
Pfeile Schrauben zum Radlagergehäuse

Radnabe aus- und einbauen:

- Fahrzeug anheben und verzurren.

Wird das Fahrzeug nicht verzurrt, besteht die Gefahr, dass das Fahrzeug von der Hebebühne abrutschen kann!

- Vorderrad abbauen.
- Falls vorhanden, Radflansch (8 im Bild 12) ausbauen.
- Bremssattel mit Bremsträger abbauen und so mit Draht befestigen, dass das Gewicht des Bremssattels den Bremsschlauch nicht belastet bzw. beschädigt.
- Bremsscheibe ausbauen.
- Eventuelle Verschmutzung am Nabendeckel entfernen.
- Nabendeckel mit einem handelsüblichen Meißel von der Radnabe hebeln.

Nabendeckel wird beim Ausbau zerstört und muss ersetzt werden. Der Nabendeckel ist eingeklebt, somit erschwerte Demontagebedingungen.

Sichtprüfung Messen

Bild 16
1 Radnabe
2 Nutmutter
3 Sicherungsblech
4 äußere Nutmutter
5 Achswelle

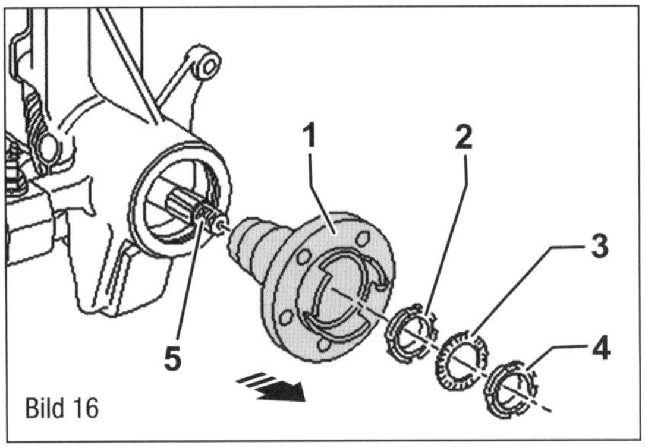

Bild 16

Bild 17
1 Radnabe
2 Kegelrollenlager außen

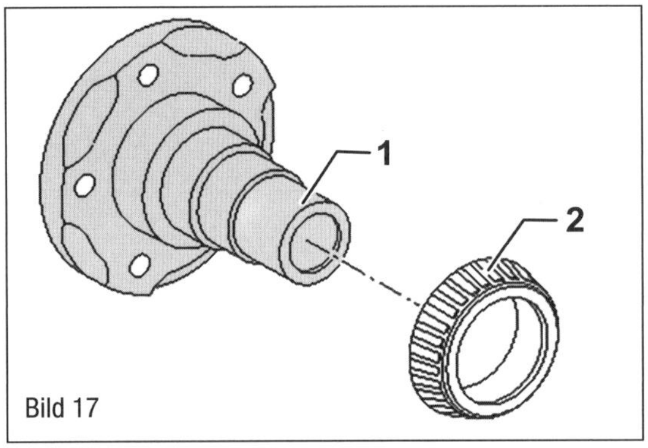

Bild 17

- Äußere Nutmutter (1 im Bild 10) durch Zurückbiegen des Sicherungsblechs (Pfeil) entsichern (siehe auch Bild 16).
- Äußere Nutmutter (3 im Bild 11) abschrauben, Sicherungsblech (2) entfernen und innere Nutmutter (1) abschrauben.
- Radnabe (1 im Bild 17) in Pfeilrichtung abziehen, dabei hinten mit einem Kunststoffhammer leicht gegenschlagen.
- Radnabe und Lager auf Beschädigungen prüfen, gegebenenfalls erneuern.

Der Einbau erfolgt in umgekehrter Reihenfolge.

⚠ Beim Ablegen oder beim Einsetzen darauf achten, dass sich kein Schmutz an den Teilen befindet.

- Das Kegelrollenlager außen (2 im Bild 17) mit Universalfett gut einfetten.
- Radnabe (1) mit Kegelrollenlager außen (2) am Radlagergehäuse aufsetzen.
- Innere Nutmutter an der Anlagefläche zur Radnabe mit Universalfett fetten und mit Klauenschlüssel »T50034« aufschrauben.
- Radlagerspiel einstellen.
- Neuen Nabendeckel mit Dichtmittel an den Anlegestellen bestreichen.

☞ Die Aushärtung des Dichtmittels beginnt sofort nach der Montage des Nabendeckels auf dem Radlagergehäuse durch den Luftabschluss und den Metallkontakt.

- Den neuen Nabendeckel einbauen.
- Bremsscheibe einbauen.
- Bremssattel mit Bremsträger anbauen.
- Falls vorhanden, Radflansch einbauen.
- Vorderrad anbauen.

Radlagereinheit Hinterachse

Der Aufbau unterscheidet sich zwischen Fahrzeugen mit Einfachbereifung und denjenigen mit Zwillingsbereifung deutlich.

Fahrzeuge mit Einfachbereifung hinten:

- Fahrzeug anheben und verzurren.

⚠ Wird das Fahrzeug nicht verzurrt, besteht die Gefahr, dass das Fahrzeug von der Hebebühne abrutschen kann!

- Das entsprechende Rad abbauen.
- Drehzahlfühler vorn rechts beziehungsweise vorn links ausbauen.
- Bauen Sie die Hinterachswelle aus (Bild 40 im Kapitel 10).
- Ziehen Sie die Radlagereinheit mit einem geeigneten Abzieher von der Achswelle ab.
- Reinigen Sie die Achse soweit erforderlich gründlich.
- Pressen Sie den neuen Radlagersatz auf.

Die Montage erfolgt sinngemäß in umgekehrter Reihenfolge.

- Kontrollieren Sie abschließend den Achsgetriebeölstand.
- Führen Sie eine Probefahrt durch.

Fahrzeuge mit Zwillingsbereifung hinten:

- Fahrzeug anheben und verzurren.

⚠ Wird das Fahrzeug nicht verzurrt, besteht die Gefahr, dass das Fahrzeug von der Hebebühne abrutschen kann!

- Rad abbauen.
- Hinterachswelle ausbauen.
- Bremssattel mit Bremsträger abbauen und so mit Draht befestigen, dass das Gewicht des Bremssattels den Bremsschlauch nicht belastet bzw. beschädigt.
- Falls vorhanden, Radflansch ausbauen.
- Bremsscheibe ausbauen.
- Äußere Mutter (1 im Bild18) durch Zurückbiegen des Sicherungsblechs (Pfeil) entsichern.
- Äußere Nutmutter mit Schlüssel (T50017

im Bild 19) abschrauben.

- Sicherungsblech abnehmen.
- Innere Nutmutter mit Schlüssel (T50017) abschrauben.
- Druckscheibe und äußeres Kegelrollenlager vom Achsrohr abnehmen.
- Radnabe vom Achsrohr abziehen.
- Geeigneten Dorn in die 2 Löcher (Pfeile im Bild 20) der Radnabe einführen.
- Rotor (1) aus der Radnabe (2) austreiben.
- Dichtring (1 im Bild 21) mit einem Schraubendreher aus der Radnabe (2) heraushebeln.
- Abschirmring (1 im Bild 22) und das Radlager innen (2) aus der Radnabe (3) herausnehmen.
- Außenlaufring vom Radlager innen (1 im Bild 23) und außen (3) mit einem Kupferdorn aus der Radnabe (2) austreiben.
- Neuen Außenlaufring für inneres Lager einpressen.
- Neuen Außenlaufring für äußeres Lager einpressen.
- Vor dem Einbauen das neue Radlager mit Universalfett fetten.
- Neues Radlager (2) und Abschirmring (1) einsetzen. Den Abschirmring bei Beschädigung ersetzen.
- Neuen Dichtring einpressen.
- Neuen Rotor einpressen.
- Radnabe hinten einbauen
- Radlagerspiel einstellen.
- Hinterachswelle einbauen.
- Falls vorhanden, Radflansch einbauen.
- Bremsscheibe einbauen.
- Bremsträger und Bremssattel einbauen.
- Rad anbauen.

Stoßdämpfer vorne aus- und einbauen

Durch die beiden unterschiedlichen Varianten kommen auch zwei grundsätzlich unterschiedliche Konzepte für die Federung und Radführung für die Vorderachse zum Einsatz.

Das Basisfahrzeug ist mit einer quer liegenden Blattfeder ausgerüstet. Beim 4Motion mit dem Achleitner-Allradsystem wird dieser Platz für das Verteilergetriebe und das vordere Achsdifferenzial benötigt. Entsprechend kommen hier Schraubenfedern und Federbeine zum Einsatz.

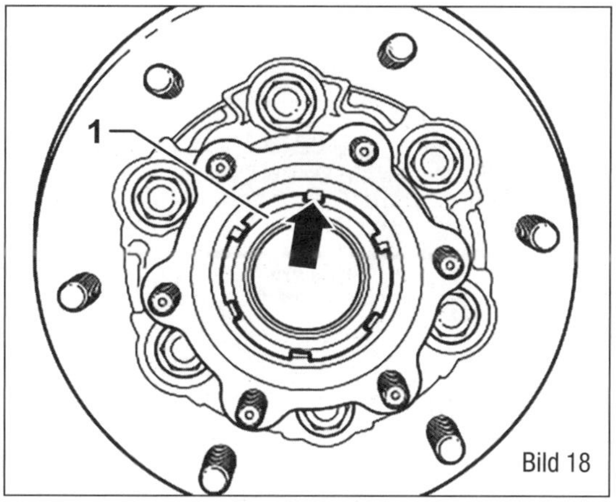

Bild 18
1 äußere Mutter
Pfeil Sicherungsblech

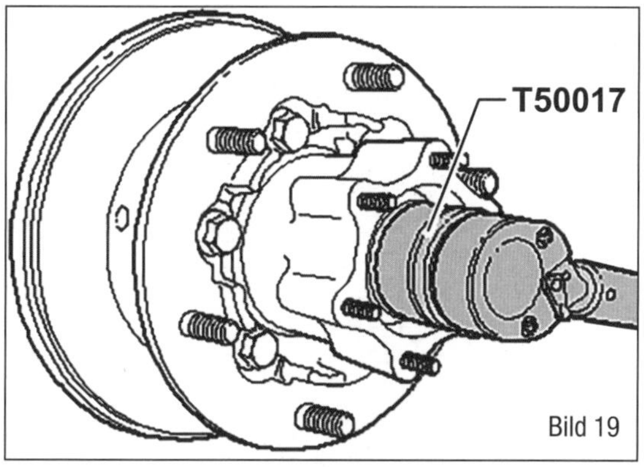

Bild 19
Achsmutterschlüssel T50017.

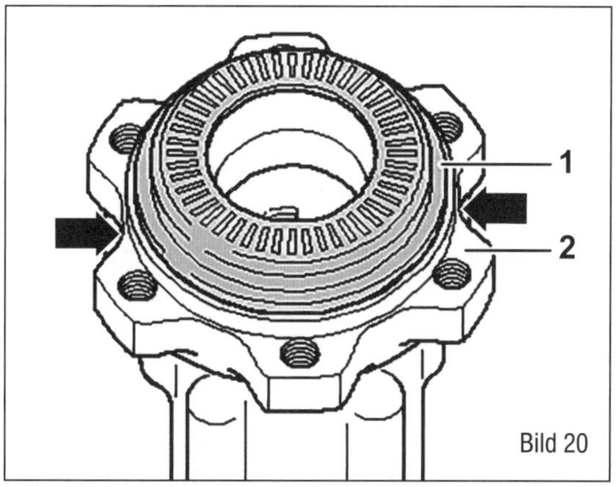

Bild 20
1 Rotor
2 Radnabe

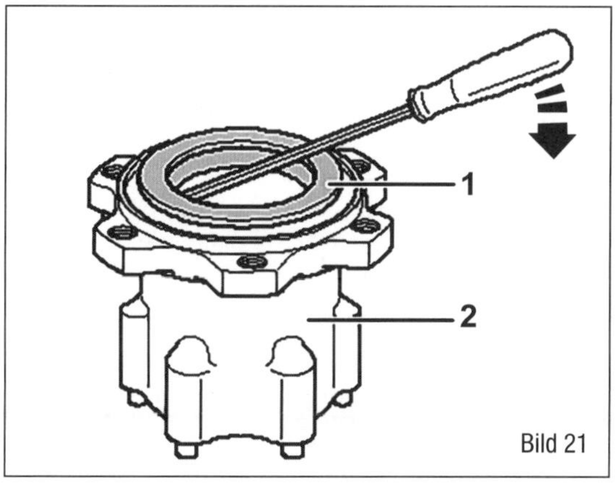

Bild 21
1 Dichtring
2 Radnabe

Sichtprüfung Messen

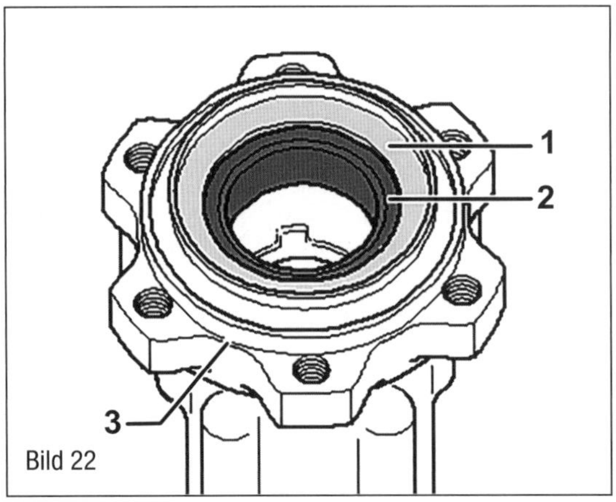

Bild 22
1 Abschirmring
2 Radlager
3 Radnabe

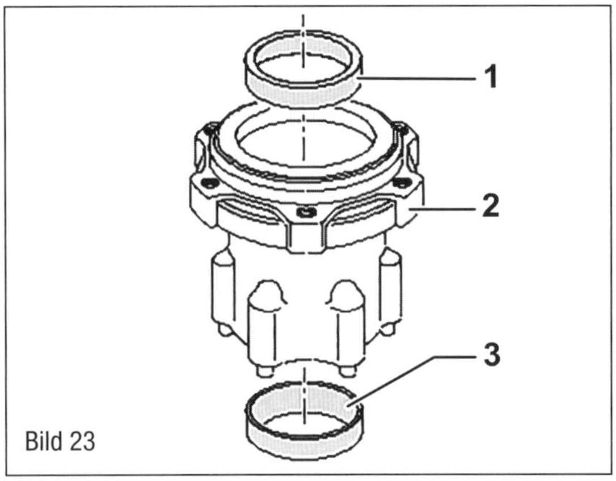

Bild 23
1 Laufring Radlager innen
2 Radnabe
3 Laufring Radlager außen

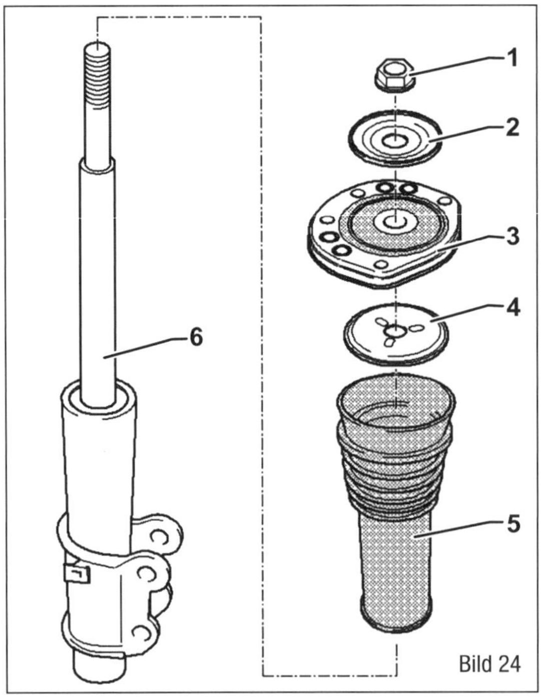

Bild 24
Heckgetriebe Versionen.
1 Mutter
2 Federteller oben
3 Gummimetalllager
4 Federteller unten
5 Schutzhülle
6 Dämpfer

Aufgrund des Verschleißes macht es keinen Sinn einen Dämpfer einzeln auszutauschen. Tauschen Sie die Stoßdämpfer immer paarweise aus.

De- und Montage des Stoßdämpfers beim heckgetriebenen Crafter

Der Stoßdämpfer hat auch Radführungsaufgaben. Es ist sehr wichtig auf seinen Zustand zu achten.

- Fahrzeug anheben und verzurren.

⚠ Wird das Fahrzeug nicht verzurrt, besteht die Gefahr, dass das Fahrzeug von der Hebebühne abrutschen kann!

- Das entsprechende Rad vorne abbauen.
- Bauen Sie die Radhausschale vorn aus.
- Lösen Sie die elektrischen Leitungen der Bremsbelagverschleißanzeige (2 im Bild 13) und des Drehzahlfühlers (3) aus der Halterung am Dämpfer (4) heraus.
- Bauen Sie den Bremssattel (1) aus und befestigen Sie diesen am Aufbau.
- Stellen Sie den Motor- und Getriebeheber »V.A.G 1383 A« unter den Achslenker/Radlagergehäuse und drücken Sie leicht gegen.

Wenn der Dämpfer wieder eingebaut wird:

- Kennzeichnen Sie die Einbaulage des Radlagergehäuses am Dämpfer (z. B. mit einem Filzstift).

Weiter für alle:

- Bauen Sie, falls vorhanden, die Abdeckung für den Dämpfer oben im Fahrerhaus aus.
- Schrauben Sie die Befestigungsschrauben für den Dämpferarm Radlagergehäuse (Pfeile im Bild 13) heraus.
- Den Motor- und Getriebeheber »V.A.G 1383 A« etwas absenken und den Dämpfer aus dem Radhaus vorn heraus nehmen.

Stoßdämpferwechsel:

- Drehen Sie die Mutter (1 im Bild 24) mit der im Bild 25 gezeigten Werkzeugkombination los.
- Nehmen Sie das Gummimetalllager (3) sowie den Federteller (2) oben und unten (4) ab.
- Ersetzen Sie den Dämpfer (6).

Der Einbau erfolgt in umgekehrter Reihenfolge.

- Lassen Sie eine Fahrwerksvermessung durchführen.

De- und Montage des Stoßdämpfers beim Crafter 4Motion

Die Radführung wird vom Doppelquerlenkersystem der Vorderachse übernommen. Die Fahrwerksfeder drückt auf den oberen Querlenker. Die Dämpfung übernimmt der verbaute Stoßdämpfer für jede Radseite.

■ Bodenbelag links und rechts ausbauen.

■ Mutter (A im Bild 27) abschrauben und Unterlegscheibe (B) abnehmen.

■ Fahrzeug anheben und verzurren.

⚠ Wird das Fahrzeug nicht verzurrt, besteht die Gefahr, dass das Fahrzeug von der Hebebühne abrutschen kann!

■ Das entsprechende Vorderrad abbauen.

■ Anschlagpuffer hinten ausbauen (11 im Bild 26).

■ Eine geeignete Aufnahme an der Bremsscheibe oder am Radflansch anbauen und mithilfe des Motor- und Getriebehebers die entsprechende Radseite zirka 10 mm anheben.

☞ Durch das Anheben wird die Zugkraft aus dem Federbein genommen um somit ein Ausreißen des Gewindes zu verhindern.

■ Schraubenfeder mit einem Federspanngerät spannen.

■ Zwei der inneren Schrauben (Pfeile im Bild 15) für Leitungsstranghalter vom oberen Achslenker (1) lösen und die Halter beiseite legen.

■ Schraube (1 im Bild 28) lösen.

■ Motor- und Getriebeheber wieder lösen und absenken.

■ Gasdruckstoßdämpfer (2) nach unten ziehen.

■ Schraubenfeder (3) nach oben herausnehmen.

■ Gasdruckstoßdämpfer (2) nach oben herausnehmen.

⚠ Behandeln Sie Gasdruckstoßdämpfer mit Vorsicht. Beachten Sie die Entsorgungsvorschriften für den Gasdruckstoßdämpfer. Er darf nicht in den Hausmüll.

Der Einbau erfolgt sinngemäß in umgekehrter Reihenfolge.

■ Gasdruckstoßdämpfer (2 im Bild 28) einsetzen.

■ Schraubenfeder (16 im Bild 26), Unterlegscheibe (2) und Anschlagpuffer (3) über den Gasdruckstoßdämpfer führen.

■ Unterlegscheibe (B im Bild 27) auflegen und Mutter (A) handfest anziehen.

■ Radaufhängung mithilfe des Motor- und Getriebehebers anheben.

■ Schraube (1 im Bild 28) ansetzen und mit der Hand festziehen.

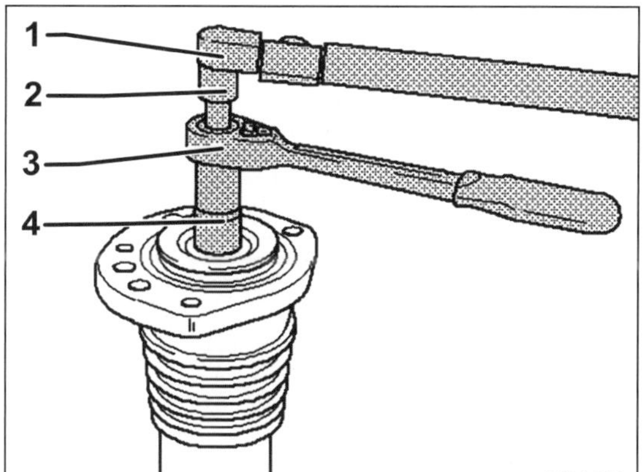

Bild 25
1 Drehmomentschlüssel
2 Steckeinsatz T10001/8
3 Knarre T10001/11
4 Steckeinsatz T50013

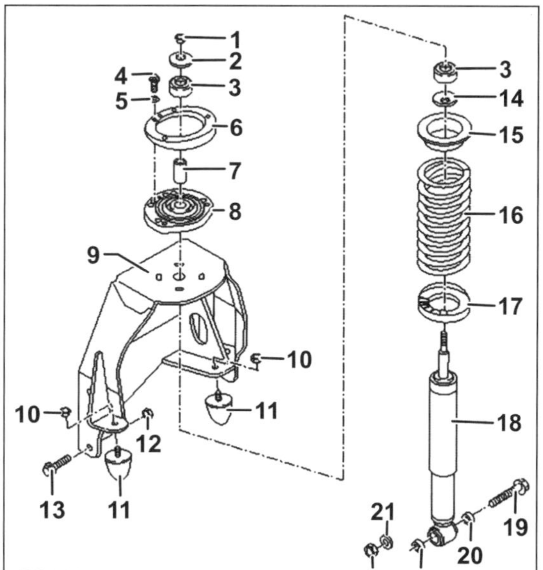

Bild 26
Allradgetriebe Version.
1 Mutter
2 Unterlegscheibe
3 Anschlagpuffer
4 Schraube
5 Unterlegscheibe
6 Unterlage
7 Hülse
8 Federbeinlagerung
9 Aufnahme für Stoßdämpfer
10 Mutter
11 Anschlagpuffer
12 Mutter
13 Schraube
14 Unterlegscheibe
15 Federlager
16 Schraubenfeder
17 Federbeinteller
18 Gasdruckstoßdämpfer
19 Schraube
20 Ausgleichsscheiben
21 Unterlegscheibe
22 Mutter

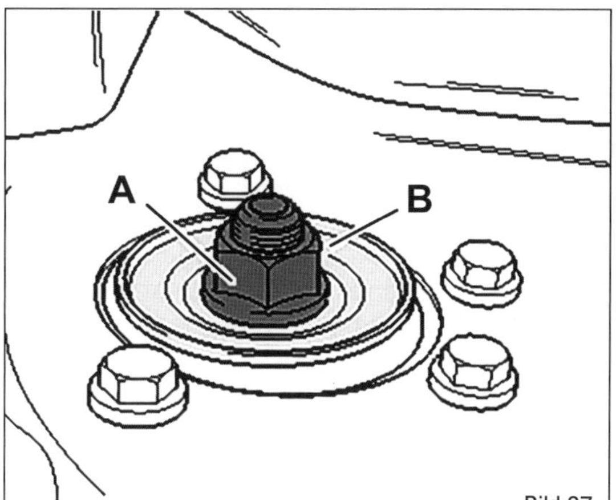

Bild 27
A Mutter
B Unterlagscheibe

Bild 28
Allradgetriebene Versionen.
1 Verschraubung Stoßdämpfer unten
2 Stoßdämpfer
3 Feder

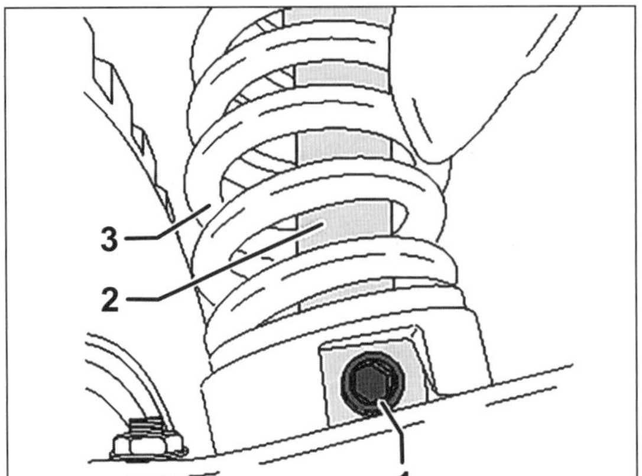

Bild 28

■ 2 inneren Schrauben (Pfeile im Bild 15) des oberen Achsgelenks (1) handfest anziehen und anschließend mit Drehmoment festziehen.
■ Schraubenfeder mit Federspanngerät entspannen.
Achten Sie auf den korrekten Sitz der Schraubenfeder!
Selbstsichernde Schrauben und Muttern sind immer zu ersetzen.

■ Vorderrad anbauen.
■ Fahrzeug auf die »Räder stellen«.
■ Obere Stoßdämpfermutter anziehen.
■ Bodenbelag links und rechts einbauen.
■ Probefahrt durchführen.

Blattfeder vorne aus- und einbauen

Gummimetalllager haben einen begrenzten Verdrehbereich. Deshalb die Schraubverbindungen an den Bauteilen mit Gummimetalllagern erst dann festziehen, wenn das Radlagergehäuse angehoben ist.
Die Federlager vor dem Einsetzen der Blattfeder mit Gleitmittel z. B. mit Schmierseife bestreichen.
Vor dem Einbau der Blattfeder prüfen, dass die Federlager oben am Aggregateträger angebaut sind.

■ Die Federspannplatte links und rechts ausbauen.
■ Fahrzeug anheben und verzurren.
⚠ Wird das Fahrzeug nicht verzurrt, besteht die Gefahr, dass das Fahrzeug von der Hebebühne abrutschen kann!
■ Räder vorn abbauen.
■ Geräuschdämpfung ausbauen.
■ Bremssattel links abbauen und mit Draht am Aufbau aufhängen.
■ Dann die Federspannplatte links (A im Bild 29) (mit eingebautem Federlager unten) mit 3 Schrauben M12×1,5 ca. 60 mm lang (Pfeile 1) am Aggregateträger anbauen.
Nicht die Originalschrauben verwenden. Die Schrauben nicht festziehen!
■ Die 3 Schrauben so weit anziehen, bis die Federspannplatte an der Blattfeder anliegt.
⚠ Unbedingt darauf achten, dass die Schrauben weit genug in das Gewinde eingeschraubt sind, um eine Beschädigung des Gewindes zu vermeiden. Wird das Gewinde beschädigt (z. B. herausgerissen), dann muss der Aggregateträger ersetzt werden.
■ Die Schraubverbindungen (Pfeile 2) Achslenker (B) an Aggregateträger nur lösen, um die Vorspannung aus den Gummilagern des Achslenkers zu nehmen.
■ Das Radlagergehäuse links ausbauen.
■ Die Mutter (Pfeil im Bild 30) für Koppelstange/Stabilisator (1) links und rechts von der Federanschlagplatte (3) abschrauben.
■ Die Schrauben (2) der Federanschlagplatten links und rechts vom Achslenker abschrauben.
■ Die Federanschlagplatten (3) herausnehmen.
Es müssen beide Federanschlagplatten ausgebaut werden, da es sonst bei der Montage der Blattfeder zu Beschädigungen kommen kann!
■ Achslenker links ausbauen.
■ Blattfeder (1 im Bild 31) mit dem Motor- und Getriebeheber (V.A.G 1383 A) abstützen.
■ Die Federspannplatte links wieder ausbauen, dabei die 3 Schrauben M12×1,5 ca. 60 mm lang wechselseitig herausdrehen.
■ Motor- und Getriebeheber (V.A.G 1383 A) mit der Blattfeder absenken.
■ Blattfeder nach links aus dem Aggregateträger herausnehmen.

Der Einbau erfolgt sinngemäß in umgekehrter Reihenfolge.
■ Die Blattfeder (1) beim Einbau bis Anschlag auf das rechte Federlager außen schieben.
■ In den Motor- und Getriebeheber (V.A.G

1383 A) den Druckstempel (VW 409) einsetzen, damit die Feder beim Einsetzen geführt wird.

- Den Motor- und Getriebeheber (V.A.G 1383 A) unter die linke Seite der Blattfeder stellen. Die Blattfeder durch vorsichtiges Anheben des Motor- und Getriebehebers (V.A.G 1383 A) vorspannen.
- Anschließend die Federspannplatte links (A in Bild 29 (mit eingebautem Federlager unten) mit 3 Schrauben M12×1,5 ca. 60 mm lang (Pfeile 1) am Aggregateträger anbauen.
- Die 3 Schrauben so weit anschrauben, bis die Federspannplatte an der Blattfeder anliegt.
- Achslenker links (B) einbauen.
- Danach die Federanschlagplatten einbauen.
- Das Radlagergehäuse links einbauen.
- Anschließend die Federspannplatte links wieder ausbauen, dabei die 3 Schrauben M12×1,5 ca. 60 mm lang wechselseitig herausdrehen.
- Bremssattel mit Bremsträger links und rechts anbauen.
- Geräuschdämpfung einbauen.
- Räder vorn anbauen.
- Die Federspannplatte links und rechts einbauen.

Stoßdämpfer hinten aus- und einbauen

- Fahrzeug anheben und verzurren.

Achtung: Wird das Fahrzeug nicht verzurrt, besteht die Gefahr, dass das Fahrzeug von der Hebebühne abrutschen kann!

- Heben Sie die Hinterachse mit dem Motor- und Getriebeheber leicht an, um den Stoßdämpfer zu entlasten.
- Drehen Sie die Schraube (2 im Bild 32) heraus und nehmen Sie den Stoßdämpfer aus der Aufnahme.
- Drehen Sie die Schraube (1) aus dem Längsträger heraus und nehmen Sie den Stoßdämpfer (3) vom Fahrzeug ab.

Der Einbau erfolgt in umgekehrter Reihenfolge.

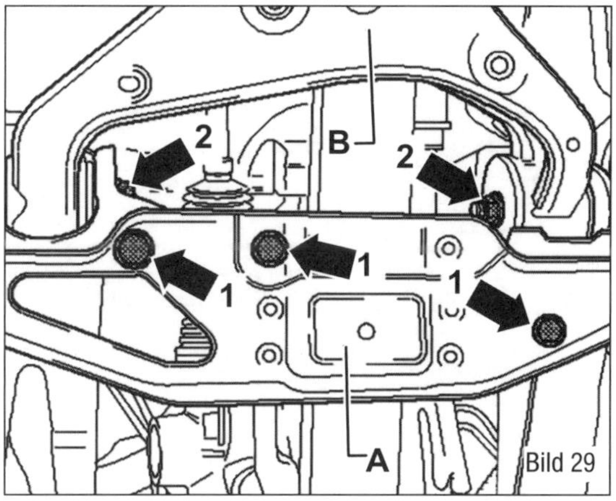

Bild 29
Heckgetriebe Versionen.
Pfeil 1 Schrauben Achsträger
Pfeil 2 Schrauben Gummilager
A Achsträger
B Achslenker

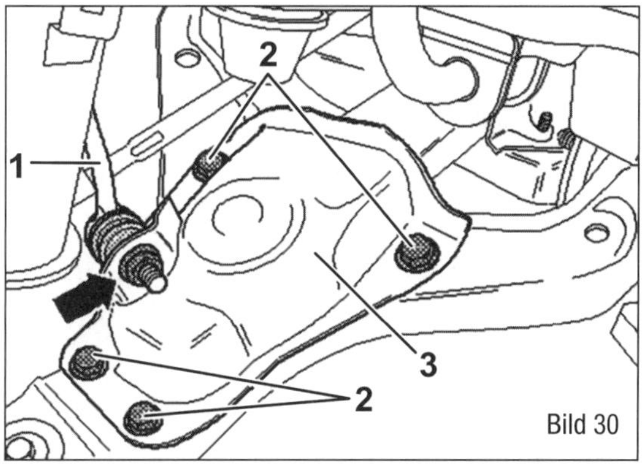

Bild 30
Heckgetriebe Versionen.
1 Stabilisator
2 Schrauben
3 Federanschlagplatte

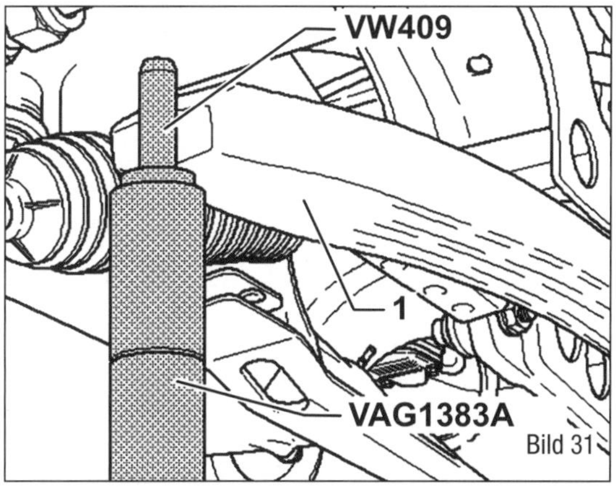

Bild 31
Heckgetriebe Versionen.
VW409 Druckstempel
VAG1383A Motor- und Getriebeheber
1 Blattfeder

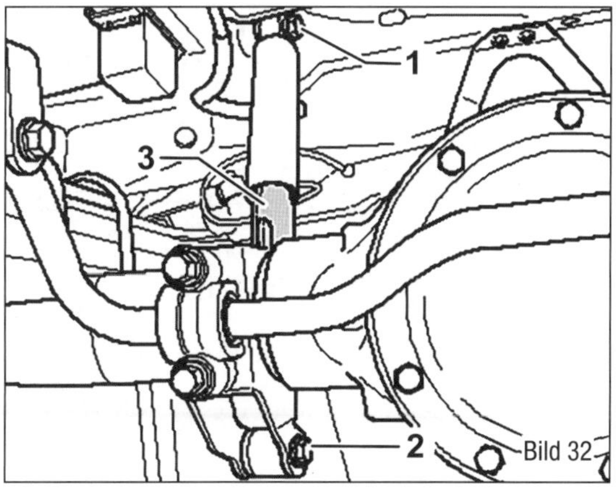

Bild 32
Heckgetriebe Versionen.
1 Verschraubung oben
2 Verschraubung unten
3 Stoßdämpfer

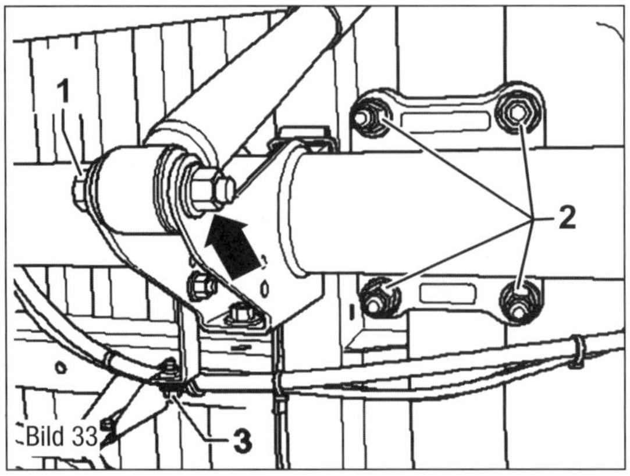

Bild 33
1 Schraube Stoßdämpfer
2 Bundmuttern
3 Schraube
Pfeil Mutter Stoßdämpfer

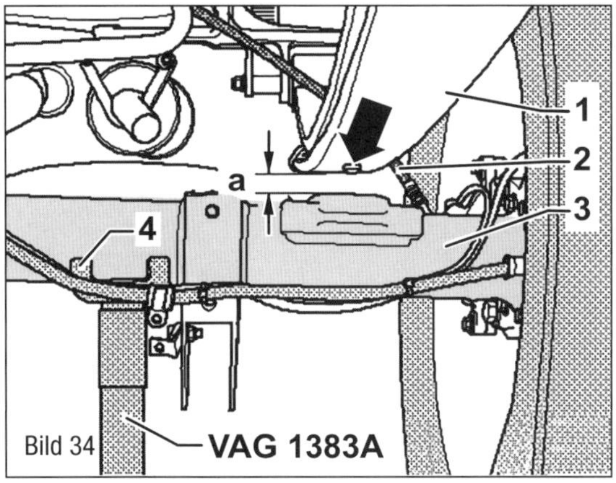

Bild 34
1 Blattfeder
2 Bremsleitung
3 Achskörper
4 Einsatz Wagenheber
VAG 1383A Getriebeheber

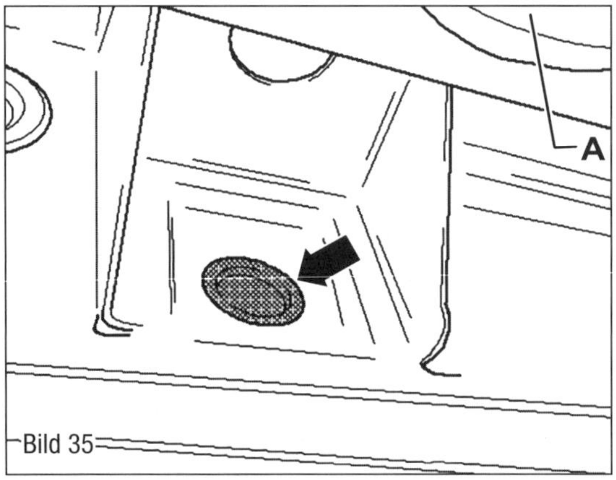

Bild 35
A Befestigungsschraube Blattfeder (nicht sichtbar)
Pfeil Stopfen

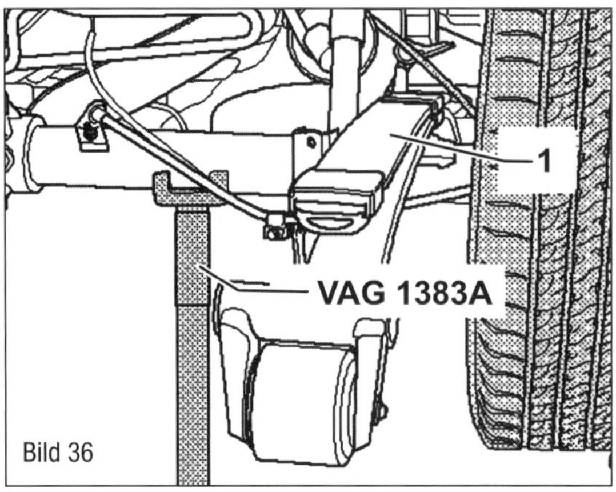

Bild 36
1 Blattfeder
VAG 1383A Getriebeheber

Blattfeder hinten aus- und einbauen

De- und Montage bei einfach bereiften Fahrzeugen

■ Die Mutter (Pfeil im Bild 33) von der Befestigungsschraube (1) abdrehen.

■ Die Schraube (1) bei auf Räder stehendem Fahrzeug herausziehen.

■ Die Bundmuttern (2) ca. 2 Umdrehungen lösen. Die Schraube (3) für den Halter Handbremsseil herausdrehen.

■ Fahrzeug anheben und verzurren.

⚠ Wird das Fahrzeug nicht verzurrt, besteht die Gefahr, dass das Fahrzeug von der Hebebühne abrutschen kann!

■ Den Einsatz (4) von einem Rangierwagenheber in den Motor und Getriebeheber (V.A.G 1383 A)

■ Motor- und Getriebeheber (V.A.G 1383 A) unter die Hinterachse stellen und leicht andrücken.

■ Die Bundmuttern von den Federbügeln abschrauben.

■ Die Federbügel und die Federspannplatte von der Blattfeder (1) abnehmen.

■ Den Achskörper (3) auf das Maß (a) etwa 20 mm absenken.

☞ Die Federschraube (Pfeil) der Blattfeder muss dabei aus der Bohrung im Achskörper herausgleiten, ggf. aushebeln.

⚠ Der Bremsschlauch (2) darf nicht gedehnt werden.

■ Die Blattfeder von den Aufnahmepunkten am Rahmen abschrauben.

☞ Bei einigen Fahrzeugen muss die Abdeckkappe (Pfeil im Bild 35) ausgebaut werden, um die hintere Befestigungsschraube für die Blattfeder (A) auszubauen.

■ Anschließend die Blattfeder (1 im Bild 36) um 180° drehen und nach hinten herausnehmen.

Der Einbau erfolgt sinngemäß in umgekehrter Reihenfolge.

👁 Das größere Lagerauge in Fahrtrichtung vorn einbauen.

☞ Gummimetalllager haben einen begrenzten Verdrehbereich. Deshalb die Schraubverbindungen an den Bauteilen mit Gummimetalllagern erst dann festziehen, wenn das Radlagergehäuse angehoben ist.

■ Die Federschraube (Pfeil im Bild 34) der

Mitte der Blattfeder muss in die Bohrung im Achskörper eingesetzt werden.

De- und Montage bei Zwillingsbereifung

Wenn Bauteile mit Gummimetalllagern ersetzt oder Schrauben/Muttern an diesen Bauteilen gelöst werden, muss vor Beginn der Arbeiten die Leergewichtslage gemessen werden.

- Drehen Sie die Mutter (Pfeil im Bild 33) von der Schraube (1) des Dämpfers ab.
- Ziehen Sie die Schraube (1) bei auf Räder stehendem Fahrzeug heraus.
- Lösen Sie die Muttern (2) ca. 2 Umdrehungen.
- Lösen Sie die Radmuttern.
- Fahrzeug anheben und verzurren.

Wird das Fahrzeug nicht verzurrt, besteht die Gefahr, dass das Fahrzeug von der Hebebühne abrutschen kann!

- Bauen Sie das Rad ab.
- Bauen Sie den Bremssattel ab.
- Drehen Sie die obere Mutter (4 im Bild 37) ab und lösen Sie die Koppelstange (1) vom Halter (5).
- Den Einsatz (2 im Bild 38) von einem Rangierwagenheber in den Motor und Getriebeheber (V.A.G 1383 A) einsetzen.
- Motor- und Getriebeheber (V.A.G 1383 A) unter den Achskörper (3) stellen und leicht gegendrücken.
- Schrauben Sie die Muttern von den Federbügeln der Blattfeder ab (2 im Bild 33).
- Drehen Sie die Schraube (1 im 38) von der Federlasche (5) heraus.
- Die Federbügel und die Federspannplatte von der Blattfeder (4) abnehmen.
- Drehen Sie die vordere Schraube (1 im Bild 39) von der Blattfeder (2) heraus.
- Senken Sie den Achskörper so weit ab, bis sich die Blattfeder (1) um 180° drehen lässt.
- Die Blattfeder nach hinten herausnehmen.

Der Einbau erfolgt sinngemäß in umgekehrter Reihenfolge.

Bei Federn mit unterschiedlich großen Federaugen muss das größere Federauge in Fahrtrichtung nach vorn zeigen.

Die Federschraube der Blattfeder muss in die Bohrung im Achskörper eingesetzt werden.

- Bauen Sie den Bremssattel an.
- Rad anbauen.

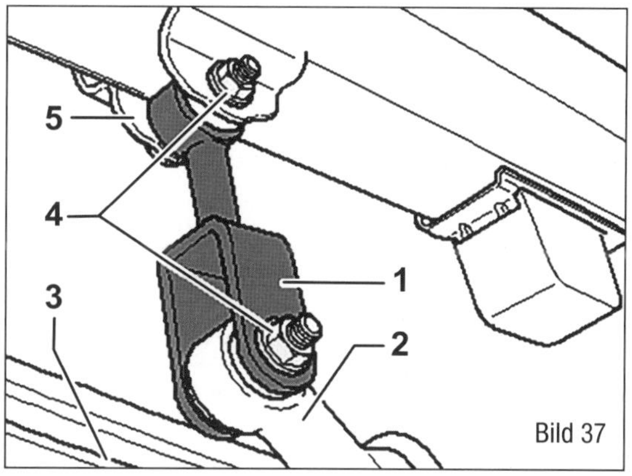

Bild 37

Bild 37
Zwillingsreifen.
1 Koppelstange
2 Stabilisator
3 Blattfeder
4 Verschraubungen
5 Halter am Rahmen

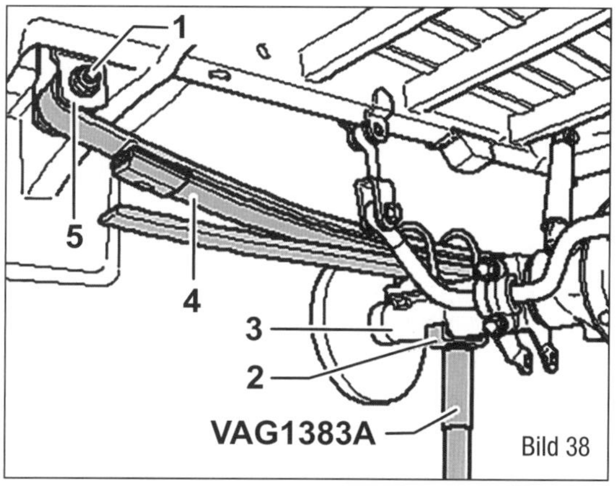

Bild 38

Bild 38
Zwillingsreifen.
1 Schraube und Mutter
2 Einsatz eines Rangierwagenhebers
3 Achskörper
4 Blattfeder
5 Federlasche
VAG 1383A Getriebeheber

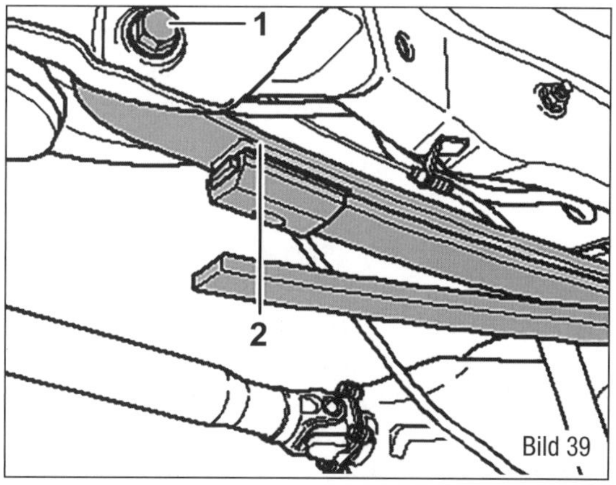

Bild 39

Bild 39
Zwillingsreifen heckgetriebene Versionen.
1 Schraube vorne
2 Blattfeder

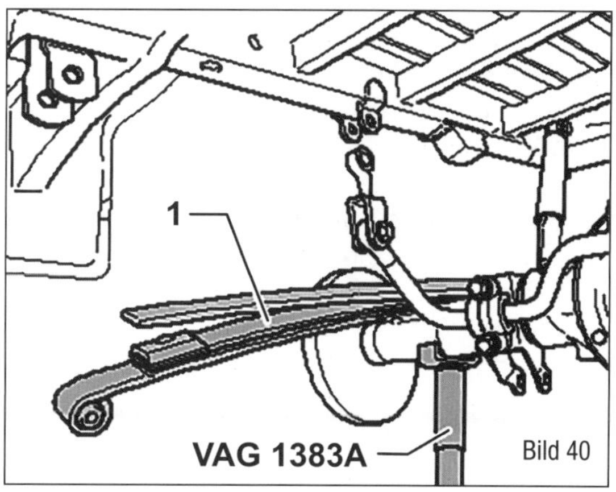

Bild 40

Bild 40
Zwillingsreifen.
1 Blattfeder
VAG 1383A Getriebeheber

12 Servolenkung

Die servounterstützte Zahnstangenlenkung Ihres Transporters zeichnet sich durch besonders geringe Bedienungskräfte bei hoher Lenkpräzision aus. Servolenkungen erleichtern durch Hilfskraft erheblich die Lenkarbeit. Sie sorgen für größtmöglichen Komfort beim Rangieren und für präzises Lenkgefühl bei schnellen Autobahnfahrten. Die Möglichkeit, mit geringem Kraftaufwand am Lenkrad eine relativ direkte Lenkung zu erreichen, guten Kontakt zur Fahrbahn zu halten und dennoch den Fahrer relativ unbehelligt von den Fahrbahnstößen zu lassen, wird mit Hilfe eines hydraulischen Systems aus Pumpe, Ölvorratsbehälter und Hydraulikleitungen realisiert.
Als Hochdruck-Ölpumpe findet wegen ihrer gleichmäßig hohen und kontinuierlichen Förderrate eine doppelt wirkende Flügelpumpe Verwendung. Sie wird über den Keilrippenriemen vom Fahrzeugmotor angetrieben. Das Drucköl wirkt auf Arbeitszylinder zu beiden Seiten der Zahnstange. Diese unterstützen mit ihrem Druck über ein Steuerteil die Lenkbewegung. Je nach Drehrichtung des Lenkrads wird jeweils der Arbeitszylinder angesteuert, der die Lenkung unterstützt.

Prüfungen an der Lenkung

Bei den Einstell- und Wartungsarbeiten ist die wohl häufigste Tätigkeit die regelmäßige Kontrolle des Ölstandes im Vorratsbehälter. Umfangreiche Reparaturen an der Servolenkung sind eine Sache für die Werkstatt. Nur so lassen sich Schäden an den Bauteilen und Folgeschäden mit dann erst recht teuren Reparaturen verhindern. Denn bei fehlerhafter Instandsetzung kann die Servounterstützung beim Lenken ausfallen. Die Lenkung ist aber eine Baugruppe, von der die Fahrsicherheit besonders stark abhängt. Defekte, falsche Einstellungen und fehlerhafte Reparaturarbeiten können fatale Auswirkungen haben.
Nach Unfall und bei Beschädigung der Vorderachse können verschiedene Lenkungsteile ersetzt werden. Als Instandsetzung an der Servolenkung ist aber nur das Ersetzen der Faltenbälge sowie der Spurstangen und Spurstangenköpfe üblich. Für bestimmte Arbeiten kann es nötig sein, die Lenkzwischenwelle aus- und einzubauen, die das Kreuzgelenk unten an der Lenksäule mit dem Kreuzgelenk des Lenkritzels am Lenkgetriebe verbindet.

Lenkungsspiel prüfen

■ Die Räder geradeaus stellen. Von außen durchs geöffnete Fenster greifen und das Lenkrad kurz hin und her drehen.

Auf die Felge achten: Bewegt sich das Vorderrad wie erforderlich sofort mit? Eine Hilfsperson kann die Spurstangenköpfe umfassen und das Lagerspiel bei Lenkbewegung fühlen oder in Extremfällen sogar beobachten.

■ Falls Spiel bemerkt wird, muss Nachstellen in der Werkstatt erfolgen. Wenn die Lenkung um die Geradeausstellung kein Spiel hat, aber bei stärkerem Einschlag spürbar klemmt, ist die Zahnstange verschlissen. Das dürfte zwar erst nach einer gehörigen Fahrstrecke der Fall sein, aber dann muss das Lenkgetriebe ausgetauscht werden!

Manschetten der Lenkzahnstange prüfen

Mit einer Taschenlampe die Gummimanschetten ableuchten, mit denen die aus ihrem Gehäuse austretende Zahnstange links und rechts geschützt wird. Gründlich auch auf kleinste Verschleißspuren prüfen. Dringen durch einen rissigen oder beschädigten Faltenbalg Schmutz und Feuchtigkeit ein, verbinden sie sich mit dem Fett des Lenkgetriebes zu einer zerstörerischen Schleifpaste.

■ Die Lenkung voll nach rechts oder links einschlagen. Um Risse in den Falten zu erkennen, muss der Faltenbalg Stück um Stück auseinandergezogen werden. Eine verschlissene Manschette sollte man sofort austauschen. Sie kann bei eingebautem Lenkgetriebe ersetzt werden.

■ Klemmschellen müssen fest auf der Manschette sitzen. Zum Wechseln des Faltenbalgs wird daher die Schlauchbinderzange V.A.G 1275 empfohlen.

Lenksäule überprüfen

■ Wenn an der Lenksäule gearbeitet wurde, muss danach auf sichtbare Schäden und Funktion geprüft werden. Lässt sich die

Säule ohne zu haken und ohne Schwergängigkeit drehen? Lässt sie sich in Längsrichtung und in der Höhe leicht verstellen?

■ Lässt sich das Rohr der Säule deutlich nach vorn und hinten oder seitlich bewegen? Dann ist etwas faul, die Lenksäule muss ausgetauscht werden.

Arbeiten an der Lenkung

Aus- und Einbau der Spurstangen

■ Fahrzeug anheben und verzurren.

⚠ Wird das Fahrzeug nicht verzurrt, besteht die Gefahr, dass das Fahrzeug von der Hebebühne abrutschen kann!

■ Das Vorderrad abbauen.

■ Geräuschdämpfung ausbauen.

■ Die Mutter (A im Bild 1) vom Spurstangenkopf lösen, diese aber noch nicht ganz abschrauben. Die Mutter (A) zum Schutz des Gewindes noch einige Umdrehungen auf dem Gewinde des Spurstangenkopfs lassen.

■ Den Spurstangenkopf vom Radlagergehäuse mit dem Kugelgelenkabzieher (3287 A) abziehen.

■ Die Mutter (A) abschrauben.

☞ Beim Abdrücken des Spurstangenkopfs die Gummitülle und das Wärmeschutzblech (B) nicht beschädigen.

■ Die Klemmschelle (Pfeil im Bild 2) öffnen. Den Faltenbalg (1) vom Lenkgetriebegehäuse herunterschieben.

■ Die Federbandschelle vom Faltenbalg lösen und auf die Spurstange schieben.

Linke Spurstange:

■ Das Lenkgetriebe in Fahrtrichtung gesehen bis zum Anschlag nach rechts drehen.

Rechte Spurstange:

■ Das Lenkgetriebe, in Fahrtrichtung gesehen, bis zum Anschlag nach links drehen.

Fortsetzung für beide Seiten:

⚠ Die Schlüsselweite an der Spurstange wurde von SW 41 auf SW 40 geändert. Bitte das entsprechende Maul-Einsteckwerkzeug auswählen und verwenden.

■ Die Spurstange von der Zahnstange abschrauben (Bild 3).

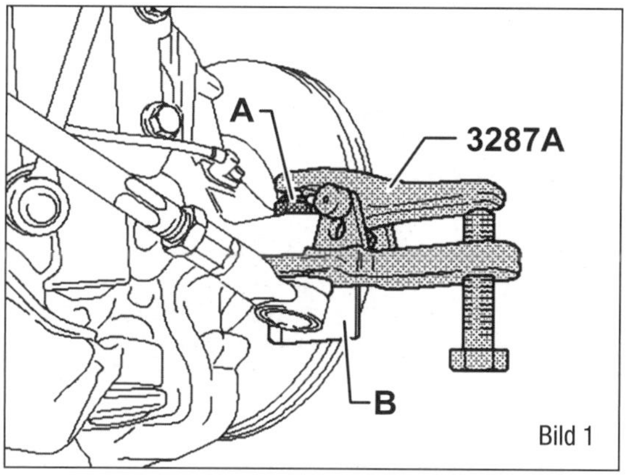

Bild 1

Bild 1
A Mutter
B Wärmeschutzblech
3287A Kugelgelenkabzieher

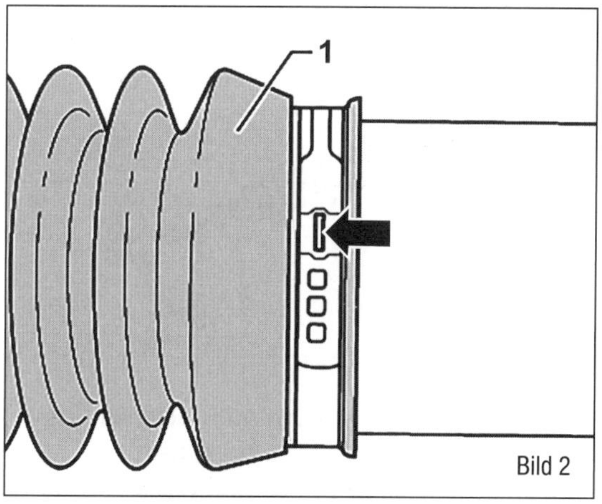

Bild 2

Bild 2
1 Faltenbalg
Pfeil Klemmschelle

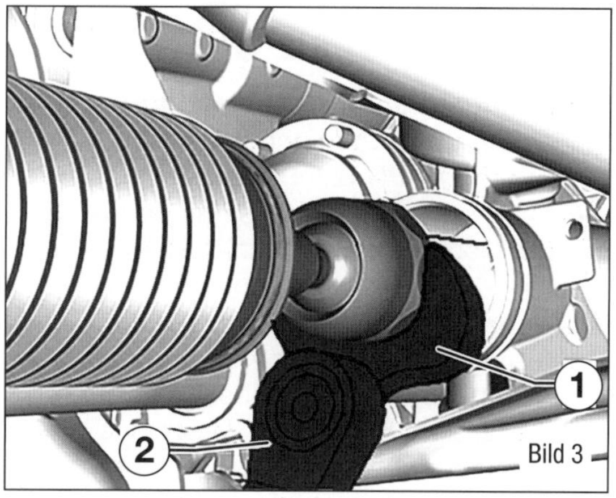

Bild 3

Bild 3
1 Maul-Einsteckwerkzeug
2 Drehmomentschlüssel

Der Einbau erfolgt in umgekehrter Reihenfolge.

■ Die Spurstange an der Zahnstange festziehen.

■ Den Faltenbalg (1 im Bild 2) mit neuer Klemmschelle (Pfeil) auf das Lenkgetriebegehäuse aufschieben.

■ Klemmschelle mit der Klemmzange für Lenkgetriebe »Phaeton VAS 6199« befestigen.

■ Federbandschelle auf die Manschette aufsetzen.

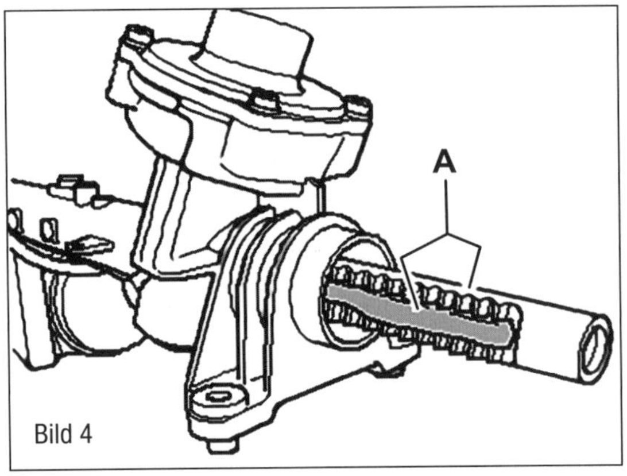

Bild 4

Bild 4
Bereiche (A) der Zahnstange an denen Fett aufgetragen werden muss.

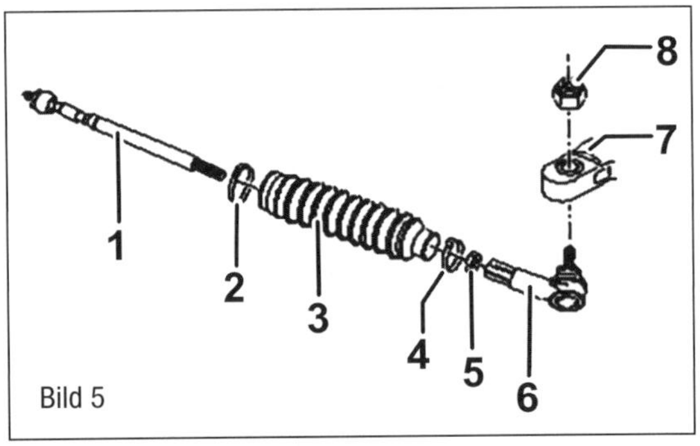

Bild 5

Bild 5
1 Spurstange
2 Klemmschelle
3 Faltenbalg
4 Klemmschelle
5 Sicherungsmutter
6 Spurstangenkopf
7 Aufnahme im Achsschenkel
8 Mutter

■ Den Spurstangenkopf mit neuer Mutter am Radlagergehäuse anschrauben.

☞ Wurde der Spurstangenkopf von der Spurstange gelöst, muss nach dem Einbau das Fahrzeug vermessen werden.

Spurstangenkopf aus- und einbauen

■ Fahrzeug anheben und verzurren.

⚠ Wird das Fahrzeug nicht verzurrt, besteht die Gefahr, dass das Fahrzeug von der Hebebühne abrutschen kann!

■ Das entsprechende Rad abbauen.
■ Mutter (A im Bild 1) von Spurstangenkopf lösen, aber noch nicht abschrauben. Die Mutter zum Schutz des Gewindes einige Umdrehungen auf dem Zapfen lassen.
■ Den Spurstangenkopf vom Radlagergehäuse mit dem Kugelgelenkabzieher (3287 A) abdrücken. Die Mutter (A) jetzt abschrauben.

⚠ Beim Abdrücken die Gummitülle und das Wärmeschutzblech (2) nicht beschädigen.

■ Die Kontermutter (5 im Bild 5) lösen.
■ Die Position vom Spurstangenkopf (6) auf der Spurstange (1) kennzeichnen.
■ Den Spurstangenkopf von der Spurstange abdrehen. Hierzu die Schlüsselflächen am Spurstangenkopf (6) und an der Spurstange (1) nutzen.

Der Einbau erfolgt sinngemäß in umgekehrter Reihenfolge.
■ Den Spurstangenkopf bis zur angebrachten Markierung auf die Spurstange drehen.
■ Spurstangenkopf mit der Kontermutter sichern.
■ Spurstangenkopf mit neuer Mutter (8 im Bild 5) verschrauben.
■ Rad anbauen und mit Anzugsdrehmoment festziehen.
■ Fahrzeugvermessung durchführen.

Faltenbalg aus- und einbauen

⚠ Bei defektem Faltenbalg dringen Feuchtigkeit und Schmutz in das Lenkgetriebe. Im Bereich der Verzahnung auf der Zahnstange muss ein fühlbarer Schmierfilm vorhanden sein. Ist der Schmierfilm nicht vorhanden, muss das Lenkgetriebe ersetzt werden. Auch bei Korrosion, einer Beschädigung oder Abnutzung der Zahnstange ist das Lenkgetriebe zu ersetzen.

■ Lenkrad in Geradeausfahrt drehen.
■ Rad abbauen.
■ Lenkgetriebe außen im Bereich vom Faltenbalg reinigen. Dabei darf kein Schmutz durch den defekten Faltenbalg in das Lenkgetriebe gelangen.
■ Den Spurstangenkopf ausbauen.
■ Federbandschelle von Faltenbalg lösen und auf die Spurstange schieben.
■ Schelle (Pfeil im Bild 2) öffnen und Faltenbalg (1) von der Spurstange abziehen.
■ Klemmschelle (2 im Bild 5) abbauen und Faltenbalg (3) vom Lenkgetriebegehäuse abziehen.
■ Die Spurstange (1) aus dem Spurstangenkopf drehen.
■ Faltenbalg mit Federbandschelle von der Spurstange abziehen.

Der Einbau erfolgt sinngemäß in umgekehrter Reihenfolge.
■ Die Zahnstange mit Fett bestreichen (Bild 4). Dazu die Lenkung nacheinander zu beiden Seiten bis zum Anschlag drehen.

⚠ Nur das im Reparatursatz beiliegende Fett verwenden.

■ Lenkrad in Geradeausfahrt drehen.

■ Faltenbalg (2 im Bild 2) auf die Spurstange und das Lenkgetriebe schieben. Den Faltenbalg mit neuer Schelle (Pfeil) befestigen.
■ Federbandschelle auf Faltenbalg setzen.
■ Den Spurstangenkopf einbauen.
■ Rad anbauen und mit Anzugsdrehmoment festziehen.
■ Fahrzeugvermessung durchführen.

Ausbau des Lenkgetriebes
Eine Instandsetzung des Lenkgetriebes ist nicht vorgesehen. Es muss bei Beanstandungen komplett ausgetauscht werden.

Folgende Hinweise sind bei Arbeiten am Lenkgetriebe zu beachten:
■ Bei Arbeiten an der Servolenkung ist größte Sauberkeit erforderlich. Die Verbindungsstellen und deren Umgebung sind vor dem Lösen gründlich zu reinigen.
■ Ausgebaute Teile auf einer sauberen Unterlage ablegen und abdecken, wenn die Reparatur nicht umgehend weiter ausgeführt wird.
■ Keine fasernden Lappen verwenden.
■ Geöffnete Bauteile sorgfältig abdecken bzw. verschließen, wenn die Reparatur nicht umgehend weiter ausgeführt wird.
■ Ersatzteile erst unmittelbar vor dem Einbau aus der Verpackung entnehmen.
■ Nur originalverpackte Teile verwenden.
■ Bei geöffneter Anlage nicht mit Druckluft arbeiten.
■ Das Fahrzeug nicht bewegen.

De- und Montage:
■ Federspannplatten ausbauen. Sie sind nicht bei Crafter 4MOTION verbaut.
■ Fahrzeug anheben und verzurren.
Wird das Fahrzeug nicht verzurrt, besteht die Gefahr, dass das Fahrzeug von der Hebebühne abrutschen kann!
■ Das Vorderrad abbauen.
■ Räder vorn abbauen.
■ Geräuschdämpfung ausbauen.
■ Linken Spurstangenkopf ausbauen.
■ Rechten Spurstangenkopf von Radlagergehäuse abdrücken.
■ Rücklaufleitung mit der Schlauchklemme bis 25 mm (3094 im Bild 7) abklemmen.
■ Druckleitung mit der Schlauchklemme bis 25 mm (3094 im Bild 7) abklemmen.
■ Lenkung bis Anschlag rechts einschlagen.

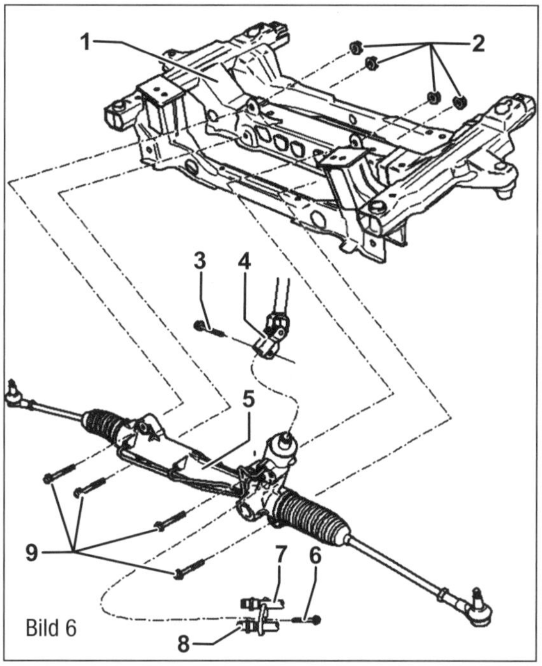

Bild 6

Bild 6
1 Aggregateträger
2 Mutter
3 Schraube
4 Kreuzgelenk
5 Lenkgetriebe
6 Schraube
7 Druckleitung
8 Rücklaufleitung
9 Schraube

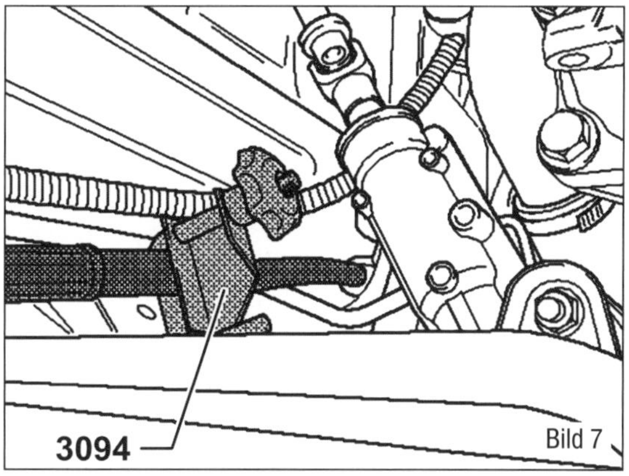

Bild 7

Bild 7
Schlauchklemme 3094 bis 25mm in der Druckleitung.

Darauf achten, dass während der Montagearbeiten das Lenkrad in dieser Stellung bleibt. Dadurch wird gewährleistet, dass sich die Wickelfeder für Airbag und Rückstellring mit Schleifring nicht verdreht.

■ Schraube (Pfeil im Bild 9) am Kreuzgelenk herausschrauben.
■ Kreuzgelenk vom Lenkgetriebe abziehen.
■ Rücklaufleitung (1 im Bild 10) vom Aggregateträger abschrauben (Pfeil).
■ Schraube (A im Bild 11) herausschrauben und das Blech (B) auf der Rücklaufleitung zurückschieben.
■ Druckleitung vorsichtig aus dem Lenkgetriebe herausziehen.
■ Auslaufendes Hydrauliköl auffangen.
■ Offene Leitungen/Anschlüsse verschließen oder abdecken.

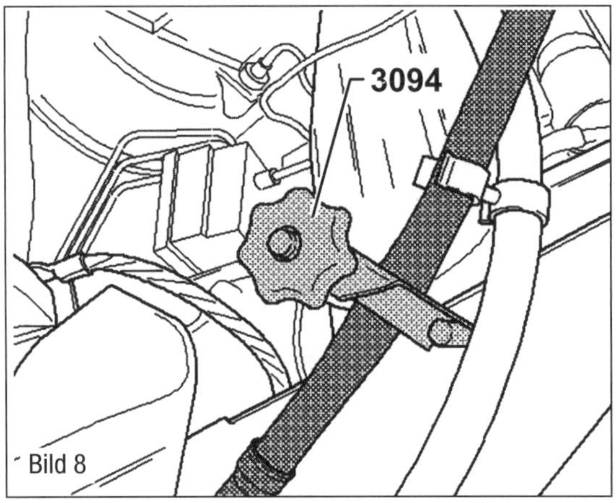

Bild 8
Schlauchklemme 3094 bis 25mm im Rücklauf.

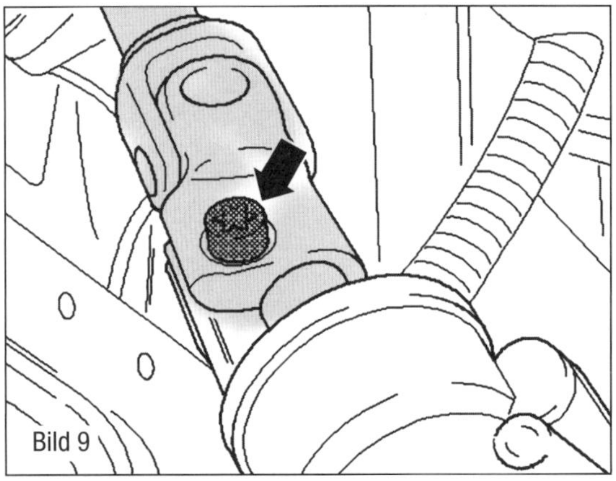

Bild 9
Schraube (Pfeil) im Kreuzgelenk.

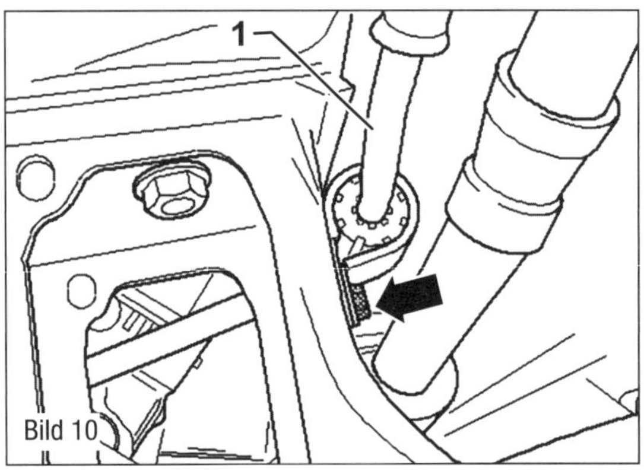

Bild 10
1 Rücklaufleitung
Pfeil Verschraubung am Aggregateträger

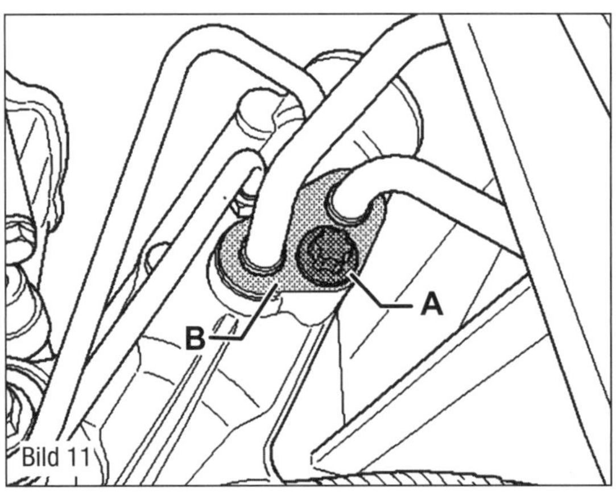

Bild 11
A Schraube
B Blech

- Schrauben (Pfeile im Bild 12) vom Lenkgetriebe abschrauben.
- Beim Abschrauben der Schrauben mit einem Maulschlüssel die Muttern (Pfeile 13) gegenhalten.
- Lenkgetriebe aus dem Aggregateträger herausnehmen.

Der Einbau erfolgt in umgekehrter Reihenfolge. Dabei ist Folgendes zu beachten:

Bei einem neuen Lenkgetriebe den rechten Spurstangenkopf ausbauen.

- Lenkgetriebe am Lenkritzel bis Anschlag rechts drehen.
- Lenkgetriebe in den Aggregateträger einsetzen.
- Das Kreuzgelenk auf das Lenkritzel stecken.
- Lenkgetriebe am Aggregateträger festschrauben (Pfeile im Bild 12), dabei an den Muttern (Bild 13) gegenhalten.
- Schraube für das Kreuzgelenk (Pfeil im Bild 9) anbauen und festziehen.
- Dichtringe an der Druckleitung ersetzen.
- Druckleitung vorsichtig in das Lenkgetriebe drücken, das Blech (B im Bild 11) ansetzen. Die Schraube (A) der Druckleitungen festschrauben.
- Rücklaufleitung (1 im Bild 10) am Aggregateträger befestigen (Pfeil).
- Spurstangenköpfe einbauen.
- Schlauchklemmen entfernen (Bilder 7 und 8).
- Geräuschdämpfung einbauen.
- Ölstand der Servolenkung prüfen.
- Räder vorn anbauen.
- Federspannplatten einbauen.
- Fahrzeug vermessen.

Servolenkung entleeren, befüllen und entlüften

Das System muss entlüftet werden, wenn Teile der Hydraulik demontiert wurden.

- Zuerst den Hydraulikölstand prüfen ggf. muss Hydrauliköl G 002 000 nachgefüllt werden.
- Motor nicht laufen lassen. Heben Sie das Fahrzeug so weit an, dass beide Vorderräderfrei sind. Bringen Sie die Vorderräder in Geradeausstellung.
- Eine Auffangwanne für Hydrauliköl unterstellen.
- Öffnen Sie den Schraubdeckel des Vorratsbehälters für Hydrauliköl.
- Die Hydraulikleitungen unten vom Vor-

ratsbehälter abziehen und Öl anschließend auslaufen lassen.

- Die Restmenge des Hydrauliköls herausdrücken, indem die Lenkung zehnmal von Anschlag zu Anschlag gedreht wird.
- Schließen Sie die Hydraulikleitungen wieder an und senken Sie das Fahrzeug ab. Das abgelassene Öl wird nicht wieder verwendet, sondern den Vorschriften entsprechend wie Altöl entsorgt.

Befüllt wird ein leeres Hydrauliksystem nur bei kaltem Motor. Füllen Sie den Vorratsbehälter (Verschluss mit Messstab herausschrauben) mit G 002 000 bis zum Erreichen der MIN-Markierung am Messstab auf. Das gesamte System ist mit etwa 1,0 Liter befüllt.

- Fahrzeug wieder so weit anheben, bis die Vorderräder frei sind. Stellen Sie die Räder geradeaus.
- Drehen Sie bei abgestelltem Motor das Lenkrad zehnmal von Anschlag zu Anschlag durch. Prüfen Sie den Ölstand und füllen Sie ggf. nach.
- Schrauben Sie den Deckel des Vorratsbehälters für Hydrauliköl auf. Senken Sie das Fahrzeug ab.
- Starten Sie den Motor. Das Lenkrad zehnmal von Anschlag zu Anschlag drehen.
- Den Motor abstellen. Wieder den Hydraulikölstand prüfen und ggf. nachfüllen.
- Deckel des Vorratsbehälters handfest zuschrauben.

Jetzt eventuell noch im System verbliebene Restluft entweicht im Fahrbetrieb nach 10 bis 20 Kilometern von selbst.

Ölstand der Servolenkung prüfen

Wenn das Hydraulik-Öl kalt ist, nicht den Motor laufen lassen. Sie können die Prüfung auch bei kaltem Öl vornehmen.

- Die Räder in Geradeausstellung bringen.

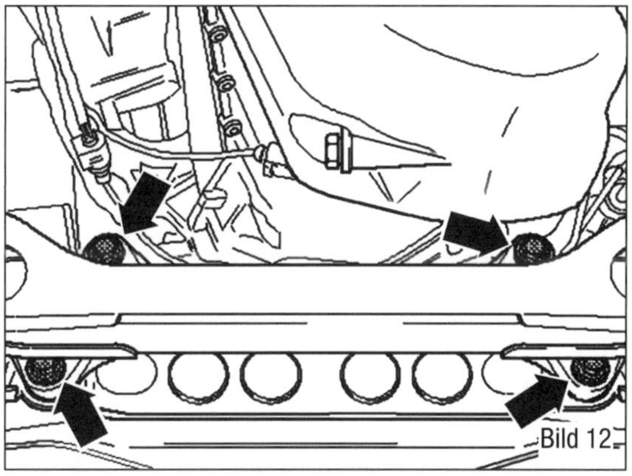

Bild 12
Schrauben am Lenkgetriebe (Pfeile).

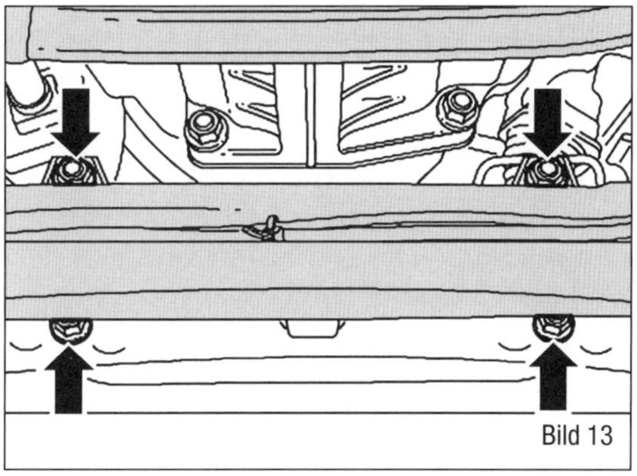

Bild 13
Muttern am Lenkgetriebe (Pfeile).

Den Hydraulikölstand mit dem Ölmessstab des Verschlussdeckels (Schraubdeckel) prüfen:

- Deckel abschrauben, Messstab mit einem sauberen Lappen abwischen und den Deckel wieder handfest einschrauben. Es gilt nur der Ölstand bei vorher voll eingeschraubtem Verschlussdeckel.
- Deckel wieder abschrauben, Ölstand prüfen: Er muss 2 mm über oder unter der MIN-Markierung liegen. Ist das Hydrauliköl betriebswarm (ab 50 °C), soll sich der Ölstand zwischen den MIN- und MAX-Markierungen befinden.
- Wenn das System kontrolliert oder das Lenkgetriebe aus- und eingebaut wurde, muss ggf. Öl nachgefüllt werden.

Sichtprüfung Messen

13 Bremsanlage

Die Bremsen des VW Crafter

Der Bus wird kraftvoll und sicher über ein Hydraulik-Zweikreis-Bremssystem mit rundum Scheibenbremsen verzögert. Die vorderen Scheibenbremsen sind innenbelüftet, die Bremsscheiben hinten sind derzeit durchwegs für alle Motorisierungen massiv. Die elektromechanische Feststellbremse wirkt auf die Hinterräder. Die Bremsunterstützung erfolgt pneumatisch durch Vakuumbremskraftverstärker. In ihnen wird der hydraulische Druck, der dann an den Bremsen wirkt, mehr als verdoppelt. Auf diese Weise werden etwa 60% der wirkenden Bremskraft aufgebracht. Das Vakuum für den Unterdruck im Bremskraftverstärker wird dem Saugrohr entnommen oder mit einer Vakuumpumpe erzeugt. Je nach Motorisierung werden unterschiedliche Bremsenmodelle eingesetzt. Welche Bremsen in einem bestimmten Fahrzeug verbaut sind, wird unter anderem auf dem Fahrzeugdatenträger (Reserveradmulde, Serviceheft) durch die entsprechenden PR-Nummern dokumentiert. Die nachstehende Tabelle zeigt eine Aufschlüsselung der PR-Nummern sowie der Bremsentypen zu den Motorisierungen. Die PR-Nummern sind für die Kombination Bremssattel/Bremsscheibe/Bremstrommel und Bremsbelag wichtig.

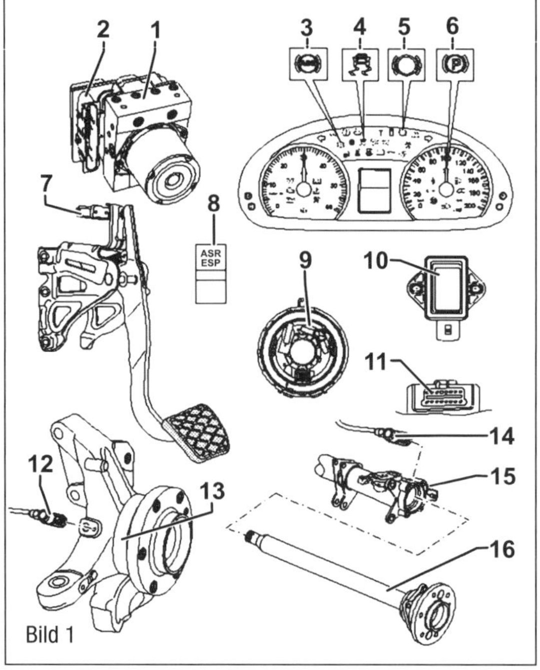

Bild 1

Bild 1
ABS-System von Bosch 8.1 bis 3,5 t.
1 ABS-Hydraulikeinheit
2 ABS-Steuergerät
3 ABS-Kontrollleuchte
4 ESP- und ASR-Kontrollleuchte
5 Bremsbelag-Kontrollleuchte
6 Bremsbelag-Kontrollleuchte
7 Bremslichtschalter
8 Taster für ASR und ESP
9 Lenkwinkelgeber
10 Querbeschleunigungsgeber
11 Diagnoseanschluss
12 Drehzahlfühler vorn
13 Radlagergehäuse mit Radlager
14 Drehzahlfühler hinten
15 Achskörper
16 Hinterachswelle

Antiblockiersystem (ABS)
Der Crafter verfügt serienmäßig über ein Antiblockiersystem. Die Bremsanlage des ABS ist diagonal aufgeteilt. Die Bremskraftverstärkung erfolgt pneumatisch durch den Vakuumbremskraftverstärker. Fahrzeuge mit dem ABS haben keinen mechanischen Bremskraftregler. Eine speziell abgestimmte Software im Steuergerät übernimmt die Bremskraftverteilung für die Hinterachse. Störungen am ABS haben Einfluss auf die Bremsanlage und die Verstärkung. Es muss mit einem veränderten Bremsverhalten gerechnet werden. Nach Aufleuchten der Kontrollleuchte für ABS und Kontrollleuchte für Bremsanlage können die Hinterräder beim Bremsen frühzeitig blockieren! Hydraulikeinheit und Steuergerät (47-polig) bilden eine Einheit. Eine Trennung ist nur im ausgebauten Zustand möglich. Neue Steuergeräte aus dem Ersatzteilbereich sind nicht codiert. Sie sind nach dem Einbau zu codieren. Die Kontrollleuchte für ABS und die Kontrollleuchte für ESP und ASR blinken, solange das Steuergerät für ABS nicht codiert ist.

Informationen zum Bremssystem
Die im Hydrauliksystem zirkulierende Flüssigkeit ist bei Volkswagen Bremsflüssigkeit nach dem Standard »FMVSS 116 DOT 4«, wovon auch die Weiterentwicklung »DOT 4 plus« erhältlich ist. Das Produkt hat die Katalog-Teilenummer VW 501 14 B 000 750.

⚠ Bremsflüssigkeit auf keinen Fall mit mineralölhaltigen Flüssigkeiten (Öl, Benzin, Reinigungsmittel) in Verbindung bringen. Mineralöle beschädigen die Dichtungen und Gummitüllen der Bremsanlage!

■ Bremsflüssigkeit ist giftig. Sie darf wegen ihrer ätzenden Wirkung auch nicht mit Lack in Berührung kommen. Eventuell ausgetretene Bremsflüssigkeit mit viel Wasser abspülen!
■ Bremsflüssigkeit ist hygroskopisch, das heißt, sie nimmt aus der umgebenden Luft Feuchtigkeit auf und ist darum stets in luftdicht verschlossenen Behältern aufzubewahren.

Störungen am ABS haben keinen Einfluss auf Bremsanlage und Bremskraftverstärkung. Die herkömmliche Bremsanlage bleibt auch ohne ABS funktionsfähig. Es muss jedoch mit einem veränderten Bremsverhalten gerechnet werden. Nach Aufleuchten der ABS-Kontrollleuchte können die Hinterräder beim Bremsen frühzeitig blockieren.

Bremsflüssigkeitsstand (abhängig vom Belagverschleiß) prüfen

Der Stand der Bremsflüssigkeit ist an den Markierungen des Bremsflüssigkeitsbehälters abzulesen.

■ Der Bremsflüssigkeitsstand (Menge) ist stets in Abhängigkeit vom Bremsbelagverschleiß zu beurteilen. Im Fahrbetrieb sinkt durch Abnutzung und automatische Nachstellung der Bremsbeläge der Flüssigkeitsstand geringfügig ab.

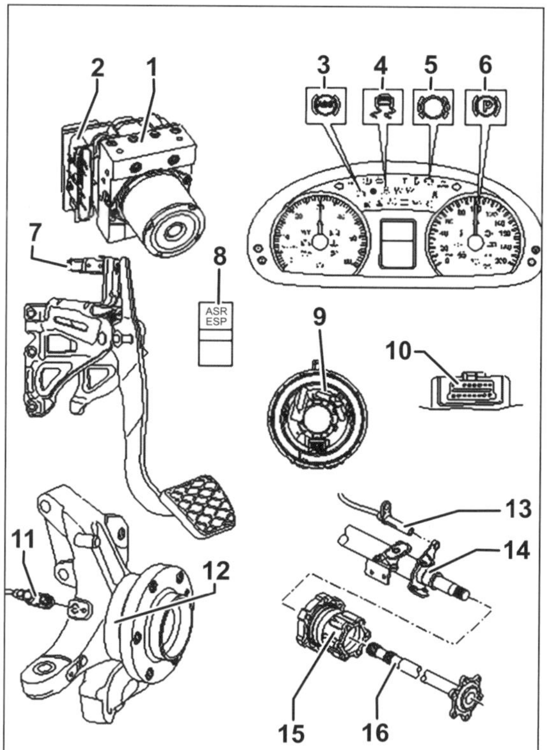

Bild 2

Bild 2
ABS-System von Bosch 9i, 5 t mit Zwillingsachse.
1 Hydraulikeinheit
2 ABS-Steuergerät
3 ABS-Kontrollleuchte
4 ESP- und ASR-Kontrollleuchte
5 Bremsbelag-Kontrollleuchte
6 Handbrems-Kontrollleuchte
7 Bremslichtschalter
8 Taster für ESP
9 Lenkwinkelgeber
10 Diagnoseanschluss
11 Drehzahlfühler vorn
12 Radlagergehäuse mit Radlager
13 Drehzahlfühler hinten
14 Achskörper
15 Hinterachsnabe
16 Hinterachswelle

Hauptbremszylinder und Bremskraftverstärker

Bauteil	***Einheit***	***Durchmesser***
Hauptbremszylinder	Ø in mm	25,4
Bremskraftverstärker	Ø in Zoll	10/10

Vorderradbremse

Bauteil	***Einheit***	***Durchmesser/Bezeichnung***
Bremse vorn	–	Faustsattelbremse
Kolbendurchmesser	mm	2 x 48
Bremsscheibe, innen belüftet	Ø in mm	300
Bremsscheibendicke	mm	28
Bremsbelagdicke (ohne Rückenplatte)	mm	13,5

Hinterradbremse

Bauteil	***Einheit***	***Crafter 3,0 t und 3,5 t***	***Crafter 5,0 t***
Bremse vorn	–	Faustsattelbremse	Faustsattelbremse
Kolbendurchmesser	mm	51	47
Bremsscheibe	Ø in mm	298	303
Bremsscheibendicke (innen belüftet)	mm	16 (nein)	28 (nein)
Bremsbelagdicke (ohne Rückenplatte)	mm	13	15
Feststellbremse	–	Duo-Servo	Duo-Servo
Bremsbelagbreite	mm	24	42

Sichtprüfung Messen

■ Bei einem Flüssigkeitsstand an der »MIN«-Markierung und etwas darüber ist kein Nachfüllen erforderlich, wenn die Bremsbelagverschleißgrenze nahezu erreicht ist.
■ Sind die Bremsbeläge neu bzw. weit von der Belagverschleißgrenze entfernt, muss der Flüssigkeitsstand zwischen der »MIN«- und der »MAX«-Markierung liegen.
■ Die »MAX«-Markierung darf jedoch nicht überschritten werden, damit die Flüssigkeit nicht aus dem Bremsflüssigkeitsbehälter austritt.
■ Ist der Flüssigkeitsstand unter die »MIN«-Markierung abgesunken, muss, bevor Bremsflüssigkeit ergänzt wird, das ganze Bremssystem überprüft werden, ggf. sind Reparaturen einzuleiten.

Bremsanlage auf Undichtigkeiten und Beschädigungen prüfen

Sichtprüfung
Folgende Bauteile müssen auf Undichtigkeiten und Beschädigungen überprüft werden:

■ Hauptbremszylinder
■ Bremskraftverstärker
■ Hydraulikeinheit
■ Bremssättel

Weiterhin ist zu prüfen:
■ Vorhandensein der Staubkappen an den Entlüftungsventilen für Bremsflüssigkeit,
■ dass die Bremsschläuche nicht verdreht sind und dass sie beim maximalen Lenkeinschlag keine Fahrzeugbauteile berühren,

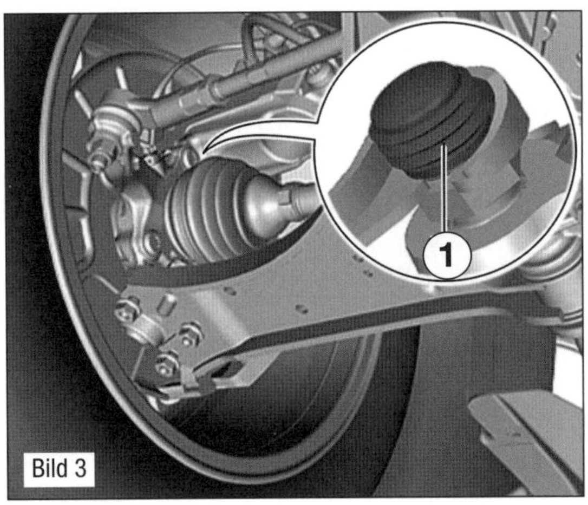

Bild 3
Entlüftungsnippel (1) am Bremssattel vorne.

■ dass Bremsschläuche nicht porös und brüchig sind,
■ dass Bremsschläuche und Bremsleitungen keine Scheuerstellen aufweisen,
■ dass Bremsanschlüsse und Befestigungen richtig sitzen, nicht undicht und frei von Korrosion sind.
Festgestellte Mängel sind unbedingt durch entsprechende Reparaturmaßnahmen zu beseitigen.

Dichtigkeitsprüfung unter Druck
Diese Prüfung erfordert ein Prüfgerät für Bremssysteme mit Adapter (z. B. V.A.G 1310 A mit -/6). Prüfvoraussetzung ist, dass Funktion und Dichtheit der Bremsanlage gewährleistet sind.
■ Entlüftungsventil an einem der vorderen Bremssättel herausschrauben. Das Prüfgerät für Bremssysteme anschließen und entlüften.
■ Bremspedal belasten, bis das Druckmanometer 50 bar Überdruck anzeigt. Während der Prüfdauer von 45 Sekunden darf der Druckabfall nicht mehr als 4 bar betragen. Bei größerem Druckabfall Hauptbremszylinder ersetzen.

Bremsanlage mit Gerät entlüften

Normale Entlüftung
Den Arbeitsablauf zum Entlüften der Bremsanlage genau einhalten.
■ Bremsenfüll- und Entlüftungsgerät anschließen, d. h. Adapter statt Verschlussdeckel auf Bremsflüssigkeitsbehälter aufschrauben, Druck einstellen und Befüllschlauch des Gerätes an den Adapter anschließen.
■ Abdeckkappen von den Entlüftungsventilen abziehen (Bild 3), Schlauch der Entlüfterflasche aufstecken und dann Entlüftungsventile mit einem passenden Schlüssel in folgender Reihenfolge öffnen und jeweiligen Radbremszylinder/Bremssättel entlüften:

1. Bremssattel hinten links
2. Bremssattel vorn links
3. Bremssattel vorn rechts
4. Bremssattel hinten rechts

■ Entlüftungsventil bei aufgestecktem Schlauch der Entlüfterflasche so lange geöffnet lassen, bis blasenfreie Bremsflüssigkeit ausströmt.

Geeigneten Entlüfterschlauch verwenden. Er muss straff auf dem Entlüftungsventil sitzen, damit keine Luft in die Bremsanlage gelangen kann!

Vorentlüftung
Wenn bei Fahrzeugen mit EDS, EDS/ASR oder EDS/ASR/ESP eine Kammer des Bremsflüssigkeitsbehälters komplett leergelaufen ist (z.B. bei Undichtigkeiten der Bremsanlage), muss zuerst eine Vorentlüftung erfolgen.
■ Bremssattel vorn links und vorn rechts gleichzeitig zusammen entlüften.
■ Bremssattel hinten links und hinten rechts gleichzeitig zusammen entlüften.
■ Entlüftungsventile bei aufgesteckten Schläuchen der Entlüfterflasche so lange geöffnet lassen, bis blasenfreie Bremsflüssigkeit ausströmt.
■ Anschließend muss über die Funktion »Grundeinstellung« mit dem Diagnosetester VAS 505x (oder VCDS) die Hydraulikeinheit nochmals entlüftet werden. Grundeinstellung einleiten (zum Entlüften der Bremsanlage): VAS oder VCDS anschließen und Funktion anwählen. Zum Entlüften der Hydraulikeinheit ist ein Vordruck von 2 bar nötig.
■ Danach die Bremsanlage normal entlüften(siehe oben).

Bremsanlage ohne Gerät entlüften

Steht kein Bremsenfüll- und Entlüftungsgerät zur Verfügung, muss die Bremsanlage mit einfachen Mitteln entlüftet werden. Nötig dafür sind neue Bremsflüssigkeit und ein geeigneter, möglichst durchsichtiger Kunststoffschlauch. Er muss straff auf der Entlüfterschraube Radbremszylinder/Bremssattel sitzen, damit keine Luft in die Bremsanlage gelangen kann.
■ Wenn erforderlich, die Entlüftungsventile einige Stunden vor der Arbeit mit Rostlöser einsprühen. Das mindert das Risiko, dass die Ventile beim Lösen abgerissen werden.
■ Entlüftungsreihenfolge wie bei »Entlüftung normal«.
■ Staubkappe vom Entlüftungsventil abziehen, Ventilnippel säubern, den Kunststoffschlauch auf den Nippel schieben und das freie Schlauchende in einen teilweise mit Bremsflüssigkeit gefüllten Auffangbehälter stecken.
■ Entlüftungsschraube mit einem Ringschlüssel maximal eine Umdrehung lösen. Ein Helfer tritt das Bremspedal langsam bis zum Boden, damit die Bremsflüssigkeit und die darin eingeschlossene Luft herausgepumpt werden.

Auf Schlauch und Auffangbehälter achten: Die Luftbläschen müssen zu sehen sein.

■ Das Bremspedal am Boden halten.
■ Nun die Entlüftungsschraube schließen, erst dann das Bremspedal zurücknehmen.
■ Diesen Vorgang so lange wiederholen, bis keine Luftbläschen mehr aufsteigen, es ist dann keine Luft mehr im System. Dabei aber ständig den Stand der Bremsflüssigkeit im Ausgleichsbehälter beobachten. Bei Bedarf nachfüllen, aber nur so viel, dass der vorherige Stand im Bremsflüssigkeitsbehälter nicht überschritten wird. Dadurch wird verhindert, dass bei einem späteren Wechsel der Bremsbeläge zu viel Bremsflüssigkeit im System ist und der Behälter beim Zurückdrücken der Bremskolben überläuft.
■ Nach dem letzten Durchgang muss der Helfer das Bremspedal wieder am Boden halten, bis das Entlüftungsventil endgültig geschlossen ist (Schraube nicht anknallen).
■ Die Arbeit an den anderen Entlüftungsventilen wiederholen.
■ Lässt sich die Bremse nach vorgenannter Methode nicht vollständig entlüften, alle Entlüftungsventile schließen, den Motor starten und mehrfach die Bremse betätigen. Dann nochmals einen Entlüftungsdurchgang vornehmen.
■ Zum Schluss noch einmal alle Bremsleitungen, Entlüftungsventile (angezogen?), den Stand im Bremsflüssigkeitsbehälter und die Funktion der Bremsen bei einer (vorsichtigen) Probefahrt prüfen. Dabei einmal so stark bremsen, dass die ABS-Regelung greift.

Bremsflüssigkeit wechseln
■ Verschlussdeckel vom Bremsflüssigkeits-Vorratsbehälter abschrauben. Das Sieb darf nicht aus dem Behälter entfernt werden!

■ Mit dem Saugschlauch vom Bremsenfüll- und Entlüftungsgerät so viel Bremsflüssigkeit wie möglich absaugen. Abgesaugte Bremsflüssigkeit darf nicht wieder verwendet werden.
■ Adapter (aus dem Bremsenentlüftungswerkzeug) auf den Bremsflüssigkeits-Vorratsbehälter schrauben, den richtigen Druck am Bremsenfüll- und Entlüftungsgerät einstellen (Bedienungsanleitung des Gerätes beachten) und den Befüllschlauch des Geräts an den Adapter anschließen.
■ Abdeckkappe des Entlüftungsventils am Bremssattel vorn links abziehen und Entlüfterschlauch der Auffangflasche auf das Ventil stecken, Entlüftungsventil öffnen und die entsprechende Bremsflüssigkeitsmenge (siehe folgende Tabelle) ausfließen lassen. Entlüftungsventil mit 10 Nm schließen. Abdeckkappe am Entlüftungsventil des Bremssattels vorn links wieder aufstecken.
■ Diesen Arbeitsablauf an der rechten Fahrzeugseite vorn wiederholen.
■ Schrauben Sie ggf. beide Räder an der Hinterachse ab, um nun dort an die Entlüftungsventile zu gelangen. Abdeckkappe am Entlüftungsventil des Bremssattels hinten links abziehen und Entlüfterschlauch der Auffangflasche auf das Entlüftungsventil hinten links stecken, Entlüftungsventil öffnen und die entsprechende Bremsflüssigkeitsmenge (siehe folgende Tabelle) ausfließen lassen. Entlüftungsventil mit 10 Nm schließen. Abdeckkappe am Entlüftungsventil des Bremssattels hinten links wieder aufstecken.
■ Diesen Arbeitsablauf an der rechten Fahrzeugseite hinten wiederholen.

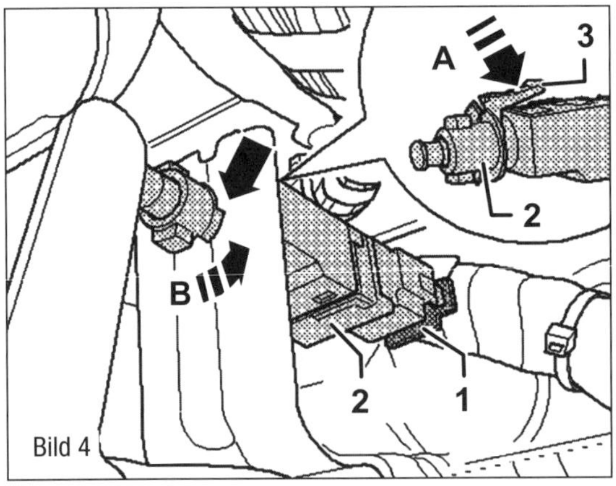

Bild 4
Bis 05/2011.
1 Stecker
2 Bremslichtschalter
Pfeil A Hebel
Pfeil B Drehrichtung zum Ausbau

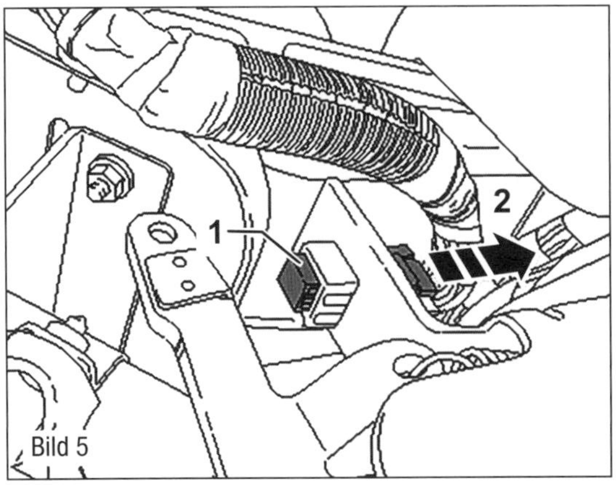

Bild 5
Ab 06/2011.
1 Bremslichtschalter
2 Aufnahme
Pfeil Ausbaurichtung

Ausfließende Bremsflüssigkeitsmengen	
Reihenfolge Entlüftungsventile	***Bremsflüssigkeitsmengen***
Bremssattel vorn links	0,20 Liter
Bremssattel vorn rechts	0,20 Liter
Bremssattel hinten links	0,30 Liter
Bremssattel hinten rechts	0,30 Liter
Kupplungsnehmerzylinder	0,15 Liter

Bremslichtschalter aus- und einbauen

Aus- und Einbau bis 05/2011:
■ Stecker (1 im Bild 4) vom Bremslichtschalter (2) abziehen.
■ Hebel (3) in (Pfeilrichtung A) drücken und Bremslichtschalter (2) bis zum Anschlag in (Pfeilrichtung B) drehen.
■ Bremslichtschalter (2) aus der Aussparung (Pfeil) herausnehmen.
Der Einbau erfolgt sinngemäß in umgekehrter Reihenfolge.

Aus- und Einbau ab 06/2011:
■ Bremslichtschalter (1 im Bild 5) in Pfeilrichtung (2) aus der Aufnahme herausziehen.
■ Stecker (1) vom Bremslichtschalter (2) abziehen.
Der Einbau erfolgt sinngemäß in umgekehrter Reihenfolge.
■ Das Bremspedal ist in Ruhestellung, das heißt, es ist nicht betätigt.
■ Stecker (1) auf Bremslichtschalter (2) aufstecken.
■ Bremslichtschalter (1) von hinten durch die Rasten der Aufnahme (2) in gegen die Pfeilrichtung so weit einschieben, bis der Schalter am gelösten Bremspedal anstößt. Weitere Einstellarbeiten sind nicht notwendig.

Hauptbremszylinder aus- und einbauen

■ Radio-Codierung beachten, Batterie abklemmen, Batterieverkleidung ausbauen.
■ Ausreichend nicht fasernde Lappen im Bereich des Steuergeräts und der Hydraulikeinheit legen.
■ So viel Bremsflüssigkeit wie möglich mit dem Bremsenfüll- und Entlüftungsgerät oder einer Absaugvorrichtung aus dem Bremsflüssigkeitsbehälter absaugen.
■ Nachlaufschlauch für Kupplungsgeberzylinder vom Bremsflüssigkeitsbehälter abziehen und hochbinden.
■ Bremsleitungen (7 im Bild 6) am Hauptbremszylinder abschrauben.
■ Die Bremsleitungen mit Verschlussstopfen aus Reparatursatz »1H0 698 311 A« verschließen.
■ Muttern (6) vom Hauptbremszylinder (9) abschrauben.
■ Hauptbremszylinder vorsichtig aus dem Bremskraftverstärker herausnehmen.

Der Einbau erfolgt sinngemäß in umgekehrter Reihenfolge.

⚠ Beim Zusammensetzen des Hauptbremszylinders mit dem Bremskraftverstärker auf richtigen Sitz der Druckstange im Hauptbremszylinder achten. Darauf achten, dass der Dichtring zwischen Hauptbremszylinder und Bremskraftverstärker ordnungsgemäß eingebaut ist.
■ Bremsanlage entlüften. Eventuell den Kupplungsgeberzylinder entlüften.

Funktion des Bremskraftverstärkers prüfen

■ Bremspedal bei stehendem Motor mehrere Male kräftig durchtreten (dadurch wird der im Gerät vorhandene Unterdruck abgebaut).
■ Bremspedal jetzt mit mittlerer Fußkraft in Bremsstellung halten und Motor starten. Bei einem einwandfrei funktionierenden Bremskraftverstärker gibt das Bremspedal dabei unter dem Fuß spürbar nach (Verstärkung wird wirksam).
Senkt sich das Pedal nicht, liegt eine Störung vor.

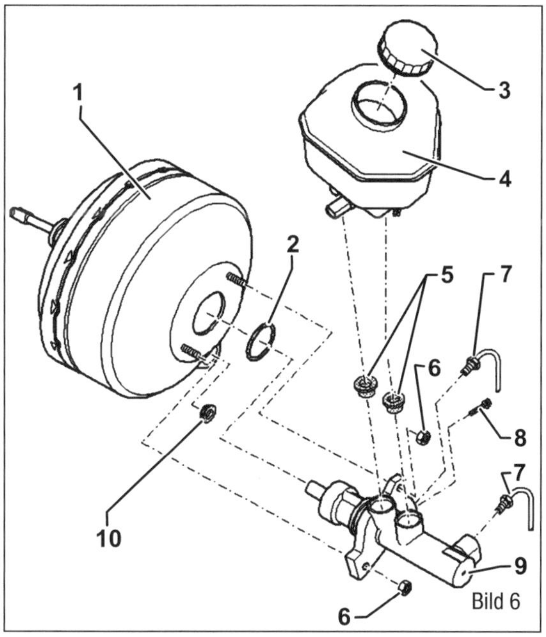

Bild 6
1 Bremskraftverstärker
2 Dichtring
3 Verschlussdeckel
4 Bremsflüssigkeitsbehälter
5 Dichtungsstopfen
6 Mutter
7 Bremsleitung
8 Schraube
9 Hauptbremszylinder
10 Dichtungsstopfen

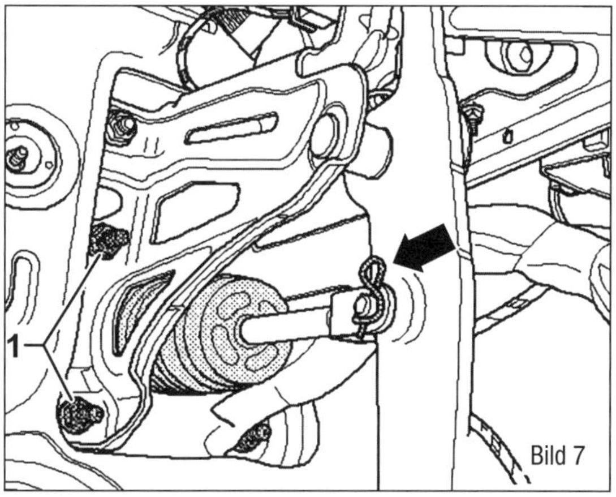

Bild 7
1 Muttern
Pfeil Sicherungsfeder und Bolzen

Diese kann in der Unterdruckversorgung (Leitung, Pumpe, Anschluss) oder am Bremskraftverstärker selbst zu finden sein. In diesem Fall muss er ersetzt werden. Reparaturen an diesem Bauteil sind nicht vorgesehen.

Bremskraftverstärker aus- und einbauen

■ Bei Fahrzeugen mit codiertem Radio die Codierung beachten, ggf. erfragen.
■ Batterie abklemmen.
■ Hauptbremszylinder ausbauen.
■ Abdeckung Fahrerfußraum ausbauen.
■ Sicherungsfeder (Pfeil im Bild 7) am Bolzen für die Verbindung Gabelkopf zum Bremspedal ausbauen.

Bild 8
1 Bremslichtschalter
2 Lagerbock mit Bremspedal
3 Pedalgummi
4 Mutter

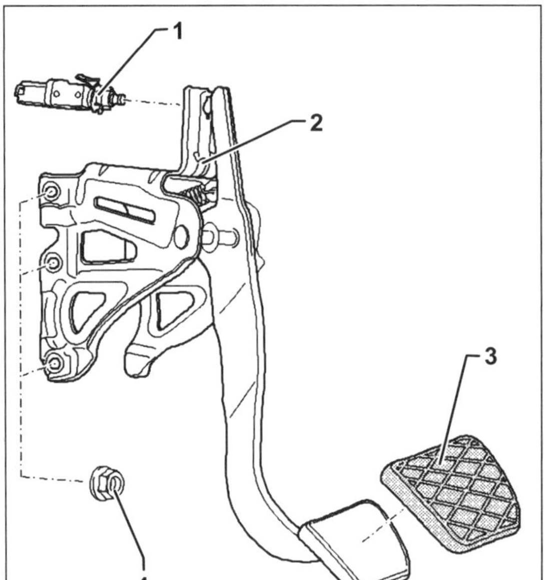

Bild 8

Bild 9
1 Reibbelag
2 Rückenplatte
3 Bremssattel
a Belagdicke mit Rückenplatte

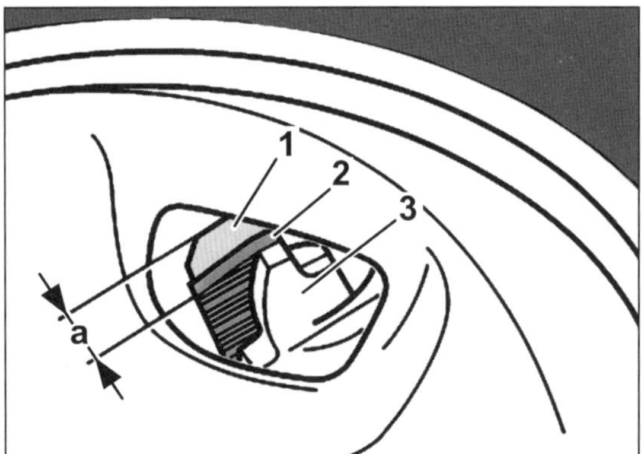

Bild 9

■ Bolzen für die Verbindung Gabelkopf zum Bremspedal herausnehmen.
■ Muttern (1) auf beiden Lagerbockseiten abschrauben.
■ Bremskraftverstärker herausnehmen.

Der Einbau erfolgt sinngemäß in umgekehrter Reihenfolge.
■ Hauptbremszylinder einbauen.
■ Bremspedal mit Bremskraftverstärker verclipsen.
■ Bremsanlage entlüften.
■ Wenn erforderlich Radio codieren.

Bremspedal aus- und einbauen

■ Verkleidung Lenksäule ausbauen.
■ Bremslichtschalter (1 im Bild 8) vom Lagerbock abbauen.
■ Sicherungsfeder (Pfeil im Bild 7) am Bolzen für die Verbindung Gabelkopf zum Bremspedal ausbauen.
■ Bolzen für die Verbindung Gabelkopf zum Bremspedal herausnehmen.
■ Muttern (4 im Bild 8) auf beiden Lagerbockseiten abschrauben.
■ Bremspedal mit Lagerbock (2) herausnehmen.

Der weitere Einbau erfolgt sinngemäß in umgekehrter Reihenfolge.
■ Kontrollieren Sie die Funktion des Bremslichtschalters.

Bremsscheiben und Beläge

Bremsbelagdicke und Bremsscheiben prüfen

Bremsbeläge vorn

■ Zur besseren Beurteilung der Restbelagdicke einen Prüfspiegel benutzen und das Rad auf der Seite abnehmen, auf der die Bremsbelagverschleißanzeige verbaut ist, ggf. Radschraubenkappen abziehen und die Stellung des Rades zur Bremsscheibe kennzeichnen.
■ Radschrauben herausdrehen und Rad abnehmen.
■ Dicke des äußeren und inneren Belages messen. Bei der Belagdicke (a) = 2 mm (ohne Rückenplatte) haben die Bremsbeläge ihre Verschleißgrenze erreicht und sind zu ersetzen (siehe Tabelle).
■ Rad in der gekennzeichneten Position wieder anschrauben. Radbefestigungsschrauben über Kreuz mit 120 Nm anziehen ggf. Radschraubenkappen aufstecken.

Bremsbeläge hinten:

■ Mit einer Taschenlampe durch einen Durchbruch in der Felge leuchten. Dicke des äußeren Belages durch Sichtprüfung ermitteln.
Mit einer Taschenlampe inneren Belag anleuchten und Spiegel anhalten. Dicke des inneren Belages durch Sichtprüfung ermitteln. Auch diese Bremsbeläge haben bei einer Dicke von 2 mm ohne Rückenplatte ihre Verschleißgrenze erreicht und sind zu ersetzen.
■ Die Bremssysteme mit innenliegender Trommelbremse müssen zur Kontrolle der Beläge für die Handbremse zerlegt werden.

Bremsscheiben prüfen:

Wenn die Scheibenbremsbeläge ersetzt werden müssen, sind unbedingt auch die Bremsscheiben auf Verschleiß zu prüfen. Fehlerbilder sind: Risse, Riefen, Rost und Grat am Bremsscheibenrand.

■ Ggf. Bremsscheiben ersetzen (grundsätzlich achsweise).

Vorderradbremse

Bremsbeläge vorne wechseln

Weiter zu verwendende Bremsbeläge beim Ausbau kennzeichnen. Die Beläge an gleicher Stelle wieder einbauen, sonst kann ungleichmäßige Bremswirkung entstehen!

Die Montagearbeit unterscheidet sich für die unterschiedlichen Bremssysteme nur unwesentlich.

■ Fahrzeug anheben und verzurren.

Wird das Fahrzeug nicht verzurrt, besteht die Gefahr, dass das Fahrzeug von der Hebebühne abrutschen kann!

■ Räder abbauen.

■ Steckverbindung (6 im Bild 10) für Bremsbelagverschleißanzeige trennen.

■ Abdeckkappen (1) abnehmen und Schrauben für Bremssattelbefestigung (2) herausschrauben.

■ Mit dem Schraubendreher die Führungsbuchsen im Bremssattel etwas zurückdrücken.

■ Bremssattel abnehmen, dabei Leitung für Bremsbelagverschleißanzeige durch die Öffnung im Bremssattel führen.

■ Bremssattel so mit Draht befestigen, dass das Gewicht des Bremssattels den Bremsschlauch nicht belastet bzw. beschädigt.

■ Bremsbeläge seitlich aus dem Bremsträger herausnehmen.

■ Bremssattelgehäuse reinigen.

Für das Reinigen des Bremssattelgehäuses ist ausschließlich Spiritus zu verwenden.

Einbauen:

Vor dem Zurückdrücken mit einer Entlüfterflasche Bremsflüssigkeit aus dem Bremsflüssigkeitsbehälter absaugen. Sonst kann, wenn zwischenzeitlich Bremsflüssigkeit nachgefüllt wurde, Bremsflüssigkeit auslaufen und zu Schäden führen.

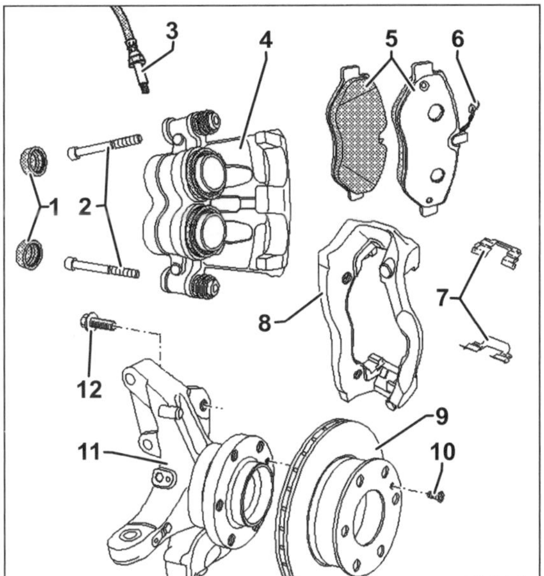

Bild 10

Bild 10
1 Schutzkappe
2 Schraube
3 Bremsschlauch
4 Bremssattel
5 Bremsbeläge
6 Bremsbelagverschleißanzeige
7 Belaghalteblech
8 Bremsträger
9 Bremsscheibe
10 Schraube
11 Radlagergehäuse mit Radlager
12 Schraube

■ Vor Einsetzen neuer Bremsbeläge müssen die Kolben mit der Kolbenrücksetzvorrichtung (1 im Bild 11) in den Zylinder gedrückt werden.

■ Bremsbeläge (5 im Bild 10) einsetzen.

Darauf achten, dass die Bremsbeläge (5) in den Belaghalteblechen (7) sitzen.

■ Bremssattelgehäuse einsetzen. Darauf achten, dass die Führungsbolzen richtig im Bremsträger einrasten.

■ Neue Befestigungsschrauben mit vorgeschriebenem Anzugsdrehmoment festziehen.

■ Abdeckkappen (1) einsetzen.

■ Steckverbindung (6) für Bremsbelagverschleißanzeige verbinden.

■ Räder anbauen.

Nach Ersetzen von Bremsbelägen Bremspedal im Stand mehrmals kräftig durchtreten, damit die Bremsbeläge ihren dem Betriebszustand entsprechenden Sitz einnehmen.

Nach dem Bremsbelagwechsel den Bremsflüssigkeitsstand prüfen.

Hinterradbremse

Bremsbeläge hinten wechseln – Scheibenbremse

Die beiden Bremssysteme unterscheiden sich für den Wechsel der Betriebsbrems-

Bild 11
Kolbenrücksetzvorrichtung (1).

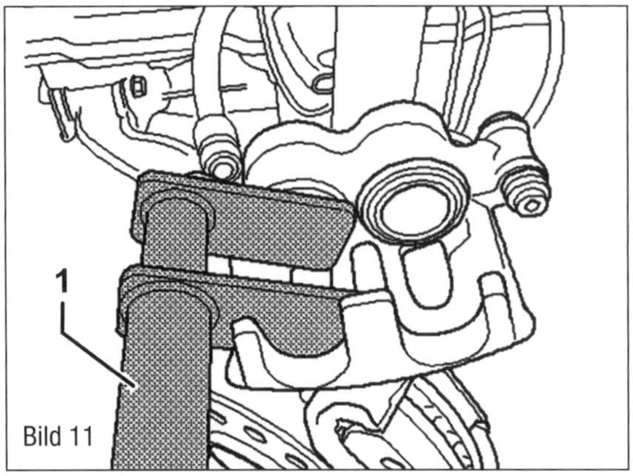

Bild 11

Bild 12
Fahrzeuge bis 3,5 t.
1 Abdeckblech
2 Hinterachswelle
3 Bremsscheibe
4 Schraube
5 Bremsträger
6 Belaghalteblech
7 Schutzkappe
8 Führungsbolzen
9 Bremsbeläge
10 Bremsbelagverschleißanzeige
11 Bremssattel
12 Schraube
13 Schraube

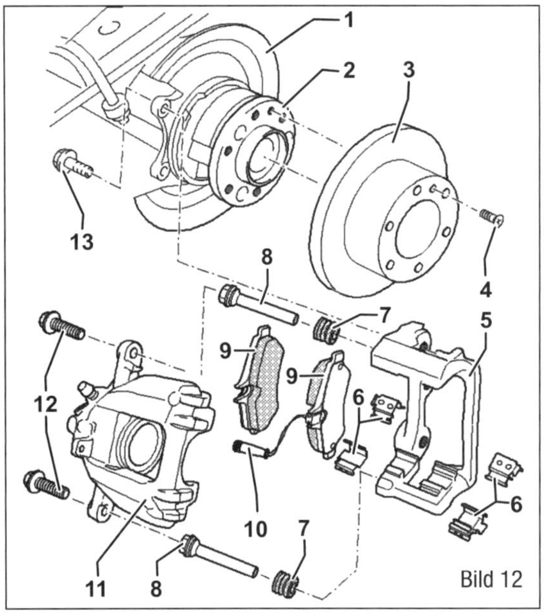

Bild 12

Bild 13
Fahrzeuge ab 5 t.
1 Abdeckblech
2 Hinterachswelle
3 Bremsscheibe
4 Flansch
5 Schraube
6 Bremsträger
7 Belaghaltebleche
8 Schutzkappe
9 Führungsbolzen
10 Bremsbeläge
11 Bremsbelagverschleißanzeige
12 Bremssattel
13 Schraube
14 Schraube

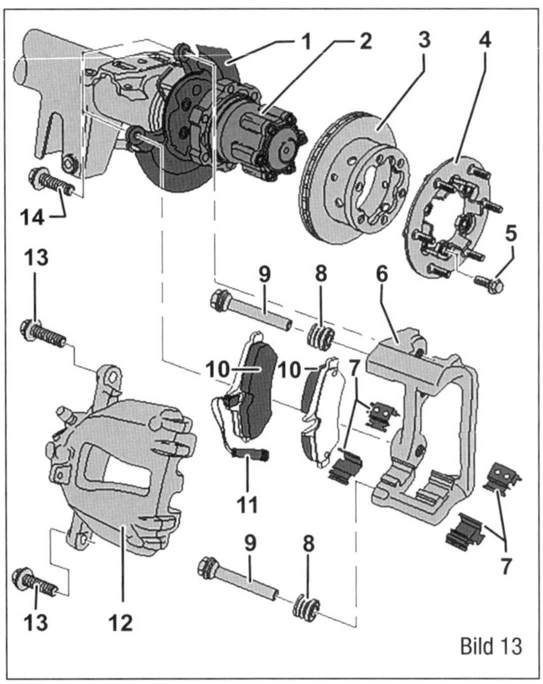

Bild 13

beläge nur unwesentlich. Wir haben Ihnen den Ablauf für beide Systeme angepasst.

⚠ Weiter zu verwendende Bremsbeläge beim Ausbau kennzeichnen. Die Beläge an gleicher Stelle wieder einbauen, sonst kann ungleichmäßige Bremswirkung entstehen!

- Räder abbauen.
- Steckverbindung (10 im Bild 12) (11 im Bild 13) für Bremsbelagverschleißanzeige trennen.
- Schrauben für Bremssattelbefestigung (12 im Bild 12) (13 im Bild 13) herausschrauben.
- Bremssattel abnehmen, dabei Leitung für Bremsbelagverschleißanzeige durch die Öffnung im Bremssattel führen.
- Bremssattel so mit Draht befestigen, dass das Gewicht des Bremssattels den Bremsschlauch nicht belastet bzw. beschädigt.
- Bremsbeläge seitlich aus dem Bremsträger herausnehmen.
- Bremsträger und Bremssattel reinigen.

☞ Für das Reinigen des Bremssattelgehäuses ist ausschließlich Spiritus zu verwenden.

Der Einbau erfolgt sinngemäß in umgekehrter Reihenfolge.

☞ Vor Einsetzen neuer Bremsbeläge müssen die Kolben mit der Kolbenrücksetzvorrichtung in den Zylinder gedrückt werden. Vor dem Zurückdrücken mit einer Entlüfterflasche Bremsflüssigkeit aus dem Bremsflüssigkeitsbehälter absaugen. Wenn zwischenzeitlich Bremsflüssigkeit nachgefüllt wurde, kann Bremsflüssigkeit auslaufen und zu Schäden führen.

- Kolben mit der Kolbenrücksetzvorrichtung »T10145« (1 im Bild 11) zurückdrücken.
- Bremsbeläge (9 im Bild 12) (10 im Bild 13) einsetzen. Darauf achten, dass die Bremsbeläge in den Belaghalteblechen (6 im Bild 12) (7 im Bild 13) sitzen.
- Bremssattelgehäuse einsetzen.
- Neue Befestigungsschrauben (12 im Bild 12) (13 im Bild 13) mit vorgeschriebenem Anzugsdrehmoment festziehen.
- Steckverbindung (10 im Bild 12) (11 im Bild 13) für Bremsbelagverschleißanzeige verbinden.

■ Räder anbauen.

Bremsbeläge hinten wechseln Trommelbremse (Handbremse)

■ Fahrzeug anheben und verzurren.

Wird das Fahrzeug nicht verzurrt, besteht die Gefahr, dass das Fahrzeug von der Hebebühne abrutschen kann!

■ Räder abbauen.

■ Bremssattel mit Bremsträger abbauen und so mit Draht befestigen, dass das Gewicht des Bremssattels den Bremsschlauch nicht belastet bzw. beschädigt.

Fahrzeuge bis 3,5 t:

■ Bremsen zurückstellen, um die Bremsscheibe abbauen zu können.

■ Dazu einen Schraubendreher durch die Bohrung in der Bremsscheibe auf das Einstellritzel für Bremsbacken (1 im Bild 15) aufsetzen.

■ Einstellritzel für Bremsbacken (1) drehen, indem Sie den Schraubendreher in Pfeilrichtung bewegen.

■ Bremsscheiben ausbauen.

■ Die hinteren Handbremsseile an der Mutter (1 im Bild 16) zurückstellen.

■ Handbremsseile aushängen (Pfeile).

■ Rückzugfedern (8 und 9 im Bild 14) mit Federhaken »3438« aushängen.

■ Haltefeder (4) mit einer Zange nach innen drücken und so drehen, dass der Haken der Feder durch den Schlitz auf der Rückseite des Abdeckblechs herausgenommen werden kann.

■ Bremsbacken so weit wie erforderlich auseinanderziehen und nach vorn (Fahrtrichtung) herausnehmen.

Der Einbau erfolgt sinngemäß in umgekehrter Reihenfolge.

■ Bremsbacken vormontieren.

■ Bremsbacken so weit wie erforderlich auseinanderziehen und nach hinten (entgegengesetzt der Fahrtrichtung) einsetzen.

Fahrzeuge ab 5 t:

Bremsen zurückstellen, um die Bremsscheibe abbauen zu können.

■ Zum Zurückstellen der Bremse drehen Sie mit einem handelsüblichen Schlüssel die Einstellschraube (1 im Bild 18) des Einstellexzenters (2) in (Pfeilrichtung B).

■ Bremsscheiben ausbauen.

■ Die hinteren Handbremsseile an der

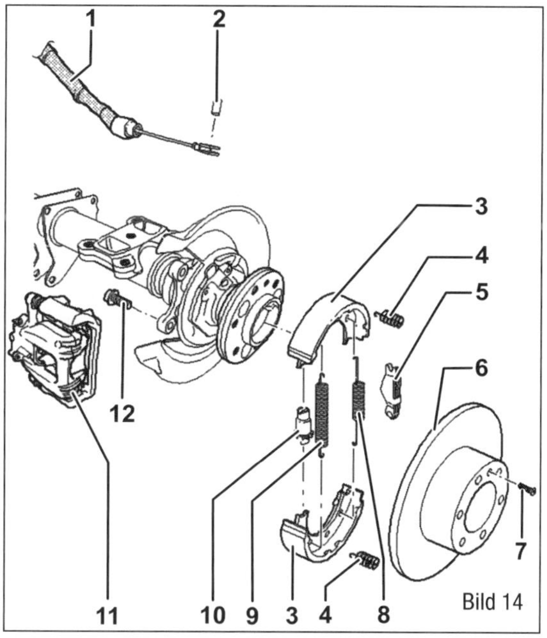

Bild 14
1 Handbremsseil
2 Bolzen
3 Bremsbacken für Handbremse
4 Haltefeder
5 Spreizschloss
6 Bremsscheibe
7 Schraube
8 Rückzugfeder hinten
9 Rückzugfeder vorn
10 Einstellritzel für Bremsbacken
11 Bremssattel
12 Schraube

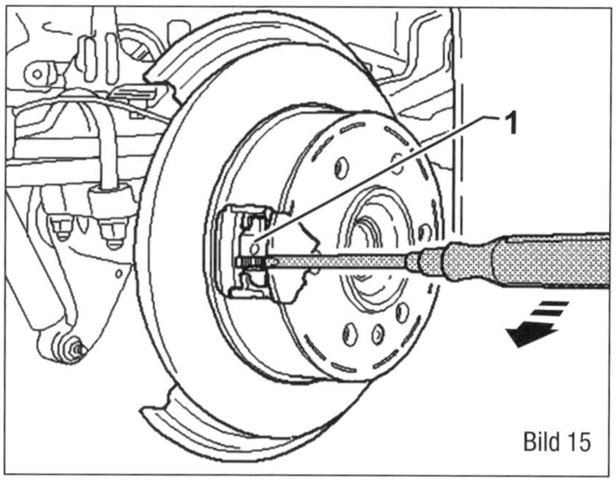

Bild 15
1 Einstellritzel für die Bremsbacken
Pfeil Bewegungsrichtung zum Entspannen

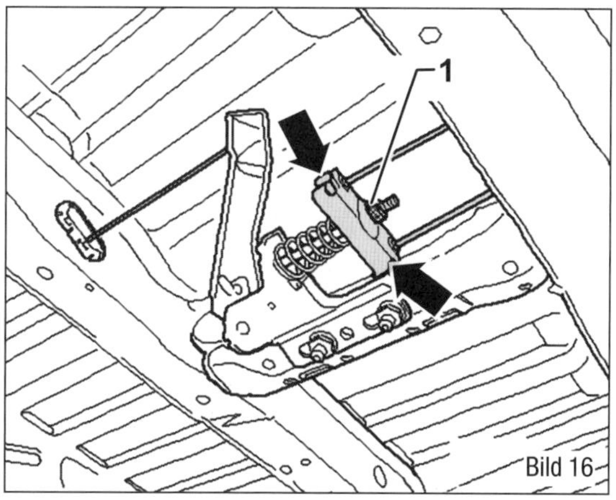

Bild 16
1 Mutter
Pfeile Handbremsseile

Mutter (1 im Bild 16) zurückstellen.

■ Handbremsseile aushängen (Pfeile).

■ Rückzugfedern mit einem Federhaken »3438« aushängen.

■ Haltefeder (3 im Bild 17) mit einer Zange nach innen drücken und so drehen, dass

Sichtprüfung Messen

Bild 17
1 Rückzugfeder oben
2 Bremsbacken
3 Haltefeder
4 Rückzugfeder
5 Rückzugfeder
6 Halteblech
7 Bremsscheibe
8 Flansch
9 Schraube
10 Handbremsseil
11 Spreizschloss
12 Bremssattel

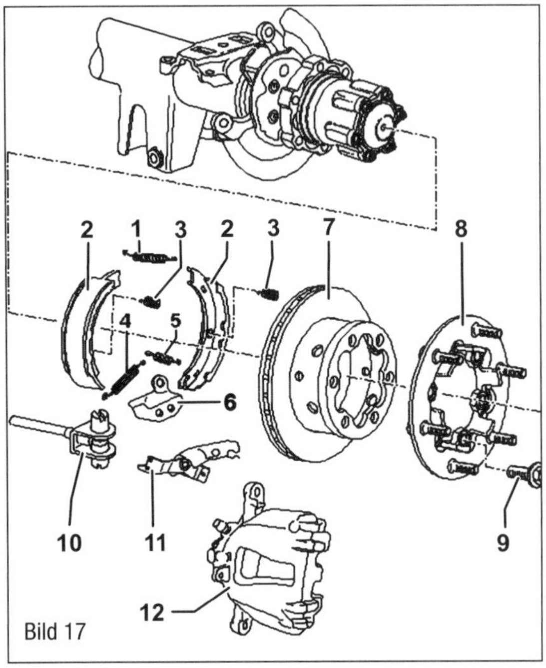

Bild 17

Bild 18
1 Einstellschraube
2 Einstellexzenter
A Feststellrichtung
B Löserichtung

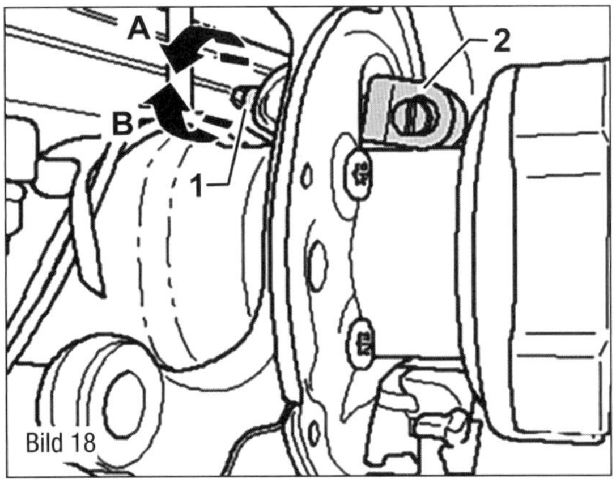

Bild 18

Bild 19
1 Verkleidung vorn
2 Verkleidung hinten
3 Schraube
4 Schraube
5 Schalter für Handbremskontrolle
6 Handbremsseil vorn
7 Sicherungsklammer
8 Bolzen
9 Handbremshebel

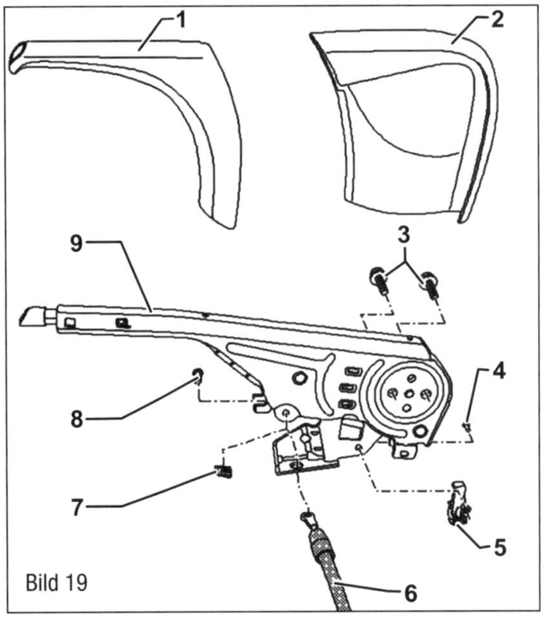

Bild 19

der Haken durch den Schlitz auf der Rückseite des Abdeckblechs herausgenommen werden kann.

- Bremsbacken so weit wie erforderlich auseinanderziehen und nach vorn (Fahrtrichtung) herausnehmen.

Der Einbau erfolgt in umgekehrter Reihenfolge,

- Die Bremsbacken so weit wie erforderlich auseinanderziehen und nach hinten (entgegengesetzt der Fahrtrichtung) einsetzen.

Bremsseil vorn aus- und einbauen

Handbremsseil aus- und einbauen:

- Die hintere Verkleidung (2 im Bild 19) vom Handbremshebel abbauen.
- Der Handbremshebel befindet sich in unterster nicht betätigter Stellung.
- Sicherungsklammer (1 im Bild 20) abbauen und Sicherungsbolzen für das Handbremsseil vorn aus dem Handbremshebel herausziehen.
- Die beiden Nasen (Pfeile) am Handbremsseil zusammendrücken und Handbremsseil vorn (2) aus dem Handbremshebel (3) herausschieben.
- Tülle des Handbremsseils und das Handbremsseil durch den Unterboden drücken
- Fahrzeug anheben und verzurren.

⚠ Wird das Fahrzeug nicht verzurrt, besteht die Gefahr, dass das Fahrzeug von der Hebebühne abrutschen kann!

- Handbremsseil vorn am Hebel (1 im Bild 16) aushängen (Pfeile).
- Handbremsseil vorn durch den Unterboden in Fahrtrichtung herausziehen.

Der Einbau erfolgt sinngemäß in umgekehrter Reihenfolge.

Vorderes Handbremsseil einstellen:

- Handbremshebel lösen.
- Fahrzeug anheben und verzurren.

⚠ Wird das Fahrzeug nicht verzurrt, besteht die Gefahr, dass das Fahrzeug von der Hebebühne abrutschen kann!

- Muttern der Konsole (1 im Bild 21) lösen und Konsole in Fahrtrichtung schieben.

■ Konsole so weit nach hinten schieben, bis der Hebel einen Abstand von 6 mm zur Konsole hat (siehe Bild 21).

Als Einstelllehre kann ein 6-mm-Bohrer verwendet werden.

■ Muttern der Konsole festziehen.
■ Handbremshebel 4 Zähne anziehen.
■ Handbremshebel lösen.
■ Prüfen, ob beide Räder frei drehen.

Bremsseil hinten aus- und einbauen

Bremsbacken für Handbremse und Handbremsseile hinten einstellen

Crafter 3,0 t und 3,5 t:

■ Je eine Radschraube an den Rädern der Hinterachse herausdrehen.
■ Handbremse lösen.
■ Fahrzeug anheben und verzurren.
➜ Wird das Fahrzeug nicht verzurrt, besteht die Gefahr, dass das Fahrzeug von der Hebebühne abrutschen kann!
■ Muttern der Konsole (3 im Bild 21) lösen und Konsole in Fahrtrichtung schieben.
■ Rad so weit drehen, bis das Einstellritzel (1 im Bild 15) durch die Bohrung für die Radschraube zu sehen ist.
■ Mit einem Schraubendreher das Einstellritzel (1) entgegengesetzt der Pfeilrichtung drehen, bis das Rad fest ist.
■ Einstellritzel 3 Zähne in Pfeilrichtung lösen.
■ Handbremsseil vorn einstellen.
■ Kontermutter lösen und Mutter (1 im Bild 16) so weit drehen, bis die Handbremsseile hinten nicht mehr durchhängen.
■ Handbremshebel 4 Zähne anziehen.
■ Handbremshebel lösen.
■ Prüfen, ob beide Räder frei drehen.
■ Gelöste Muttern wieder kontern.
■ Ausgebaute Radschrauben anbauen.

Crafter ab 5,0 t:

■ Handbremse lösen.
■ Fahrzeug anheben und verzurren.

Wird das Fahrzeug nicht verzurrt, besteht die Gefahr, dass das Fahrzeug von der Hebebühne abrutschen kann!

■ Muttern der Konsole (3 im Bild 21) lösen.
■ Konsole (3) in Fahrtrichtung schieben.
■ Mit einem handelsüblichen Schlüssel die Einstellschraube (1 im Bild 18) des Einstellexzenters (2) in (Pfeilrichtung A) drehen, bis das Rad fest ist.

ſ Zur besseren Darstellung des Einstellexzenters wurden die Bremsbacken ausgebaut.

■ Einstellexzenter ca. 3 Rastungen in (Pfeilrichtung B) lösen.
■ Mutter (1 im Bild 16) so weit drehen, bis die Handbremsseile hinten nicht mehr durchhängen.
■ Kontermutter festziehen.
■ Handbremsseil vorn einstellen.
■ Handbremshebel 4 Zähne anziehen.
■ Handbremshebel lösen.
■ Prüfen, ob beide Räder frei drehen.

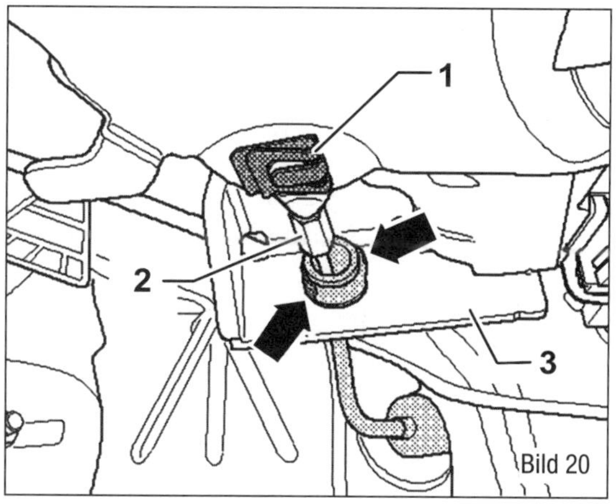

Bild 20

Bild 20
1 Sicherungsklammer
2 Handbremsseil
3 Handbremshebel
Pfeile Rastnasen

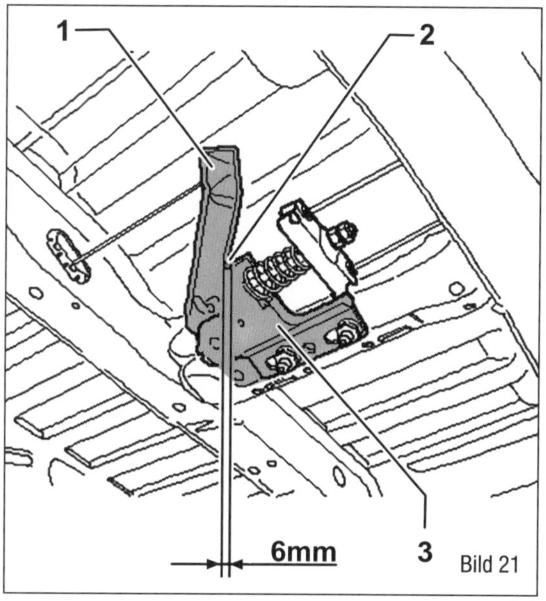

Bild 21

Bild 21
1 Hebel Konsole
2 Abstand zwischen Hebel und Konsole
3 Konsole mit Verschraubung am Boden

Bild 22
1 Verkleidung vorne
2 Verkleidung hinten

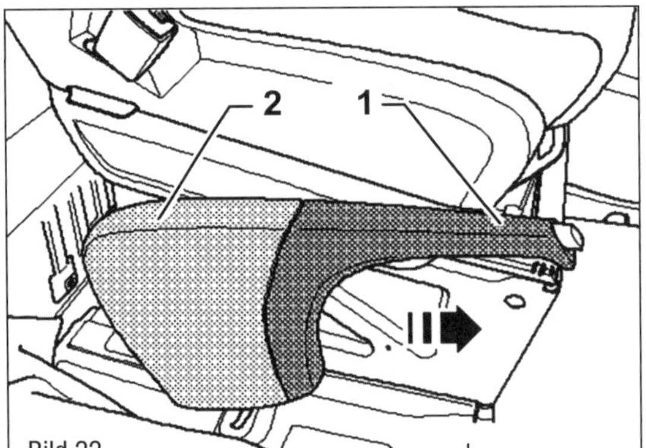

Bild 23
Steckkontakt (1).

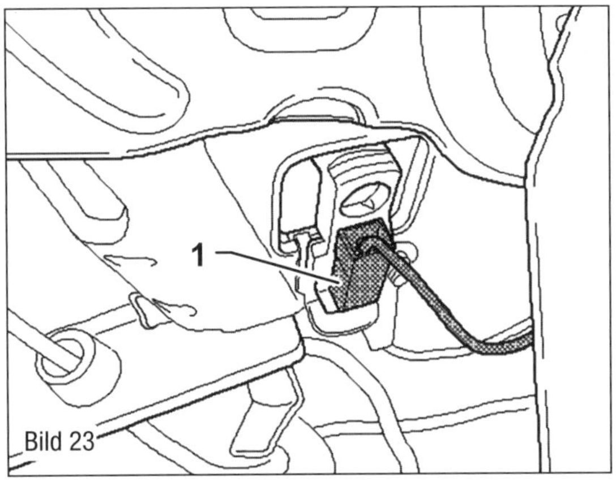

Bild 24
1 Steckverbindung
2 Handbremshebel
Pfeile Schrauben

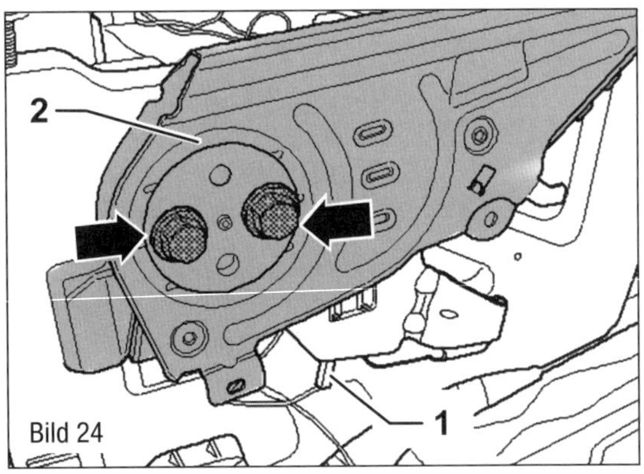

Handbremshebel aus- und einbauen

- Die vordere Verkleidung (1 im Bild 22) in Pfeilrichtung vom Handbremshebel abziehen.
- Die hintere Verkleidung (2) vom Handbremshebel abnehmen.
- Der Handbremshebel befindet sich in unterster, nicht betätigter Stellung.
- Steckverbindung (1) am Schalter für Handbremskontrolle trennen.
- Sicherungsklammer (1 im Bild 20) abbauen und Sicherungsbolzen für das Handbremsseil vorn aus dem Handbremshebel herausziehen.
- Die beiden Nasen (Pfeile) zusammendrücken und Handbremsseil vorn (2) aus dem Handbremshebel (3) herausschieben.
- Steckverbindung (1 im Bild 24) trennen.
- Schrauben (Pfeile) herausdrehen und Handbremshebel (2) abnehmen.

Der Einbau erfolgt sinngemäß in umgekehrter Reihenfolge.

14 Elektrische Anlage

Schon im Stand, aber erst recht während der Fahrt benötigt der Crafter elektrischen Strom. Motorsteuerung, Bordnetz und Kraftstoffeinspritzung müssen mit Elektroenergie versorgt werden. Alle weiteren unbedingt erforderlichen oder für die Sicherheit und Bequemlichkeit eingebauten automatischen Systeme sowie natürlich die gesamte Lichtanlage sind ohne elektrische Energie arbeitsunfähig. Viele Störungen und Funktionsprüfungen gerade in diesem Bereich gehören, ähnlich wie bei anderen Baugruppen, in die Fachwerkstatt. Denn zum genauen Erkennen und Beseitigen der Mängel muss häufig das auch in anderen Kapiteln schon mehrfach erwähnte Fahrzeugdiagnosegerät (VAS 505x, VCDS) angeschlossen und der Fehlerspeicher abgefragt werden. Der Diagnoseanschluss im Fahrzeug (Steckkontakt für das Werkstattsystem) befindet sich, wie inzwischen international festgelegt, im Fußraum Fahrerseite über dem Bremspedal. Nun sind die meisten Innovationen im Kraftfahrzeug heute zwar von immer komplizierterer Elektronik geprägt, Reparaturen an der elektrischen Anlage sind aber durchaus nicht in jedem Fall von ihr verursacht. Oft sitzt nur ein Kabel lose, sind Sicherungen durchgebrannt oder Kontakte korrodiert, oder messtechnisch zu ermittelnde Bauteile sind defekt. Nicht wenige Störungen an der Elektrik lassen sich mit einfachen Mitteln beheben. Natürlich muss man sich etwas auskennen und die Grundbegriffe verstehen.

Arbeiten an der Spannungsversorgung

Zu allererst haben wir es im Crafter noch immer mit elektrischen Bauteilen zu tun, die schon die gesamte Entwicklungsgeschichte des Automobils begleiten: Batterie, Anlasser (Starter) und Lichtmaschine (Drehstromgenerator). Sie sind zusammen für die Arbeitsaufnahme des Motors verantwortlich. Um seine Aufgabe zu erfüllen, ist jedes dieser drei Bauteile auf das andere angewiesen. Wir wenden uns hauptsächlich ihnen zu.

Batterie

Batterie an- und abklemmen
Auf das Prüfen (Sichtprüfung, Batterietester) und Laden sowie auf Warnhinweise und allgemeine Sicherheitsregeln bei Arbeiten an der Batterie (Kennzeichnungen auf der Batterie selbst) gehen wir in diesem Ratgeber nur begrenzt ein. Sie sind ausführlich in der Bedienungsanleitung des Fahrzeugs behandelt.
Um Beschädigungen der Batteriepolklemmen und der Batteriepole zu vermeiden, schreibt VW vor:

- Die Batteriepolklemmen dürfen nur gewaltfrei von Hand aufgesteckt werden.
- Die Batteriepole dürfen nicht gefettet werden.
- Die Batteriepolklemmen sind so zu montieren, dass der Batteriepol bündig mit der Klemme abschließt oder aus ihr herausragt.
- Nach dem Anziehen der Batteriepolklemmen mit dem vorgeschriebenen Anzugsdrehmoment von 6 Nm dürfen die Verschraubungen nicht nochmals nachgezogen werden.
- Durch das Abschrauben der Batterie-Minuspolklemme (Stromunterbrechung) wird das sichere Arbeiten an der elektrischen Anlage gewährleistet. Das Abschrauben der Batterie-Pluspolklemme ist nur für den Ausbau der Batterie erforderlich. In jedem Fall müssen die Hinweise zum Anklemmen der Batterie beachtet werden.

Abklemmen:

- Zündung und alle elektrischen Verbraucher ausschalten, Zündschlüssel abziehen.
- Bei Fahrzeugen mit Batteriekasten die Verriegelung an der linken Kastenseite öffnen und den Deckel abnehmen.
- Bei Fahrzeugen mit Batterieschutzhülle die Abdecklasche der Schutzhülle öffnen.
- Die Befestigungsmutter Batteriepolklemme Masseleitung lösen und die Minuspolklemme von der Batterie abnehmen.

⚠ Falls, wie beim Batterieausbau, die Pluspolklemme auch abgenommen wird: Immer zuerst die Minusklemme abnehmen!

- Die Batterie-Masseleitung darf karosserieseitig nicht gelöst werden.

Anklemmen:

■ Die Batteriepolklemme Masseleitung in der richtigen Stellung auf den Minuspol der Batterie stecken und die Befestigungsmutter mit 6 Nm anziehen. Dabei auf festen Sitz der Batterieklemme achten.

⚠ Falls wie beim Batterieausbau die Pluspolklemme auch abgenommen wird: Immer zuerst die Pluspolklemme wieder anklemmen! Erst danach die Masseleitung wie beschrieben anklemmen.

👁 Nach Anklemmen der Batterie und Einschalten der Zündung leuchtet die Kontrollleuchte für ESP und ASR dauerhaft. Die Kontrollleuchte erlischt automatisch, wenn mit 15 bis 20 km/h eine Wegstrecke geradeaus gefahren wird. Dadurch wird der Geber für Lenkwinkel wieder aktiviert.

Arbeitsschritte nach Anklemmen der Batterie

■ Zündung mit dem Zündschlüssel einschalten und wieder ausschalten.

■ Fehlerspeicher auslesen: »Geführte Fehlersuche« mit dem Fahrzeugdiagnosegerät.

■ Uhrzeiteinstellung prüfen ggf. nach Bedienungsanleitung neu einstellen.

■ Zündung einschalten und mit Fensterheberschalter alle Fenster bis Endanschlag öffnen und wieder vollständig schließen.

■ Die Taster für die Fensterheber nach oben ziehen und mindestens eine Sekunde lang in dieser Stellung halten.

■ Anschließend bei geschlossenen Fenstern den Fensterheberschalter ziehen, bis das Relais hörbar schaltet.

■ Die Komfortschaltung der Fensterheber prüfen: Das Fenster muss bei betätigter Komfortschaltung ohne Halten des Schalters schließen.

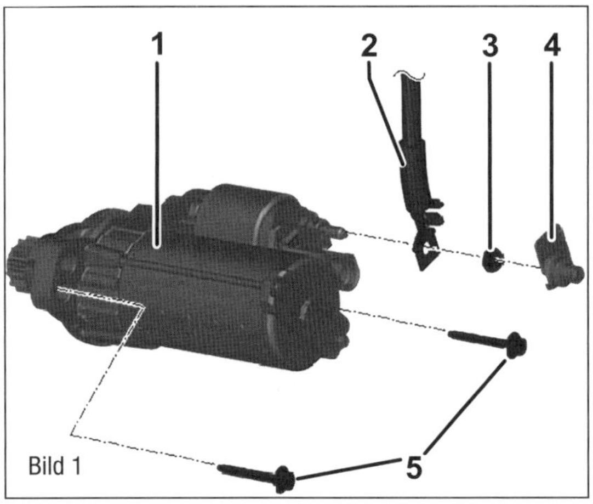

Bild 1 Starter (Anlasser).
1 Anlasser
2 Anschluss B+
3 Befestigungsmutter B+
4 Abschirmkappe
5 Befestigungsschrauben Anlasser

■ Alle elektrischen Verbraucher auf Funktion prüfen.

Batterie aus- und einbauen

■ Batterie wie beschrieben abklemmen.

■ Je nach Ausstattung entweder die Wand des Batteriekastens oder die Vliestasche nach oben von der Batterie abziehen.

■ Die Befestigungsschraube abschrauben und den Befestigungsbügel herausnehmen.

■ Die Griffe nach oben klappen und die Batterie herausnehmen.

Der Einbau erfolgt sinngemäß in umgekehrter Reihenfolge.

Batterie anklemmen:

■ Die Schraubverbindungen mit den geforderten Anzugsdrehmomenten anziehen: Muttern an den Polklemmen 6 Nm, M8-Schraube am Klemmbügel 35 Nm.

■ Batterie nach dem Einbau auf festen Sitz prüfen.

⚠ Bei einer lose montierten Batterie bestehen folgende Gefahren: Verkürzte Lebensdauer durch Rüttelschäden (Explosionsgefahr!), Schädigung der Gitterplatten, Beschädigung des Batteriegehäuses durch den Befestigungsbügel (möglicher Säureaustritt, hohe Folgekosten) und mangelhafte Crash-Sicherheit.

Anlasser(Starter) aus- und einbauen

⚠ Die Starterbatterie befindet sich im Innenraum des Fahrzeugs. Zum Aus- und Einbau des Anlassers muss die Starterbatterie abgeklemmt werden. Wird stattdessen versehentlich die optional vorhandene Zusatzbatterie im Motorraum abgeklemmt, ist am Anlasser immer noch das volle Pluspotenzial der Starterbatterie vorhanden!

Aufgrund der höheren Anforderung an den Anlasser bei aktivem Start-Stopp-System, z. B. im Stadtverkehr, wurden die Zyklenfestigkeit erhöht und der Anlasserzahnkranz verstärkt. Beim Ersatz des Anlassers ist auf die korrekten Ersatzteilbezeichnungen zu achten. Die für das Start-Stopp-System angepassten Bauteile sind nicht extra gekennzeichnet und unterscheiden sich äußerlich nicht oder kaum von herkömmlichen Bauteilen.

4-Zylinder-Dieselmotor

■ Batterie abklemmen.
■ Falls vorhanden, die Geräuschdämpfung ausbauen.
■ Elektrische Steckverbindung (1 im Bild 2) der Klemme 50 am Anlasser entriegeln und trennen.
■ Befestigungsmutter (2) der Klemme 30 am Anlasser abschrauben
■ Befestigungsschrauben (Pfeile im Bild 3) am Anlasser herausschrauben.
■ Anlasser nach Bedarf ein Stück verdrehen und nach vorn herausnehmen.

Der Einbau erfolgt sinngemäß in umgekehrter Reihenfolge.

■ Befestigungsschrauben Anlasser an Getriebe mit 80 Nm festziehen.
■ Befestigungsmutter Plusleitung (Klemme 30) an Magnetschalter mit 15 Nm festziehen.

Fahrzeuge mit 4MOTION und Achleitner-Allradantrieb

⚠ Zum Ab- und Anklemmen der Batterie muss die beschriebene Vorgehensweise eingehalten werden.

■ Zündung und alle elektrischen Verbraucher ausschalten und den Zündschlüssel abziehen.
■ Batterie abklemmen.
■ Unterfahrschutz unter dem Motor ausbauen.
■ Befestigungsschrauben (Pfeile im Bild 3) am Anlasser herausschrauben.
■ Anlasser nach oben aus dem Getriebegehäuse herausnehmen und seitlich neben der Motorstütze ablegen.
■ Ummantelung der Leitungsverbindungen am Anlasser herunterziehen.
■ Elektrische Steckverbindung der Klemme 50 am Anlasser entriegeln und trennen.
■ Befestigungsmutter der Klemme 30 am Anlasser abschrauben und Leitung abnehmen.
■ Anlasser nach Bedarf ein Stück verdrehen und herausnehmen.

Der Einbau erfolgt sinngemäß in umgekehrter Reihenfolge, dabei ist Folgendes zu beachten:

■ Befestigungsschrauben Anlasser an Getriebe mit 80 Nm festziehen.

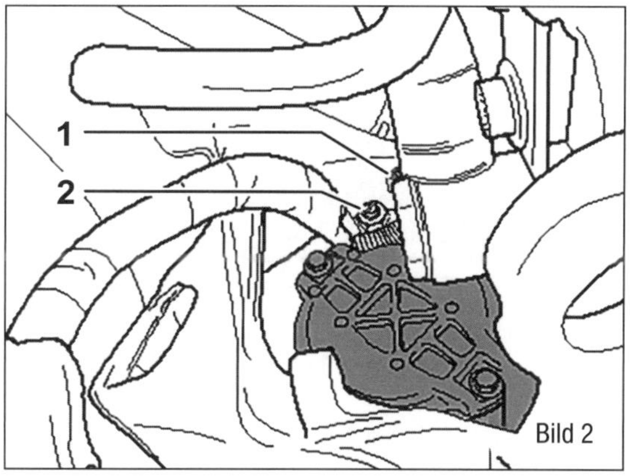

Bild 2

Bild 2
Starter 4-Zylinder-Motor.
1 Anschluss Klemme 50
2 Anschluss Klemme 30

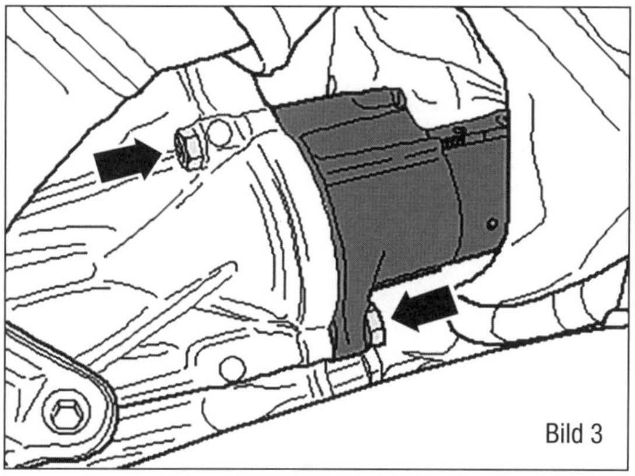

Bild 3

Bild 3
Starter 4-Zylinder-Motor.
Pfeile Befestigungsschrauben.

■ Befestigungsmutter Plusleitung (Klemme 30) an Magnetschalter mit 15 Nm festziehen.

Fahrzeuge mit 5-Zylinder-Dieselmotor

⚠ Die nachfolgende Arbeitsbeschreibung beschreibt den Aus- und Einbau des Anlassers für Fahrzeuge mit Schaltgetriebe. Der Aufbau bei Fahrzeugen mit dem »automatisierten Schaltgetriebe Shiftmatic« ist aber technisch gleich. Deshalb können Sie diese Beschreibung auch bei Fahrzeugen mit dem »automatisierten Schaltgetriebe Shiftmatic« sinngemäß anwenden.

■ Zündung und alle elektrischen Verbraucher ausschalten und den Zündschlüssel abziehen.
■ Batterie abklemmen.
■ Geräuschdämpfung ausbauen.
■ Sicherung (1 im Bild 4) der elektrischen Steckverbindung Klemme 50 in Pfeilrichtung entriegeln und trennen.
■ Befestigungsmutter abschrauben und Plusleitung Klemme 30 abnehmen.
■ Befestigungsschrauben (Pfeile im Bild 5) herausschrauben.

☞ Um die obere Befestigungsschraube des Anlassers herausschrauben zu

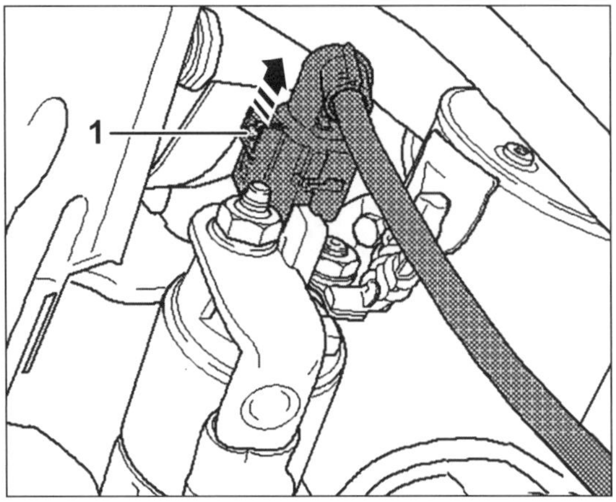

Bild 4
Starter 5-Zylinder-Motor.
1 Sicherungsraste
Pfeil Bewegungsrichtung zum Abziehen

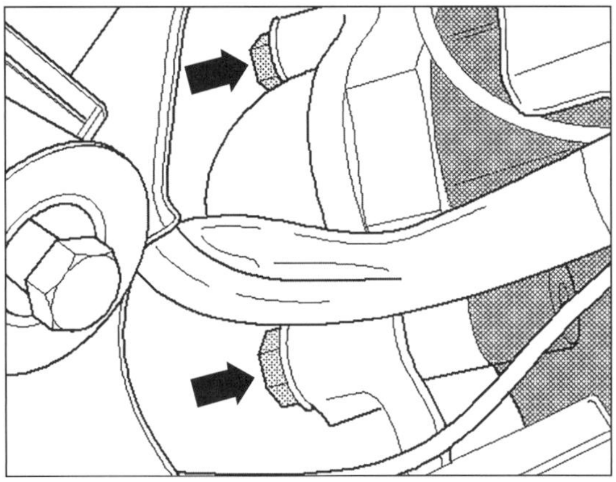

Bild 5
Starter 5-Zylinder-Motor: Pfeile Befestigungsschrauben.

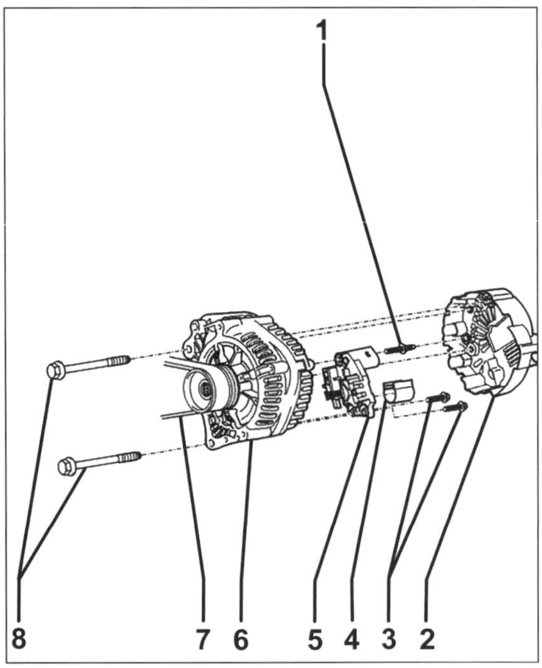

Bild 6
1 Sechskantschraube
2 Abschirmkappe
3 Kreuzschlitzschrauben
4 Abschirmkappe für Kohlebürsten
5 Spannungsregler
6 Generator
7 Keilrippenriemen
8 Sechskantbundschrauben

können, muss bei Fahrzeugen mit dem »automatisierten Schaltgetriebe Shiftmatic« das Wärmeschutzblech für den elektrischen Leitungsstrang des Anlassers abgeschraubt werden.

- Anlasser nach unten aus dem Fahrzeug herausnehmen.

Der Einbau erfolgt sinngemäß in umgekehrter Reihenfolge.

- Befestigungsschrauben Anlasser an Getriebe mit 80 Nm festziehen.
- Befestigungsmutter Plusleitung (Klemme 30) an Magnetschalter mit 15 Nm festziehen.

Generator aus- und einbauen

⚠ Beim Einbau bereits gelaufener Keilrippenriemen beachten Sie die beim Ausbau gekennzeichnete Laufrichtung! Achten Sie vor dem Einbau des Keilrippenriemens darauf, dass alle Aggregate (Generator, Klimakompressor) fest montiert sind. Beim Auflegen des Riemens auf korrekten Sitz des Keilrippenriemens in den Riemenscheiben achten!

⚠ *Generator bei Fahrzeugen mit Start-Stopp-System:*
Bislang wurden Generator und Spannungsregler über eigene Kabel mit dem Motor- und Bordnetzsteuergerät verbunden. Bei Fahrzeugen mit Start-Stopp-System erfolgt die Informationsübermittlung über einen LIN-Datenbus zum Diagnose-Interface für Datenbus. Dieses stellt die Informationen anderen Steuergeräten, wie dem Motorsteuergerät, über CAN-Datenbus zur Verfügung.

Fahrzeuge mit 4-Zylinder-Dieselmotor

- Zündung und alle elektrischen Verbraucher ausschalten und den Zündschlüssel abziehen.
- Batterie abklemmen.
- Luftfiltergehäuse des Motorluftfilters ausbauen.
- Druckrohr von der Drosselklappe zum Ladeluftkühler ausbauen.
- Elektrische Steckverbindung der DF-Leitung (2) entriegeln und trennen.
- Schutzkappe (1) vom B+-Leitungsanschluss abziehen und die Mutter darunter vom Generator abschrauben.
- Keilrippenriemen ausbauen.
- Beide Befestigungsschrauben (Pfeile) des Generators herausschrauben.
- Generator herausnehmen.

Der Einbau erfolgt sinngemäß in umgekehrter Reihenfolge.

■ Gewindebuchsen (A im Bild 7) etwa 4 mm in Pfeilrichtung aus dem Gehäuse des Generators heraustreiben.
■ Schraubverbindungen mit den vorgeschriebenen Anzugsdrehmomenten anziehen.
■ Batterie anklemmen.
■ Motor starten und den Riemenlauf kontrollieren.
■ Motor abstellen.

Fahrzeuge mit 5-Zylinder-Dieselmotor

■ Zündung und alle elektrischen Verbraucher ausschalten und den Zündschlüssel abziehen.
■ Batterie abklemmen.
■ Luftfiltergehäuse des Motorluftfilters ausbauen.
■ Elektrische Steckverbindung der DF-Leitung entriegeln und trennen.
■ Abschirmkappe vom B+-Leitungsanschluss abziehen.
■ Die darunter liegende Befestigungsmutter abschrauben und die B+-Leitung abnehmen.
■ Keilrippenriemen ausbauen.
■ Befestigungsschraube (3 im Bild 9) herausschrauben und die Umlenkrolle des Keilrippenriemens herausnehmen.
■ Befestigungsschrauben (1) und (2) herausschrauben.
■ Generator herausnehmen.

Der Einbau erfolgt sinngemäß in umgekehrter Reihenfolge.

■ Die Gewindebuchsen (A im Bild 7) etwa 4 mm in Pfeilrichtung aus dem Gehäuse des Generators heraustreiben.
■ Befestigungsmutter B+-Leitung an Generator mit 15 Nm festziehen.
■ Batterie anklemmen.
■ Motor starten und Riemenlauf kontrollieren.

Scheinwerfer vorne aus- und einbauen

■ Zündung und alle elektrischen Verbraucher ausschalten und den Zündschlüssel abziehen.
■ Kühlergrill ausbauen.

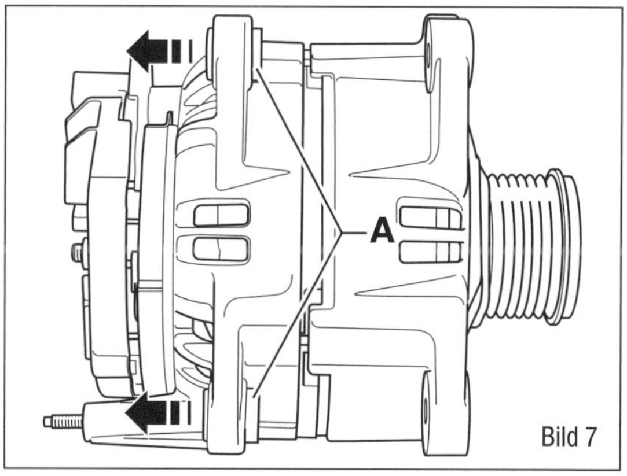

Bild 7
A Gewindebuchsen
Pfeil Bewegungsrichtung für die Positionierung zum Einbau

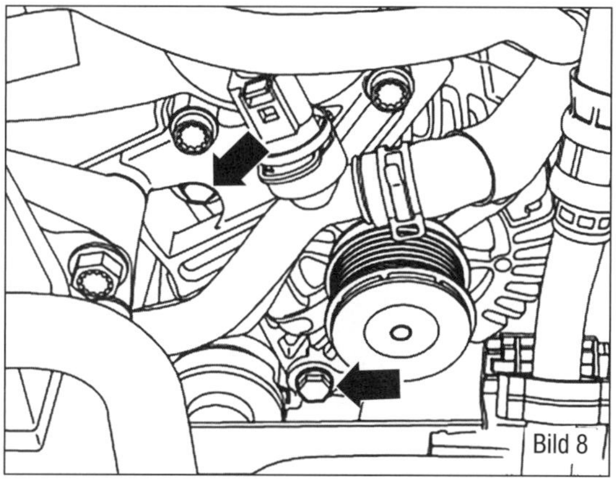

Bild 8
Befestigungsschrauben (Pfeile).

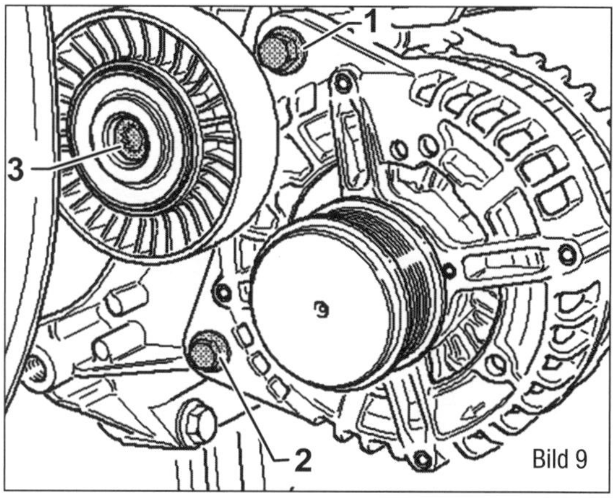

Bild 9
1 Schraube oben
2 Schraube unten
3 Schraube Umlenkrolle

■ Kunststoffabdeckung (1 im Bild 11) ausbauen.
■ Die Befestigungsschrauben (Pfeile im Bild 12) an der Blende vom Scheinwerfer herausschrauben.
■ Blende aus den Führungen ziehen und abnehmen.
■ Elektrische Steckverbindung auf der Rückseite des Scheinwerfers entriegeln und trennen.
■ Die 2 oberen Befestigungsschrauben (Pfeile im Bild 13) des Scheinwerfers herausschrauben.

Sichtprüfung Messen

Bild 10
1 Abdeckkappe
2 Lampe für Blinklicht
3 Scheinwerfer
4 Lampe für Standlicht
5 Lampe für Abblendlicht
6 Lampe für Fernlicht
7 Leuchtweitenregelung
8 Abdeckkappe
9 Abdeckkappe
10 Befestigungsschrauben

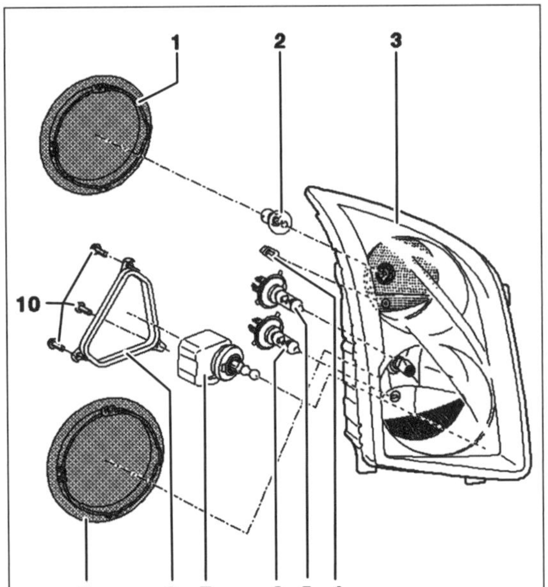

Bild 10

Bild 11
Kunststoffabdeckung (1).

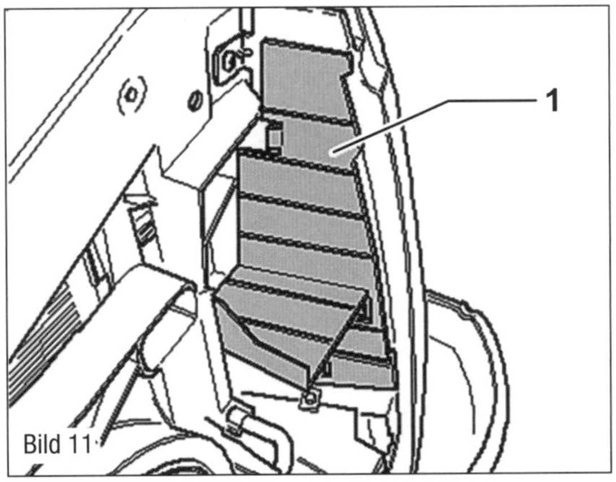

Bild 11

Bild 12
Befestigungsschrauben (Pfeile) Blende des Scheinwerfers.

Bild 12

■ Die 2 unteren Befestigungsschrauben (Pfeile 14) des Scheinwerfers herausschrauben.
■ Scheinwerfer aus dem Karosserieausschnitt herausnehmen.

Der Einbau erfolgt sinngemäß in umgekehrter Reihenfolge.
■ Einbaulage des Scheinwerfers auf gleichmäßige Spaltmaße kontrollieren.
■ Funktionen des Scheinwerfers prüfen.

Wird ein Scheinwerfer ausgebaut bzw. an die Karosserie angepasst, ist er nach dem Einbau bzw. nach dem Anpassen immer einzustellen.

Leuchtmittel wechseln Scheinwerfer vorne

Beim Einbau der Abdeckkappe auf den richtigen Sitz achten. Durch Wassereintritt in den Scheinwerfer wird dieser zerstört. Beim Einbau einer Glühlampe nicht den Glaskolben berühren. Die Finger hinterlassen Fettspuren auf dem Glaskolben, die beim Einschalten der Lampe verdampfen und den Glaskolben trüben.
■ Zündung und alle elektrischen Verbraucher ausschalten und den Zündschlüssel abziehen.

Abschließend immer:
■ Funktionen des Scheinwerfers prüfen.
■ Scheinwerfereinstellung prüfen und gegebenenfalls einstellen.

Lampe für Blinklicht wechseln
■ Zündung und alle elektrischen Verbraucher ausschalten und den Zündschlüssel abziehen.
■ Obere Abdeckkappe in (Pfeilrichtung im Bild 15) drehen und abnehmen.
■ Die Lampenfassung mit der Lampe für Blinklicht (1 im Bild 16) in Pfeilrichtung drehen und, soweit dies die Leitungslängen zulassen, aus dem Scheinwerfer herausnehmen.
■ Lampe für Blinklicht in die Fassung drücken und gegen den Uhrzeigersinn drehen.
■ Lampe für Blinklicht aus der Fassung herausziehen.

Der Einbau erfolgt sinngemäß in umgekehrter Reihenfolge.
■ Lampe für Blinklicht vorn: 12V, 21W

Lampe für Standlicht wechseln
■ Obere Abdeckkappe in (Pfeilrichtung im Bild 15) drehen und abnehmen.

■ Lampenfassung mit der Lampe für Standlicht (2) aus dem Scheinwerfer herausziehen, soweit es die Leitungslängen zulassen.
■ Lampe für Standlicht (2) aus der Lampenfassung herausziehen.

Der Einbau erfolgt sinngemäß in umgekehrter Reihenfolge.
■ Lampe für Standlicht: 12V, 5W

Doppelfadenlampe für Tagfahrlicht/ Standlicht aus- und einbauen

Ausstattungsabhängig kann bei Fahrzeugen ab KW 22/2013 an der Position der Standlichtlampe die Doppelfadenlampe eingebaut sein. Je nach Ansteuerung übernimmt sie die Funktionen Standlicht bzw. Tagfahrlicht.
■ Zündung und alle elektrischen Verbraucher ausschalten und den Zündschlüssel abziehen.
■ Obere Abdeckkappe in Pfeilrichtung drehen und abnehmen.
■ Lampenfassung mit der Doppelfadenlampe (1 im Bild 16), unter Berücksichtigung der angeschlossenen Leitungslängen, aus dem Scheinwerfer herausziehen.
■ Doppelfadenlampe gerade aus der Lampenfassung herausziehen.

Der Einbau erfolgt sinngemäß in umgekehrter Reihenfolge.
■ Doppelfadenlampe: 12V, W21/5W

Lampe für Abblendlichtscheinwerfer aus- und einbauen
■ Zündung und alle elektrischen Verbraucher ausschalten und den Zündschlüssel abziehen.
■ Untere Abdeckkappe in (Pfeilrichtung im Bild 15) drehen und abnehmen.
■ Lampenfassung mit Lampe für Abblendlichtscheinwerfer (2 im Bild 17) in (Pfeilrichtung) drehen und, soweit dies die Leitungslängen zulassen, aus dem Scheinwerfer herausnehmen.
■ Lampe (2 im Bild 18) in (Pfeilrichtung) aus der Lampenfassung (1) herausziehen.

Der Einbau erfolgt sinngemäß in umgekehrter Reihenfolge.
■ Die Lampe so in die Lampenfassung stecken, dass der Zapfen der Lampe an der Führung der Lampenfassung liegt.

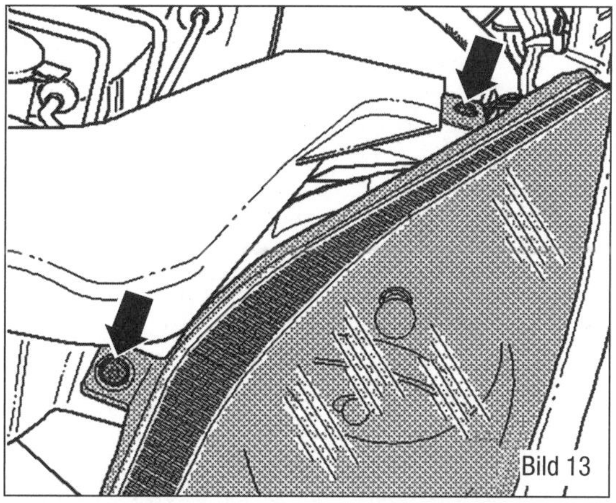

Bild 13
Befestigungsschrauben oben (Pfeile).

Bild 14
Befestigungsschrauben unten (Pfeile)

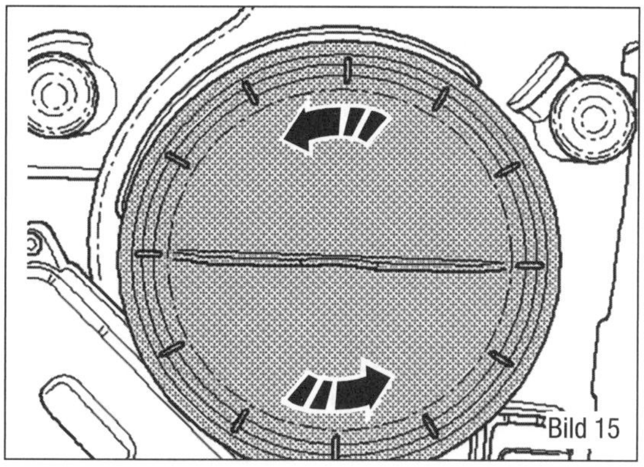

Bild 15
Drehrichtung zum Öffnen der Abdeckkappe (Pfeile).

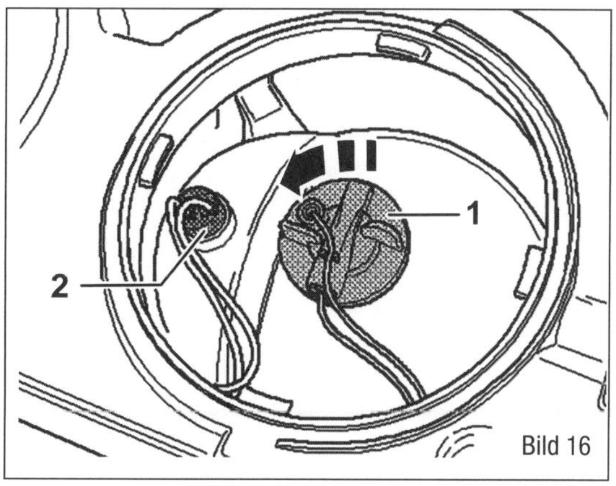

Bild 16
1 Lampe für Blinklicht
2 Lampe für Standlicht oder Tagfahrlicht und Standlicht
Pfeile Drehrichtung zum Entsichern der Fassung

Bild 17
1 Lampe für Fernlicht
2 Lampe für Abblendlicht
Pfeile Drehrichtung zum Herausnehmen

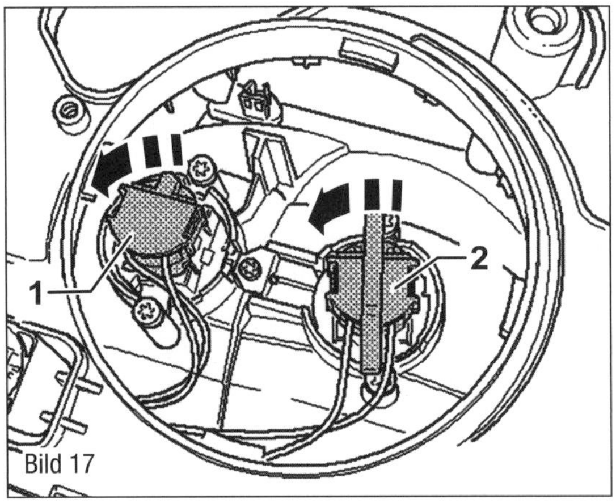

Bild 18
1 Fassung
2 Lampe
Pfeil Demontagerichtung

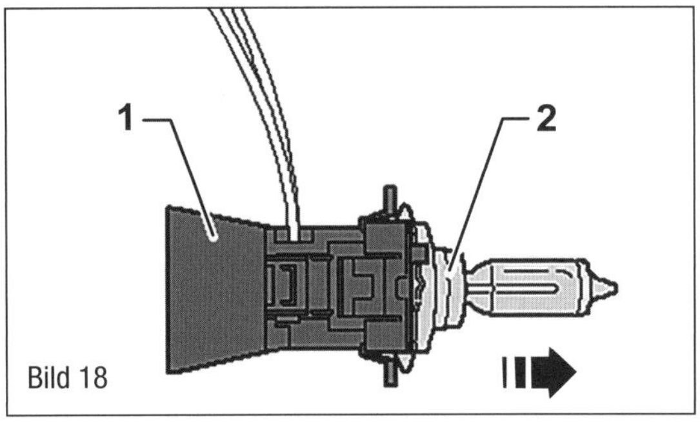

Bild 19
Pfeil A Position der Verschraubungen
Pfeil B Demontagerichtung des Stellmotors

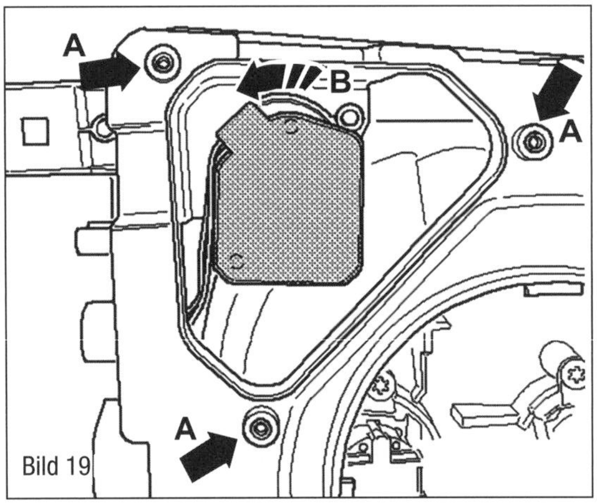

Bild 20
1 Kugelkopf Stellmotor
2 Kugelkopfführung

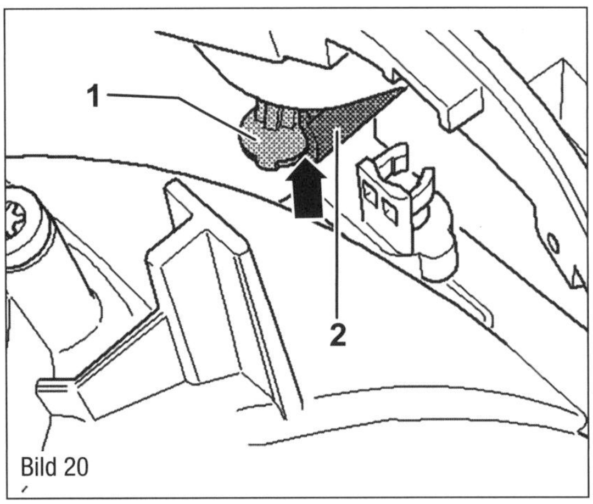

- Die Lampenfassung mit der Lampe in den Scheinwerfer einsetzen und um ca. 45° nach rechts festdrehen.
- Abdeckkappe aufsetzen und festschrauben.
- Lampe für Abblendlicht: H7, 12V, 55W

Lampe für Fernlichtscheinwerfer aus- und einbauen

- Untere Abdeckkappe in Pfeilrichtung drehen und abnehmen.
- Lampenfassung mit Lampe für Fernlichtscheinwerfer (1 im Bild 17) in Pfeilrichtung drehen und, soweit dies die Leitungslängen zulassen, aus dem Scheinwerfer herausnehmen.
- Lampe (2 im Bild 18) in (Pfeilrichtung) aus der Lampenfassung (1) herausziehen.

Der Einbau erfolgt sinngemäß in umgekehrter Reihenfolge.

- Die Lampe so in die Lampenfassung stecken, dass der Zapfen der Lampe an der Führung der Lampenfassung liegt.
- Die Lampenfassung mit der Lampe in den Scheinwerfer einsetzen und um ca. 45° nach rechts festdrehen.
- Abdeckkappe aufsetzen und festschrauben.
- Lampe für Fernlicht: H7, 12V, 55W

Stellmotor für Leuchtweitenregelung aus- und einbauen

- Zündung und alle elektrischen Verbraucher ausschalten und den Zündschlüssel abziehen.
- Scheinwerfer ausbauen.
- Die Befestigungsschrauben (Pfeile A im Bild 19) für die Abdeckkappe herausschrauben und die Abdeckkappe abnehmen.
- Stellmotor für Leuchtweitenregelung in (Pfeilrichtung) drehen und aus dem Scheinwerfer herausnehmen.
- Steckerverbindung abziehen und Stellmotor abnehmen.

Der Einbau erfolgt sinngemäß in umgekehrter Reihenfolge.

- Den Reflektor nach hinten ziehen und den Kugelkopf des Stellmotors (1 im Bild 20) vorsichtig in (Pfeilrichtung) in die Kugelkopfführung (2) einsetzen.

■ Den Stellmotor in die Aufnahme einsetzen und ca. 45° im Uhrzeigersinn drehen, bis er einrastet.
■ Scheinwerfereinstellung prüfen und gegebenenfalls einstellen.
■ Funktion der Scheinwerferhöhenverstellung prüfen.

Lampe Nebelscheinwerfer

Nebelscheinwerfer aus- und einbauen

■ Zündung und alle elektrischen Verbraucher ausschalten und den Zündschlüssel abziehen.
■ Abdeckung mit einem geeigneten Schraubendreher aus der Stoßfängerabdeckung ausclipsen (A im Bild 21).
■ Befestigungsschrauben (Pfeile im Bild 22) herausschrauben.
■ Das Nebelscheinwerfergehäuse, unter Berücksichtigung der angeschlossenen Leitungslängen, aus dem Stoßfänger herausziehen.
■ Elektrische Steckverbindung in der Fassung entriegeln und trennen.

Der Einbau erfolgt sinngemäß in umgekehrter Reihenfolge.
■ Funktionen der Nebelscheinwerfer prüfen.
■ Nebelscheinwerfereinstellung prüfen und wenn erforderlich einstellen.

Lampe für Nebelscheinwerfer aus- und einbauen

■ Zündung und alle elektrischen Verbraucher ausschalten und den Zündschlüssel abziehen.
■ Nebelscheinwerfer ausbauen.
■ Nebelscheinwerfer ausbauen.
■ Lampenfassung mit der Lampe für Nebelscheinwerfer (1 im Bild 23) in Pfeilrichtung drehen und aus dem Nebelscheinwerfergehäuse herausnehmen. Die Lampe für Nebelscheinwerfer ist mit der Lampenfassung fest verbunden und nicht einzeln zu ersetzen.

Der Einbau erfolgt sinngemäß in umgekehrter Reihenfolge.
■ Nebelscheinwerfer einbauen.
■ Funktionen der Nebelscheinwerfer prüfen.
■ Nebelscheinwerfereinstellung prüfen und wenn erforderlich einstellen.
■ Lampe für Nebelscheinwerfer: 12V, 51W

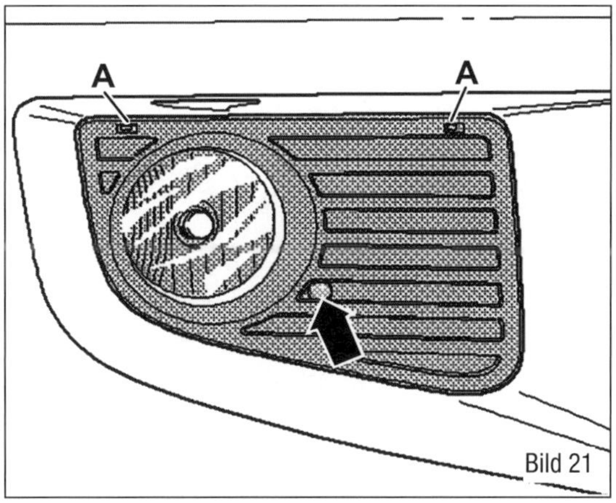

Bild 21
A Clips in der Verkleidung zum Lösen
Pfeil Einstellschraube zur Höheneinstellung

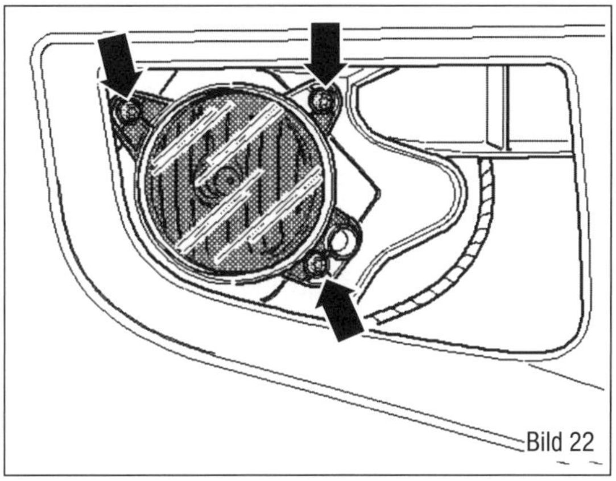

Bild 22
Befestigungsschrauben (Pfeile).

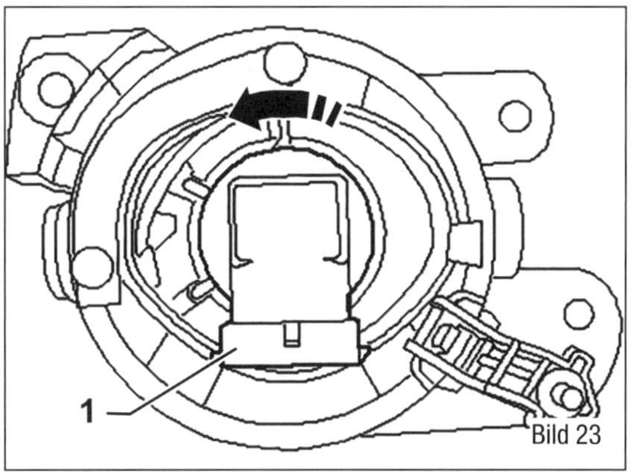

Bild 23
1 Fassung Lampe für Nebelscheinwerfer
Pfeil Demontagerichtung

Scheinwerfer einstellen

Der Reifendruck muss in Ordnung sein. Die Scheinwerferscheiben dürfen weder beschädigt noch verschmutzt sein. Reflektoren und Glühlampen sind intakt. Die Fahrzeugbelastung muss hergestellt sein. Das Fahrzeug muss einige Meter gerollt bzw. vorn und hinten mehrmals durchgefedert werden,

Bild 24
1 Einstellschraube für Seiteneinstellung
2 Einstellschraube für Höheneinstellung

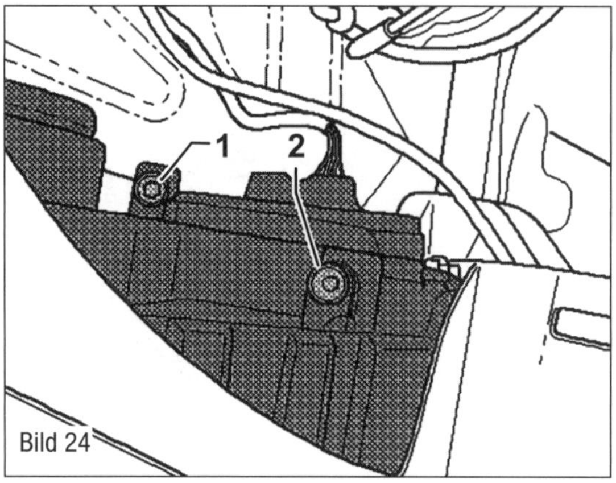

damit sich die Federn setzen. Das Fahrzeug und Scheinwerfer-Einstellgerät müssen auf einer ebenen Fläche stehen, eingestellt und ausgerichtet sein.

Belastung
Mit einer Person oder 75 kg auf dem Fahrersitz bei sonst unbelastetem Fahrzeug (Leergewicht). Das Leergewicht ist das Gewicht des betriebsfertigen Fahrzeugs mit vollständig gefülltem Kraftstoffbehälter (mindestens 90%), einschließlich des Gewichts aller im Betrieb mitgeführten Ausrüstungsteile (z. B. Reserverad, Werkzeug, Wagenheber, Feuerlöscher usw.).

Einstellung Scheinwerfer vorne (Bild 24)
In der Blende oberhalb des Scheinwerfers sind Neigungsmaßangaben in »%« eingeprägt. Nach diesen Angaben müssen die Scheinwerfer eingestellt werden. Die Prozentangabe ist auf 10 m Projektionsabstand bezogen. Bei einem Neigungsmaß von z. B. 1,0% sind das umgerechnet 10 cm.

Fahrzeuge mit manueller Leuchtweitenregelung:
■ Das Rändelrad für die Leuchtweitenregelung muss in Position »0« stehen.

Weiter für alle Fahrzeuge:
■ Drehen Sie zuerst zur Höhenverstellung der Hell-Dunkel-Grenze die Einstellschraube (2).
■ Danach müssen Sie die Seitenverstellung prüfen und gegebenenfalls mit der Einstellschraube (1) korrigieren.

Einstellung Nebelscheinwerfer
Das Neigungsmaß für Nebelscheinwerfer beträgt »2,0 %«.

■ Drehen Sie zum Verstellen der Leuchtweite die Einstellschraube (Pfeil im Bild 21).
■ Eine Seitenverstellung ist nicht vorgesehen.

Andere Zusatzscheinwerfer
Nachträglich eingebaute Zusatzscheinwerfer anderer Systeme müssen nach den dafür gültigen Richtlinien geprüft bzw. eingestellt werden.

Seitenblinkleuchten

Im Crafter sind drei verschiede Seitenblinkleuchten verbaut. Sie unterscheiden sich nicht nur in der Einbauposition, sondern aus in der Vorgehensweise in Sachen Montage.

Seitenblinkleuchte im Kotflügel
■ Zündung und alle elektrischen Verbraucher ausschalten und den Zündschlüssel abziehen.
■ Lack an beiden Seiten der Blinkleuchte mit Klebeband abkleben.
■ Blinkleuchte vorsichtig in Richtung der Federklammer drücken (Pfeil im Bild 12) und mit der festen Lagerstelle beginnend aus der Karosserie herausschwenken.
■ Fassung mit der Glassockellampe vom Lampengehäuse abziehen und Lampengehäuse abnehmen.

Der Einbau erfolgt sinngemäß in umgekehrter Reihenfolge.
■ Fassung mit der Glassockellampe so auf das Lampengehäuse aufstecken, dass sich die Rastnasen an Fassung und Gehäuse sich gegenüberstehen.
■ Lampengehäuse mit der Federklammer (2 im Bild 25) beginnend in die Karosserie einsetzen, Richtung Federklammer drücken (Pfeil) und mit der festen Lagerstelle (1) sicher in der Karosserie verrasten.
■ Nach dem Einbau die Funktion der Seitenblinkleuchte prüfen.

Lampen für Seitenblinkleuchte im Kotflügel
■ Zündung und alle elektrischen Verbraucher ausschalten und den Zündschlüssel abziehen.
■ Seitenblinkleuchte ausbauen.
■ Glassockellampe gerade aus der Fassung herausziehen (12V, W5W).

Der Einbau erfolgt sinngemäß in umgekehrter Reihenfolge.

- Nach dem Einbau die Funktion der Seitenblinkleuchte prüfen.

Seitenblinkleuchte im Kotflügel beim Crafter 4Motion

- Zündung und alle elektrischen Verbraucher ausschalten und den Zündschlüssel abziehen.
- Befestigungsschrauben (1 im Bild 26) herausschrauben und Kappe abnehmen.
- Elektrische Steckverbindungen (1 im Bild 27) und (2) an der Lampenfassung abziehen.
- Seitenblinkleuchte abnehmen.

Der Einbau erfolgt sinngemäß in umgekehrter Reihenfolge, dabei ist Folgendes zu beachten:

- Auf einen einwandfreien Sitz der Gummidichtung der Seitenblinkleuchte zum Kotflügel achten.

Seitenblinkleuchte im Spiegel

- Zündung und alle elektrischen Verbraucher ausschalten und den Zündschlüssel abziehen.
- Die Spiegelgläser des betroffenen Außenspiegels ausbauen.
- 4 Befestigungsschrauben (Pfeile im Bild 28) herausschrauben.
- Spiegelrahmen abnehmen.
- Seitenblinkleuchte in (Pfeilrichtung im Bild 29) herausnehmen.
- Elektrische Steckverbindung (1 im Bild 30) entriegeln und trennen.
- Lampenfassung (2) ca. 45° nach links drehen und aus dem Gehäuse herausziehen.

Der Einbau erfolgt sinngemäß in umgekehrter Reihenfolge.

- Funktionen der Seitenblinkleuchte prüfen.

Lampe für hochgesetzte Seitenblinkleuchte aus- und einbauen

Tipp: Da die hochgesetzten Seitenblinkleuchten oben auf dem Dach angebaut sind, muss je nach Fahrzeugausführung eine Leiter benutzt werden, um die Leuchten zu erreichen.

- Zündung und alle elektrischen Verbraucher ausschalten und den Zündschlüssel abziehen.

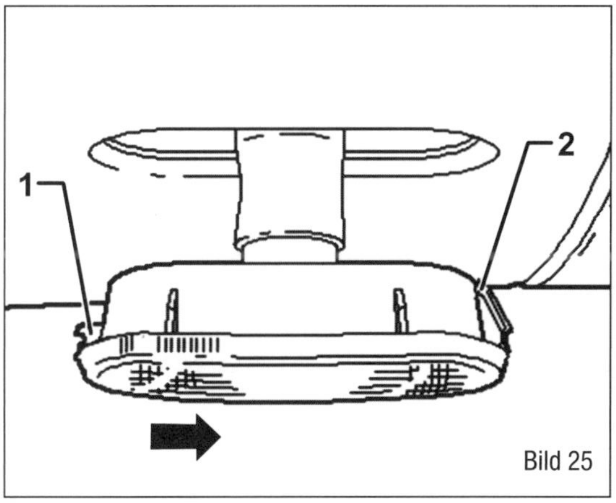

Bild 25

Bild 25
Seitenblinkleuchte.
1 feste Lagerstelle
2 Federklammer
Pfeil Bewegungsrichtung

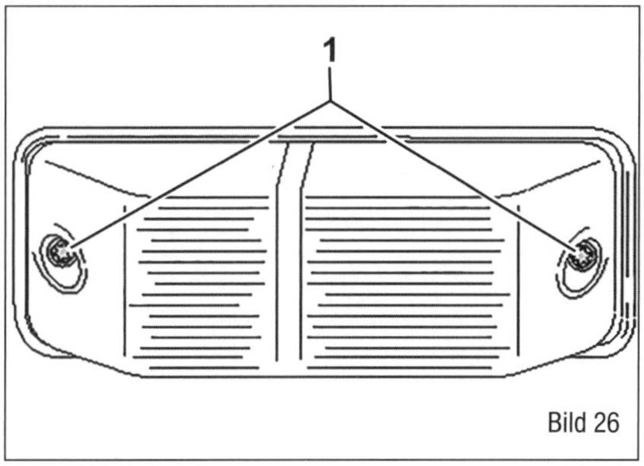

Bild 26

Bild 26
Seitenblinkleuchte 4Motion.
1 Verschraubungen

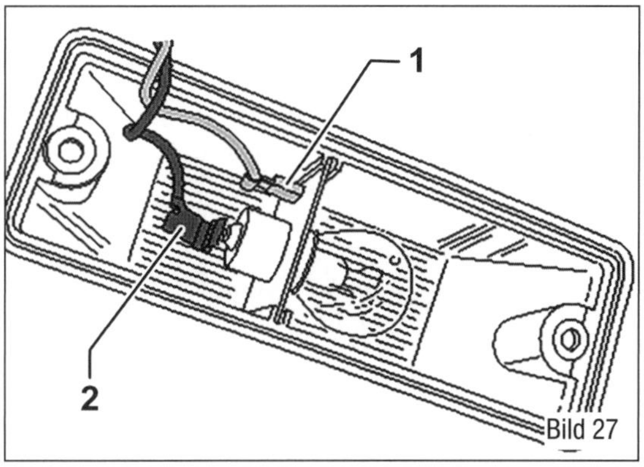

Bild 27

Bild 27
Seitenblinkleuchte 4Motion.
1 Steckverbindung
2 Steckverbindung

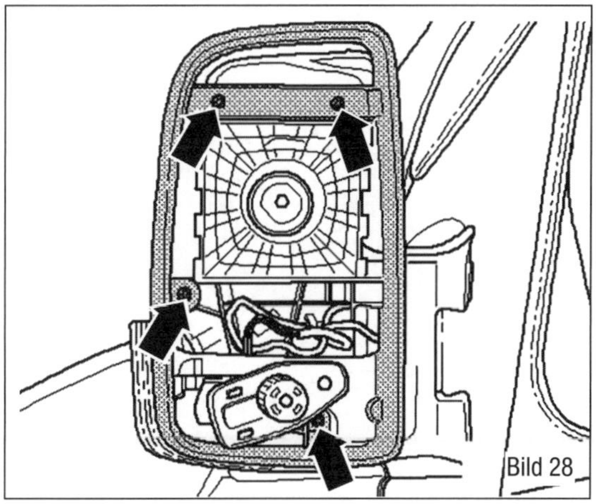
Bild 28

Bild 28
Befestigungsschrauben (Pfeile) am Rahmen.

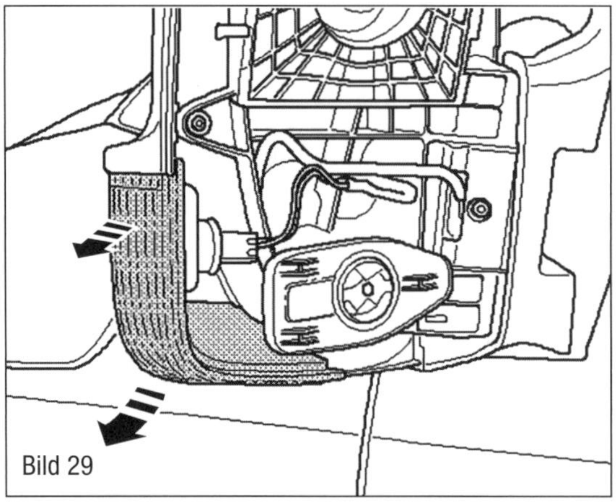

Bild 29
Bewegungsrichtung zum Abziehen.

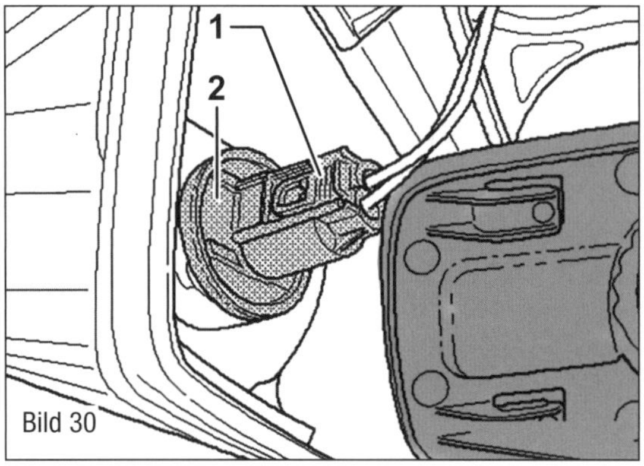

Bild 30
1 Steckverbindung
2 Lampenfassung

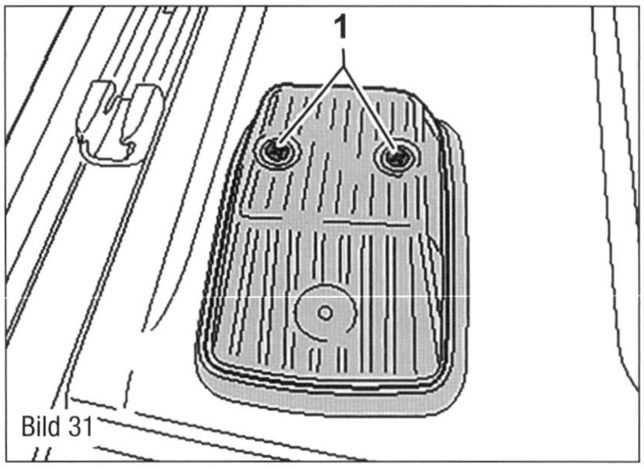

Bild 31
1 Befestigungsschraube

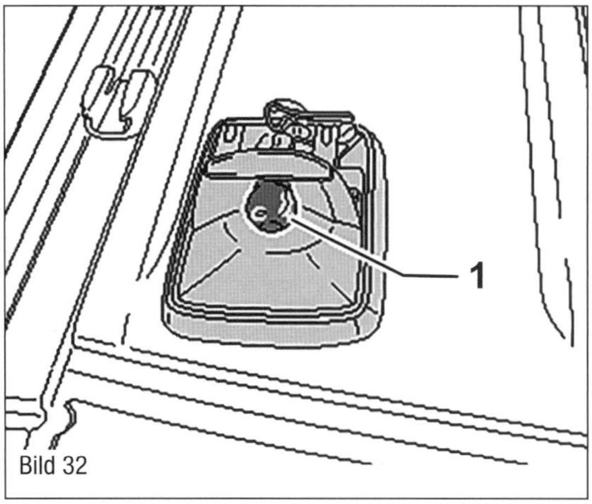

Bild 32
Lampe für hochgesetzte Blinkleuchte (1).

■ Befestigungsschrauben (1 im Bild 31) aus der Seitenblinkleuchte rausschrauben und Abdeckkappe abnehmen.
■ Lampe für hochgesetzte Seitenblinkleuchte (1 im Bild 32) aus der Fassung herausdrehen.

Der Einbau erfolgt sinngemäß in umgekehrter Reihenfolge.
■ Lampe für hochgesetzte Seitenblinkleuchte: 12V, 21W.

Rückleuchten

Schlussleuchte aus- und einbauen Kasten oder Kombi
■ Zündung und alle elektrischen Verbraucher ausschalten und den Zündschlüssel abziehen.
■ Heckflügeltüren bis zum Anschlag öffnen.
■ Befestigungsschrauben herausschrauben.
■ Schlussleuchte aus den Verriegelungen seitlich am Fahrzeug herausziehen.
■ Schlussleuchte abnehmen.
■ Elektrische Steckverbindung entriegeln und trennen.

Der Einbau erfolgt sinngemäß in umgekehrter Reihenfolge.
☞ Die elektrische Steckverbindung im Seitenteil muss beim Aufstecken »hörbar« einrasten.
■ Schlussleuchte in den Karosserieausschnitt einführen und die 3 Führungsstifte in den Buchsen einrasten.

Schlussleuchte aus- und einbauen Pritsche
■ Zündung und alle elektrischen Verbraucher ausschalten und den Zündschlüssel abziehen.
■ Den Schraubverschluss der elektrischen Steckverbindung auf der Rückseite der Rückleuchte gegen den Uhrzeigersinn drehen, die elektrische Steckverbindung wird dabei getrennt.
■ Die beiden Befestigungsmuttern auf der Rückseite der Lampe abschrauben.
■ Schlussleuchte abnehmen.
Der Einbau erfolgt sinngemäß in umgekehrter Reihenfolge.

Lampen für Schlussleuchte aus- und einbauen

Beim Einbau einer Glühlampe nicht den Glaskolben berühren. Die Finger hinterlassen Fettspuren auf dem Glaskolben, die beim Einschalten der Lampe verdampfen und den Glaskolben trüben.

■ Zündung und alle elektrischen Verbraucher ausschalten und den Zündschlüssel abziehen.

Kasten und Kombi:

■ Dichtung (1 im Bild 33) abnehmen.
■ Lampenträger ausclipsen (2).
■ Betreffende Lampe im Lampenträger ca. 45° nach links drehen und herausnehmen.

Der Einbau erfolgt sinngemäß in umgekehrter Reihenfolge.

■ Lampenträger in die Schlussleuchte einsetzen und sicher verrasten.
■ Funktion der Schlussleuchten prüfen.

Lampen für Schlussleuchte aus- und einbauen, Fahrzeuge mit Aufbau Pritsche:

■ Die vier Befestigungsschrauben (9 und 8 im Bild 34) herausschrauben.
■ Streuscheibe abnehmen.
■ Betreffende Lampe im Lampenträger ca. 45° nach links drehen und herausnehmen.

Der Einbau erfolgt sinngemäß in umgekehrter Reihenfolge.

■ Funktion der Schlussleuchten prüfen.

Hochgesetzte Bremsleuchte

Die hochgesetzte Bremsleuchte ist oberhalb der Heckflügeltüren in die Dachkante eingebaut. Die Beleuchtung der hochgesetzten Bremsleuchte wird von LEDs (Licht emittierende Dioden) erzeugt. Die hochgesetzte Bremsleuchte ist nicht zerlegbar. Im Schadensfall muss die gesamte Bremsleuchte ersetzt werden.

■ Zündung und alle elektrischen Verbraucher ausschalten und den Zündschlüssel abziehen.
■ Die beiden Befestigungsschrauben (Pfeile im Bild 35) herausschrauben und hochgesetzte Bremsleuchte herausnehmen.
■ Elektrische Steckverbindung entriegeln (Pfeil im Bild 36) und trennen.

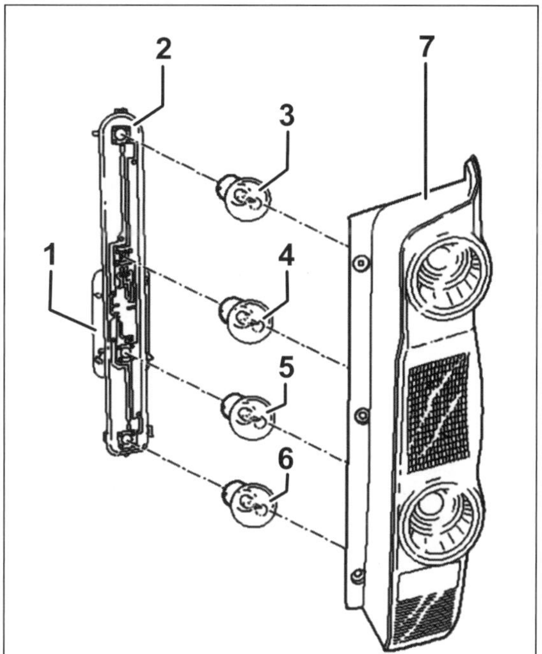

Bild 33
1 Dichtung
2 Lampenträger
3 Lampe für Blinklicht
4 Lampe für Schlusslicht
5 Lampe für Rückfahrlicht
6 Lampe für Nebelschlussleuchte
7 Schlussleuchte

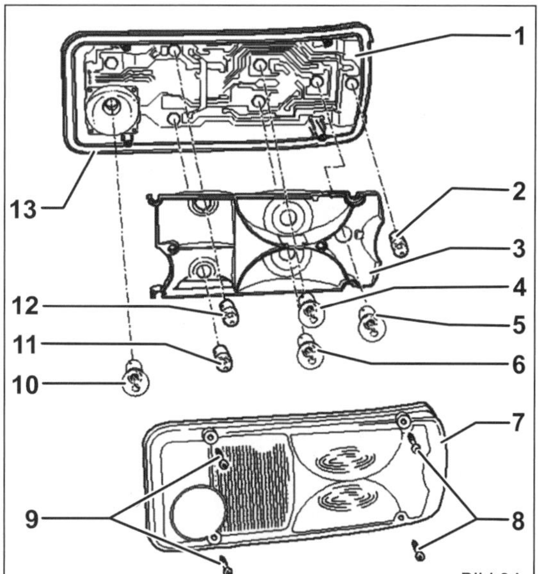

Bild 34
1 Lampenträger
2 Lampe für Umrissbeleuchtung
3 Reflektoreinsatz
4 Lampe für Bremslicht
5 Lampe für Blinklicht
6 Lampe für Rückfahrlicht
7 Streuscheibe
8 Befestigungsschrauben
9 Befestigungsschrauben
10 Lampe für Nebelschlussleuchte
11 Lampe für Schlusslicht
12 Lampe für Schlusslicht
13 Dichtung Lampenträger

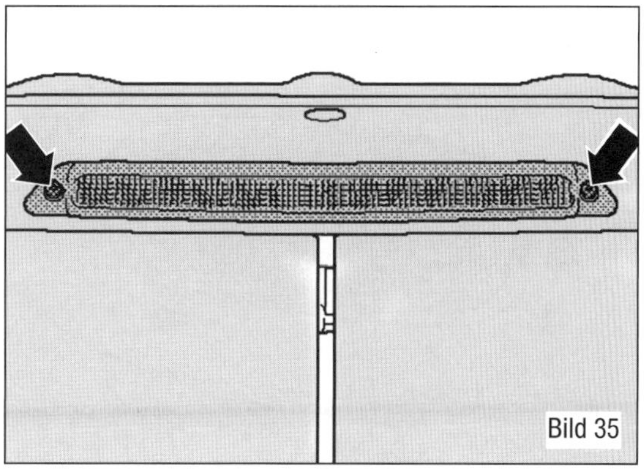

Bild 35
Befestigungsschrauben (Pfeile).

Bild 36
Raste am Steckkontakt.

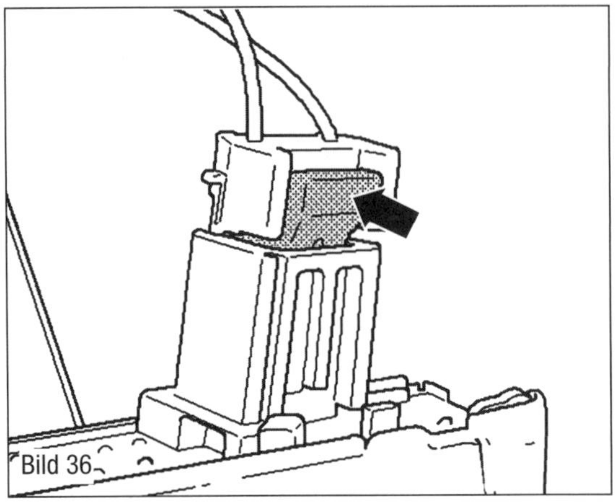

Bild 37
Pfeil Verrastung zum Karosserieblech
Pfeil A Bewegungsrichtung zur Demontage

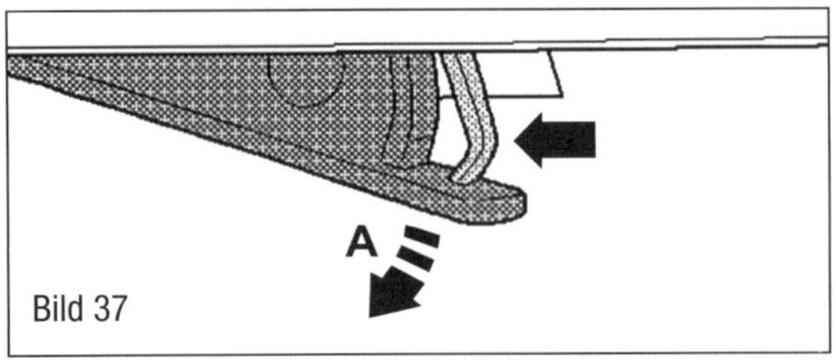

Bild 38
Raste (Pfeil) für den Steckkontakt.

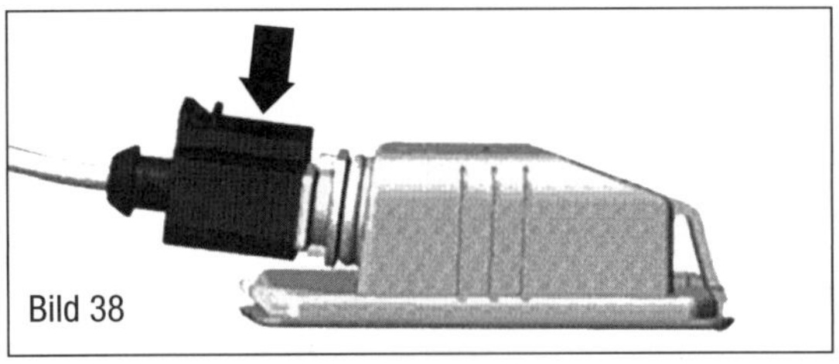

Bild 39
1 Lampenfassung
Pfeil Drehrichtung zur Demontage

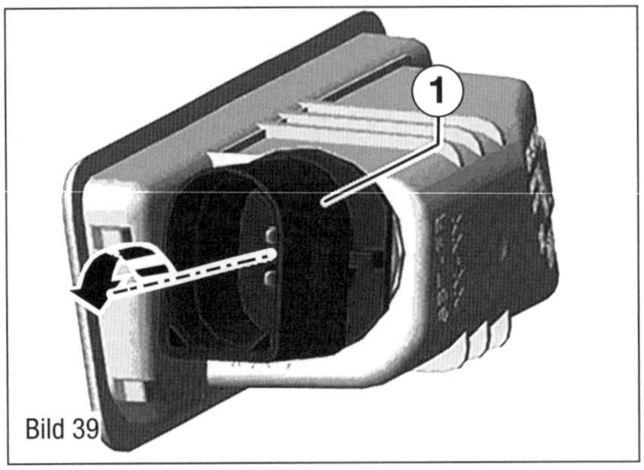

Bild 40
Pfeil A Andruckstelle
Pfeil B federnde Bewegung
Pfeil C Demontagerichtung

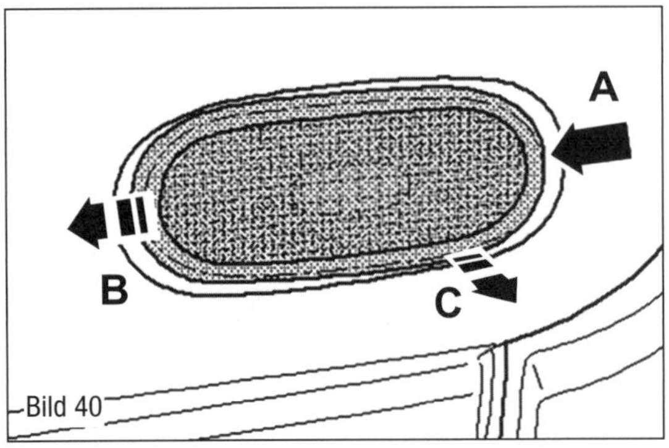

Der Einbau erfolgt sinngemäß in umgekehrter Reihenfolge.

■ Funktionen der hochgesetzten Bremsleuchte prüfen.

Kennzeichenleuchte aus- und einbauen

Leuchteneinheit aus- und einbauen

■ Zündung und alle elektrischen Verbraucher ausschalten und den Zündschlüssel abziehen.

■ Griffleiste in der Rückwandtür ausbauen.

■ Verrastung (Pfeil im Bild 37) mit einem geeigneten Schraubendreher vorsichtig drücken und die Kennzeichenleuchte in Pfeilrichtung A heraushebeln.

■ Elektrische Steckverbindung entriegeln (Pfeil im Bild 38) und trennen.

Der Einbau erfolgt sinngemäß in umgekehrter Reihenfolge.

Lampe für Kennzeichenleuchte aus- und einbauen

■ Zündung und alle elektrischen Verbraucher ausschalten und den Zündschlüssel abziehen.

■ Kennzeichenleuchte ausbauen.

■ Steckkontakt entriegeln (Pfeil im Bild 38) und abziehen.

■ Lampenfassung (1 im Bild 39) in (Pfeilrichtung) entriegeln und aus der Kennzeichenleuchte herausziehen.

Der Einbau erfolgt sinngemäß in umgekehrter Reihenfolge.

■ Funktion der Kennzeichenleuchte prüfen.

■ Lampe für Kennzeichenleuchte: 12V, W5W

Seitenmarkierungsleuchte aus- und einbauen

■ Zündung und alle elektrischen Verbraucher ausschalten und den Zündschlüssel abziehen.

■ Seitenmarkierungsleuchte in Pfeilrichtung B (Bild 40) drücken und dabei in Pfeilrichtung C ausclipsen.

■ Lampenfassung ca. 45° nach links drehen (Pfeil im Bild 41) und Seitenmarkierungsleuchte abnehmen.

Der Einbau erfolgt sinngemäß in umgekehrter Reihenfolge.

■ Beim Einbau zuerst die Halterung (das starre Ende) in den Karosserieausschnitt einsetzen und anschließend die Feder (das bewegliche Ende) im Karosserieausschnitt einrasten lassen.

Scheibenwischer

Wischerblattwechsel

■ Scheibenwischer in die Endablage laufen lassen.

■ Zündung und alle elektrischen Verbraucher ausschalten und den Zündschlüssel abziehen.

■ Den Scheibenwischerarm (2 im Bild 42) von der Scheibe wegklappen.

Verbiegen von Scheibenwischerarm und Blatt vermeiden. Ein ungewolltes Zurückklappen des Scheibenwischerarms verhindern, damit die Glasscheibe nicht zerstört wird.

■ Scheibenwischerarm und Scheibenwischerblatt so positionieren, dass das Gelenk gut ausgebaut werden kann.

■ Die Sicherungsfeder des Scheibenwischerblatts (1) in Richtung Pfeil 1 drücken.

■ Das Scheibenwischerblatt (1) ausrasten und vom Scheibenwischerarm (2) gegen die Richtung (Pfeil 2) abnehmen.

Das längere Scheibenwischerblatt wird auf der Fahrerseite angebaut.

■ Das Scheibenwischerblatt (1) in umgekehrter Reihenfolge befestigen.

■ Scheibenwischerarm und Scheibenwischerblatt so positionieren, dass das Gelenk gut ausgebaut werden kann.

■ Das Gelenkstück vom Scheibenwischerblatt (1) in die Führung des Scheibenwischerarms (2) einsetzen.

■ Die Sicherungsfeder (Pfeil 1) drücken und dabei das Gelenkstück in die Führung (Pfeil 2) schieben, bis es vollständig in der Führung sitzt.

■ Den Scheibenwischerarm an die Scheibe zurückklappen.

■ Scheibenwischerblätter-Endablage prüfen und ggf. einstellen.

Scheibenwischerarm ausbauen

Bevor die Scheibenwischerarme ausgebaut werden, sicherstellen, dass sich der Scheibenwischermotor in Endstellung befindet. Nur so lässt sich beim

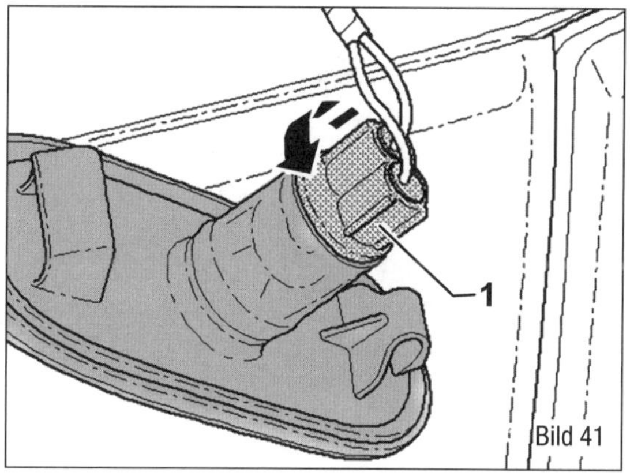

Bild 41
1 Lampenfassung
Pfeil Drehrichtung zur Demontage

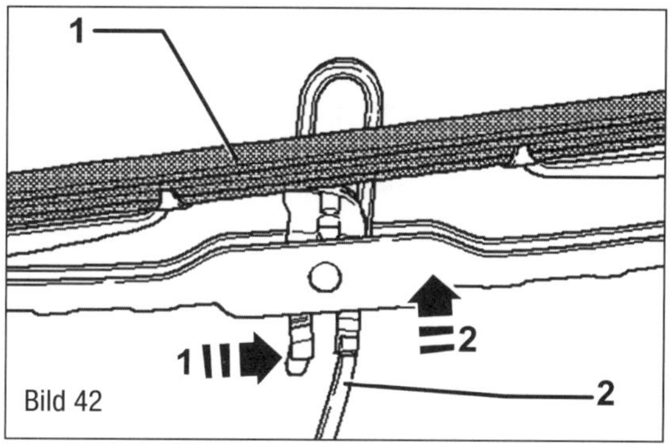

Bild 42
Wischerblatt.
1 Wischerblatt
2 Wischerarm
Pfeil 1 Raste lösen
Pfeil 2 Wischer aufschieben

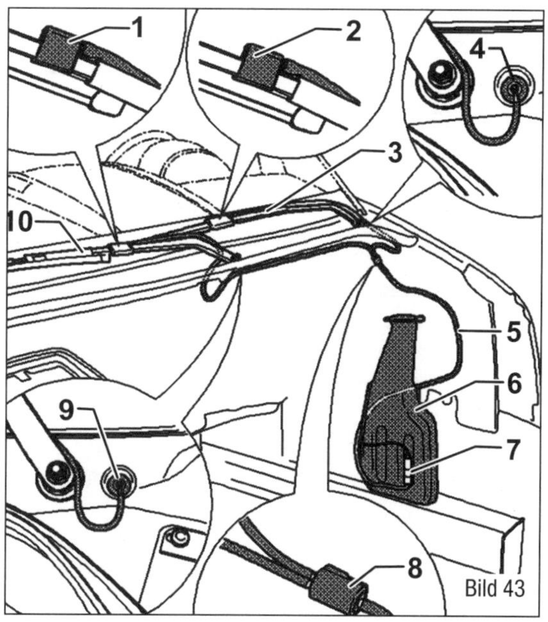

Bild 43
1 Spritzdüse rechts
2 Spritzdüse links
3 Scheibenwischerarm links
4 Winkelanschlussstück
5 Waschwasserschlauch
6 Waschwasserbehälter
7 Scheibenwaschpumpe
8 Y-Stück
9 Winkelanschlussstück
10 Scheibenwischerarm rechts

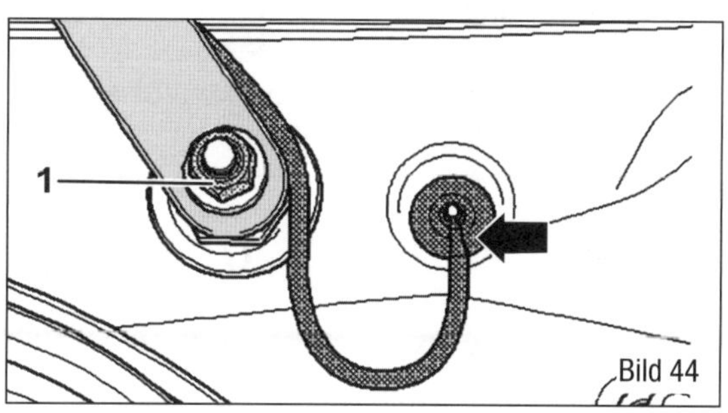

Bild 44
1 Sechskantmutter
Pfeil Anschlussdurchführung Waschschlauch

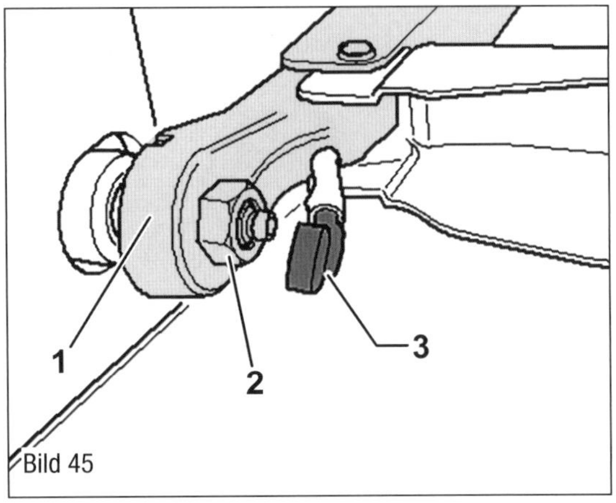

Bild 45
1 Wischerarm
2 Sicherungsmutter
3 Schlauchanschluss

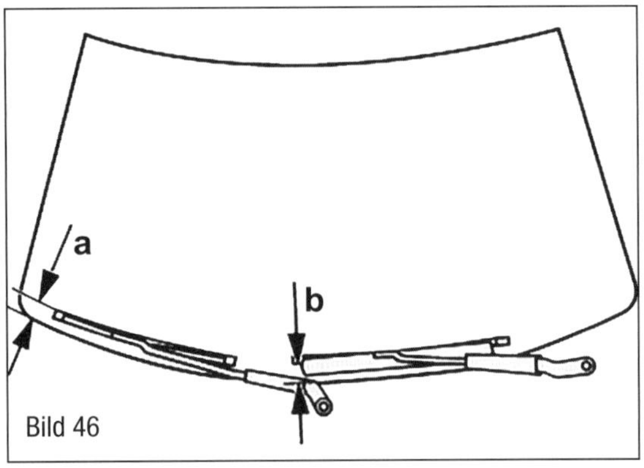

Bild 46
Abstände zur Abdeckung des Scheibenrahmens: a = 65 mm, b = 70 mm.

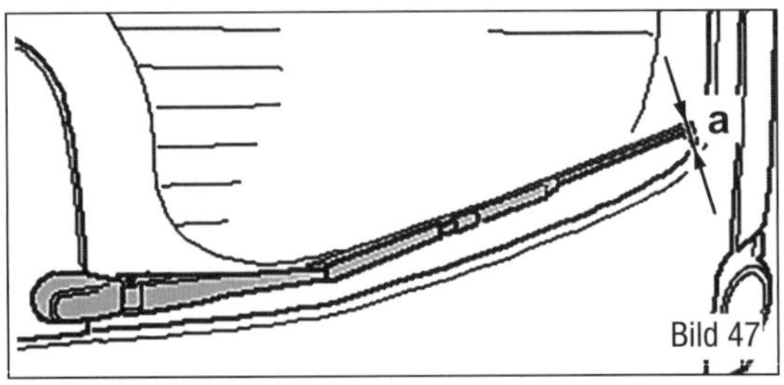

Bild 47
Abstand zur Scheibenkante: a = 40 mm.

Einbau die Endablage der Scheibenwischerarme korrekt einstellen.

Frontwischerarme de- und montieren:

■ Scheibenwischer in die Endlage laufen lassen.

■ Zündung und alle elektrischen Verbraucher ausschalten und den Zündschlüssel abziehen.

■ Falls vorhanden, Abdeckkappe mit einem Schraubendreher abhebeln.

■ Den Schlauch der Scheibenwaschanlage am Anschlussstück neben der Scheibenwischerarmwelle (Pfeil im Bild 44) abziehen.

■ Sechskantmutter (1) lösen, ohne sie ganz abzuschrauben.

■ Scheibenwischerarm hochklappen und durch kippelnde seitliche Bewegungen vom Konus lösen.

■ Befestigungsmutter (1) ganz abschrauben und den Scheibenwischerarm herunternehmen.

Der Einbau erfolgt sinngemäß in umgekehrter Reihenfolge.

■ Die Scheibenwischerarme der Fahrer- und Beifahrerseite in der ungefähren Endablage auf ihre Wellen aufstecken.

■ Befestigungsmuttern locker auf die Scheibenwischerarmwellen aufschrauben.

■ Scheibenwischerblätter-Endablage einstellen.

■ Befestigungsmuttern festziehen.

Heckwischerarme de- und montieren:

■ Scheibenwischer in die Endlage laufen lassen.

■ Zündung und alle elektrischen Verbraucher ausschalten und den Zündschlüssel abziehen.

■ Abdeckkappe aufklappen.

■ Den Schlauchanschluss (3) für die Spritzdüse an der Heckscheibenwischerarmwelle abclipsen (Bild 45).

■ Sechskantmutter (2) lösen, ohne sie ganz abzuschrauben.

■ Scheibenwischerarm (1) hochklappen und durch kippelnde seitliche Bewegungen vom Konus lösen.

■ Befestigungsmutter (2) ganz abschrauben und den Scheibenwischerarm herunternehmen.

Der Einbau erfolgt sinngemäß in umgekehrter Reihenfolge.

■ Die Scheibenwischerarm in der ungefähren Endablage auf ihre Wellen aufstecken.

■ Befestigungsmuttern (2) locker auf die Scheibenwischerarmwelle aufschrauben.

■ Scheibenwischerblätter-Endablage einstellen.

■ Befestigungsmuttern festziehen.

Endlage der Scheibenwischer

Wischerarme vorne

■ Der Abstand (a im Bild 46) zwischen Scheibenwischergummi (1) und Scheibenrahmenabdeckung muss (a = 65 mm) und (b = 70 mm) betragen.

■ Gegebenenfalls Endablage durch Versetzen des Scheibenwischerarms einstellen.

■ Befestigungsmuttern der Scheibenwischerarme mit 30 Nm festziehen.

Heckscheibenwischer

■ Den Heckscheibenwischer in seine Endablage laufen lassen.

■ Der Abstand (a im Bild 47) zwischen Scheibenwischergummi und Scheibenseitenkante muss 40 mm betragen.

■ Gegebenenfalls Heckscheibenwischer-Endablage durch Versetzen des Scheibenwischerarms einstellen.

■ Befestigungsmutter des Scheibenwischerarms mit 12 Nm festziehen.

Waschdüsen

Waschdüsen vorne de- und montieren

■ Die Spritzdüse mit dem Finger umfassen und die Düse vom Wischerarm abziehen.

■ Schlauch von der Spritzdüse abziehen.

Montage:

■ Schlauchverbindung aufstecken.

■ Spritzdüse auf dem Wischerarm einrasten.

■ Spritzbild und Einstellung der Spritzdüsen prüfen.

Waschdüsen vorne einstellen

Tipp: Im Falle eines ungleichmäßigen Spritzfelds durch Verunreinigungen in der Spritzdüse bauen Sie die Spritzdüse aus und spülen Sie diese mit Wasser durch. Das anschließende Durchblasen der Spritzdüse mit Druckluft ist in beide Richtungen zulässig. Keine Gegenstände zum Reinigen der Spritzdüsen verwenden!

Tipp: Die Waschdüse vorne ist voreingestellt. Eine Veränderung der Einstellung ist nicht vorgesehen. Es können aber kleine Höhenunterschiede ausgeglichen werden.

Waschdüsen hinten de- und montieren

■ Zündung und alle elektrischen Verbraucher ausschalten und den Zündschlüssel abziehen.

■ Heckscheibenwischerblatt ausbauen.

■ Mit einem kleinen Schraubendreher die Spritzdüse an den mit (Pfeilen im Bild 49) gekennzeichneten Stellen aufclipsen.

■ Spritzdüse in (Pfeilrichtung im Bild 50) aufklappen und vom Heckscheibenwischerarm abnehmen.

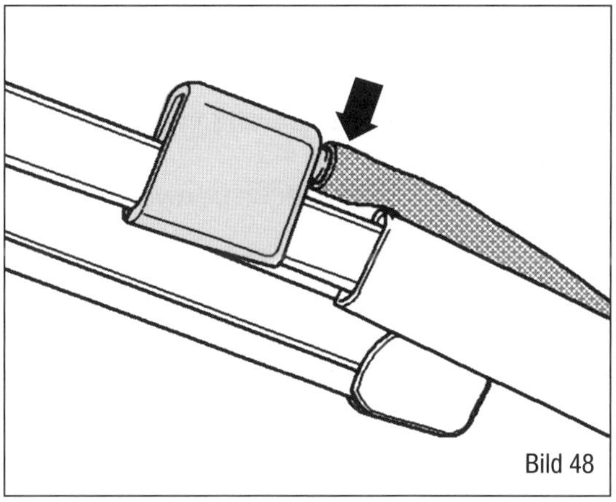

Bild 48

Bild 48
Waschdüse vorne am Wischerarm.
Pfeil Waschschlauch

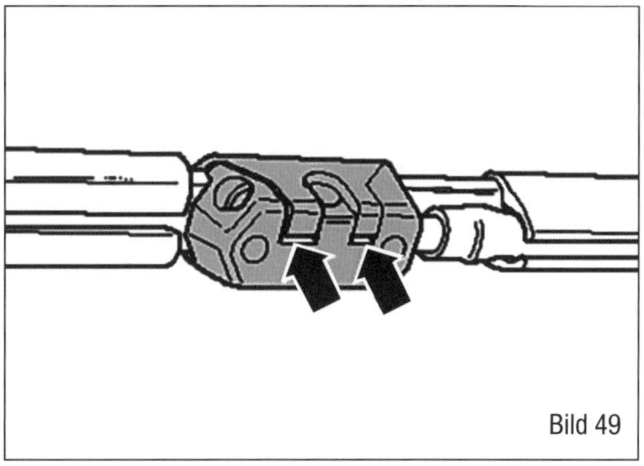

Bild 49

Bild 49
Clips (Pfeile) zum Halten.

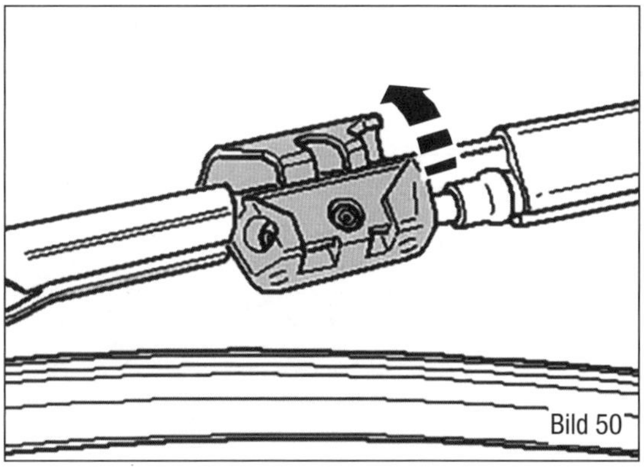

Bild 50

Bild 50
Öffnungsrichtung (Pfeil).

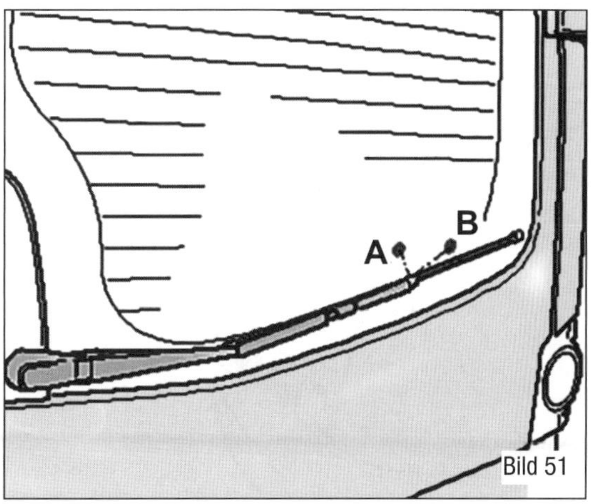

Bild 51

Bild 51
Auftreffpunkte auf der Heckscheibe: A ca. 20 mm, B ca. 30 mm.

■ Schlauchverbindung an der Spritzdüse abziehen.

Der Einbau erfolgt sinngemäß in umgekehrter Reihenfolge.
■ Spritzdüse für Heckscheibenwaschanlage einstellen.

Waschdüsen hinten einstellen
■ Markieren Sie mit einem wasserlöslichen Stift die im Bild angegebenen Auftreffpunkte auf der Scheibe (Bild 51).
■ Spritzdüse mit Einstellwerkzeug »T40187« so einstellen, dass die Wasserstrahlen an den gezeigten Stellen auf die Heckscheibe spritzen.

Waschdüsen Scheinwerferreinigung

De- und Montage des Düsenstocks
■ Zündung und alle elektrischen Verbraucher ausschalten und den Zündschlüssel abziehen.
■ Spritzdüsenhalter mit der Hand in bis zum Anschlag herausziehen.
■ An beiden Seiten die Abdeckkappe (Pfeile A im Bild 52) vom Spritzdüsenhalter abclipsen.

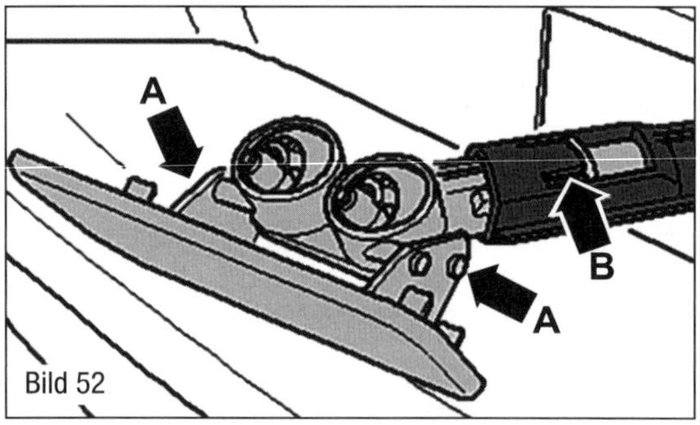

Bild 52
Pfeile A Verrastungen der Abdeckkappe der Spritzdüse
Pfeil B Verrastung des Spritzdüsenhalters

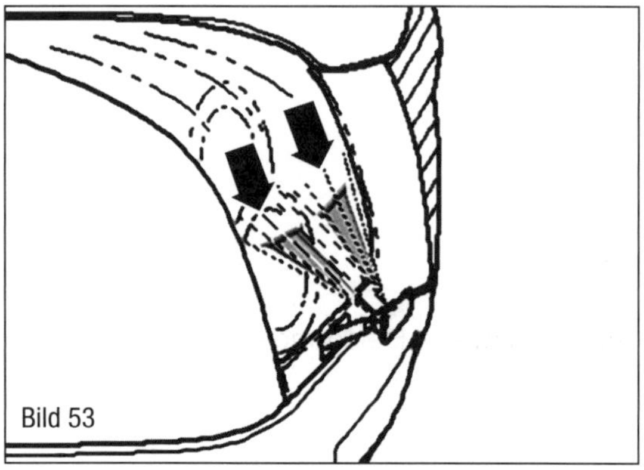

Bild 53
Mittige Auftreffpunkte (Pfeile) auf dem Scheinwerfer.

■ Mit einem kleinen Schraubendreher die Verriegelung der Verrastung des Spritzdüsenhalters (Pfeil B) lösen und den Spritzdüsenhalter herausziehen.

Der Einbau erfolgt sinngemäß in umgekehrter Reihenfolge.
■ Spritzdüsenhalter in eine der ersten Raststufen des Hubzylinders schieben.
■ Abdeckkappe auf den Spritzdüsenhalter aufclipsen und Hubzylinder einfahren lassen.
■ Korrekten Sitz der Abdeckkappe auf dem Karosserieblech prüfen.
■ Sitz der Abdeckkappe eventuell durch Verschieben des Spritzdüsenhalters in eine höhere bzw. niedrigere Raste am Hubzylinder einstellen.

Durch diese Vorgehensweise wird vermieden, dass die Rückzugskräfte vom Hubzylinder zu stark an der Abdeckkappe ziehen und deren Befestigung am Spritzdüsenkopf unter Umständen abreißt.
■ Spritzdüsen für Scheinwerferreinigungsanlage einstellen

Düseneinstellung prüfen
■ Schalten Sie das Abblendlicht ein.
■ Betätigen Sie die Scheibenwaschanlage für die Frontscheibe. Die Spritzdüsen werden ausgefahren. Die Scheinwerfer werden gewaschen, wenn der Scheibenwischerhebel mindestens 1,5 Sekunden in »Wischstellung« gehalten wird. Der Sprühstrahl von den Scheinwerferwaschdüsen sollte mittig auf die Scheinwerferlampen auftreffen siehe Pfeile in Bild 53.

Düsen einstellen
■ Ziehen Sie die Abdeckkappe mit dem Düsenträger und der Scheinwerferwaschdüse VORSICHTIG bis zum Anschlag aus ihrer Grundstellung und halten Sie diese fest.
■ Richten Sie die Spritzrichtung der jeweiligen Düse mit der Einstellvorrichtung »T10167« mittig (Pfeile im Bild 53) auf die Scheinwerferfläche aus. Nach dem Loslassen fährt die Abdeckkappe mit dem Düsenträger und der Scheinwerferwaschdüse in seine Grundstellung zurück.
■ Schalten Sie das Abblendlicht ein.
■ Betätigen Sie die Scheibenwisch- und -waschanlage für die Frontscheibe und prüfen Sie, wie oben beschrieben, die Düseneinstellung.

15 Stromlaufpläne

Sicherungen und Sicherungshalter

Damit Sie die Elektrik Ihres Autos einfach, zuverlässig und sicher nutzen können, gibt es Schaltstellen, Leitungsstränge und Sicherheitsvorkehrungen. Prüfen Sie vor jeder Fehlersuche immer die verbauten Sicherungen (Bild 1). Überprüfen Sie auch, ob die Sicherungsbelegung bei Ihrem Fahrzeug identisch ist (siehe Fahrerhandbuch). Herstellerbedingt werden zwar bestimmte Belegungen ausgewählt, diese aber müssen nicht unbedingt Ihrer Variante entsprechen. Schließlich werden oft genug Ausstattungsvarianten ergänzt und erweitert. In den meisten Fällen erkennen Sie schon an der verbauten Sicherungsstärke, um welche Anschlussvariante es sich handelt. Vergessen Sie nicht, dass viele »Kleinsicherungen« durchaus im Sicherungskasten »A« zusätzlich abgesichert sein können! Solche Sicherungen werden auch »Vorsicherung« genannt. Die freien Sicherungsplätze und ihre Schaltfunktionen können sehr hilfreich bei der Erweiterung der Ausrüstung Ihres Crafter sein.

Die E-Box vor der Sitzbox des Fahrersitzes (SA)
Neben der Batterie. Hier sind die Halter A und B mit den Sicherungen SA und SD sowie im Kasten selbst eine Reihe von Relais untergebracht. SA bezeichnet die Plätze für die Vorsicherungen, die als Streifensicherung ausgelegt sind. Für den Zugang zu den Sicherungsplätzen SA muss der Bodenbelag vom linken Vordersitz so weit hochgeklappt werden, bis der Zugang zum Verschlussdeckel möglich ist. Die Schrauben des Verschlussdeckels im Boden müssen gelöst und der Deckel abgenommen werden.

Die E-Box am Bordnetzsteuergerät (SB) mit dem Relaisträger (SC)
Der Träger für Sicherungshalter B (SB) und Sicherungshalter C (SC) ist unter der Sicherungs- und Relaiseinheit eingebaut. Der Zugang ist nur für Sicherungen SB recht

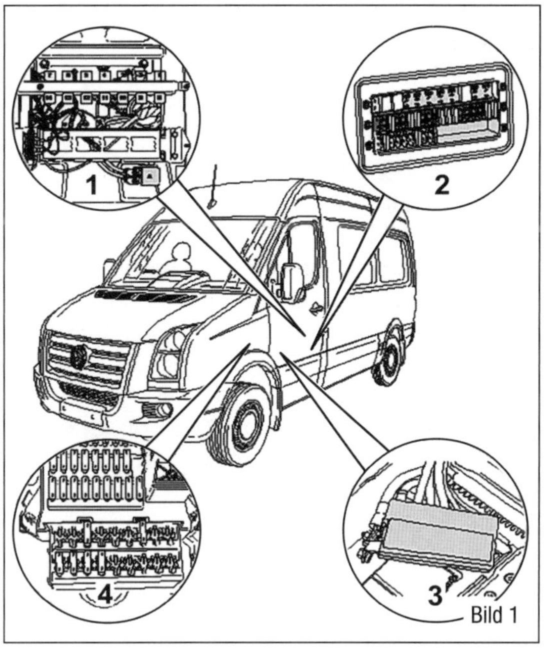

Bild 1

Bild 1
1 Relaisträger im Fahrersitzkasten
2 Relaisträger vor Fahrersitzkaste (SD)
3 Sicherungshalter A (SA)
4 Relaisträger am Bordnetzsteuergerät (SB und SC)

einfach möglich. Die Stecksicherungen sind recht gut vom Innenraum mit wenig Demontageaufwand zugänglich. Hier sind die meisten Endsicherungen der Schaltkreise untergebracht.

Die E-Box in der Sitzbox des Fahrersitzes (SD)
Der Sicherungshalter D (SD) ist an der Seite der linken Sitzkonsole eingebaut. SD beinhaltet kleinere Stecksicherungen und einige Relaissteckplätze. Der Zugang ist nur für Sicherungen SD recht einfach möglich. Die Stecksicherungen sind recht gut vom Innenraum unter wenig Demontageaufwand zugänglich.

Relaisträger in der Sitzbox des Fahrersitzes
Hinter der Sicherungsbox SD werden am gleichen Einbauort auch die Relaisträger für Sonderfahrzeuge und auch die so genannte Zweitbatterie verbaut. Dann finden Sie hier auch die Batterietrennrelais.

Relais und Sicherungsbelegungen
Die genaue Sicherungsbelegung ist von der Fahrzeugausstattung abhängig. Ein Schema ist als Aufkleber oder lose bei den Sicherungshaltern zu finden. Wir verweisen auf die aktuelle Belegungslisten in der Fahrzeugbedienungsanleitung. Sicherungen sind nach Steckplätzen nummeriert. Angegeben sind abgesicherter Verbraucher und der

Sichtprüfung Messen

Bild 2
Massepunkte am Crafter.
1 Masseband Batterie – Aufbau
5 Masseband Zweitbatterie – Aufbau
34 Massepunkt unter Fahrersitz
43 Massepunkt Säule A rechts unten
65 Massepunkt am Längsträger links hinten
602 Massepunkt im Fußraum vorn links
637 Massepunkt für Airbagsteuergerät
638 Massepunkt an der A-Säule rechts
639 Massepunkt an der A-Säule links
640 Massepunkt 2 im Motorraum links
653 Massepunkt an der D-Säule links
655 Massepunkt am Scheinwerfer links
656 Massepunkt am Scheinwerfer rechts
670 Massepunkt 2 an der A-Säule links
671 Massepunkt 1 am Längsträger vorn links
672 Massepunkt 2 am Längsträger vorn links
704 Massepunkt 2 unter Fahrersitz
721 Massepunkt 1 für Sonderaufbauten
732 Massepunkt 3 unter Fahrersitz

Stromstärke-Wert (in A), durch Farbe markiert.
Die Bordelektrik unterliegt, wie die Schaltpläne auch, im Laufe der Produktion einer stetigen Wandlung. Die Darstellung aller Varianten ist schon aus Aktualitätsgründen nicht möglich. VW weist schon zu Redaktionsschluss dieses Buches mehrere Varianten aus, so dass eine übergreifende Darstellung nicht sinnvoll ist.

Die Zuordnung ist nur über das VW-eigene Werkstattinformationssystem »Erwin« aktuell und sinnvoll möglich. Wer bei der Arbeit an einer Baugruppe die jeweiligen aktuellen Informationen zugrunde legen möchte, hat folgende Möglichkeiten:

- Man kann die Informationen aus dem Fahrzeugbordbuch entnehmen,
- man kann sie direkt bestellen und kaufen über https://erwin.volkswagen.de/erWinVW/,
- oder per E-Mail: VWBestell@Bertelsmann.de ,
- oder per Post: Volkswagen Distributions-Service arvato logistics services, Friedrich Menzefricke Straße 16–18, 33775 Versmold.

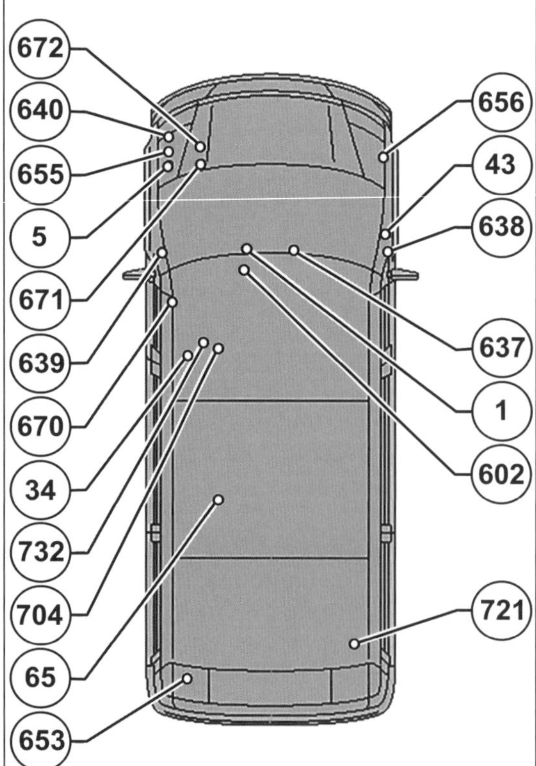

Bild 2

Kabelfarben und Kabelquerschnitt

Kabelfarbe

Im Schaltplan werden die Information über die Kabelfarbe und die Kabelstärke angegeben. Die Farben werden als Kürzel dargestellt. Farbangaben in Kombination stellen Kabelkennzeichnungen mit einer Farblinie dar. Die Kabelbezeichnung sw/ws ist beispielsweise die Bezeichnung für ein schwarzes Kabel mit einer weißen Linie. Die Grundfarbe des Kabels wird immer zuerst genannt.

Kürzel	***Farbe***
ws	weiß
sw	schwarz
ro	rot
br	braun
gn	grün
bl	blau
gr	grau
li	lila
ge	gelb
or	orange
rs	rosa

Kabelquerschnitt

Auch der Kabel-(Leitungs-)Querschnitt ist im Schaltplan angegeben. Er wird durch eine Zahl über der Angabe der Kabelfarbe dargestellt. Beim Suchen der entsprechenden Anschlusskabel kann das die Arbeit sehr erleichtern.

Massepunkte am VW Crafter

Die Einbaulage der Massepunkte ist in der Übersicht recht gut zu erkennen. Prüfen Sie die Anschlüsse auf Korrosion und festen Sitz der Anschlusskabel zur Karosserie. Hier entstehen leicht Fehler, die nicht über das Diagnosesystem direkt erfasst werden können.

Massepunkte im Motorraum

Die genaue Positionierung stellen wir Ihnen in der folgenden Tabelle für den Motorraum im Detail vor.

Massepunkt	Bemerkung
5	Masseband, Zweitbatterie Aufbau
43	Massepunkt Säule A rechts unten
638	Massepunkt an der A-Säule rechts
640	Massepunkt 2 im Motorraum links
655	Massepunkt am Scheinwerfer links
656	Massepunkt am Scheinwerfer rechts
671	Massepunkt 1 Längsträger vorn links
672	Massepunkt 2 Längsträger vorn links

Massepunkte Fahrgastraum vorne

Die genaue Positionierung stellen wir Ihnen in der folgenden Tabelle für den Fahrgastraum vorne im Detail vor.

Massepunkt	Bemerkung
1	Masseband, Batterie-Aufbau
34	Massepunkt unter Fahrersitz
602	Massepunkt im Fußraum vorn links
637	Massepunkt für Airbagsteuergerät
639	Massepunkt an der A-Säule links
670	Massepunkt 2 an der A-Säule links
704	Massepunkt 2 unter Fahrersitz
732	Massepunkt 3 unter Fahrersitz

Massepunkte Karosserie

Die genaue Positionierung stellen wir Ihnen in der folgenden Tabelle für die weitere Karosserie im Detail vor.

Massepunkt	Bemerkung
65	Massepunkt Längsträger links hinten
653	Massepunkt an der D-Säule links
721	Massepunkt 1 für Sonderaufbauten

Kabelinstandsetzungsarbeiten

Reparatur von Airbag- und Gurtstrafferleitungen

Das Airbag- und Gurtstraffersystem kann ausfallen. Fehlerhafte Reparaturen am Airbag- und Gurtstrafferleitungsstrang können zur Fehlfunktion des Insassenschutzes führen. Bei Reparaturen am Airbag- und Gurtstrafferleitungsstrang dürfen nur die dafür vorgesehenen Kontakte, Stecker und Leitungen verwendet werden. Leitungen des Airbag- und Gurtstrafferleitungsstrangs dürfen nur mit dem Leitungsstrang-Reparaturset (VAS 1978 B) und den Vorgängern repariert werden.

⚠ Bei Reparaturen an Leitungen des Airbag- und Gurtstraffersystems dürfen maximal zwei Reparaturstellen ausgeführt werden. Reparaturstellen erhöhen den elektrischen Widerstand in der Leitung und können Fehler in der Eigendiagnose des Systems auslösen. Bei Reparaturen am Airbag- oder Gurtstrafferleitungsstrang müssen die Quetschverbinder grundsätzlich geschrumpft werden, um Korrosion zu verhindern.

☞ Wickeln Sie die Reparaturstelle nicht wieder in den fahrzeugeigenen Leitungsstrang ein und kennzeichnen Sie die Reparaturstelle gut sichtbar mit gelbem Isolierband.

Reparaturen im Bereich von Airbag oder Gurtstraffer sollten maximal 30 cm vom nächsten Kontaktgehäuse entfernt ausgeführt werden. Zusammen mit der Kennzeichnung durch das gelbe Isolierband, ermöglicht diese Vorgehensweise einen schnellen Überblick über vorangegangene Reparaturen. Die Leitungen zu den Auslöseeinheiten (Airbags) haben in der Serie die Verdrillung mit der Schlaglänge 20 mm ±5. Diese Schlaglänge ist für die Serienfertigung über Normteilnummern für die

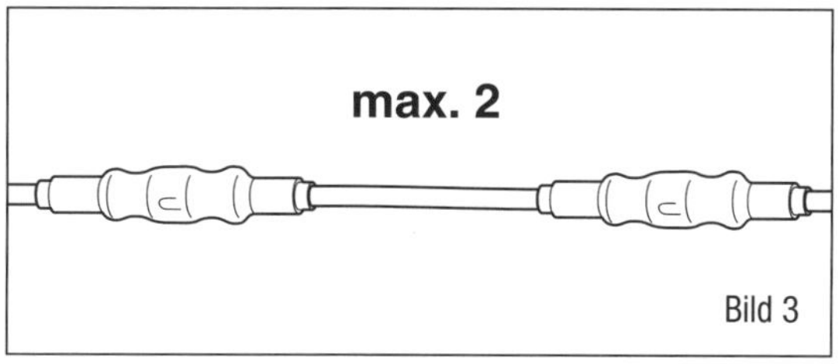

Bild 3
Reparaturstelle: Es dürfen maximal zwei Reparaturstellen ausgeführt werden.

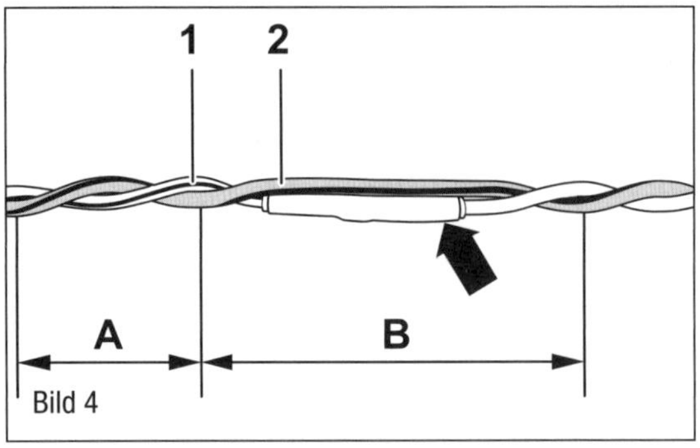

Bild 4
Reparatur CAN-Bus.
1 und 2 Leitungen verdrillt
A Verdrillungslänge 20 mm
B Maximale gerade 50 mm

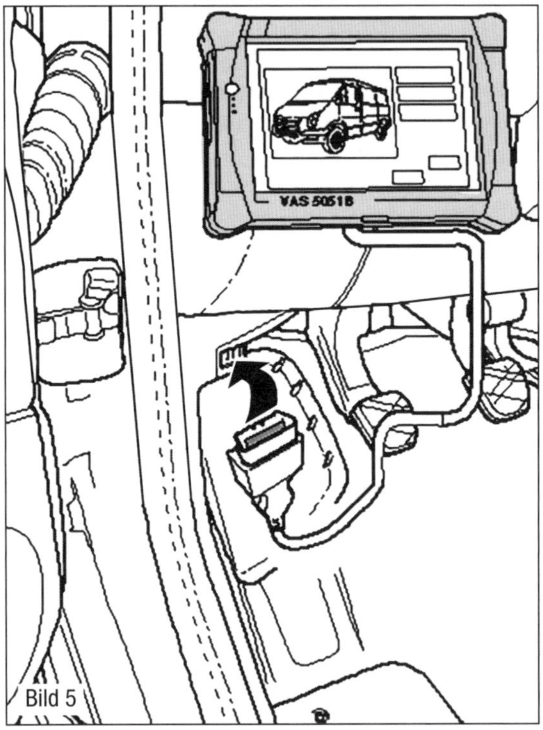

Bild 5
Anschluss an der OBD-Anschlussdose: Der Zugang ist von hieraus auf die einzelnen Steuergeräte möglich.

Leitungspaare sichergestellt und muss bei den Reparaturlängen der verdrillten Leitungen zwingend eingehalten werden. Bei Reparaturarbeiten müssen die Leitungen zu den Auslöseeinheiten (Airbags) die gleiche Länge aufweisen. Beim Verdrillen der Leitungen (1) und (2) muss die Schlaglänge von A = 20 mm ±5 zwingend eingehalten werden. Es darf dabei kein Leitungsstück, zum Beispiel im Bereich von Quetschverbindern (Pfeil), größer als B = 100 mm ohne Verdrillung der Leitungen entstehen (Bild 4).

Reparaturmöglichkeiten CAN-Bus
Als CAN-Busleitung wird eine ungeschirmte Zweidrahtleitung (1) und (2) mit einem Querschnitt von 0,35 mm 2 oder 0,5 mm2 verwendet. Die Farbcodierungen der CAN-Busleitungen entnehmen Sie der folgenden Tabelle:

CAN-High-Leitung, Antrieb	orange/schwarz
CAN-High-Leitung, Komfort	orange/grün
CAN-High-Leitung, Infotainment	orange/violett
CAN-Low-Leitung, (alle)	orange/braun

Die Reparatur von CAN-Busleitungen kann sowohl mit Reparaturleitungen in passendem Querschnitt als auch mit den gedrillten Leitungen »grün/gelb« bzw. »weiß/gelb« aus dem elektronischen Teilekatalog ausgeführt werden. Bei Reparaturarbeiten (wie im Bild 4) müssen beide Busleitungen die gleiche Länge aufweisen. Beim Verdrillen der Leitungen (1) und (2) muss die Schlaglänge von A = 20 mm eingehalten werden. Es darf dabei kein Leitungsstück, zum Beispiel im Bereich von Quetschverbindern (Pfeil), größer als B = 50 mm ohne Verdrillung der Leitungen entstehen. Versehen Sie die Reparaturstelle mit gelbem Klebeband, um eine vorangegangene Reparatur zu kennzeichnen.

Messgeräte und Diagnosetester

Geeignete Messmittel in der Elektrik
Verwenden Sie nur geeignete Messmittel wie Multimeter und Mess- und Prüfsysteme. Prüflampen mit Glühlampe können Schäden in der Elektronik verursachen und können zudem keine Messwerte ausgeben.

Vorgaben zur Diagnose am Fahrzeug
Vor unseren Hinweisen zum Umgang mit den Stromlauf- oder Schaltplänen möchten wir – weil dazu ein enger Zusammenhang besteht – nochmals kurz auf das Fahrzeugdiagnose-, Mess- und Informationssystem eingehen. Wird das Diagnose- und Informationssystem während einer Prüf- oder Messfahrt im Aktionsbereich eines Airbags deponiert, besteht im Falle einer Airbag-Auslösung das Risiko von schweren bis tödlichen Verletzungen! Deshalb zu Prüf- oder Messfahrten stets einen Helfer mitnehmen, der auf einem Rücksitz das System bedient. Zum Anschließen des Diagnose- und Testsystems schreibt Volkswagen folgendes Vorgehen vor:

- Die Handbremse anziehen.

Fahrzeug mit einem Erhaltungsladegerät versehen (Batterie laden).

- Bei Fahrzeugen mit Automatikgetriebe den Wählhebel in die Stellung »P« oder »N« bringen.
- Bei Fahrzeugen mit Schaltgetriebe den Schalthebel in die Leerlaufstellung bringen.
- Den Fahrzeugdiagnosetester bei ausgeschalteter Zündung mit der Diagnoseleitung am Diagnoseanschluss des Fahrzeugs anschließen.
- Die Zündung einschalten.
- Alle elektrischen Verbraucher ausschalten.

Schaltpläne

Zum Gebrauch der Stromlaufpläne

Die Bordelektrik wird in Aufbau und Vernetzung durch Stromlaufpläne (auch Schaltpläne genannt) dargestellt, die für den Crafter in gedruckter Form schon in der Grundausführung 1500 Seiten umfassen, also einen Ordner von ganz beträchtlichem Umfang füllen. Das Schaltplanangebot enthält neben den einzelnen Stromlaufplänen für die Basisausstattung, die Elektrik für jeden der einzelnen Motoren bis hin zu Sonderausstattungen (z. B. für Climatronic, Einparkhilfe, Rückfahrkamera) auch zeitliche Überarbeitungen. Es macht sachlich wenig Sinn und der begrenzte Umfang dieses Buches lässt das auch nicht zu, einzelne Stromlaufpläne aus der Fülle herauszugreifen und in diesem Ratgeber darzustellen.

Für den Umgang mit den Schaltplänen geben wir mit den folgenden Grafiken und Übersichten die grundsätzlichen Hinweise. Mit Bild 6 informieren wir über den Aufbau der Stromlaufpläne. Die beiden Bilder 8 und 9 präsentieren die in den Stromlaufplänen verwendeten Schaltzeichen. Die Liste (Bild 7) fasst die häufig benutzten Klemmenbezeichnungen zusammen, wie wir sie im Kapitel »Elektrische Anlage« auch im Zusammenhang mit der Funktion von Sicherungen angegeben haben.

A - Batterie
B - Anlasser
D - Zündanlassschalter
J519 - Steuergerät für Bordnetz
T3a - Steckverbindung, 3-fach, im Wasserkasten (grau)
T8b - Steckverbindung, 8-fach, am Steuergerät für Bordnetz (braun)
11 Massepunkt, im Motorraum links
A1 Plusverbindung (30a), im Schalttafelleitungsstrang
P1 Plusverbindung (30), im Sicherungskasten

Legende
In allen Stromlaufplänen werden für gleiche Bauteile die gleichen Teile-Bezeichnungen verwendet, z.B. immer A für Batterie.

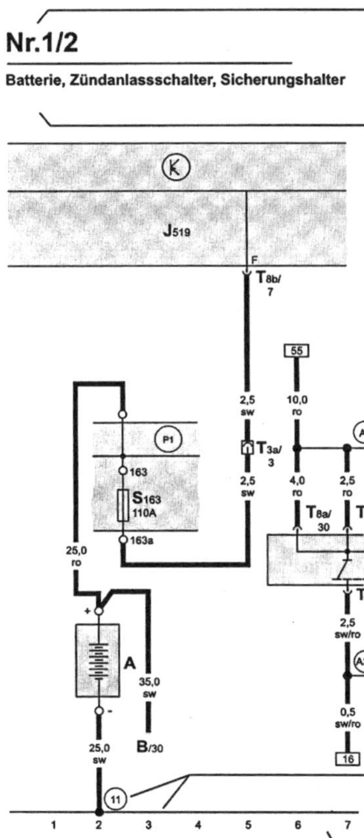

Schaltungskomplex (funktionsorientiert mit fortlaufender Nr.)

Bezeichnung der auf dieser Seite dargestellten Stromkreise

J519 – Steuergerät für Bordnetz durch graues Feld gekennzeichnet (weiter wird dieses Steuergerät in den Stromlaufplänen nicht mehr bezeichnet)

Verbraucherstromkreise mit Leitungsführung
Alle Schalter und Kontakte sind in mechanischer Ruhestellung gekennzeichnet

Schlüssel für Leitungsfarben

ws = weiß	bl = blau
sw = schwarz	gr = grau
ro = rot	li = lila
br = braun	ge = gelb
gn = grün	or = orange

Fahrzeugmasse
Zahlen in den Kreisen kennzeichnen den Einbauort (siehe Legende)

Strompfad-Nr.
Zum leichteren Auffinden der Verknüpfungen

Bild 6
Aufbau der Stromlaufpläne.

Sichtprüfung Messen

Bild 7
Klemmenbezeichnungen.

Klemmenbezeichnungen nach Norm

15	Geschaltetes Plus hinter Batterie (Ausgangskontakt vom Zündanlassschalter)
15a	Geschaltetes Plus vom Zündanlassschalter (hinter der Sicherung)
30	Ausgang direkt von Batterie-Plus
30a	Ausgang direkt von Batterie-Plus (hinter der Sicherung)
30al	Ausgeschaltetes Plus von Steuergerät für Bordnetz für Innenleuchte
31	Batterie-Minus oder Fahrzeugmasse
50	Ausgangskontakt vom Zündanlassschalter für Anlasser
54	Bremsleuchten
56	Ausgang von Lichtschalter für Abblendlicht und Fernlicht
56a	Fernlicht
56aL	Fernlicht links
56aR	Fernlicht rechts
56b	Abblendlicht
56bL	Abblendlicht links
56bR	Abblendlicht rechts
58	Stand- und Schlusslicht, Kennzeichenleuchte
58d	Beleuchtung von Schaltern und Schalttafeleinsatz (Beleuchtungsintensität einstellen)
58L	Standlicht, Schlusslicht und Parklicht links
58R	Standlicht, Schlusslicht und Parklicht rechts
49L	Blinker links
49R	Blinker rechts
49a	Blinkrelais Ausgang (nur konventionelle Blinkanlagen)
71	Eingang für Signalhorn
75	Ausgangskontakt vom Zündanlassschalter für Ausschalten von Verbrauchern zur Entlastung der Batterie beim Anlassen.
75a	Ausgeschaltetes Plus hinter dem Relais für Entlastung der Batterie beim Anlassen (hinter der Sicherung).
86s	Ausgeschaltetes Plus durch Zündanlassschalter beim vollständigen Herausziehen des Schlüssels aus dem Zündanlassschalter.
87	Ausgangskontakt vom Kraftstoffpumpenrelais oder vom Relais für Dieseldirekteinspritzanlage.
87a	Ausgangskontakt vom Kraftstoffpumpenrelais oder vom Relais für Dieseldirekteinspritzanlage hinter der Sicherung.
CAN - H. Antrieb CAN - L. Antrieb	Datenbus zwischen Steuergeräten von Antrieb (Motor, autom. Getriebe, ABS, Diagnose-Interface für Datenbus ...)
CAN - H. Komfort CAN - L. Komfort	Komfort Datenbus zwischen Steuergeräten von Komfortelektrik (Türsteuergeräte. Climatic, Steuergerät für Bordnetz. Diagnose-Interface für Datenbus ...)
CAN - H - KI CAN - L- KI	Datenbus zwischen Schalttafeleinsatz und Diagnose-Interface für Datenbus.
CAN - H. Infotainment CAN - L. Infotainment	Datenbus zwischen Diagnose-Interface für Datenbus und Radio, Verstärker ...
LIN - Bus	Datenbus zwischen Steuergerät für Bordnetz. Steuergerät für Wischermotor ...
K-Leitung	Reizleitung Diagnoseleitung Steuergeräte.

Bild 7

Schaltzeichen für Stromlaufpläne

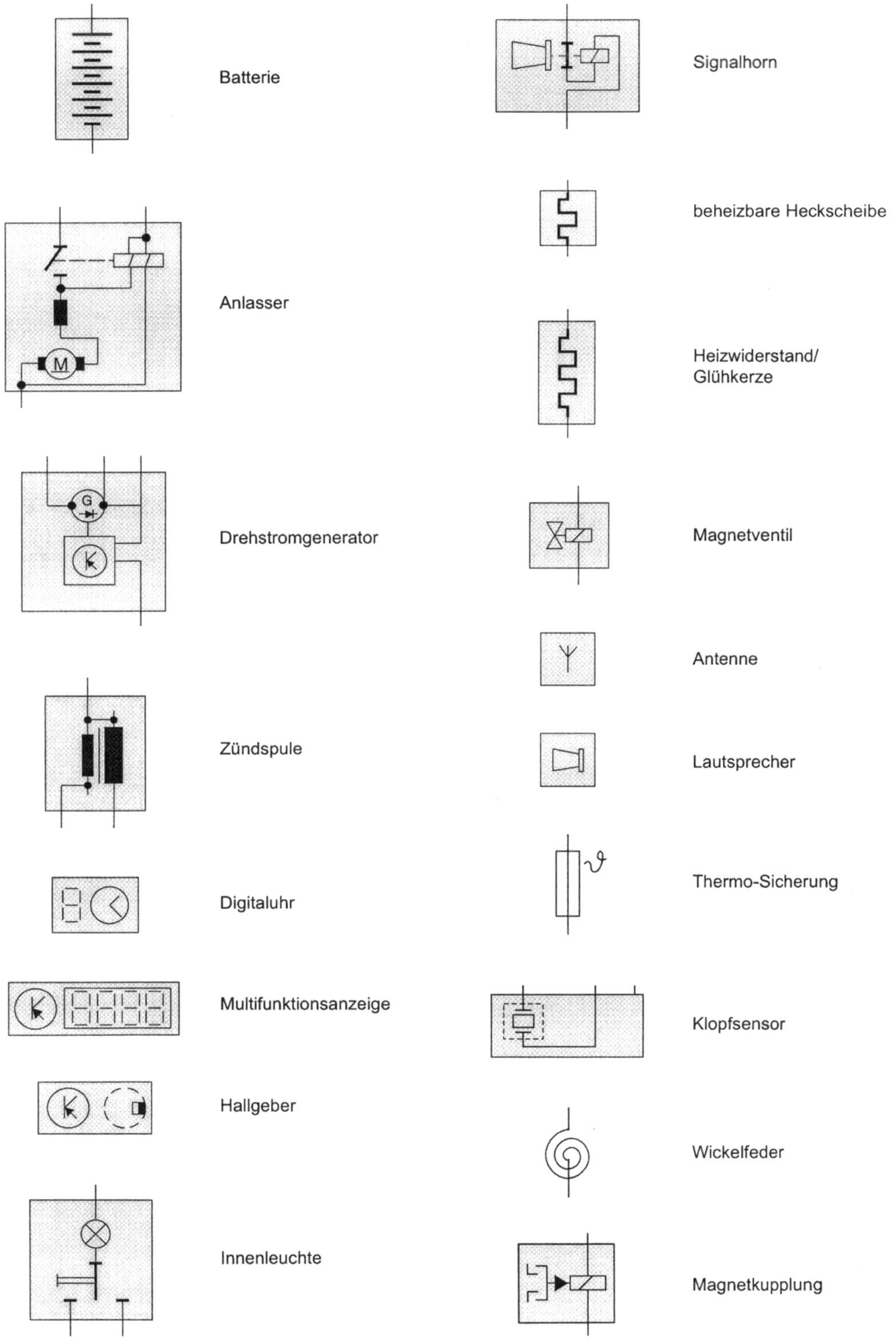

Bild 8

Bild 8
Schaltzeichen für Stromlaufpläne 1.

Bild 9
Schaltzeichen für Stromlaufpläne 2.

Schaltzeichen für Stromlaufpläne

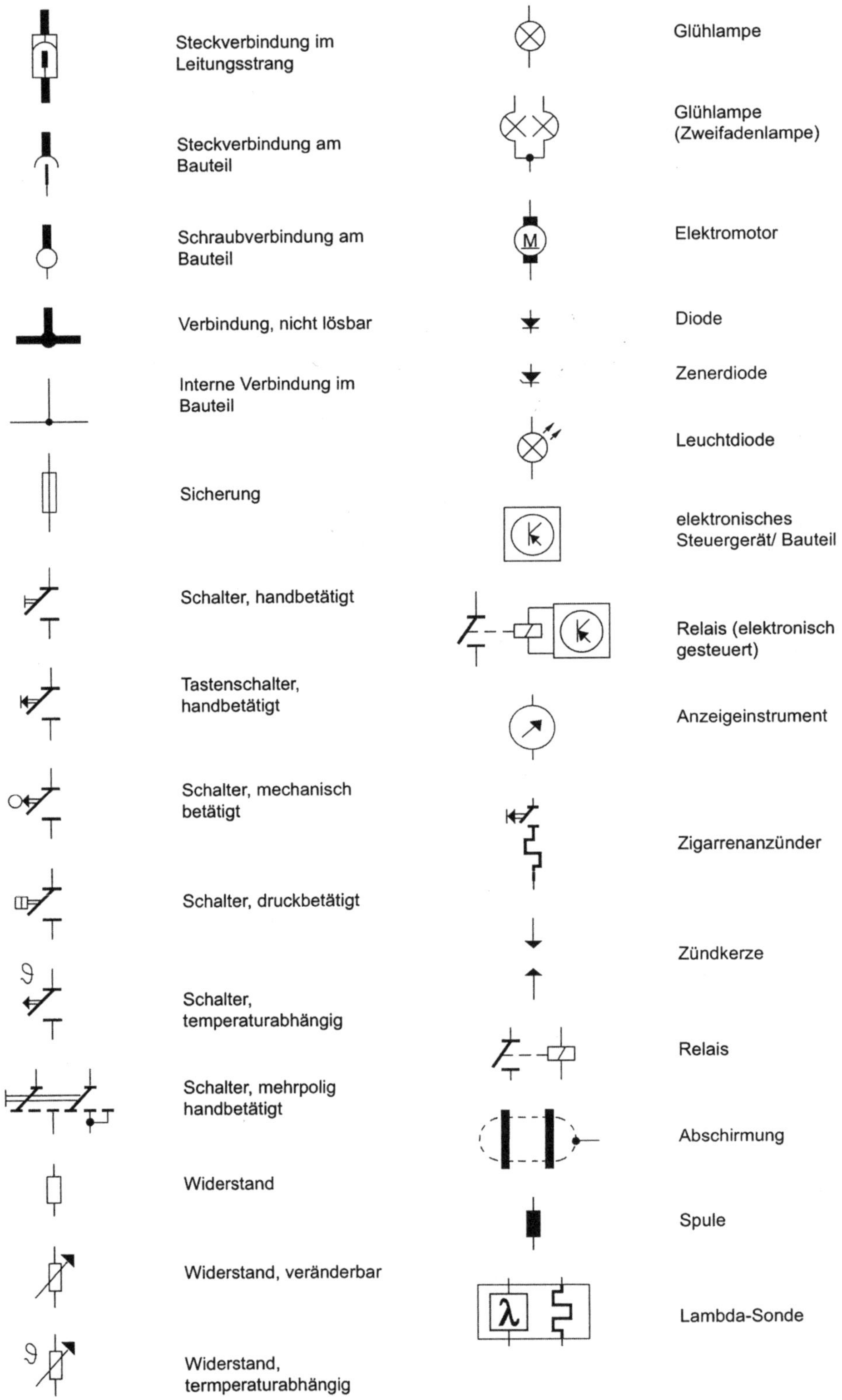

Bild 9

16 Technische Daten

Wie vieles bei Volkswagen entstammt auch die Motorisierung durch Kombinationen aus bewährten Komponenten der Großserie. VW kennzeichnet jeden Motortyp mit drei »Kennbuchstaben« und einer sechsstelligen »laufenden Nummer«.

Wurden von einem Motortyp mehr als 999.999 Triebwerke hergestellt, wird die erste der sechs Stellen durch einen Buchstaben ersetzt. So ergeben sich auch bei gleichen Motoren unterschiedliche Motornummern.

Bezeichnung	***5-Zylinder-Motoren***	***4-Zylinder-Motoren***
Kraftstoff (Einspritzsystem)	Diesel (Common Rail)	Diesel (Common Rail)
Hubraum	2447,67 cm^3	1968,44 cm^3
Einspritzsystem	Bosch EDC 16C	Bosch EDC 17C
Zylinderzahl	5	4
Ventile pro Zylinder	2	4
Bohrung Ø mm	81 mm	81 mm
Hub mm	95 mm	95,5 mm
Kolbendurchmesser (Grund)	80,96 mm	80,96 mm
Kolbenüberstand/Kopfdichtung (1 Loch)	bis 0,96 mm	0,91 bis 1,00 mm
Kolbenüberstand/Kopfdichtung (2 Loch)	0,97 mm bis 1,01 mm	1,01 bis 1,10 mm
Kolbenüberstand/Kopfdichtung (3 Loch)	über 1,01 mm	1,11 bis 1,20 mm
Laufspiel	0,05 mm	0,05 mm
Stoßspiel 1. Ring	0,20 bis 0,40 mm	0,20 bis 0,40 mm
Stoßspiel 2. Ring	0,20 bis 0,40 mm	0,20 bis 0,40 mm
Stoßspiel Ölabstreifring	0,25 bis 0,50 mm	0,25 bis 0,50 mm
Höhenspiel 1. Ring	0,06 bis 0,09 mm	0,06 bis 0,09 mm
Höhenspiel 2. Ring	0,05 bis 0,08 mm	0,05 bis 0,08 mm
Höhenspiel Ölabstreifring	0,03 bis 0,06 mm	0,03 bis 0,06 mm
Aufladesystem	Abgasturbolader / Biturbo	Abgasturbolader / Biturbo
Nockenwellenantrieb	Zahnriemen	Zahnriemen
Ventilspiel	Hydrostößel	Hydrostößel
Ölfilter	Filtereinsatz	Filtereinsatz
Ölmenge mit Filter	9,0 l	7,0 l
Ölmenge Filter	0,5 l	0,3 l
Kühlmittelmenge	9,0l	12,5l
Getriebeöl 6-Gang-Schaltgetriebe	1,5-2,0 l (1,75-2,5 l)*	1,5-2,0 l (1,75-2,5 l)*
Getriebeöl Shift-Matic 6-Ganggetriebe	1,5 Liter	-
Hydrauliköl Shift-Matic 6-Ganggetriebe	0,5 Liter	-
Winkelgetriebe vorne (4-Motion)	1,9 Liter (2,1 Liter****)	1,9 Liter (2,1 Liter****)
Getriebeöl Hinterachsgetriebe	1,6-2,8 Liter**	1,6-2,8 Liter**
Bremsflüssigkeit	DOT4	DOT4
Servoflüssigkeit	G002000	G002000
Klimaanlage Klimamittel	740 g (1190 g***)	740 g (1190 g***)
Klimaöl in cm^3	190 ml ± 10 ml	190 ml ± 10 ml

*mit Nebenabtrieb, **je nach Achstyp, ***bei Dachklimaanlage, ****Bei Neubefüllung

17 Anzugs-drehmomente

In diesem Kapitel stellen wir Ihnen die Anzugsmomente für die wichtigsten Verschraubungen am Fahrzeug zur Verfügung. Diese sind zum einen alphabetisch und zum anderen nach den Motorkennbuchstaben sortiert. Natürlich konnten wir nur diese Motoren darstellen, deren Daten bis zum Redaktionsschluss bekannt waren. Alle Daten sollten Sie im Zweifel bei der Teilebestellung hinterfragen und wenn erforderlich korrigieren. Selbiges gilt auch für neue Motortypen. Übernehmen Sie niemals einfach Abmessungen eines anderen Motors ohne diese zu überprüfen. Hier können leicht Schäden entstehen, die vermeidbar wären und oft recht teuer sind.

Motor

Crafter

Modellbezeichnung	***2,5 Liter 5-Zylinder-Motoren alle***	***2,0 Liter 4-Zylinder-Motoren alle***
Abgaskrümmer Stufe 1	25 Nm	25 Nm
Abgaskrümmer Stufe 2	–	–
Abgaskrümmer Stufe 3	–	–
Abgaskrümmer Stufe 4	–	–
Anlasser am Getriebe M10	40 Nm	40 Nm
Anlasser am Getriebe M12	80 Nm	80 Nm
Ansaugkrümmer Stufe 1	25 Nm	Handfest
Ansaugkrümmer Stufe 2	–	8 Nm
Auspuffrohr am Krümmer	25 Nm	–
Hauptlagerdeckel Stufe 1	65 Nm	Handfest
Hauptlagerdeckel Stufe 2	90°	65 Nm
Hauptlagerdeckel Stufe 3	–	90°
Hallgeber Nockenwelle	10 Nm	10 Nm
Hochdruckpumpe	20 Nm	20Nm
Hochdruckpumpe Stufe 2 kurz	–	–
Hochdruckpumpe Stufe 2 lang	–	180°
Klemmschraube Zahnriemenrolle Stufe 1	10 Nm	–
Klemmschraube Zahnriemenrolle Stufe 2	90°	–
Kurbelwinkelsensor	5 Nm	10 Nm
Kraftstoffverteilerrohr	20 Nm	22 Nm
Kühlmitteltemperatursensor	geclipst	geclipst
Lambdasonde	55 Nm	55 Nm
Abgastemperatursonde	–	–
Nockenwellenlagergehäuse Stufe 1	20 Nm	handfest
Nockenwellenlagergehäuse Stufe 2	–	10 Nm
Nockenwellenrad Zentralschraube	100 Nm	–
Nockenwellenrad Einstellschrauben Stufe 1	–	20Nm
Nockenwellenrad Einstellschrauben Stufe 2	–	45°
Ölablassschraube	30 Nm	30 Nm
Ölfilter	handfest	25 Nm
Öldruckschalter	25 Nm	20 Nm
Ölwannenschrauben Stufe 1	20 Nm	handfest
Ölwannenschrauben Stufe 2	–	15 Nm

Pleuellager Stufe 1	30 Nm	30 Nm
Pleuellager Stufe 2	90°	90°
Riemenscheibe 8 mm Stufe 1	–	–
Riemenscheibe 8 mm Stufe 2	–	–
Schwungrad Stufe 1	60 Nm	60 Nm
Schwungrad Stufe 2	90°	90°
Unterdruckpumpe Benzinmotoren	–	–
Unterdruckpumpe Diesel	20Nm	10 Nm
Wasserpumpe	20 Nm	15 Nm
Zentral-Riemenscheibe Stufe 1	160 Nm	120 Nm
Zentral-Riemenscheibe Stufe 2	180°	90°
Glühkerzen	15 Nm	17 Nm
Zylinderkopf Stufe 1*	35 Nm	35 Nm
Zylinderkopf Stufe 2*	60 Nm	60 Nm
Zylinderkopf Stufe 3*	90°	90°
Zylinderkopf Stufe 4*	90°	90°

Antrieb

Verschraubung	***Anzugsdrehmoment***
Abschirmblech Gelenkscheibe	9 Nm
Abschirmblech Gelenkwelle 8 mm	20 Nm
Achsgetriebe vorne (Allrad) Stufe 1	116 Nm
Aggregateträger an Aufbau Allrad	170 Nm
Aggregateträger an Aufbau Stufe 2	170 Nm
Antriebswelle getriebeseitig Stufe 1	10 Nm über Kreuz
Antriebswelle getriebeseitig Stufe 2	76 Nm über Kreuz
Antriebswelle radseitig Stufe 1	200 Nm
Antriebswelle radseitig Stufe 2	160°Lösen
Antriebswelle radseitig Stufe 3	200 Nm
Bügelschelle Achsrohr hinten	160 Nm
Schraube Radlager Normalrad 1. Stufe	30 Nm
Schraube Radlager Normalrad 2. Stufe	100 Nm
Schraube Radlager Normalrad 3. Stufe	Schraube lösen
Schraube Radlager Normalrad 4. Stufe	30 Nm
Schraube Radlager Normalrad 4. Stufe	45°
Schraube Radlager Zwillingsrad 1. Stufe	80 Nm
Schraube Radlager Zwillingsrad 2. Stufe	40°
Ausrücklager Schaltgetriebe (mit Sicherungsmittel)	9 Nm
Bremssattel hinten Schraube M10 Sattelträger Stufe 1	80 Nm
Bremssattel hinten Schraube M10 Sattelträger Stufe 2	45°
Bremssattel hinten Schraube M8	35 Nm
Bremssattel vorne Führungsbolzen	35 Nm
Bremssattel vorne Rippschrauben Stufe 1	170 Nm
Getriebe am Motor Schaltgetriebe	38 Nm
Getriebequerträger hinten an Aggregateträger	45 Nm
Getriebehalter an Getriebelagerung	45 Nm
Kardan vorne 4-Motion	76 Nm
Kardan hinten 4-Motion	76 Nm
Kardan hinten Stufe 1	15 Nm
Kardan hinten Stufe 2	90°
Kardan Zwischenlager 4-Motion	75 Nm

Sichtprüfung Messen

Verschraubung	*Anzugsdrehmoment*
Kardan Zwischenlager Verschraubungen	100 Nm
Kardan Sicherheitsbügel	100 Nm
Kardan Gleichlaufgelenkwelle	76 Nm
Kupplung 6-Gang-Schaltgetriebe (M8)	22 Nm
Koppelstange Stabilisatorstrebe	105 Nm
Lenkgetriebe am Rahmen	25 Nm
Lenkgetriebe am Rahmen	80 Nm
Lenkgetriebe am Rahmen	90°
Lenkgetriebe Kreuzgelenk	28 Nm
Motorlager Motorstütze an Zylinderkurbelgehäuse	50 Nm
Motorlager Motorstütze an Zylinderkurbelgehäuse	180°
Motorlager Getriebelagerung an Getriebe	55 Nm
Motorlager rechts an Rahmen	55 Nm
Motorlager an Motorstütze	50 Nm
Motorlager Getriebelagerung an Getriebequerträger	30 Nm
Querlenker Achsgelenkbolzen unten/oben	170 Nm
Radschraube Stahlfelge	240 Nm
Radschraube Stahlfelge	180 Nm
Radmutter Stahlfelge	180 Nm
Radflansch Stufe 1	80 Nm
Radflansch Stufe 2	40°
Schraube Querlenker hinten	200 Nm
Schraube Stoßdämpfer Achsschenkel Stufe 1	140 Nm
Schraube Stoßdämpfer Achsschenkel Stufe 2	120°
Schraube Stoßdämpfer Domlager Stufe 1	28 Nm
Schraube Stoßdämpfer Domlager Stufe 2	60°
Schraube Stoßdämpfer oben vorne	110 Nm
Schraube Stoßdämpfer oben hinten Stufe 1	105 Nm
Schraube Stoßdämpfer unten hinten Stufe 1	105 Nm
Sensor Neutralstellung (Start/Stopp)	5 Nm
Spurstangenkopf Kontermutter	65 Nm
Spurstangenkopf Stufe 1	50 Nm
Spurstangenkopf Stufe 2	60°
Winkelgetriebe vorne (Allrad) Getriebeträger M10	40 Nm

Karosserie

Verschraubung	***Anzugsdrehmoment***
Anhängekupplung am Rahmen	58 Nm
Anhängekupplung Kupplungsbock	58 Nm
Anhängekupplung Grundplatte (abnehmbare Kupplung)	90 Nm
Fensterheber Befestigungsschrauben	7 Nm
Geräuschdämmung von unten	2 Nm
Heckklappenscharnier	25 Nm
Heckklappenschloss	10 Nm
Heckklappenschloss Schließbügel	18 Nm
Kunststoffschrauben	8 Nm
Motorhaube Haubenscharnier	25 Nm
Motorhaube Haubenschloss	15 Nm
Spiegelbefestigungsschrauben	10 Nm
Türfangband	12 Nm
Türscharnier an der Karosserie	32 Nm
Türschloss Einbau in der Türe	20 Nm
Türschlossriegel (Bügel)	20 Nm

Elektrische Anlage

Verschraubung	***Anzugsdrehmoment***
Masseanschluss an der Batterie M6	6 Nm
Masseband am Getriebe	20 Nm
Massepunkte an der Karosserie M6	8 Nm
Massepunkte an der Karosserie M8	15 Nm
Plusanschluss am Anlasser M8	15 Nm
Plusanschluss am Generator	15 Nm
Plusanschluss am Sicherungskasten M5	4 Nm
Plusanschluss am Sicherungskasten M6	6 Nm
Plusanschluss an der Batterie M6	6 Nm

Sonstige Verschraubungen

Schraubengröße	***M4***	***M5***	***M6***	***M8***	***M10***	***M12***	***M14***	***M16***
Anzugsdrehmoment	0,5 Nm	3 Nm	10 Nm	20 Nm	45 Nm	60 Nm	100 Nm	200 Nm